高等学校物联网专业精品教材

物联网通信技术

（修订本）

李旭　刘颖　主编

清华大学出版社
北京交通大学出版社
·北京·

内 容 简 介

本书比较全面地介绍了物联网通信的概念、实现技术和典型应用，为想要快速了解、认识和研究物联网通信技术的读者提供方便、有效及比较详细的信息。首先讨论物联网通信的基本概念和体系结构，以及典型应用与展望；其次介绍物联网的关键通信技术，如近距离通信技术、互联和电信领域的通信技术，然后讲述与物联网相关的网络安全、定位技术、中间件技术及嵌入式系统；最后介绍一些物联网通信技术的典型应用及未来将在物联网领域大有可为的应用和技术，如泛在网、异构网和云计算等。

本书可作为高等院校物联网相关专业教材，也可作为物联网爱好者和构建者的参考读物，还可以作为物联网工程、通信技术及计算机技术等学科专业人员的选修教材。

图书在版编目(CIP)数据

物联网通信技术/李旭，刘颖主编. —北京：北京交通大学出版社：清华大学出版社，2013.12（2023.1 重印）

（高等学校物联网专业规划教材）

ISBN 978-7-5121-1721-1

Ⅰ. ① 物…　Ⅱ. ①李… ②刘…　Ⅲ. ①互联网络-应用-高等学校-教材 ②智能技术-应用-高等学校-教材　Ⅳ. ①TP393.4 ②TP18

中国版本图书馆 CIP 数据核字（2013）第 290777 号

责任编辑：郭东青　　特邀编辑：张诗铭
出版发行：清 华 大 学 出 版 社　　邮编：100084　　电话：010-62776969　　http：//www.tup.com.cn
　　　　　北京交通大学出版社　　邮编：100044　　电话：010-51686414　　http：//www.bjtup.com.cn
印 刷 者：三河市华骏印务包装有限公司
经　　销：全国新华书店
开　　本：185×260　　印张：19　　字数：475 千字
版　　次：2014 年 1 月第 1 版　　2019 年 1 月第 1 次修订　　2023 年 1 月第 6 次印刷
书　　号：ISBN 978-7-5121-1721-1/TP・769
印　　数：8 001～9 000 册　　定价：49.00 元

本书如有质量问题，请向北京交通大学出版社质监组反映。对您的意见和批评，我们表示欢迎和感谢。
投诉电话：010-51686043，51686008；传真：010-62225406；E-mail：press@bjtu.edu.cn。

序

物联网是继计算机、互联网和移动通信之后的又一次信息产业的革命性发展。目前物联网被正式列为国家重点发展的战略性新兴产业之一。作为一项战略性新兴产业，物联网的繁荣发展需要大量精通物联网技术的专业人才，教育部针对国家战略性新兴产业发展的需要设置了物联网相关专业。

为配合高等学校物联网相关专业教学需要，填补物联网相关专业教材的空白，清华大学出版社和北京交通大学出版社以"厚基础，重理论，强实践，求创新，促应用"为出发点，根据物联网相关专业培养目标和课程设置，联合编辑出版了这套"高等学校物联网专业规划教材"。

本系列教材突出了以下特点：

1. 在编写思路上，强调理论知识，结合实际应用，培养学生工程实践能力。

2. 在内容阐述上，强调对基本概念、基本知识、基本理论、特别是基本方法和技能给予准确的表述；为培养学生分析问题的能力，教材提供配套习题。

3. 在编写风格上，力求文字精炼，图文并茂，版式明快。

4. 在教材体系上，建立了较为完整的课程体系，突出了各课程之间的内在联系。

本套教材不仅可以作为高等学校物联网相关专业的教学参考书，也适合作为物联网相关领域人员的重要参考资料。相信此套教材必将受到读者的欢迎！

中国科学院院士
北京交通大学教授
物联网专家
姚建铨

2013 年 12 月

前　言

物联网是在计算机互联网的基础上，利用感知识别、通信、电子和计算机等技术，构造的一个覆盖世界上万事万物的网络。这个网络将为人们的生活带来巨大的变化，在它的构建过程中也将推动相关产业的发展和变革。

物联网被称之为继计算机、互联网之后世界信息产业的第三次浪潮。有人称“物联网”是下一个 IT 时代的产业革命。

物联网是一门应用性、综合性和交叉性极强的集成技术，目前我国一些高等院校、研究所等已经在物联网的一些关键技术研究方面有了重大发展，并且在一些应用领域形成了一定规模的产业，在国际标准化的制定中也占有一席之地。针对物联网高速发展的现状，一本比较全面详细的关于物联网通信方面的书籍对人们认识和利用物联网将起到很好的推动作用，为此编撰了此书。

全书分为 5 个部分。第一部分“物联网通信技术概述”主要介绍了物联网的框架、通信技术的涵盖、典型应用与展望。第二部分“物联网通信技术”详细介绍了物联网通信技术，如近距离通信技术，互联网领域的无线通信技术，电信领域的无线通信技术。第三部分“物联网相关技术”系统介绍了构建物联网时涉及的一些关键技术，如嵌入式系统、中间件技术、物联网安全技术及定位技术。第四部分“物联网通信技术典型应用”介绍了物联网的两种典型应用，即 M2M 和 WSN。第五部分“物联网通信技术展望”则介绍了未来物联网的应用和技术，如泛在网、异构网及云计算与大数据。

本书力求在系统性、创新性、应用性和前瞻性诸方面形成特色，并且内容丰富、语言简洁、图文并茂、适用范围广泛，既可以作为高等院校物联网相关专业的教材或者教学参考书，也可以作为具有一定网络技术基础知识并且希望进一步提高专业知识的人士的参考读本。

本书由李旭、刘颖任主编，北京交通大学宽带自组通信实验室成员，以及朱明强、梁彩凤（天津职业技术师范大学）、张金平等人员参与编写。编写分为：第 1 章由李旭、赵骁睿和于莉执笔，第 2 章由梁彩凤和汪瑜共同撰写，第 3 章由李旭、梁彩凤和屈海洋共同执笔，第 4 章由梁彩凤和张强撰写，第 5 章和第 12 章由刘颖、冯其晶、鲍京京和宋顾扬等共同执笔，第 6 章由董猛撰写，第 7 章由朱明强执笔，第 8 章由张金平执笔，第 9 章由付聪撰写，第 10 章和第 11 章由刘颖、王博婷执笔。全书由李旭、刘颖审定。在编写的过程中得到了很多老师的支持和帮助，在此，向所有为本书的出版做出贡献的人员表示衷心感谢！

本书受到教育部教学改革项目“通信工程专业综合改革试点建设项目”资助。

编者

2013 年 12 月

目　录

第一部分　物联网通信技术概述

第二部分　物联网通信技术

第三部分 物联网相关技术

第四部分 物联网通信技术典型应用

第五部分 物联网通信技术展望

第一部分

物联网通信技术概述

随着“智慧地球”、“感知中国”等理念的提出，物联网已成为全球研究的热点问题，受到越来越多的重视，很多国家都把物联网的发展提到了国家战略的高度。物联网是在计算机互联网的基础上，利用多项技术，构造一个覆盖世界上各种事物的“Internet of Things”。在这个网络中，事物在没有人为干预的情况下，彼此之间能够进行“交流”，实现识别功能和信息的交流与共享。物联网被认为是继计算机、互联网之后的又一次科技革命，它的应用前景非常广阔，将极大地改变我们目前的生活方式。

为了使读者对物联网有更加详细深入的了解，我们在第一部分中，将重点介绍物联网的基本概念、体系结构及与之相关的各种技术，给出一个关于物联网的整体框架，使读者能够对物联网有一个整体的认识，同时为后面各部分的内容做铺垫。

第 1 章　物联网通信技术概论

1.1　物联网基本概念

物联网的概念早在 20 世纪就提出了，在这之后多年的发展过程中，不同的国家和不同的科研组织都对物联网进行了密切的关注和研究。物联网这一名词最早出现于比尔·盖茨在 1995 年出版的《未来之路》一书中，在书中比尔·盖茨已经提及了“物—物”相连的概念，只不过受到当时的无线网络、软硬件及传感设备的发展状况，并没有引起人们的重视。

目前，不同的机构对于物联网都有不同的理解和定义。从技术的角度来讲，物联网即“物与物相连的网络”，也就是把所有的物品通过射频识别、红外传感器、全球定位系统等各种传感设备和器件，按照预先约定好的协议标准与互联网连接起来，进行信息的交换和通信，实现物与物、物与人之间的信息交换，最终能够形成智能识别、定位、跟踪和管理；从应用的层面理解，物联网是将物体都连接到物联网中，物联网再与互联网相结合，实现人类社会与物理系统的整合，以更加精细和灵活的方式管理生产和生活活动。

欧盟对物联网的定义是：物联网是一个基于标准和互操作通信协议的、具有自组织能力的、全球的、动态的网络基础设施，在物联网中，物理和虚拟的物体都有虚拟特性、身份标签、物理属性及智能接口，并且与现有信息网络无缝整合。物联网将与企业互联网、媒体互联网和服务互联网一起，构成未来互联网。

根据 ITU 的描述，在物联网时代，通过在各种生活用品、办公用品等日常用品中嵌入移动收发机，人类在信息与通信世界里将获得一个新的沟通渠道，从而可以在任何时间、任何地点实现人与人、物与物及人与物之间的沟通连接。

物联网概念的问世颠覆了传统的基础设施分割设计的观念，在物联网的时代，信息网络与基础设施网络如公路、铁路、机场等融合在了一起，从而能够产生不可思议的效果，人类社会就在这个新的“地球”上运转，进行经济管理、生产运行、社会管理乃至个人生活。

1.2　物联网体系架构

系统架构是指导具体系统设计的首要前提，物联网应用广泛，系统规划和设计极易因角度的不同而产生不同的结构，因此需建立一个具有框架支撑作用的系统架构。另外，随着应用需求的不断发展，各种新技术将逐渐纳入物联网体系中，系统架构的设计也将决定物联网的技术细节、应用模式和发展趋势。

然而，由于物联网尚处在起步阶段，目前物联网还没有一个广泛认同的体系架构。当前，较具代表性的物联网应用架构有欧美支持的 EPC Global 物联网体系结构和日本的 Ubiquitous ID（UID）物联网系统等。我国也积极参与了物联网体系结构的研究，正在积极制订符合社会发展实际情况的物联网标准和架构。例如，我国“973”计划项目“物联网体系结构的基础研究”已经在 2011 年 1 月启动。

下面对现有的物联网体系架构进行一些探讨。

1.2.1　物联网自主体系架构

很多研究人员公开发表物联网的应用系统，与此同时，也有人发表了若干个物联网的体系结构，例如，物品万维网（Web of Thing，WoT）的体系结构，它是一种以用户为中心的物联网体系结构，它把万维网服务嵌入到应用系统中，形成了一种面向应用的物联网，在使用物联网时可以采用简单的万维网服务形式。这种体系结构试图把互联网中有效的、面向信息获取的万维网体系结构移植到物联网上，以此来简化物联网的信息发布和获取。

物联网的自主体系结构是一种采用自主通信技术的体系结构，它的设计是为了适应异构物联网无线通信环境的需要，如图 1－1 所示。自主通信的概念是指以自主件（Self Ware）为核心的通信，自主件主要存在于端到端层次及中间节点，它执行新出现的或者网络控制面已知的任务，通过自主件来确保通信系统的可进化特性。

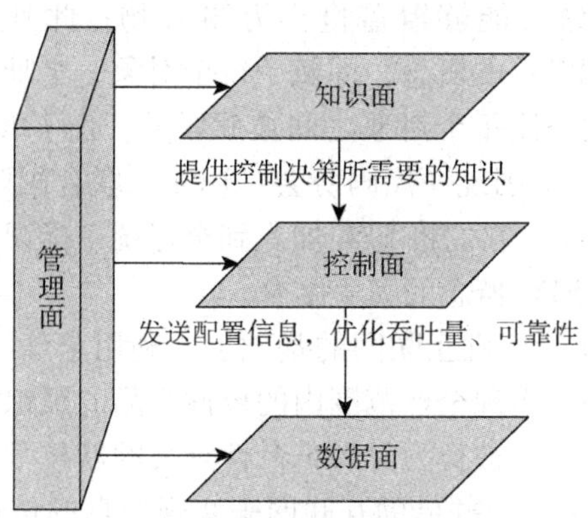

图 1－1　物联网的自主体系结构

由图 1－1 可以看出，数据面、控制面、知识面和管理面这 4 个面共同组成了物联网的这种自主体系结构。其中，数据面在数据分组的传送中发挥作用；控制面的作用为通过向数据面发送配置信息来实现数据面吞吐量的优化，提高可靠性；知识面提供整个网络信息的完整视图，并且提取为网络系统的知识，以此来指导控制面的适应性控制，它是四个面中最重要的一个面；管理面主要用来协调数据面、控制面和知识面的信息交换，提供物联网的自主能力。

在图 1－1 所示的体系结构中，传统的 TCP/IP 协议栈被 STP/SP 协议栈和智能层所取代，这也是该体系结构的主要自主特征，如图 1－2 所示。STP（Smart Transport Protocol）和 SP（Smart Protocol）分别表示智能传输协议和智能协议。智能层的作用是协调交换节点之间 STP/SP 的选择，对无线链路上的通信和数据传输进行优化，实现异构物联网设备之间的连网。

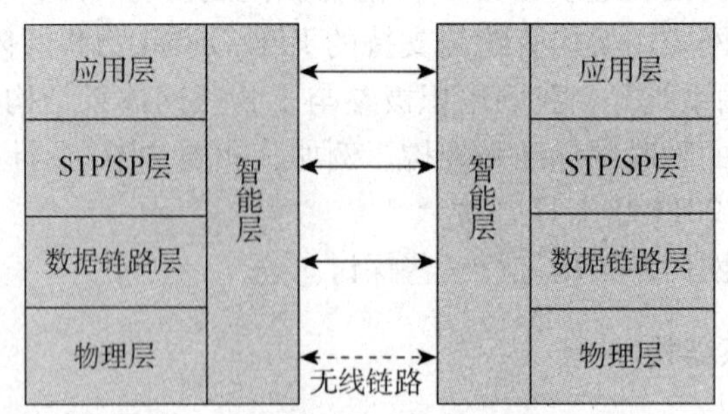

图1-2 物联网自主体系结构协议栈

目前，因为上述物联网的自主体系结构涉及的协议栈比较烦琐，所以只在计算资源较为充裕的物联网节点处予以使用。

1.2.2 物联网 EPC 体系架构

目前，国际上对物联网的研究逐渐明朗起来，出现了多种物联网体系结构，不同的体系结构都有不同的应用领域，其中，EPC 系统应用最为广泛。为满足对单个物品的标识和高效识别，美国麻省理工学院的自动识别实验室（Auto-ID）在美国统一代码协会（UCC）的支持下，提出要构造一个系统，能够覆盖世界万事万物；此外，还提出了电子产品代码（Electronic Product Code，EPC）的概念，即赋予每个对象一个唯一的 EPC，通过采用射频识别技术的信息系统进行管理，让每个对象之间彼此联系，由 EPC 网络处理数据的传输和储存。之后，在 2003 年 9 月，美国统一代码协会（UCC）联合国际物品编码协会（EAN）成立了非营利性组织 EPC Global，它们将 EPC 加入到全球统一标识系统，实现了全球统一标识系统中的 GTIN 编码体系与 EPC 概念的完美结合。

基于 EPC 的物联网是在计算机互联网的基础上，利用全球统一的物品编码技术、RFID 技术、无线数据通信技术等，实现全球范围内的单件产品的跟踪与追溯，从而有效地提高供应链管理水平，降低物流成本，被誉为具有革命性意义的新技术，引起了世界各国企业的广泛关注。EPC 载体是 RFID 标签，并借助互联网来实现信息的传递。EPC 是一个完整的、复杂的、综合的系统。

EPC Global 对于物联网的描述是，一个物联网主要由 EPC 编码体系、射频识别系统及信息网络系统三部分组成，主要包括 EPC 编码、EPC 标签及读写器、EPC 中间件、ONS 服务器和 EPCIS 服务等 6 个方面，如表 1-1 所示。

表1-1 EPC 物联网系统构成

系统构成	名 称	说 明
EPC 编码体系	EPC 代码	代表对象的特定代码
射频识别系统	EPC 标签	贴在物品之上或内嵌在物品之中
	读写器	读取、识别 EPC 标签

续表

系统构成	名 称	说 明
信息网络系统	EPC 中间件	EPC 系统的软件支持系统
	对象名称解析服务（Object Naming Service，ONS）	
	EPC 信息服务	

1.2.1.1 EPC 编码体系

物联网的目的是实现全球物品的信息实时共享。要实现这个目标，首先要实现对全球物品的统一编码，对于地球上任何地方生产的所有物品，都打上一个电子标签。该电子标签中包含一个全球唯一的电子产品代码。每个物品的基本信息都包括在电子标签中，例如生产时间、地点、厂家、产品类型、数量等内容都可以从标签中读取。目前常见的两种电子产品编码体系分别是欧美支持的 EPC 编码和日本支持的 UID（Ubiquitous Identification）编码。

EPC 编码体系是 EPC 系统中很重要的一部分，它是由 EAN/UCC 基于原有的全球统一编码体系提出的，对现行编码体系进行了拓展和延伸，它是新一代的全球统一编码体系。EPC 编码将物品及物品的相关信息进行代码化，通过规范、一致的编码建立一种全球通用的信息交换语言。EPC 的目标是为每一物理实体提供唯一标识，它是由一个头字段和 EPC 管理者号、对象分类号、序列号组成的一组数字。其中头字段标识 EPC 的版本号，它使得后面的 EPC 可有不同的长度或类型；EPC 管理者号是描述与此 EPC 相关的生产厂商的信息。EPC 的编码结构如图 1－3 所示。

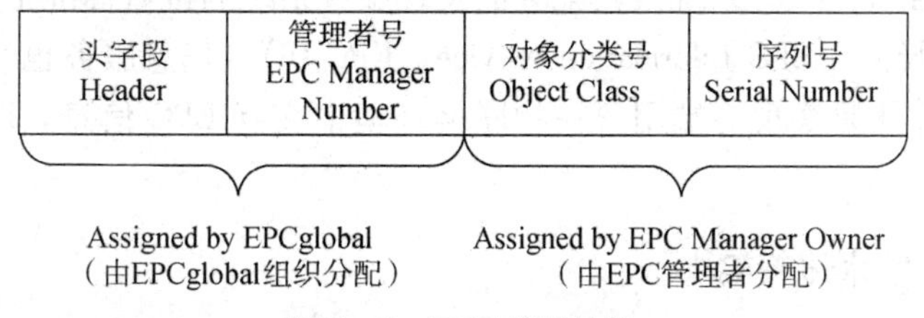

图 1－3 EPC 编码结构

（1）EPC 头字段（EPC Header）。头字段用来说明 EPC 的版本号。设计时利用版本号来说明 EPC 的结构，包括 EPC 中编码的总位数和其他三部分中每部分的位数。

（2）EPC 管理者号（EPC Manager Number）。管理者号部分也可以称之为域名管理号，因为不同版本中的 EPC 管理者编码长度是可变的，所以越短的 EPC 管理者编号越珍贵。在各版本中，EPC 管理者部分最短的是 EPC－64 II 型版本，它的管理者号只有 15 位，该版本只能表示 EPC 管理者号小于 32768 的物品。

（3）对象分类号（Object Class）。对象分类号标识厂家的产品种类，主要用于产品电子码的分类编号。对于那些特殊对象分类编号的拥有者来说，对象分类号的分配不受限制。

（4）序列号（Serial Number）。序列号用于产品电子码序列号编码。此编码只是简单地填补序列号值的二进制 0。一个对象分类编号的拥有者对其序列号的分配没有限制。

1.2.1.2　射频识别系统

射频识别系统（RFID 系统）由 EPC 标签和读写器组成，主要完成产品的采集与处理。EPC 标签是编号（每件商品唯一的号码，即牌照）的载体，EPC 标签直接贴在物品上或者内嵌在物品中，每件物品和它的 EPC 标签中的产品电子代码是一一对应的关系。EPC 标签实际上就是一个携带信息的电子标签，携带的信息一般就是产品电子代码，人们利用 RFID 读/写器来对 EPC 标签中携带的信息进行读取。读写器将产品电子代码读取出来后传送给物联网中间件，经过处理后存储在分布式数据库中。用户如果想要查询某件物品的信息，只需在浏览器的地址栏中，输入物品的名称、生产地、生产时间等数据，即可获悉物品在供应链中的实时状态。到目前为止，电子标签的封装标准，电子标签和读写器之间信息交换的标准等相关的标准均已制定。

1.2.1.3　EPC 信息网络系统

EPC 信息网络系统包括 EPC 中间件、EPC 信息发现服务和 EPC 信息服务三部分。

（1）EPC 中间件。EPC 中间件是在后台应用程序和读/写器之间设置的一个通用平台和接口，它使用标准的协议和接口，是 RFID 读写器和信息系统之间进行联系的桥梁。EPC 中间件主要用于实现 RFID 读写器和后台应用系统之间信息交流、捕获实时信息和事件，可向上传送给 ERP 系统或后台应用数据库软件系统，或向下传送给 RFID 读写器。总之，它实现了对小的应用环境或系统的标准化及它们之间的通信。应用级别事件（Application Level Event，ALE）标准正在制定中。

（2）EPC 信息发现服务（Discovery Service）。EPC 信息发现服务主要内容是对象名解析服务（Object Name Service，ONS）和其配套服务，它基于电子产品代码，通过获取 EPC 数据访问通道信息。目前，ONS 系统及其配套的发现服务系统的接口标准正在制定中。

（3）EPC 信息服务（EPC Information Service，EPC IS）。信息服务也就是 EPC 系统的软件支持系统，它的作用是实现终端用户在物联网环境下交互 EPC 信息。EPC IS 的相关接口标准也在制定中。

1.2.3　物联网 UID 技术体系架构

日本在电子标签方面的发展，最早始于 20 世纪 80 年代中期的实时嵌入式系统 TRON。T-Engine 是其中核心的体系架构。2003 年 3 月，在 T-Engine 论坛领导下，在东京大学正式设立了泛在 ID 中心。成立该中心是为了建立和普及自动识别中所需的技术知识，从而实现“计算无处不在”的理想环境。该中心得到了日本政府经产省和总务省及很多大企业的支持，包括富士通、东芝、微软、索尼、夏普、理光、NTT、伊藤忠、大日本印刷等重量级企业。

UID 技术体系架构主要包括泛在识别码（uCode）、信息系统服务器、泛在通信器和 ucode 解析服务器等 4 部分。UID 体系作为一个开放性的技术体系，其规范是对大众公开的。泛在识别码标识世间所有的物品和地点，UC 是一种近似于 PDA 的终端，UC 通过从识别码的电子标签中读取信息来获取设施的状态，并对它们进行控制。UID 通过 uCode 标签的物品、场所的各种实体将现实世界与和虚拟世界中信息服务器中存储的各种相关信息联系起来，以此实现“物物互联”。

1.2.4　物联网系统基本组成

物联网可以看做是传统互联网的自然延伸，因为它的信息传输基础仍然是互联网。计算机互联网可以把世界上不同国家、不同地点的人密切地联系在一起，而物联网也可以通过感知识别技术把世界上各个地点的物品联系在一起，使它们彼此之间能够交互数据信息，最终实现一个全球性物物互联的智能社会。

物联网可以从不同的角度分为多种类型，各类型的物联网的组成不会完全相同。从物联网的系统组成来看，大体可以把它分为软件平台和硬件平台两大系统。

1.2.4.1　物联网的硬件平台组成

物联网的主要任务是完成信息感知、数据处理、数据回传，以及决策支持等功能。物联网是以数据为中心的面向应用的网络，其硬件平台可由传感器网、核心承载网和信息服务系统等几个大的部分组成。其中，传感器网包括感知节点（数据采集、控制）和末稍网络（汇聚节点、接入网关等）；核心承载网为物联网业务的基础通信网络；信息服务系统硬件设施主要负责信息的处理和决策支持。

1. 感知节点

感知节点需要完成物联网应用的数据采集和设备控制等功能。感知节点综合了智能组网、传感器、无线通信、嵌入式计算及分布式信息处理等多种技术，能够通过各种集成化的微型传感器协作地对各种环境或监测目标的信息进行实时的感知、监测及采集，通过嵌入式系统对信息进行处理，并通过随机自组织无线通信网络以多跳中继方式将所感知信息传送到接入层的基站节点和接入网关，最终到达信息应用服务系统。

感知节点主要由各种类型的采集和控制模块组成，如温度传感器、声音传感器、振动传感器、压力传感器、RFID 读写器、二维码识读器等。感知节点具体包括四个基本单元：一是传感单元，它包括传感器和模数转换功能模块，例如 RFID、温感设备、二维码识读设备等；二是处理单元，主要是嵌入式系统，包括嵌入式操作系统、CPU 微处理器、存储器等内容；三是通信单元，主要包括无线通信模块，目的是实现末梢节点与会聚节点间及各末梢节点之间的数据通信；四是电源供电部分。

2. 末稍网络

末稍网络即接入网络，包括汇聚节点、接入网关等，主要功能为应用末稍感知节点的组网控制和数据汇聚，或完成向感知节点发送数据的转发等。在感知节点之间成功组网后，如果感知节点有数据要上传，则它先将数据发送给会聚节点，会聚节点收到数据之后再利用接入网关完成和承载网络的连接；反之，如果用户的应用系统有控制信息需要下发，则接入网关先将收到的承载网络的数据发给会聚节点，之后会聚节点再将数据转发给感知节点。感知节点与承载网络之间的数据交互功能通过上述过程实现。

末梢网络与感知节点承担物联网的信息采集和控制任务，构成传感器网，实现传感器网的功能。

3. 核心承载网

核心承载网的作用是承担接入网与信息服务系统之间的数据通信任务。根据具体应用的不同需求，核心承载网的种类有很多，它既可以是公共通信网，比如 2G、3G 移动通信网、互联网，WiFi，WiMAX，也可以是企业专用网，甚至可以是专用于物联网的新通信网。

4. 信息服务系统硬件设施

物联网信息服务系统硬件设施的组成包括各种应用服务器（包括数据库服务器）和用户设备（如 PC、手机）、客户端等，主要作用是对采集的数据进行转换、融合、分析，以及对用户呈现的适配和事件的触发等。由于感知节点采集的信息都是原始数据，对于这些信息，只有对它们进行筛选、转换、分析等处理后才具有实际价值。服务器根据用户端设备对处理后的信息进行信息呈现的适配，同时根据用户设置触发一定的通知信息。针对不同的应用将设置不同的应用服务器。当需要对末端节点进行控制时，信息服务系统硬件设施生成控制指令并发送，以进行控制。

1.2.4.2 物联网的软件平台组成

物联网系统既包括硬件平台，也包括软件平台，软件平台是物联网的神经系统。虽然不同类型的物联网具有不同的用途，其软件系统平台也不尽相同，但软件系统的实现技术与硬件平台紧密相关。软件平台的开发及实现比硬件更具特点。通常情况下，物联网的软件平台是在分层的通信协议体系之上建立的，包括数据感知系统软件、中间件系统软件、网络操作系统（包括嵌入式系统）及物联网管理和信息中心（包括国家物联网管理中心、机构物联网管理中心、国际物联网管理中心及其信息中心）的管理信息系统（Management Information System，MIS）等。

1. 数据感知系统软件

数据感知系统软件主要完成物品的识别和物品 EPC 码的采集和处理，主要由企业生产的物品、物品电子标签、传感器、读写器、控制器、物品代码（EPC）等部分组成。对于物品电子标签，国际上多采用 EPC 标签，用 PML 语言来标记每一个实体和物品。存储有 EPC 码的电子标签在经过读写器的感应区域时，读写器会自动获取标签中的 EPC 码，实现了 EPC 信息采集的自动化。读写器采集到的数据传递给上级信息采集软件进行进一步处理，如数据校对、数据筛选、数据完整性检查等，这些整理后的数据可以被物联网中间件、应用管理系统使用。

2. 物联网中间件系统软件

中间件系统软件是位于数据感知设施（读写器）与在后台应用软件之间的一种应用系统软件。中间件主要任务是对感知系统采集的数据进行捕获、过滤、汇聚、计算、数据校对、解调、数据传送、数据存储和任务管理，减少从感知系统向应用系统中心传送的数据量。中间件既可以为物联网应用提供一系列计算和数据处理功能，同时还可提供与其他 RFID 支撑软件系统进行互操作等功能。引入中间件使得原先后台应用软件系统与读写器之间非标准的、非开放的通信接口，变成了后台应用软件系统与中间件之间，读写器与中间件之间的标准的、开放的通信接口。中间件具有两个关键特征：一是为系统应用提供平台服务，这是一个基本条件；二是需要连接到网络操作系统，并且保持运行工作状态。

一般地，物联网中间件系统包括读写器接口、应用程序接口、事件管理器、对象名解析服务和目标信息服务等功能模块。

（1）读写器接口。物联网中间件一定要优先为各种形式的读写器提供集成功能。RFID 读写器与其应用程序间通过普通接口相互作用，它们通常采用 EPC-global 组织制定的标准来实现这个过程。协议处理器被用来保证中间件能够通过各种网络通信方案与 RFID 读写器相连接。

（2）应用程序接口。应用程序接口是应用程序系统控制读写器的一种接口；此外，需要中间件能够支持各种标准的协议（例如，支持 RFID 及配套设备的信息交互和管理），同时还要屏蔽前端的复杂性，尤其是前端硬件（如 RFID 读写器等）的复杂性。

（3）事件管理器。事件管理器用来对读写器接口的 RFID 数据进行过滤、汇聚和排序操作，并通告数据与外部系统相关联的内容。

（4）对象名解析服务。对象名解析服务（ONS）是一种目录服务，主要是将对每个带标签物品所分配的唯一编码，与一个或者多个拥有关于物品更多信息的目标信息服务的网络定位地址进行匹配。

（5）目标信息服务。目标信息服务由两部分组成：一个是目标存储库，用于存储与标签物品有关的信息并使之能用于以后查询；另一个是为提供由目标存储库管理的信息接口的服务引擎。

3. 网络操作系统

物联网利用互联网来实现现实世界中的各个物品的互联，无论任何时间、任何地点都可以识别任何物品，使物品成为携带动态信息的“智能产品”。同时能够使物品的信息流和物流同步，因此为物品信息共享提供了一个快速、高效的网络通信及云计算平台。

4. 物联网信息管理系统

与互联网的网络管理类似，物联网也需要有管理系统。目前，大部分物联网是基于 SNMP 建设的管理系统，这与一般的网络管理类似，提供对象名解析服务（ONS）是重要的。ONS 类似于互联网的 DNS，要有授权，并且有一定的组成架构。它能对每一种物品的编码进行解析，再通过 URL 服务获得相关物品的进一步信息。

物联网信息管理系统包括国家物联网信息管理中心、企业物联网信息管理中心及国际物联网信息管理中心。其中，国家物联网信息管理中心负责国家总体标准的制定和发布，负责对现场物联网管理中心进行管理，并且与国际物联网互联。物联网信息服务管理系统中最基本的是企业物联网信息管理中心，它主要负责本地物联网的管理，为本地的用户单位提供相应的规划、管理及解析服务。国际物联网信息管理中心主要负责国际框架性物联网标准的制定和发布，负责与各个国家的物联网互联，并且对各个国家物联网信息管理中心进行指导、管理、协调等工作。

1.3　物联网通信技术

正如 1.2.4 节所描述的物联网系统的基本组成，物联网的通信体系结构主要由传感器网、核心承载网和信息服务系统等几个大的部分组成。其中包括末稍网络、核心承载网等基础通信网络；信息服务系统硬件设施主要负责信息的处理和决策支持。

如图 1－4 所示，在传感器网的末梢网络内部节点间，主要是通过短距离无线通信的方式形成多跳的自组织网络，其主要采用一些比较成熟的短距离无线通信技术如 RFID、NFC、蓝牙、Zigbee 等。每一个末梢网络之间通过核心承载网进行通信，主要可采用现有的 2G、3G、LTE、LTE-A 以及 SDH、全光网等进行通信。

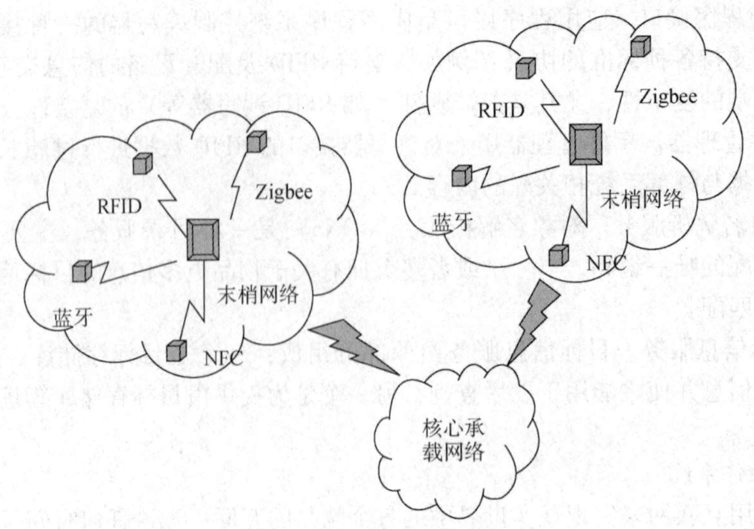

图 1－4 应用在物联网的各种通信技术举例

1.3.1 末梢网络通信技术

随着物联网通信技术的广泛应用，作为物联网中末梢网络的关键技术——近距离通信技术也是人们关注的重点问题之一。近距离无线通信技术的技术范围比较广泛，只要是收发节点之间通过无线电波传输信息，并且传输距离在较短的范围内，都称为近距离无线通信。近距离无线通信有高速近距离通信与低速近距离通信，其中高速无线通信技术主要应用于消费电子和通信设备，支持各类高速的应用如多媒体应用；低速部分主要用于家庭生活、工厂的自动化管理、安全的监视等低速应用。

常见的近距离无线通信技术包括射频识别 RFID（Radio Frequency Identification）技术、NFC（Near Field Communication）技术、蓝牙（Blue Tooth）、Zigbee 技术等。近年来，近距离无线通信因为其低成本、低功耗、对等通信的三个特点，受到了广泛的关注。首先，因为是近距离通信，所以无论是从材料还是管理的角度，都满足消费电子低成本的要求；其次，因为通信距离短，只需要非常低的功率即可实现信息的传递；而对等通信是指终端设备之间无需通过中间节点就能直接进行通信。

1.3.1.1 射频识别 RFID

RFID 技术是一种以无线方式追踪和管理物品的非接触式的自动识别借书，它通过射频信号自动识别目标对象并获取相关数据，识别过程无需通过人工干预，可工作在各种不良恶劣环境。RFID 技术继承了雷达的概念，它通过电磁场或者磁场，利用无线射频的方式进行非接触式双向通信，以达到识别目标的目的。RFID 技术可以识别出高速移动的物体并且可以在极短的时间内“同时”识别出多个目标并完成数据的交换。与传统的识别方式相比，该技术无需直接接触、无需人为干预即可完成信息输入与处理，是未来条码的最佳替代者。近年来 RFID 系统日益广泛地应用于各种生产生活场所，扮演着越来越重要的角色。

1.3.1.2 近场通信 NFC

NFC 是 Near Field Communication 的缩写，即近场通信技术。NFC 标准兼容了索尼公司的 FeliCaTM 标准，以及 ISO 14443 A，B，也就是使用飞利浦的 MIFARE 标准。NFC 技术脱胎于无线设备之间的“非接触式识别”及互联技术，它可以满足任何两个无线设备之间的信息交换、内容的访问及服务交换，并且任意两个设备之间靠近而不需要线缆连接就可以实现互相之间的通信。NFC 将非接触读卡器、非接触卡和点对点功能整合进一块芯片，为消费者的生活方式开创了全新的机遇。

1.3.1.3 蓝牙技术

蓝牙工作在全球通用的 2.4GHz ISM（即工业、科学、医学）频段。蓝牙的数据速率为 1Mb/s。时分双工传输方案被用来实现全双工传输，使用 IEEE 802.15 协议。蓝牙技术的基本原理是蓝牙设备依靠专用的蓝牙芯片使设备在短距离范围内发送无线电信号来寻找另外一个蓝牙设备，找到后相互之间便可以开始交换信息。蓝牙技术采用快速的跳频技术与短分组技术，减少了信号所受到的干扰并且能够有效地抵抗信号衰弱，来保证传输的可靠性；采用时分全双工通信，传输的速率设计为 1MHz；采用 FEC（前向纠错）编码技术，有效地减少了随机噪声的影响。蓝牙使用的工作频段为非授权的工业、医疗、科学频段，保证在全球范围内都能够使用这种无线通信技术。蓝牙技术在近距离保障了通信的可靠性和信息的安全性，它解决了 10 米范围之内各种电子终端的无线通信，帮助终端用户快捷方便地收发信息资源，这大大地满足了用户对于数据高速传输的要求。

1.3.1.4 Zigbee 技术

ZigBee 联盟对 ZigBee 标准的制定是使用 IEEE 802.15.4 协议的物理层、MAC 层及数据链路层，标准已在 2003 年 5 月发布。Zigbee 技术的名称来源于蜜蜂的“八字舞”，由于蜜蜂（bee）是靠飞翔和“嗡嗡”（zig）地抖动翅膀的“舞蹈”来向同伴传递花粉所在的地点信息，也就是说蜜蜂们依靠这样的方式构成了群体中的通信渠道。ZigBee 技术是一种近距离、低复杂度、低功耗、低速率、低成本的双向无线通信技术，可以广泛应用于工业控制、家庭网络、汽车自动化、楼宇自动化、消费电子、医疗设备控制等多个领域。ZigBee技术弥补了低成本、低功耗、低速率无线通信市场的空缺。

1.3.2 核心承载网络技术

在物联网的通信技术中，除了上述近距离无线通信技术，其他的中远距离无线通信技术，如互联领域的无线通信技术与电信领域的无线通信技术在物联网的核心承载网中有着广泛的应用。

1.3.2.1 互联领域的无线通信技术

WiFi（Wireless Fidelity），即 IEEE 802.11 标准是 IEEE（Institute of Electrical and Electronics Engineers，美国电气和电子工程师协会）定义的一个无线网络通信的工业标准。WiFi 定义了使用直接序列扩频调制技术，在 2.4GHz 实现了 11Mbps 速率的无线传输，在信号较弱或有干扰的情况下，带宽可调整为 5.5Mbps、2Mbps 和 1Mbps。WiFi 技术最突出的优势有以下几点：较广的局域网覆盖范围、传输速度快、无需布线及安全健康。由于 WiFi 的频段在世界范围内是无需任何电信运营执照的免费频段，因此 WiFi 设备提供了一个世界范围内可以使用的、费用极低且带宽极高的无线空中接口。如今，支持 WiFi 的电子产品越来越多，像手机、Mp4、平板电脑等，基本上已经成为了主流标准配置。随着 Internet 的迅速发展，人们越来越习惯能够在任何时间、任何地点无障碍地使用网络，这进一步促进了

WiFi 的发展，使其成为最为普及的无线组网方式。

WiMAX（Worldwide Interoperability for Microwave Access）是以 IEEE 802.16 系列无线通信标准为基础，兼容各种不同的常用无线网络，为广大消费者提供便捷的无线数据接入服务。随着社会的进步与发展，人们对于网络服务提出了更高的要求，随时随地能够享受到高速率高质量的数据服务成为广大消费者的向往。因此，最后一公里的通信成为业界的热点话题之一。与 WiFi 等无线接入技术相比，WiMAX 在扩大网络覆盖范围、提高频谱利用率和系统容量等方面具有自己独到的优势，成为解决最后一公里瓶颈的重要手段之一。由于 WiMAX 较之 WiFi 在安全性和可扩展性方面更加出色，从而能够实现更多的多媒体通信服务，例如数据、语音和视频的传输等。

1.3.2.2 电信领域的无线通信技术

3G 是第三代移动通信系统（3rd-Generation，3G）的简称，是基于 IMT－2000 的宽带蜂窝移动通信系统，可将无线通信与国际互联网等多媒体通信结合的新一代移动通信系统，它支持数据速率高达 2Mbps 的业务，而且业务种类涉及语音、数据、图像及多媒体业务。目前，3G 的主要标准有 WCDMA，CDMA2000，TD-SCDMA 等。第三代移动通信网络是由卫星移动通信网络和地面移动通信网络构成覆盖全球的无线通信网络，能够满足移动用户无论是在城市还是在偏远地区各种条件下的不同的需求，可以提供高质量的语音服务、高速数据传输服务、宽带多媒体服务及 IP 业务，并可以有效降低网络设备成本。其主要目标是扩大系统容量和提高频谱利用率，同时满足多业务、多环境、多速率的要求，能够逐步将已有的通信系统集成为统一的可替代系统，实现个人通信。

LTE（Long Term Evolution，长期演进）/LTE-A 就是 3GPP 的长期演进，是 3G 技术与 4G 技术之间的一个过渡，称之为 3.9G 的全球标准。LTE 增强并改进了 3G 的空中接入技术，采用 OFDM 和 MIMO 作为其无线网络演进的唯一标准。LTE 项目始于 2004 年 3GPP 在多伦多召开的会议，是 2006 年以来 3GPP 启动的最大的新技术研发项目。LTE 是以 OFDM/FDMA 为核心的技术，能够在 20MHz 频谱带宽下提供下行通信 100Mbps 与上行通信 50Mbps 的峰值速率，改善了小区的边缘用户网络性能，提高了小区容量，降低了系统延迟。

1.4 物联网相关技术

1.4.1 嵌入式与中间件技术

嵌入式技术已经广泛应用于科学技术的各个领域和人们日常生活的每个角落，而物联网的发展与嵌入式技术的进步也是密不可分的。无论是智能传感器、无线传输网络还是节点信息的记录、显示与处理，都包含了大量的嵌入式技术。

在物联网中，中间件系统位于感知设备和物联网应用之间，它的工作过程是对感知设备采集的数据进行校对、滤除、集合等处理，这样可以有效地减少传输数据的冗余度、提高数据正确接受的可靠性。从中间件技术的系统定位和它采用的各种数据的采集和处理技术来看，中间件技术是嵌入式技术在物联网中最鲜明的例子。从实质意义上来看，物联网中间件是物联网所有应用的必需品，它主要是为物联网的感知、互联互通和智能等功能提供帮助。

物联网中间件通过与已有的各种中间件及信息处理技术相融合来提升自身性能。

1.4.2　物联网安全技术

正如每一个新的信息系统的出现都会伴随着产生信息安全的问题，物联网也不可避免地伴随着信息安全问题，其主要表现在：如果物联网系统出现了通信被攻击、系统数据被篡改等安全问题，并致使其出现了与所期望的功能不一致的情况，或者不再发挥应有的功能，那么依赖于物联网的控制结果将会出现十分严重的问题，例如，工厂停止生产或设备出现错误的操控结果。这样的情况通常被称为物联网的安全问题。物联网将经济社会活动、战略性基础设施资源和人们生活全面架构在全球互联互通的网络上，所有活动和设施理论上透明化，一旦遭受攻击，安全和隐私将面临巨大威胁，甚至可能引发电网瘫痪、交通失控、工厂停产等恶性后果。因此实现信息安全和网络安全是物联网大规模应用的必要条件，也是物联网应用系统成熟的重要标志。

1.4.3　物联网定位技术

在物联网所有的应用中，与人们生产生活联系和结合最紧密的应用就是定位跟踪及其相应的管理任务。通过定位跟踪管理，可以使得人或者是任何物品实现信息互联，达到“物物相联”的效果。从物联网的体系架构当中可以看出，人们使用RFID、传感器等设备，从现实世界当中获取各种各样的物理信息，这些信息又通过网络的承载最后传到用户或者服务器，为用户提供各种各样的服务，所有这些被采集到的信息一定要和传感器的具体位置信息相关联，否则这个信息就没有任何实际意义，因此定位技术是物联网一个重要的基础。从物联网的三个目标来看，要实现任何时间、任何事物、任何地点之间的连接其中必须有定位技术的支持，而且在任何地方的连接里面本身就包含着物体之间的位置信息。所以，定位技术是物联网一个重要的基础。在现在的日常生活中，各种定位技术已经得到了广泛的应用，而在制造业领域，实时定位系统和无线传感器网定位技术应用更为广泛。

1.5　物联网典型应用

1.5.1　无线传感器网络WSN

无线传感器网络（Wireless Sensor Networks，WSN）是一种自组织网络，通过大量低成本、资源受限的传感节点协同工作实现某一特定任务。随着微机电系统（Micro-Electro-Mechanism System，MEMS）的快速发展，制造小体积、低功耗、低成本的传感器节点成为可能。这些节点集成了传感器单元、微处理单元、通信单元及电源模块等部分，并可附加定位功能和移动功能。

无线传感器网络综合了传感器技术、无线通信技术、嵌入式技术等各项技术，进行实时的检测、数据采集，通过自组织无线网络进行互联，实现对区域的动态协同感知。无线传感器网络扩展了人们获取信息的能力，它将客观世界的物理信息通过传输网络连接在一起，在下一代网络中为人们提供最直接、最有效、最真实的信息，这将是信息领域的一场革命。美国《商业周刊》认为无线传感器网络是全球未来四大高技术产业之一，是21世纪世界最具有影响力的21项技术之一；MIT新技术评论认为，无线传感器网络是改变世界的十大新技术之一。

随着无线传感器网络技术的进一步发展与成熟，其应用领域也将不断拓展，对于无线传感器网络技术的研究重点也将会发生变化，未来的一些主要研究方向包括节点的微型化、系统的节能化、抗干扰能力等。

1.5.2 M2M

M2M最初是指机器与机器（Machine to Machine）之间通过有线或者无线的方式，在没有人为干预下实现数据的通信。这些物体将配备嵌入式的通信技术产品，通过各种通信类协议和其他的设备进行信息的交换。广义的M2M也包括人和机器（Mobile to Machine）之间的应用。M2M的本质是信息基础设施和实体基础设施的结合，通过网络技术和IT技术实现智能化，从而解决很多行业面临的“效率、安全、成本”等问题。M2M是一种通信理念，是通过机器之间建立连接并使得信息交流扩展到日常生活的各个方面的重要趋势。截止到目前，除了极少量的一部分工具，很多普通的机器设备不具备网络互连与信息交互的功能，而M2M技术的核心目标就是使日常生活中所有的机器都具备通信的功能。与此同时，M2M还有远程控制的功能，用户不但可以接受远端发来的信息，还可以进行反馈并对远端进行控制。

1.6 物联网通信技术展望

随着物联网技术的进一步发展，各种不同的终端网络的应用及各种新的承载网络层出不穷，物联网终端设备的制造也随着电子科学技术的进步而进一步的微型化、移动化，现有的物联网将会形成一个广泛存在于人们生活、工作中的，无所不在的网络——泛在网络。

泛在网允许人们随时随地和任何人或物进行信息的沟通和交流，由此而产生的大量的数据也进一步促进了大数据处理的技术发展——云计算由此得到了更好的发展，为泛在网络大量的数据信息进行存储和处理提供了必要的条件。

同时，泛在网的形成，不可避免地会有不同的子网络出现，而这些网络的协议不完全是相同的，各个不同网络之间的组合促使了异构网的发展。

下面分三个部分详细阐述泛在网、异构网及云计算技术。

1.6.1 泛在网

“泛在网”即广泛存在的网络，它以无所不在、无所不包、无所不能为基本特征，能够实现随时随地、任何人与人之间或物与物之间的通信，广泛涵盖了各种各样的应用；是一个容纳了智能感知与控制、广泛覆盖的网络连接及深度的信息通信技术（Information and Communication Technologies，ICT）应用等技术，超过了原有电信网范畴的更大的网络体系。传感器网、物联网和泛在网是三个不同的概念。

传感器网可以看成是传感器模块与组网模块共同构成的一个网络。传感器仅仅负责感知到信号，并不强调对物体的标识。比如可以让温度传感器感知一片森林区域的温度，但并不一定需要知道哪棵具体树木的温度。物联网的概念相对于传感器网要更大一些。

"泛在网络"的构想，致力于实现从"e时代"（Electronic）向"U时代"（Ubiquitous）的转变。未来泛在网络的具体形态目前虽未制定国际统一的标准，但突破目前互联网仅仅实现人与人通信的传统界限是可以肯定的事实。

人类社会对于移动通信有着强烈的需求，这必然促使移动通信网络成为泛在网络的重要组成部分之一；在充分感受移动通信所带来的优点时，人们也期望向内容更加丰富、形式更加多样的信息获取方式增加移动功能，从而全方位地打破时间和空间的局限。这一需求，大大超出了传统的蜂窝移动通信网络所能提供的移动业务和应用的范畴。泛在网络向更为广阔的无线通信市场敞开了大门，无线传感器网络、短距离无线通信网络、无线局域网等也都成为泛在网络的覆盖范畴。

泛在网络的成长过程，不一定是产生全新的网络，而是不断融合新的网络，使其成为泛在网络的一个组成部分，如此源源不断地向网络注入新的业务和应用，直至"无所不包、无所不能"。

各种网络之间的关系如图1－5所示。

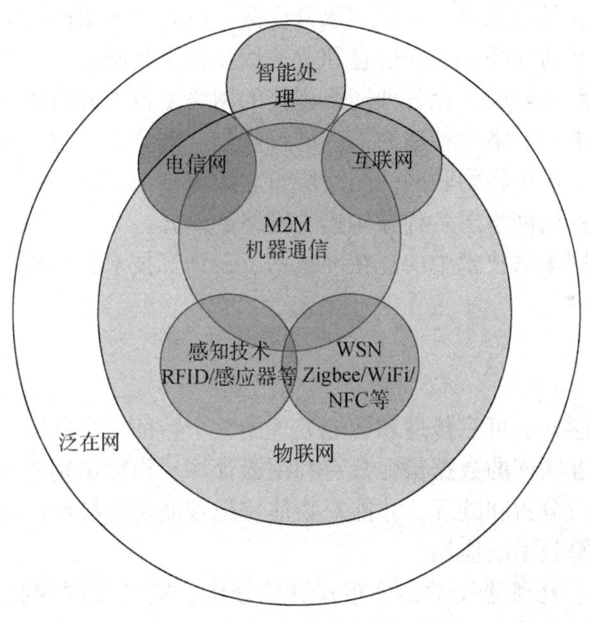

图1－5　各种网络之间的关系

泛在网的概念最早是由美国的Mark Weiser先生在1991年提出的，是指基于个人和社会的需求，实现人与人、人与物、物与物之间按各自的需求进行信息的获取、传递、存储等服务，为个体和群体提供广泛的、无所不含的服务和应用。泛在网反映了人类社会发展的远景和蓝图，具有比物联网更加广阔的内涵。

物联网是指在物理世界的实体中放置具有一定感知能力、执行能力或是计算能力的各种信息传感设备外加近距离无线通信技术构成一个独立的网络。传感器仅仅感知信号，并不强调对物体的标识。而传感器网是由多个具有通信能力与计算能力的传感器节点构成的，它一般提供局域或者是小范围内物与物之间的信息交换。由上可知，传感器网只是一个很小的概念，完全可以将其包容在作为互联网的扩展形式的物联网的概念之内。

由此可以看出，泛在网是信息社会发展的最高目标，物联网是泛在网的初级阶段和必然要经历的发展阶段，而传感器网络是物联网的延伸和应用的基础。

1.6.2 异构网

在1.3节我们提出了物联网的各种不同的通信技术，使用这些不同的通信技术的网络在进行沟通时会使用不同的协议，这些不同的网络就组成了异构网。未来的发展是希望任何终端节点在物联网中都能实现泛在互联。由节点组成的网络末端网络，如传感器网、RFID、家居网、个域网、局域网、体域网等，连接到物联网的异构融合网络上，形成一个广泛互联的网络，物联网在核心层可以考虑NGN/IMS融合，在接入层则需要考虑多种无线异构网络的共存和协同。

由于物联网中各种异构网络相对独立自治，相互间缺乏有效的协同机制，造成系统间干扰、频谱资源浪费、业务的无缝切换等问题无法解决。面对日益复杂的异构无线环境，为使用户更加便捷地享用网络服务，异构网络融合成为物联网的一大发展潮流。

异构网融合的过程是漫长的，可以大致分为两个阶段：连通阶段和融合阶段。在连通阶段，多种传感器网络互通互联，感知信息和业务信息传送到网络另一端的应用服务器进行处理以支持应用服务。融合阶段，在各种网络连接的网络平台上分布式布署若干信息处理的功能单元，根据应用需求对网络中传递的信息进行收集、融合、处理，从而使基于感知的智能服务更为精确地实现。最终将物联网的网络层建立成为一个共性平台，上连应用层，下连感应层，实现尽可能的协同网络层各种异构接入网络的差异。

如上所述，物联网未来技术中的泛在网技术、云计算技术、异构网技术将成为支撑物联网发展的重要三大支柱。

1.6.3 云计算

物联网具有全面感知、可靠传递和智能处理的三个特征。物联网大规模发展后产生的海量数据将会远远超过互联网的数据量，只有利用云计算、模糊识别等各种智能计算技术，对海量的数据和信息进行分析和处理，才能对物体实施智能化的控制。可见，海量数据的存储与计算处理需要云计算技术的应用。

随着虚拟化技术、处理器技术、分布式计算技术、宽带互联网技术、SOA技术和自动化管理技术的发展，云计算应运而生。所谓云计算（Cloud Computing），即基于互联网的相关服务的增加、使用和交付模式，提供动态易扩展且经常是虚拟化的资源。

NIST给云计算定义了五个关键技术，形象地表征了云计算与传统计算方法的不同之处。

1.6.3.1 按需自服务

在服务器时间和网络存储方面，用户可以在特定情况下自动地配置计算能力，它与传统计算方法的不同之处在于，不必和服务供应商的服务人员交流。

1.6.3.2 宽带接入

云计算的服务能力来自于互联网，它支持各种标准接入方法，对于客户终端平台并没有特殊要求限定，一般来说，移动电话、笔记本电脑等都可以。

1.6.3.3　虚拟化资源“池”

云计算按照不同用户的要求将不同的物理和虚拟资源动态地进行分配。这种分配带来的好处是用户永远无法得知所使用资源的确切物理位置，这对于资源的保密是有很大帮助的，但也有可能对于一些特殊部门的工作会有一定的影响。

1.6.3.4　快速弹性架构

云计算的服务能力在某些情况下可以自动地直线扩容和运行，也就是说，对于用户，可供应的服务是大量的且供应服务的速度也是非常快的。

1.6.3.5　可测量服务

云系统利用经过某种程度抽象的测试能力（如存储、处理、带宽等）能够自动地控制和优化某一项服务的资源分配和使用。

习题

1. 物联网的定义是什么？物联网的提出有什么意义？
2. 分析已有的物联网体系架构，论述应如何架构物联网体系？
3. 物联网中末梢网络的关键技术是什么？具体包括哪些内容？
4. 物联网中核心承载网主要应用哪些技术？
5. 简述物联网的相关技术有哪些？
6. 列举物联网的主要应用领域，并描述物联网的主要发展前景。

第二部分

物联网通信技术

通信技术无疑是物联网实现其关键功能的支撑力量。通信技术使得物联网能够将感知到的大量信息数据在不同的终端进行有效的交换和共享，这就催生了基于物理世界的多层次的物联网应用，为人们工作和生活带来了不同的精彩体验。物联网通信几乎包含已存在的所有通信技术，包括有线通信和无线通信。物联网的泛在化特征暗示着无线通信技术的重要影响力，所以本部分重点介绍无线通信技术在物联网系统的应用，主要包括近距离通信技术、互联领域无线通信技术和电信领域无线通信技术三个章节。

第2章　近距离无线通信技术

所谓近距离无线通信技术，是指收发双方通过无线电波进行信号的互传，但是这种通信有范围的限定，一般来说是在几十米之内。近距离通信受到广泛关注的原因在于它有三个绝对优势：低成本、低功耗和对等通信。首先，因为是近距离通信，所以从材料成本和管理成本上来说，都符合广大用户的基本要求；再者，通信距离短还保证了低功耗这一特点，传输距离短，通信阻挡物少，所以只需较低的发射功率（一般在1 mW量级）即可实现信息共享；对等通信是指终端设备之间不需要通过中转站就能直接进行信息的互传，这是因为近距离无线通信空中接口和高层协议的设计都相对较为简易。

值得一提的是，高速率近距离无线传输技术能够胜任更高精密度要求的工作，主要应用于下一代便携式电器和通信设备，支持高速率的多媒体应用，如高质量影音信号；当然，低速率的近距离无线通信也有其一展身手的领域，比方说家庭的电器管理、安全监控远程操作、环境监视、货物实时跟踪及游戏等方面。这就是所谓的近距离通信在物联网中的应用。

常见的近距离无线通信技术如表2-1所示。

表2-1　常见的近距离无线通信技术

	连接时间	应用场景	通信方式	工作频段
RFID技术	<0.1 ms	门卡、电子钱包、物件跟踪	载波调制	13.56 MHz，0.9~2.5 GHz
NFC技术	<0.1 ms	共享、付费	载波调制	2.4 GHz
蓝牙技术	6 s左右	耳机、无线联网等	载波调制	2.4 GHz
ZigBee	<6 ms	应用于距离短、功耗低且传输速率不高的各种电子设备	直接扩频	2.4 GHz，868 MHz，915 MHz

2.1　RFID技术

2.1.1　RFID简介

射频识别（Radio Frequency Identification，RFID）技术，又称电子标签、无线射频识别。

RFID 射频识别是一种非接触式的自动识别技术，它通过射频信号自动识别目标对象并获取相关数据，识别过程无须人工操作且适用于各种恶劣环境。即使是物体在高速运动的情况下，RFID 技术亦可从中识别多个应答器（或标签），大大提高了工作效率。射频系统的优点是识别范围要广于光学系统，且数据容量大、智能性强。

RFID 是一种简单的无线系统，由询问器（或阅读器）和应答器（或标签）两个基本器件组成，用于控制、检测和跟踪物件。

下面对 RFID 技术进行详细说明。从技术手段上来讲，RFID 并不用在识别系统和特定目标之间建立机械或光学接触，而只需通过无线电信号识别特定目标并读写相关数据即可。从概念上来讲，RFID 类似于条码扫描。所谓的条码技术，是指在目标物中附着已编码的条码，然后使用专用的扫描读写器利用光信号从条形磁中获取信息；以同样的形式解释 RFID，该技术使用专用的 RFID 读写器及专门的可附着于目标物的 RFID 标签，利用频率信号将信息由 RFID 标签传送至 RFID 读写器。

这一技术的出现，给人类的工业生产、商业经营、日常生活带来了极大的影响，将在物流、医疗卫生、交通等诸多领域发挥重要的作用。近几年，RFID 技术的应用如雨后春笋般萌芽，尤其是提出产品电子代码（Electronic Product Code，EPC）和物联网的概念之后，RFID 和 EPC 一时成为全球关注的热点。

2.1.2　RFID 系统架构与工作原理

RFID 系统架构如图 2－1 所示，其基本工作原理如下。

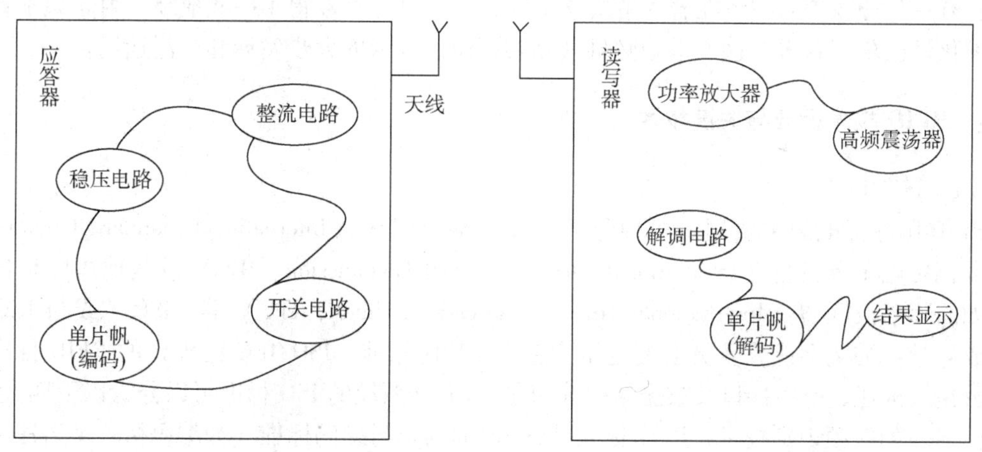

图 2－1　RFID 系统架构

以 RFID 卡片阅读器及电子标签之间的通信及能量感应方式来看，RFID 可分为两种技术方式：感应耦合（Inductive Coupling）及后向散射耦合（Backscatter Coupling）。前者一般适用于低频的 RFID，而后者则适用于较高频的 RFID。

其中，阅读器在 RFID 系统中主要负责信息控制和处理，它根据功能的不同可分为读或读/写装置。阅读器的组成通常包括控制模块、收发模块、耦合模块和接口单元。阅读器和应答器之间的信息数据交换一般采用的通信方式是半双工。应答器可称为 RFID 系统的信息载体，大多数应答器是无源单元，它们的能量和时序由阅读器的耦合模块提供。应答器的一般结构包括耦合原件（线圈、微带天线等）和微芯片。

RFID 系统的工作流程是，读写器电源开关打开后，其中的高频振荡器便开始发出方波信号，由功率放大器处理后输送到天线部分，即会产生高频强电磁场。与此同时，应答器通过天线的电磁感应，也会产生一个高频交流电压，该电压传送至整流电路部分进行整流后再途径稳压电路输出直流电压，这是单片机的工作电源，简单点说就是应答器的工作能量是由读写器提供的。

接下来，在获取能量之后，应答器单片机进入正常状态，继而向外发送连续的数字编码信号。这些数字编码信号途径开关电路，由于输入信号高低电平的变化，开关电路就相应地接通或断开。开关电路中的变化直接影响到应答器电路的一系列参数，它们的改变会反作用于读写器天线的电压变化，实现幅移键控（Amplitude Shift Keying，ASK）调制。

RFID 最突出的优势是非接触识别，即通过无线电波在雾、雪、冰、尘垢、涂料等恶劣环境中传递信息，这是条码所无法企及的。并且阅读速度极快，大多数情况下不到 100ms。另一个重要的优点体现在有源式射频识别系统的速写能力，可将其运用于流程跟踪和维修跟踪等交互式业务，可大大提高工作效率与可靠度。

然而，RFID 也有一个致命的缺点，即不兼容的标准，这是制约其发展的主要因素。射频识别系统的主要厂商提供的都是专用系统，这就导致了不同的应用和不同的行业采用不同厂商的频率和协议标准，这种混乱的局面制约着整个射频识别行业的发展与演进。所幸的是目前已有一部分欧美组织正在着手解决这个问题，并且已经取得了一些成绩。射频识别系统的标准化早已刻不容缓，这一举动必将激励射频识别技术的大步发展和广泛运用。

2.1.3 RFID 技术标准与关键技术

2.1.3.1 ISO/IEC

RFID 国际标准的主要制定机构包括国际标准化组织（International Standard Organized，ISO）/国际电工委员会（International Electrotechnical Commission，IEC）及其他国际标准化机构如国际电信联盟（International Telecommunications Union，ITU）等。ISO（或与 IEC 联盟组成）技术委员会或分委员会制定了大部分 RFID 标准。ISO/IEC 已出台的 RFID 标准主要涉及模块构建、空中接口及数据结构等问题。RFID 领域的 ISO 标准可以分为以下四大类：技术标准（如射频识别技术、IC 卡标准等）、数据内容与编码标准（如编码格式、语法标准等）、一致性及性能标准（如测试规范等标准）和应用标准（如船运标签和产品包装标准等）。

本节以 IC 卡标准为例。作为一种信息技术，IC 卡的相关标准可以被划分为四个方面，分别是技术标准、数据内容标准、性能标准和应用标准。

ISO/IEC 技术标准主要规定了 IC 卡的技术特性、参数及规范，包括 ISO/IEC 18000（空中接口参数）、ISO/IEC 10536（密耦合非接触集成电路卡）、ISO/IEC 15693（疏耦合非接触集成电路卡）和 ISO/IEC 14443（近耦合非接触集成电路卡）。如图 2－2 所示。

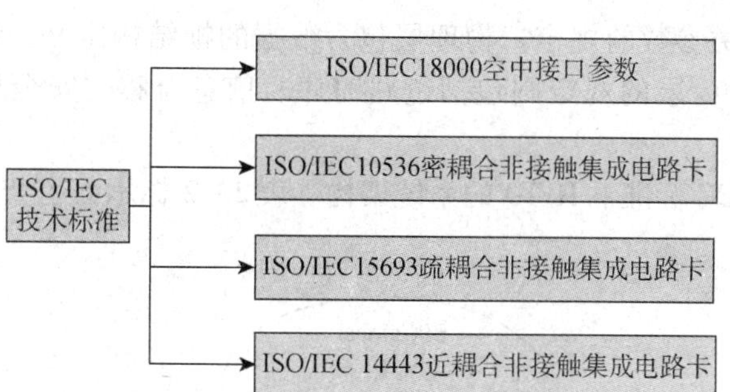

图 2-2 IC 卡的 ISO/IEC 技术标准

对于 ISO/IEC 标准下 RFID 技术的详细内容，本节不做具体叙述，请参考其他相关资料。

2.1.3.2 EPC Global

EPC Global 是一种非营利性机构。EPC 系统是一种基于 EAN/UCC 编码的系统，将产品与服务流通过程的信息进行代码化表示。EAN/UCC 编码具有一整套贸易流通过程所需的全球唯一标识代码，包括交易项目、服务关系、物流单元、相关资产和商品位置等标识代码。EAN/UCC 标识代码随着产品或服务的产生在流通源头建立，并伴随着该产品或服务的流动贯穿全过程。

EPC Global 于 2004 年 4 月公布了第一代 RFID 技术标准，包括 EPC 标签数据规格、超高频 Class 0 和 Class 1 标签标准、高频 Class 1 标签标准及物理标识语言内核规格。

2004 年 12 月 17 日，EPC Global 批准发布了第一个标准——超高频第二代空中接口标准（UHF Gen2），从而迈出了 EPC 从实验室走向应用的里程碑意义的一步，符合 UHF Gen2 标准的产品已于 2005 年第二季度问世。

EPC Global 提出的物联网体系架构由 EPC 编码、Savant 管理软件、对象名解析系统服务器（Object Name Service，ONS）和物体标识语言（Physical Markup Language，PML）服务器等部分构成。首先，EPC 是赋予物品的唯一的电子编码，其位长通常为 64 位、96 位或 256 位，且不同的应用有着不同的编码格式。其次，Savant 管理软件起到的是信息过滤与容错的处理效果，针对的信息对象是读取到的 EPC 编码，而后将处理过的信息输入到业务系统中。再次，ONS 服务器的作用是确定信息在 PML 服务器上的存放位置，所遵循的准则是 EPC 编码及用户需求解析。最后，PML 服务器存储与 EPC 相关的各种信息，这些 PML 格式的信息也可在关系数据库中存储。

EPC Global 有几个优先要研究的内容。在标准的应用上，由于在 2003 年和 2004 年主要关注的是芯片、读写器的成本问题，2005 年则侧重于 EPC Global 行业的应用。在国家政策上，讨论不同地区关注的具体问题，并与相关管理机构进行沟通。要提高 Auto-ID 实验室的研究水平，满足用户使用 EPC 的要求。在用户驱动上，鼓励用户采用 EPC 标准，发展 EPC 用户。在地区发展上，强调各个地区的平衡发展，加强对各国编码组织的支持，在全球各个行业推广应用 EPC。同时，2005 年 7 月，EPC Global 提出未来 3 年的工作计划，9 月份提出了 2006 年的工作计划。

2.1.3.3 EPC 标准中的 RFID 关键技术

ISO 和 EPC 协议是 RFID 的主要空中接口协议，协议中的内容包含了物理层和媒体接入控制（MAC）层中相关参数的规定。物理层包含数据的帧结构定义、调制解调、编解码及链路时序等，对于 MAC 层的规定则包括链路时序、信息流程、安全加密算法、防碰撞算法等。

图 2－3 所示为 EPC 标准下 RFID 的系统架构。表 2－2 标示出了 ISO 和 EPC 两种协议之间的对比。

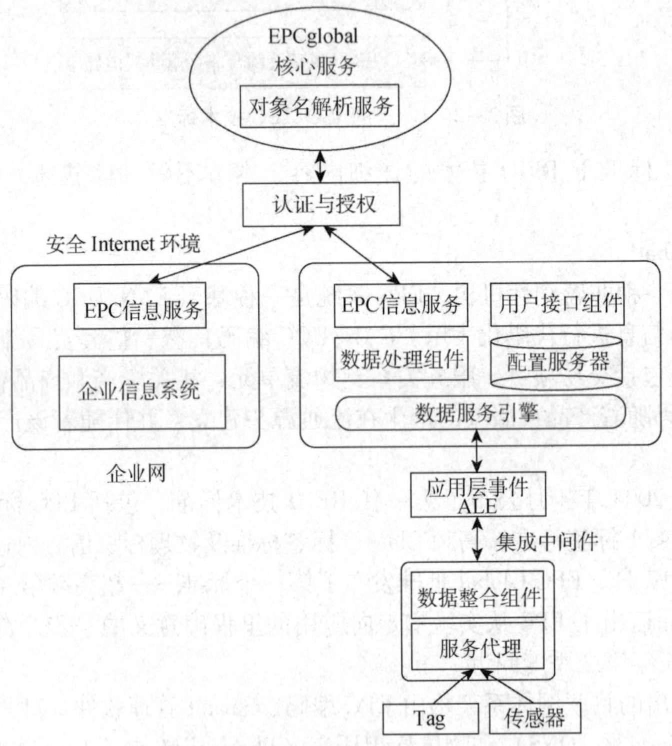

图 2－3　EPC 标准下 RFID 的系统架构

表 2－2　RFID 空中接口协议对比

类型	ISO 18000－6 Type B	EPC G1G2
读写器调制方式	ASK 18% or 100%	DSB-ASK、SSB-ASK、PR-ASK（80% ~100%）
编码方式	曼彻斯特码	PIE
标签调制方式	ASK	ASK/PSK
反向编码	FM0	FM0/Miller 子载波

1. 物理层关键技术

EPC 协议中，规定 RFID 的前向通信采取双边带幅移键控（Double Side Band-Amplitude Shift Keying，DSB-ASK）、单边带幅移键控（Single Side Band-Amplitude Shift Keying，SSB-ASK）或者反向幅移键控（Phase Reverse-Amplitude Shift Keying，PR-ASK）等调制方式。在

链路时序方面，EPC 协议规定了读写器发送不同命令时，读写器发送命令到标签响应命令的时间间隔的上下限。

在数据信息的帧结构方面，EPC 中标准 RS-232 通信协议规定 RFID 读写模块中的 RS-232 接口电路的帧结构：1 个起始位，8 个数据位，1 个停止位，无奇偶校验。数据的传输速率被规定为 9 600bps，当然，速率也并不是固定不变的，可根据用户的通信要求将速率定制为 57 600bps。

EPC Gen－2 标准将 RFID 分为物理层（Signaling）和标签标识层两层，如图 2－4 所示。EPC Gen－2 标准中提到的关键技术包含数据编码和调制方式、差错控制编码技术、数据加密及防冲突算法等。

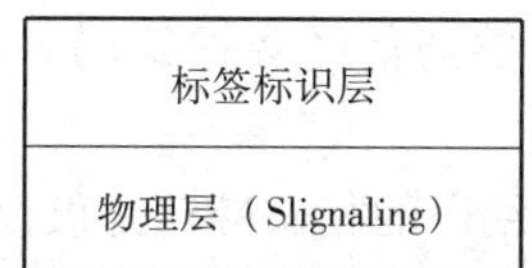

图 2－4　Gen－2 标准分层结构

（1）PIE 编码。Gen－2 标准中，采用脉冲间隔编码（Pulse Interval Encoding，PIE）作为前向通信时的数据编码方式。此方式的原理是通过脉冲间隔长度的差异来区别数据 0 和 1，且在任一符合数据的中间产生一次相位翻转，如图 2－5 所示。

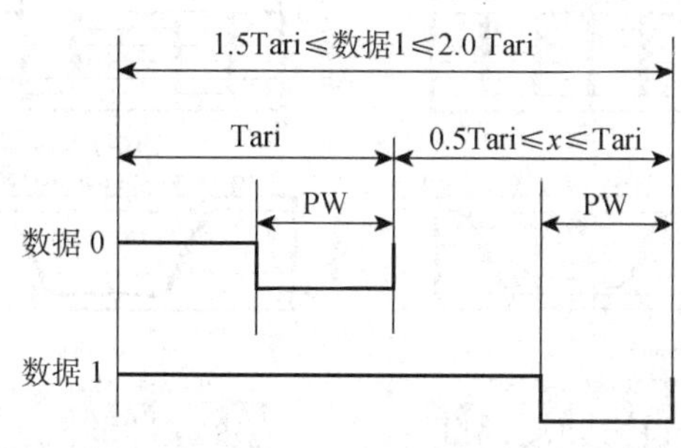

图 2－5　PIE 编码

PIE 编码具备极性翻转特性，这一优势使得编码数据可以有唯一译码，另外还有一个优点是物理实现相对容易。PIE 编码的具体流程是，标签接收脉冲数据，并与参考脉冲宽度相比较（参考脉冲宽度＝（数据 0 脉冲宽度＋数据 1 脉冲宽度）/2），若此脉冲数据宽度大于参考脉冲宽度，判为 1；反之则判为 0。

PIE 编码还包括时钟信息，能在通信过程中保证数据的同步以抗各种无线干扰，从而提高数据收发的可靠性。

（2）基带 FM0 编码。Gen－2 标准中可选基带 FM0 编码作为反向链路通信的数据编码方式。它的原理是采用双相位空间编码，信号相位的翻转必须发生在每一个符号边界。如图 2－6 所示，显示了基带 FM0 编码及状态转换图。

图 2－6（a）中 $s1 \sim s4$ 代表 4 个不同相位的 FM0 函数波形。图 2－6（b）状态转换图上的标记 0 和 1 表示编码数据序列的逻辑值，即需要被传输的 FM0 波形。

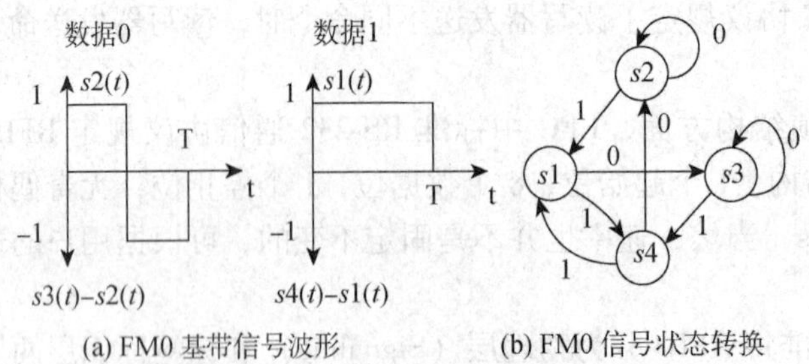

(a) FM0 基带信号波形　　(b) FM0 信号状态转换

图 2－6　基带 FM0 编码及状态转换图

（3）密列编码调制副载波。密列编码调制副载波（Miller-modulated subcarrier）是Gen－2标准中另一个可用于反向链路通信的数据编码方式。在基本信号波形和信号状态图方面，其与基带 FM0 编码相似。

当然必有不同之处，基带密列编码的相位翻转是仅仅发生在两个连续符号 0 之间的，发射波形是基带波形乘以 M（M＝为 2、4、8）倍符号速率的方波信号。且密勒码调制信号中自带时钟信息，具备较好的抗干扰功能。

（4）信息数据调制技术。Gen－2 标准前向链路通信时采用双边带/单边带/相位翻转幅度键控方式（即 DSB/SSB/PR-ASK），如图 2－7 所示。

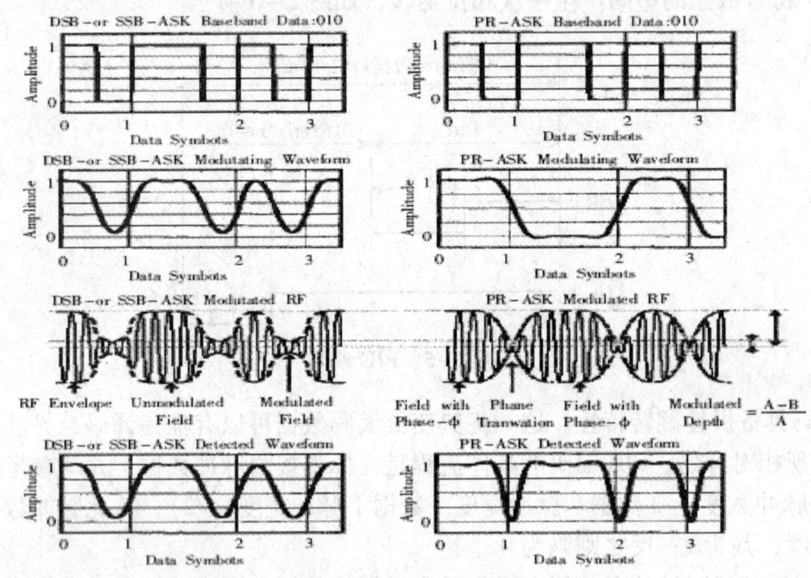

图 2－7　前向链路通信（DSB/SSB/PR-ASK）

Gen－2 标准反向链路采用后向散射（backscatter）幅度键控/相移键控（ASK/PSK）。通过芯片端口阻抗的变化从而达到天线反射系数的改变，这是后向散射得以实现的原因。

为什么选用幅度键控？这是因为它采用包络检波，易于实现。对于相移键控，载波相位的调制是通过传输的数据值，如数据值 1 用 180 相移表征，数据值 0 用 0 相移表征。PSK 调制技术抗干扰性能好，相位的变化可以作为收发机的同步时钟。

（5）差错控制编码技术。RFID 工作在 ISM 频段，设备的正常工作受到各种无线干扰、标签之间及阅读器之间的相互干扰影响。为了兼顾电子标签不能使用较复杂的前向纠错

（FEC）编码技术，Gen－2 标准采用检错能力很强的循环冗余检验码 CRC－16，其生成多项式为$x^{16}+x^{12}+x^{5}+1$。

（6）数据信息加密技术。加密技术多种多样，Gen－2 标准中采用了较为简易的加密算法，即不考虑其他数据，只对阅读器传送到标签的数据进行加密，这样一来就缩短了数据处理时间，提高了效率。处理过程大概如下：首先，阅读器从标签得到一个 16 位随机数字，然后阅读器把要传送的 16 位数据与所要传输的原始数据逐位进行模 2 和计算得到密文，最后标签把接收到的密文与原 16 位随机数字再次进行逐位模 2 和，得到阅读器想要发送的原始数据，这就是解密过程。

（7）概率/分槽防冲突算法。当涉及 RFID 多电子标签识别时，会出现标签间冲突，它大大地影响着 RFID 系统的标签阅读速度。Gen－2 标准采用基于概率/分槽防冲突算法。

2. MAC 层关键技术

（1）标签访问控制技术。阅读器管理标签的三个基本操作是选择、清点和访问。首个操作类似于从数据库中选择记录。阅读器发出一个查询命令来开启一轮清点，就会有一些标签对此响应。若只有一个标签响应，阅读器请求该标签的 PC，EPC 和 CRC－16；若存在多个标签响应，就要启动防碰撞处理，这是因为在阅读器和单个标签进行读或者写之前，必须保证标签是被唯一识别的。

（2）防碰撞算法。如上所述，阅读器在一轮清点中有多个标签响应，阅读器就要进行碰撞仲裁。EPC 协议中采用 ALOHA 算法，该算法的缺点在于清点效率只有 33%，急需解决标签数目估计问题。

（3）安全加密技术。安全加密运用在三种操作当中，首先在读操作时，阅读器向标签发送读的指令，标签传送出相应数据；在进行读写操作时，阅读器向标签请求一组随机数，阅读器在接收到这个随机数后遂与待传输的原始数据进行异或运算。传输给标签，标签将接收到的数据经过再次异或后放入存储器；在进行访问指令和杀死指令时，阅读器同样先向标签请求一个随机数，同样进行异或操作后传输数据至标签，以达到数据在阅读器到标签的前向通道被掩盖的效果。

2.1.4　RFID 技术应用与发展

RFID 技术的应用大致归结为四个方面，分别是交通管理、物流管理、生产线管理及安全认证。

在交通管理方面，采用 RFID 技术对车辆进行实时跟踪，它的作用不仅在于治理交通拥挤，也能在案件侦破上起到一定的作用。此外在铁路系统中，车厢监控采用 RFID 技术，可以有效地防止由信息更新不及时引起的撞车事故，同时还能及时了解车厢内的物品信息，保障运输安全。

在物流管理方面，RFID 被应用于人员和物品管理。

在生产安全方面，RFID 被用于监控人员安全和人员定位。例如在矿井工作中的应用，在每个矿工的安全帽上贴一个电子标签，以获得对矿下人员的准确定位，更好地保障矿井工作人员的安全。

虽然 RFID 技术刚处于起步阶段，但是不可否定的是它的潜力是巨大的，对于 RFID 技术的研究、开发、应用，对整个信息化产业都产生了非同一般的影响。

2.2 NFC 技术

2.2.1 NFC 简介

NFC 是 Near Field Communication 缩写，即近域通信技术。NFC 是一种非接触式识别和互连技术，可以在移动设备、消息类电子产品、PC 和智能控件工具间进行近距离无线通信。

NFC 技术是在 RFID 和互连技术二者整合基础上发展而来的，只要任意两个设备靠近而不需要线缆接插就可以实现相互间的通信。NFC 技术可以用于设备的互连、服务搜寻及移动商务等广泛的领域。NFC 技术提供的设备间的通信是高速率的，这无疑是其优势之一。

与其他近距离无线通信技术相比，NFC 的安全性更高，非常符合电子钱包技术对于安全度的要求，因此 NFC 广泛使用于电子钱包技术。此外，NFC 可以与现有非接触智能卡技术兼容，所以它的出现已经越来越被关注与重视。

NFC 的技术特点如下。

（1）NFC 技术相较于其他技术显得更为迅速，这是因为 NFC 采用了独特的信号衰减技术。它与 RFID 相比较而言，具有高速率、高带宽和低消耗等特点。

（2）NFC 采用私密通信方式，再加上其射频范围小，所以安全性能非常高。

（3）与 RFID 不同的是，NFC 具备双向连接和识别的特点。

2.2.2 NFC 系统工作原理

NFC 技术能够快速自动地建立无线网络，为蜂窝、蓝牙或 WiFi 设备提供一个“虚拟连接”，使设备间可以在很短距离内进行通信，该技术可以在移动设备、消费类电子产品、PC 和智能控件工具间进行近距离无线通信。NFC 支持主动和被动两种工作模式及多种传输数据速率。主动模式下，主呼和被呼各自发出射频场来激活通信；被动模式下，主呼发出射频场，被呼将响应并且装载一种调制模式激活通信。图 2－8 和图 2－9 分别给出了 NFC 主动和被动两种通信模式的工作流程。表 2－3 则给出了 NFC 不同传输模式的不同数据速率。

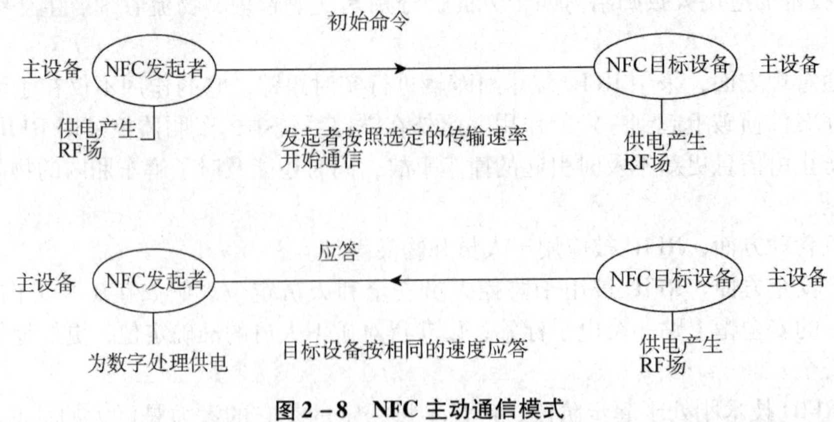

图 2－8　NFC 主动通信模式

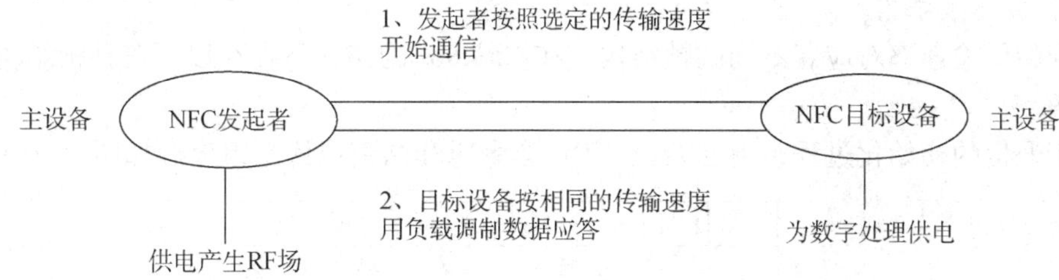

图 2-9 NFC 被动通信模式

表 2-3 NFC 传输模式与数据速率

模式	传输速率 R/kbps	乘子 D
主动或被动 1	106	1
主动或被动 2	212	2
主动或被动 3	424	4
主动 1	847	8
主动 2	1695	16
主动 3	3390	32
主动 4	6780	64

NFC 设备终端要求首先依据有关协议选择一种通信模式后才能传输数据，且选定之后，在数据的传输过程中不能随意更改模式。数据传输速率 R 与射频 f_c 之间的关系如下：

$$R=\frac{f_c \cdot D}{128}\ (\text{kbps}) \qquad (2-1)$$

NFC 采用的是 ASK 调制方式，对于速率 106kbps，采用 100% ASK 调制保证了信号较高的抗干扰性；对于速率 212kbps、424kbps，采用 8% ~30% 的 ASK 调制，仅用部分能量传输数据，以牺牲信号可靠性来换取能量无中断的供给和数据传输与处理的同步进行。

2.2.3 NFC 技术标准及其关键技术

NFC 是一个开放的技术平台，该技术已有的标准有 ECMA-340、ETSI TS102V190 V1.1.1、ISO/IEC 18092 等。这些标准涵盖很多内容，它们规定了物理层和数据链路层的组成，具体包括 NFC 设备的工作模式、数据传输速率、调制解调方案等，以及主动与被动 NFC 模式初始化过程中数据冲突控制机制所需的初始化方案和条件。此外，这些标准还定义了传输协议，其中包括协议启动和数据交换方法等。

NFC 空中接口规范如下。

（1）ISO/IEC18092 NFCIP-1/ECMA-340/ETSI TS102 190V1.1.1；

（2）ISO/IEC21481 NFCIP-2/ECMA-352/ETSI TS102 312V1.1.1。

NFC 测试方式规范如下。

（1）ISO/IEC22536 NFCIP-1 RF Interface Test Methods/ECMA-356/ETSI TS102345V 1.1.1。

（2）ISO/IEC23917 Protocol Test Methods for NFC/ECMA-362。

2.2.3.1　数据帧结构

不同的传输速率对应着不同的帧结构。在106kbps的速率下存在以下三种帧结构。

1. 短帧

用于通信的初始化过程，由起始位、7位指令码和结束位依次组成。如图2－10所示。

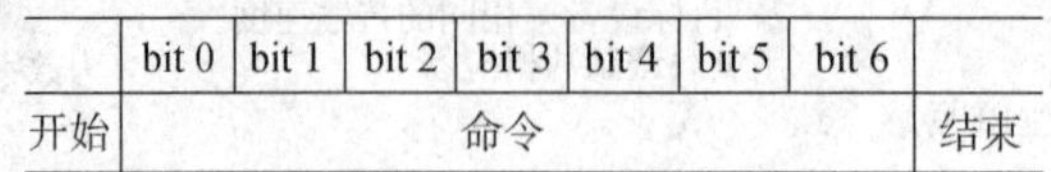

	bit 0	bit 1	bit 2	bit 3	bit 4	bit 5	bit 6	
开始	命令							结束

图2－10　短帧结构

2. 标准帧

用于数据的交换，由起始位、n字节指令或数据和结束位依次组成。每一个字节都包含一个p，p是指奇偶校验位。如图2－11所示。

	byte 0				…	byte n				
开始	bit 0	…	bit 7	p	…	bit 0	…	bit 7	p	结束
					…	data				

图2－11　标准帧结构

3. 检测帧

用于多个设备同时进行通信的冲突检测。

在212kbps和424kbps的速率中，帧结构是相同的，都是由前同步码、同步码、载荷长度、载荷和校验码依次组成。前同步码由“0”信号组成，至少48位；同步码有两个字节，第一个字节为“B2”（十六进制），第二个字节为“4D”（十六进制）；载荷长度由一个字节组成，载荷由n个字节的数据组成；校验码为载荷长度和载荷两个域的CRC校验值。

2.2.3.2　NFC调制方式和应用模式

1. NFC调制方式

标准规定了NFC的工作频率是13.56MHz。数据传输速率为106kbps时，采用ASK调制，调制深度为100%；数据传输速率为212kbps或者424kbps时，也是采用ASK调制，不过调制深度调整到8%～30%。传输速率的选取是以工作距离的长短为界定的，工作距离最远可达到20cm。

标准中对于NFC高速传输（>424kbps）的调制目前还没有作出具体的规定，但可以肯定的是在低速传输环境采用ASK调制，具体针对不同的传输速率，ASK的调制参数是不同的。

2. NFC应用模式及对应的编码技术

NFC技术支持三种应用模式，分别是卡模式、读写模式和点对点模式。其中，卡模式主要用于商场、交通等非接触移动支付应用中，如门禁卡、银行卡等；读写模式可以非接触式地采集数据，基于该模式的典型应用有电子广告读取和车票、电影院门票售卖等；点对点模式是指两个具备NFC功能的设备相连，实现点对点的数据传输。

标准规定了包括信源编码和纠错编码两部分的NFC编码技术，对应于不同的应用模式，它们的信源编码规则是不相同的。卡模式，信源编码的规则类似于密勒码，编码规则包括起始位、“1”、“0”、结束位和空位；读写模式和点对点模式，对起始位、结束位和空位这三位的编码是与卡模式一致的，但是“0”和“1”则采用曼彻斯特码或反向的曼彻斯特码进行编码。

纠错编码采用循环冗余校验法，并且所有的传输比特（数据比特、起始比特、结束比特、校验比特及循环冗余校验比特）都要参加循环冗余校验。编码是按字节进行的，所以说编码之后总的编码比特数须是 8 的倍数。

2.2.3.3　防冲突机制

为防止干扰正在工作的其他 NFC 设备或在同一频段工作的其他类型电子设备，NFC 标准规定必须先要进行周围射频场的检测。具体点来说就是在呼叫前，所有 NFC 设备都要执行系统初始化操作，一旦检测到的 NFC 频段的射频小于规定的门限值（0.1875A/m）时，NFC 设备才能开始呼叫。假如在 NFC 射频范围内，存在多台 NFC 设备同时开机，那么 NFC 设备点对点通信的正常进行则需要采用单用户检测来保证。防冲突技术一般采用以下两种算法来实现。

1. ADHOC 算法

所谓 ADHOC 是指无线自组织网络，又称为无线对等网络，是由若干个无线终端构成的一个临时性、无中心的网络。ADHOC 算法主要应用在通信速率为 212kbps、424kbps 的情况下。ADHOC 算法分为两种：纯 ADHOC 算法和时隙 ADHOC 算法。

纯 ADHOC 算法原理：标签随机地发送信息，阅读器检测收到的信息且判断成功接收与否，然后标签需要一定时长的恢复再重新发送信息。

时隙 ADHOC 算法原理：该算法是在纯 ADHOC 算法基础上的改进，将时间分成多个时隙，然后选定一个时隙的起始处作为发送信息的起始点，目标通信方信息的发送需要主动通信方对其进行同步。

纯 ADHOC 算法的缺陷比较明显，即冲突发生的概率很大；而与纯 ADHOC 算法相比，时隙 ADHOC 算法中的碰撞区间缩小了一半，信道利用率提高了一倍。

2. 二进制搜索算法

二进制搜索算法主要应用在 106kbps 速率通信状况下，采用位冲突监测协议实现防碰撞过程，即主动通信方对目标方返回的唯一标识号（NFCID）中的每一位进行冲突检测。

在 EMCA-340 标准中，采用的是一种改进的二进制搜索算法——动态二进制搜索算法。这种算法比原算法略高一层的原因在于不要求发送全部标识号进行整体比较，而只需要主呼针对不同的位置发送一部分标识号，最终选定一个目标进行通信。该算法大大减少了需要传输的数据量和传输时间。

2.2.4 NFC 应用及发展

NFC 终端设备可以用作非接触式智能卡、智能卡的读写器终端和终端间的数据传输链路，主要有以下 4 种基本类型的应用。

2.2.4.1　消费应用

NFC 手机可作为乘车票，通过接触进行购票和存储车票信息，这要求手机具有足够的内存和高速的 CPU，当然，现在的手机足以满足这些要求。此外，电子钱包也是 NFC 手机的一种功能。

2.2.4.2　类似门禁的应用

NFC 手机可用于公寓解锁，当手机与门都安装了相对应的芯片时，只要将手机贴近门即可开锁。另外还可以直接利用手机交付物业费等。

2.2.4.3　应用于智能手机

将 NFC 卡嵌入到手机的目的是快速获得自己想要的信息，比如，用户将手机在电影宣传册旁摇动一下就能从宣传册的智能芯片中下载该影片的详细资料。

2.2.4.4　应用于数据通信

两台同时装有 NFC 芯片的设备之间可以进行点对点数据传递，亦允许多台终端之间的信息交互。

2.3　蓝牙技术

2.3.1　蓝牙技术简介

长期以来，现代通信技术致力于远距离的通信业务，目标在于建立容纳全世界每个角落的全球信息网络，并已有了重大进步。但是在近距离通信领域上却未做充分的研究，直到20 世纪末，才提到研究课程上来。蓝牙技术是一种近距离保障接收可靠性和信息安全性的无线通信技术。它所要解决的问题是在 10 米范围之内实现各种电子终端的无线通信，帮助终端用户快捷方便地收发信息资源，这大大地满足了用户对于数据高速传输的要求。蓝牙技术的特点如下。

2.3.1.1　无线性强

蓝牙技术支持在有效范围内，通信设备可越过障碍物进行连接，对通信方向并无要求。通过无线的方式将蓝牙通信设备连接成一个小网络，在这个网络内进行资源的共享且资源传输的速度快、效率高。

2.3.1.2　开放性强、兼容性强

蓝牙 SIG 组织全称“蓝牙特殊利益集团”（Special Interest Group，SIG），是在 1998 年 2 月由当时世界上最有名的 5 个 IT 产业公司（爱立信、Intel、IBM 东芝、诺基亚）发起组建的，并在日后不断壮大队伍。SIG 作为已拥有 10 000 多个世界范围内企业成员的国际标准化组织，一直努力推广蓝牙技术。这也就是说蓝牙的产权并非某一公司所独有，蓝牙技术的普及是有其基础支撑的。

2.3.1.3　移植性强

蓝牙硬件主要是专用半导体集成电路芯片，成本低，体积小，具有很强的移动性。蓝牙规范接口可以直接集成到计算机或其他电子设备中去，为它们带来无线通信功能。

2.3.1.4　抗干扰性强

蓝牙的抗干扰能力得益于它的跳频技术（Frequency Hopping，FH）。发送端和接收端按照相同的跳频规律进行稳定的通信，使其免受外来干扰。在蓝牙 1.2 版及 2.0 版中还将跳频技术进行了改进，即可调式跳频技术（Adaptive Frequency Hopping，AFH），进一步加强了抗干扰的能力。

2.3.1.5　功耗低

蓝牙通信采用时分复用 TDD 方式和高斯频移键控 GFSK 的调制方式，采用 1mW（0dBm）的发射功率，且在 4dBm ~ 20dBm 范围内还通常采用发射功率控制，这就确定了蓝牙低功耗的特点。1mW 相当于微波炉使用功率的 10^{-6}，所以说蓝牙电池使用时间长，辐射小。

2.3.1.6　传输距离小

一般情况下有效传输距离为10m，这主要是由于其发射功率的限制，有得必有失，但权衡估计，蓝牙技术还是愿意以牺牲距离的代价来换得其优势之处。

近期蓝牙的主要目标是取代各种电缆连接，使用统一标准的无线链路网将数字设备连接成一个紧密的整体以传输语音和数据。它的方便灵活、低成本、低功耗更受用户欢迎。蓝牙的长远目标是打入家用和商用的近距离数据传输市场，由此可见蓝牙在物联网的应用正是符合其长远发展目标的。

2.3.2　蓝牙网络基本结构

蓝牙系统采用一种灵活的无基站的组网方式，使得一个蓝牙设备可同时与七个其他的蓝牙设备相连接。蓝牙系统采用拓扑结构的网络，有微微网（Piconet）和散射网（Scatternet）两种形式。

2.3.2.1　微微网

微微网是实现蓝牙无线通信的最基本结构。一个微微网可以只是两台相连的设备，比如一台笔记本电脑和一部移动电话，也可以是八台连在一起的设备。在一个微微网中，所有设备的级别是相同的，具有相同的权限。多个蓝牙设备组成微微网，如图 2－12 所示。

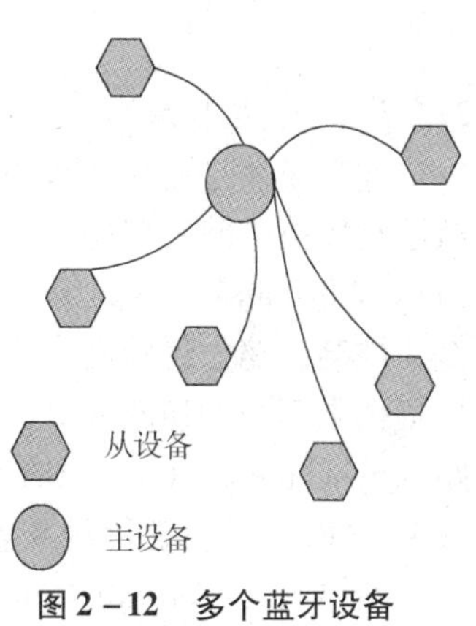

图 2－12　多个蓝牙设备组成的微微网

虽然每个微微网只有一个主设备，但从设备可以基于时分复用机制加入不同的微微网，而且一个微微网的主设备可以成为另外一个微微网的从设备。每个微微网都有其独立的跳频序列，它们之间并不跳频同步，由此避免了同频干扰。

2.3.2.2　散射网

散射网是由多个独立的非同步的微微网组成的，是比微微网覆盖范围更大的蓝牙网络。它靠跳频顺序识别每个微微网，同一个微微网中的所有用户都与该跳频顺序同步。一个散射网，在带有十个全负载的独立的微微网的情况下，全双工的数据速率超过 6Mbps。其特点是不同的微微网之间有互连的蓝牙设备，如图 2－13 所示。

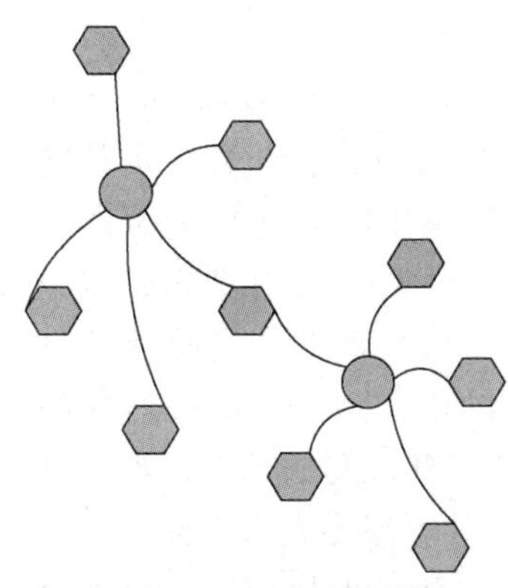

图 2－13　多个微微网组成的散射网

2.3.3　蓝牙协议栈及关键技术

蓝牙协议规范的目标是允许遵循规范的应用能够进行相互间操作。SIG 集团的任务是制订蓝牙技术标准、如何测试蓝牙产品、协调各国蓝牙技术的使用频段。IEEE 802.15.1 标准是 IEEE 与蓝牙 SIG 合作而形成的规范，它源于蓝牙 v1.1 版，且与之完全兼容。该标准中完整蓝牙协议栈如图 2－14 所示。蓝牙协议栈的体系结构由底层模块、中间层和应用层三大部分组成。

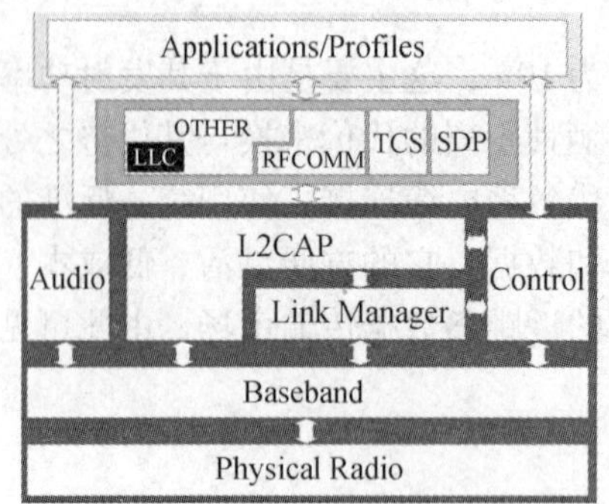

图 2－14　IEEE 802.15.1 的蓝牙协议栈

2.3.3.1　底层模块

底层模块是蓝牙技术的核心模块，这是所有装有蓝牙技术的设备不可或缺的硬件要求。该层具体由链路管理层（Link Manager，LM）、基带层（Base Band，BB）和无线电链接层（Physical Radio，PR）组成。链路管理层（LMP）负责两个以上设备链路的建拆及它们的安全、控制，比方说加密、控制和协商基带包的大小等，总而言之，链路管理层为上层软件模块提供了不同的访问入口；基带层（BB）提供了两种不同的物理链路，即同步面向连接链路（Synchronous Connection Oriented，SCO）和异步无连接链路（Asynchronous Connection Less，ACL），负责跳频及蓝牙数据和信息帧的传输，它向不同型的数据包提供不同层次的前向纠错码（Forward Error Correction，FEC）或循环冗余度差错校验（Cyclic Redundancy Check，CRC）等关键技术；无线电链接层（PR）主要标明了蓝牙所工作的频段，即使用 2.4GHz 这一勿需申请的 ISM 频段来传输信息。

蓝牙技术采用高速跳频（Frequency Hopping，FH）和时分多址（Time Division Muli-access，TDMA）等先进技术，数字化设备（各种移动设备、固定通信设备、计算机及其终端设备、各种数字数据系统，如数字照相机、数字摄像机等，乃至家用电器等）近距离地呈网状链接起来，这网络称为个人区域网（Personal Area Network，PAN），即在 2.3.2 节中提到的微微网。这种网络的特性是可移动性和自动接入性。所谓“可移动性”是指能够随时随地连网或出网，对于入网的终端并没有特殊限制。所谓“自动接入”是指嵌有蓝牙的设备入网并没有受到接入点或服务器的制约，自动建立与其他蓝牙设备之间的互连，当然这一过程还需考虑设备数量的问题。互连的过程是系统自动完成的，并不需要人为干预。

蓝牙技术在 2.4GHz ISM 波段内正常运作，采用了跳频收发器来防止干扰和衰落以确保可靠性，并提供多个 FHSS（跳频扩频）载波。一个跳频频率发送一个同步分组，一般每个分组占用一个时隙，扩频之后会延拓至五个时隙。采用前向纠错编码技术，降低远距离传输时的随机噪声对原始信号的影响。

蓝牙的符率为每秒 1 兆符（Mbps），支持每秒 1 兆位（Mbps）的比特率，通信方式为 TDD，其基带协议包括电路交换和分组交换两部分。

另外，蓝牙技术支持三种通道：1 个异步数据通道、1 个同时传送异步数据和同步语音的通道、3 个并行的同步语音通道（每一个语音通道支持 64kbps 的同步语音）。异步通道支持最大速率为 721kbps、反向应答速率为 57. 6kbps 的非对称连接，或者是 432. 6kbps 的对称连接。

在 IEEE 802. 15. 1 中，蓝牙的帧结构如图 2 – 15 所示。

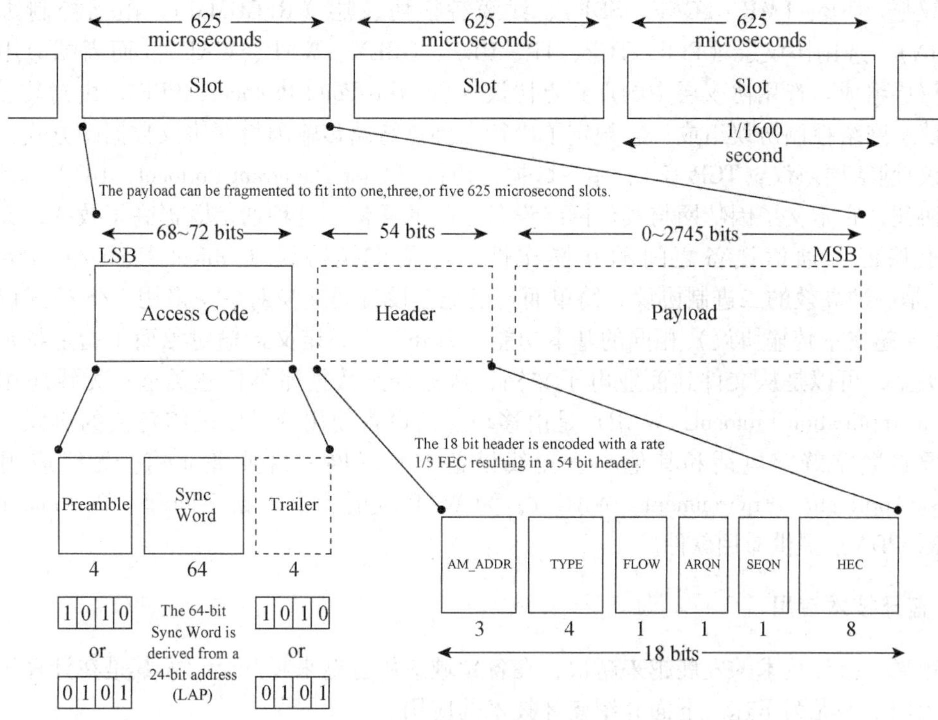

图 2 – 15　IEEE 802. 15. 1 中蓝牙数据帧结构

2. 3. 3. 2　中间层

中间层由逻辑链路控制与适配协议（Logical Link Control and Adaptation Protocol, L2CAP）、服务发现协议（Service Discovery Protocol，SDP）、线缆替换协议 RFCOMM 和二进制电话控制协议（Telephony Control protocol Spectocol，TCS ）组成。L2CAP 是其他协议实现的基础，也是蓝牙协议栈的核心组成部分，可以认为它与 LMP 是并行工作的。L2CAP 主要的任务是为高层提供数据服务：完成数据的分散和整合（允许高达 64KB 的数据分组），进行信息服务质量的控制、协议的复用等功能。L2CAP 只支持基带面向无连接的异步传输（ACL），不支持面向连接的同步传输（SCO）。SDP 是一个基于 C/S 结构的协议，它工作在 L2CAP 层之上，为上层应用程序提供一种机制来发现可用的服务及其属性（包括服务的类型和该服务所需的协议信息），通俗点来说就是 SDP 允许动态地查询设备信息和服务类型来建立一条对应所需要服务的通信信道。RFCOMM 在蓝牙协议栈中位于 L2CAP 协议层和应用层之间，是一个无线数据仿真协议，它在蓝牙基带上仿真 RS-232 的控制和数据信号，可实现设备间的串行通信，这也就对现有的串行线接口应用提供了支持。TCS 位于蓝牙协议栈的 L2CAP 层之上，包括一套电话控制规范二进制（TCS BIN）协议和一套电话控制命令（AT Commands）。其中，TCS BIN 定义了一种控制信令，该信令用于在蓝牙设备间建立语音和数据呼叫；AT Commands 则是一套可用于多使用模式的命令，它主要负责控制移动电话和调制解调器。总之，TCS 是一个基于 ITU-T Q. 931 协议的采用面向比特的协议，它定义了呼叫控制信令（Call Control Signalling，CCS），并负责处理蓝牙设备组的移动管理。

2.3.3.3　应用层

应用层是蓝牙协议栈的最上层部分。一个完整的蓝牙协议栈按其功能又可划分为四层：核心协议层（BB、LMP、LCAP、SDP）、线缆替换协议层（RFCOMM）、电话控制协议层（TCS-BIN）、选用协议层（PPP、TCP、TP、UDP、OBEX、WAP、WAE）。而高端应用层由选用协议层组成。选用协议层中的点到点协议（Point-to-Point Protocol，PPP）由封装、链路控制协议、网络控制协议组成，它规定了串行点到点链路传输因特网协议数据的方式；传输控制协议/网络层协议（TCP/IP）、用户数据包协议（User Datagram Protocol，UDP）是三种已有的协议，它定义了因特网与其他网络设备之间的通信，这种通信既提高了效率，又在一定程度上保证了通信设备之间的互操作性；对象交换协议（Object Exchange Protocol，OBEX）是一种高效的二进制协议，简单而自发地在设备间交换对象，采用C/S模式以拥有与HTTP（超文本传输协议）相同的基本功能。另外，它只定义传输对象而不指定特定的传输数据类型，可以是从文件到商业电子文档、从命令到数据库等任意类型；无线应用协议（Wireless Application Protocol，WAP）是由移动通信设备使用的无线网络定义的协议，它的目的是要将数字蜂窝电话和其他小型无线设备与互联网实现业务通信；无线应用环境（Wireless Application Environment，WAE），为WAP电话和个人数字助理（Personal Digital Assistant，PDA）提供应用软件。

2.3.4　蓝牙技术应用

近年来，蓝牙技术的发展越来越快，在各领域应用也越来越广泛，尤其是在计算机和手机上的应用发展尤为迅速。下面介绍蓝牙技术的应用。

在目前电子设备中，蓝牙技术较广泛地应用于三个方面。

首先是使用蓝牙获取信息，比如手机铃声、手机图片或小游戏等。若直接用手机等简便设备下载所需资源，缺点是速度慢、资源少且有些内容还需一定的费用。而蓝牙很好地克服了这一困难，首先用计算机下载图片铃声，再通过蓝牙传输到手机里。相比传输线或红外线，蓝牙速度较快。

其次，是把蓝牙手机用作无线U盘使用。蓝牙手机除了存储图片、铃声和Java小游戏外，也能存储一般的文档，极似U盘的作用，只是容量受到手机存储器的制约。

再次，蓝牙手机还可以让计算机无线上网。以往的电脑通过手机无线上网时，采用的是有线传输或红外线，但是有线传输受到传输线长度的限制，红外线传输要求计算机和手机的红外线端口必须保持直线对齐。鉴于以上两种缺点，蓝牙手机让计算机无线上网则对此有极大改善，即并不需要刻意将两种设备进行最佳位置摆放，只需要保证距离在10米内（一般情况下），任意方向都可以实现上网。

在其他的领域如在电子钱包和电子锁中使用蓝牙技术，它的优势在于比其他非接触式电子锁或IC锁具有更高的安全适用性，这是因为无线电遥控器（特别是汽车防盗和遥控）比红外线遥控器的功能更强大。目前各大移动平台公司（包括苹果、安卓等）正在积极研发电子钱包技术。当然还有在传统家用电器中的应用，将蓝牙系统嵌入洗衣机、空调机、微波炉、电冰箱、电话机等传统家用电器，使之智能化而具备网络信息终端的功能，能够通过小型网络自主地发送、接收和处理信息，让传统电器更加适应现代化生活的需求。

2.4　ZigBee 技术

2.4.1　ZigBee 技术简介

2.4.1.1　ZigBee 技术的概念

ZigBee 技术是一种近距离、低复杂度、低功耗、低速率、低成本的双向无线通信技术。ZigBee 名字是受蜜蜂发现食物时跳舞来传递信息启发而得；据说，蜜蜂发现新的食物时，会通过“之”字形的舞蹈（ZigZag 舞蹈）来和同伴传递“这里有新食物”及位置距离之类的信息。现今，使用 ZigBee 来称呼这种专注于低功耗与低成本的近距离无线通信技术。早前，ZigBee 也被称为“HomeRF Lite”，“RF-EasyLink” 或 “FireFly” 无线技术。

ZigBee 技术是由一个可多到 65 000 个无线数传模块组成的一个无线数传网络平台，与移动通信的 CDMA 网或 GSM 网类似，每一个 ZigBee 网络数传模块类似移动网络的一个基站，它们在整个网络内可以进行相互通信；每个网络节点间的距离可以从 75 米，扩展到几百米，甚至几公里；另外整个 ZigBee 网络还可以与现有的其他各种网络连接。与移动通信网所不同的是，ZigBee 网络主要是为自动化控制数据传输而建立，且每个 ZigBee “基站” 的费用较低，平均不到 1 000 元。每个 ZigBee 网络节点既可与监控对象连接实现数据采集和监控，又可中转其他网络节点传送过来的数据资料；除此之外，每一个 ZigBee 网络节点的全功能设备（Full Function Device，FFD）还可在自己信号覆盖的范围内，和多个不承担网络信息中转任务的孤立子节点即精简功能设备（Reduced Function Device，RFD）无线连接。

2.4.1.2　ZigBee 技术的特点

ZigBee 技术从诞生到现在才十年的时间，却已有多个不同版本的标准公布，目前应用的领域也越来越广泛，其主要特点如下。

1. 功率消耗低

ZigBee 设备在使用时的传输速率较低，其发射功率仅为 1mW；而在低耗电待机状态下，因采用了休眠模式可更好地节省电量。通常，2 节 5 号干电池可支持 1 个节点工作6 ~ 24个月，甚至更长；而蓝牙设备仅可以工作数周。现今，TI 公司和德国的 Micropelt 公司共同推出新能源的 ZigBee 节点。该节点采用 Micropelt 公司的热电发电机给 TI 公司的 ZigBee 提供电源。

2. 设备成本低

通过大幅简化协议（不到蓝牙的 1/10），降低了对通信控制器的要求，按预测分析，以 8051 的 8 位微控制器测算，全功能的主节点需要 32KB 代码，子功能节点少至 4KB 代码，且 ZigBee 免协议专利费。每块 ZigBee 模块芯片的价格大约为 2 美元。

3. 传输速率低

ZigBee 设备工作在 20 ~ 250kbps 的速率，在不同的频段可提供 250kbps（2.4GHz）、40kbps（915MHz）和 20kbps（868MHz）的原始数据吞吐率，从而满足不同传输速率的应用需求。但因其速率较低，它不适合做与视频相关的传输。

4. 传输距离短

ZigBee 技术主要用于短距离通信，其相邻节点间的传输范围一般介于 10 ~ 100m 之间。在增加发射功率后，相邻节点间的传输距离可增加到 1 ~ 3km。

5. 通信时延短

ZigBee 的响应速度较快，一般从睡眠状态转入工作状态只需 15ms，节点接入网络只需 30ms，从而节省了电能；而蓝牙技术这一过程需要 3 ~ 10s。因此，ZigBee 特别适用于对时延要求苛刻的无线工业控制应用场合。

6. 网络容量大

一个星状结构的 ZigBee 网络最多可以容纳 254 个从设备和一个主设备，一个区域内可以同时存在最多 100 个 ZigBee 网络，而且网络组成灵活。

7. 安全性能高

ZigBee 提供了基于循环冗余校验（Cyclical Redundancy Check，CRC）的数据包完整性检查功能，支持鉴权和认证，采用了 AES-128 的加密算法。此外，ZigBee 提供了三级安全模式，包括无安全设定、使用访问控制清单（Access Control List，ACL）防止非法获取数据及采用高级加密标准的对称密码，以灵活确定其安全属性。

8. 可靠性能高

ZigBee 技术采取了碰撞避免策略，同时为需要固定带宽的通信业务预留了专用时隙，避开了发送数据的竞争和冲突。物理层采用了扩频技术，能够在一定程度上抗干扰。MAC 层采用了完全确认的数据传输模式，每个发送的数据包都必须等待接收方的确认信息。如果传输过程中出现错误可以进行重发。

9. 执照频段免费

使用工业科学医疗（ISM）频段，915MHz（902 ~ 928MHz，美国使用），868MHz（868.0 ~ 868.6MHz，欧洲使用），2.4GHz（2.400 ~ 2.483.5GHz，全球使用）。

10. 组网形式灵活

ZigBee 既可以组成星状结构网络，也可组成对等的网格状网络；既可以实现单跳组网，也可以通过路由实现多跳的数据传输。

2.4.1.3 ZigBee 技术的物联网应用

ZigBee 技术因其低成本、低功耗、丰富而便捷的设计等优势，使其在工业控制、工业无线定位、家庭网络，汽车自动化、楼宇自动化、消费电子、医用设备控制等多个领域具有广泛的应用前景。

1. ZigBee 在智能家居中的物联网应用

ZigBee 技术应用在数字家庭中，可使人们随时了解家里的电子设备状态，并可用于对家中病人的监控，观察病人状态是否正常以便作出反应。ZigBee 传感器网络用于楼宇自动化可降低运营成本。如酒店里遍布空调供暖（HVAC）设备，如果在每台空调设备上都加上一个 ZigBee 节点，就能对这些空调系统进行实时控制，节约能源消耗。利用 ZigBee 网络，可以实现对各种灯光的控制，气体的感应与监测，比如煤气的泄漏感应和报警；利用 ZigBee 网络，还可以实现电表、气表、水表的自动抄表功能与自动监控功能。此外，通过在手机上集成 ZigBee 芯片，可将手机作为 ZigBee 传感器网络的网关，实现对智能家庭的自动化控制、移动商务等诸多功能，从来实现基于 ZigBee、移动网络的物联网。

2. ZigBee 在工业领域中的物联网应用

利用传感器和 ZigBee 网络，使得数据的自动采集、分析和处理变得更加容易，系统的布署更加简单，且易于扩展添加新的节点。

3. ZigBee 在智能交通领域中的物联网应用

使用通用传感器内置在汽车飞转的车轮或者发动机中，从而实现轮胎压力检测。多个汽车间的传感器组成传感器网络，从而实现汽车间的避让与控制，实现智能交通。

4. ZigBee 在医学领域中的物联网应用

借助各种传感器和 ZigBee 网络，准确而且实时地监测病人的血压、体温、心跳速度等信息，从而减少医务工作者的负担。

5. ZigBee 在农业领域中的物联网应用

传统农业主要使用孤立的、没有通信能力的机械设备，主要依靠人力监测作物的生长状况。采用了传感器和 ZigBee 网络后，农业将逐渐转向以信息和软件为中心的生产模式，使用更多的自动化、网络化、智能化和远程控制的设备来耕种。传感器可以收集土壤的温湿度、氮浓度、pH 值、空气湿度和气压等信息。这些数据信息和采集信息的地理位置经由 ZigBee 网络传递到中央控制设备进行数据处理并提供给农民，从而使农民能够准确及时地发现问题，有助于提高农作物的产量。

总之，ZigBee 技术可广泛应用于智能家居，工业自动化，消费性电子设备，医用设备，玩具游戏机等方面。这些应用可节省能源，为企业带来经济或环保效益，为家庭带来方便与安全。多个不同的 ZigBee 网络借助移动通信网，互联网可以实现灵活而统一的物联网通信。

2.4.2　ZigBee 网络拓扑结构

2.4.2.1　ZigBee 的网络节点分类

使用 ZigBee 技术可以组建一种低速率传输的无线短距离网络，网络的基本构成是“设备”。在 ZigBee 网络中，定义了三种网络设备，分别是网络协调器节点（Coordinator Point，CP），网络路由器节点（Router Point，RP）和网络终端节点（End Device Point，EP）。

1. 网络协调器节点

有的书中也称为 PAN 协调器，其存储容量最大，计算能力最强。一般负责网络的建立与维护，它识别网络中的设备加入网络及网络地址的分配。在一个网络中，至少需要一个网络协调器节点。

2. 网络路由器节点

它支撑网络的链路结构，负责找寻、建立及修复数据包路由路径，并负责转送数据包，同时也可配置网络地址给子节点。

3. 网络终端节点

它是网络的感知者和执行者，在网络中通常用作终端设备，负责数据的采集，并选择加入已经形成的网络，传送数据。

另外，按照 ZigBee 网络中设备的功能不同，又可以分为 FFD 和 RFD。RFD 只具有部分功能，功能比较简单，一般只执行点到点的连接，常用较低端的微控制器实现；FFD 具有完整的功能，可作为协调器，也可作为路由器，更可作为终端设备使用。

2.4.2.2 ZigBee 的网络拓扑

ZigBee 的网络拓扑结构有星状结构，网状结构，簇状结构。网状结构和簇状结构又统称为点对点对等拓扑。其拓扑示意图如图 2－16 所示。

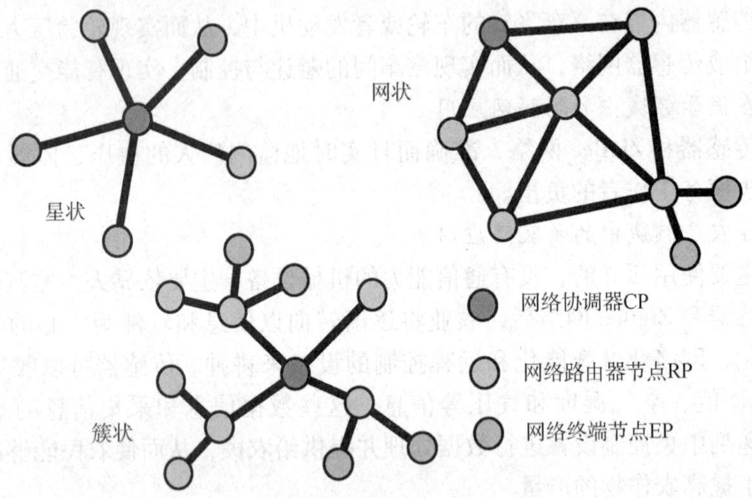

图 2－16 ZigBee 网络拓扑结构

在星状拓扑中，所有的网络终端节点和网络路由器节点都与网络协调器节点相连，通过 CP 进行相互通信。在星状拓扑中，CP 可以是通信的起点，也可以是通信的终点，也可以是两个设备间通信的转发设备。它一般使用持续的电力系统供电，而 RP 和 EP 则采用电池供电。星状网络适合家庭自动化、PC 的外设和个人的健康护理等小范围内的短距离通信。

在点对点对等拓扑结构中，虽然也有一个网络协调器 CP，但两设备间只要在彼此的无线辐射有效范围内，两设备间就可以直接通信而不需要 CP 的协调转发。CP 的主要功能是实现设备的注册和访问控制等基本的网络管理功能。点对点的对等拓扑结构可构建复杂的 Mesh 网络，适合于工业控制与检测，无线传感器网络，仓储库存跟踪，农业智能化监管等领域。

簇状网络是点对点对等网络拓扑的一个特殊应用结构。在簇状结构中，绝大多数设备是网络路由器节点 RP，网络终端节点 EP 通常作为一个叶设备连接到网络中。任何一个 RP 都可为其他设备提供同步服务，但簇状网络中只能有一个网络协调器节点 CP。CP 拥有比网络中的其他设备更多的计算资源。它通过一个 CP 标示符来连接其他的 RP，从而构成一个更加复杂的网络。

2.4.3 ZigBee 协议栈

2.4.3.1 ZigBee 联盟及标准体系

ZigBee 是以 IEEE 802.15.4 标准为基础发展起来的无线短距离通信技术。它可看作一种商标，也可看做一种技术；当它看作一种技术时，它表示一种高层的技术，而物理层和

MAC层直接引用IEEE 802.15.4，如图2-17所示。2000年12月成立了工作小组起草IEEE 802.15.4标准；2002年，由英国的Invensys，日本三菱电气（Mitsubishi），美国Motorola和Honeywell，荷兰Philips等公司宣布成立了ZigBee联盟，负责高层应用、测试和市场推广等工作，合力推动ZigBee技术的发展。到2004年年底，推出了ZigBee V1.0版标准，它是ZigBee的第一个规范。这一版本的ZigBee只能组成星状网和树状网，不能组成网状网，而且稳定性极差，且由于时间仓促，这一版本存在一些错误，主要用于学习和研究。随着ZigBee联盟的壮大和ZigBee研究人员的努力，2006年又推出了ZigBee 2006版本标准，使得ZigBee标准越来越完善与规范，并开始ZigBee的开发。现今，ZigBee联盟已经由最初的十多家公司发展到全世界有150多家知名厂商加盟的商业团体，其成员包括国际著名的半导体生产商、技术提供者、技术生产商和最终用户。

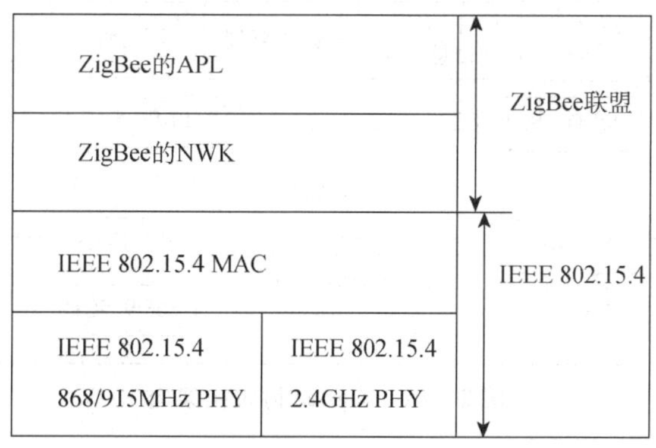

图2-17 ZigBee与IEEE 802.15.4关系示意图

在ZigBee协议栈标准中，其物理层和MAC层采用了IEEE 802.15.4标准的定义，而ZigBee联盟对网络层、应用层和安全部分进行了定义。到2009年年底，联盟正式发布了4个版本的协议栈标准，分别为ZigBee 2004，ZigBee 2006，ZigBee 2007和ZigBee RF4CE。其中，前三个版本的协议栈标准可看作是ZigBee技术协议的一个演进过程，但ZigBee 2006协议栈不兼容原来的ZigBee 2004技术规范，它们主要应用于家庭的自动化和智能能源等方面。ZigBee RF4CE是针对遥控应用而定义的协议栈，是一套全新的协议栈体系。由于篇幅的限制，本文后面主要针对ZigBee 2006/2007协议栈做简单的介绍。

2.4.3.2 ZigBee协议框架

ZigBee的协议栈结构是基于标准的OSI/ISO七层模型，但仅定义了那些相关应用的功能层，其协议栈架构如图2-18所示。协议栈由一组子层组成，每层为其上层提供一组特定的服务：一个数据实体提供数据传输服务，一个管理实体提供全部的其他功能，包括访问内部层参数、配置和管理数据的服务等。每个服务实体通过一个服务接入点（Service Access Point，SAP）为其上层提供服务接口，并且每个SAP提供了一系列的基本服务指令来完成相应的功能。其中，物理层和MAC层采用IEEE 802.15.4标准的规定，而网络层、应用层及安全部分则采用ZigBee联盟的规定。协议栈各层基本的功能及相关技术协议要求在下面逐一介绍。

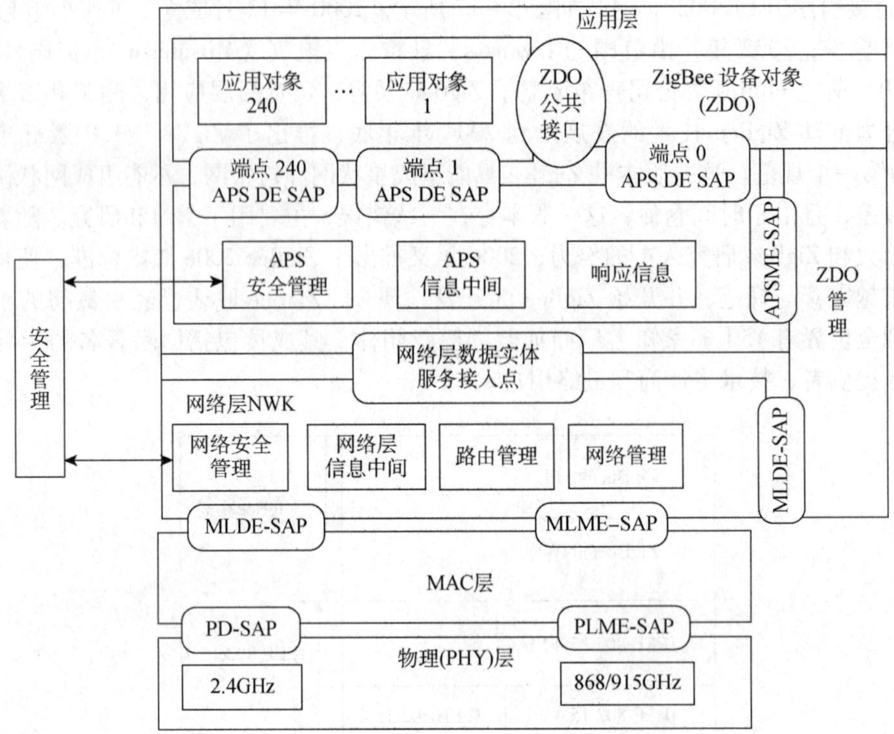

图 2-18 ZigBee 协议栈架构

1. IEEE 802.15.4 标准的物理层

（1）物理层的功能。物理层的作用主要是利用物理介质为数据链路层提供物理连接，负责处理数据传输以便透明地传送比特流。Zigbee 协议物理层的主要功能有：

- 启动和关闭 RF 收发器；
- 信道能量检测（Energy Detect，ED）；
- 对接收到的数据报进行链路质量指示（Link Quality Indication，LQI）；
- 为 CSMA/CA 算法提供空闲信道评估（Clear Channel Assessment，CCA）；
- 选择通信信道频率；
- 传输和接收数据包。

（2）物理层的频率与信道规范。ZigBee 的通信频率由物理层来规范。针对不同的国家和地区，ZigBee 给出了三种频率范围，分别为 868MHz、915MHz 和 2.4GHz。2.4GHz 是全球统一的免费 ISM 频段，它有助于 ZigBee 设备的推广和生产成本的降低。868MHz 是欧洲附加的 ISM 频段，915MHz 是美国附加的 ISM 频段，这两个频段的引入避免了 2.4GHz 无线设备的相互干扰，加上无线信号的传播损耗较小，因此降低了对接收机灵敏度的要求，可以获得较远的有效通信距离，从而可以实现较少的设备覆盖给定的区域。

ZigBee 的物理层在三个频段上共划分了 27 个物理信道，信道编号为 0～26。其中，868MHz 频段规定了一个信道，信道编号为 0；915MHz 频段规定了 10 个信道，信道间隔为 2MHz，信道编号为 1～10；2.4GHz 频段规定了 16 个信道，信道间隔为 5MHz，信道编号为 11～26，它们的信道组成如表 2-4 所示，频率与信道的分布情况如图 2-19 所示。

表2-4　ZigBee无线信道的组成

信道编号	中心频率/MHz	信道间隔/ MHz	频率上限/MHz	频率下限/MHz
$k=0$	868.3		868.6	868
$k=1, 2, 3, \cdots, 10$	$906+2(k-1)$	2	928	902
$k=11, 12, 13, \cdots, 26$	$2405+5(k-11)$	5	2483.5	2400

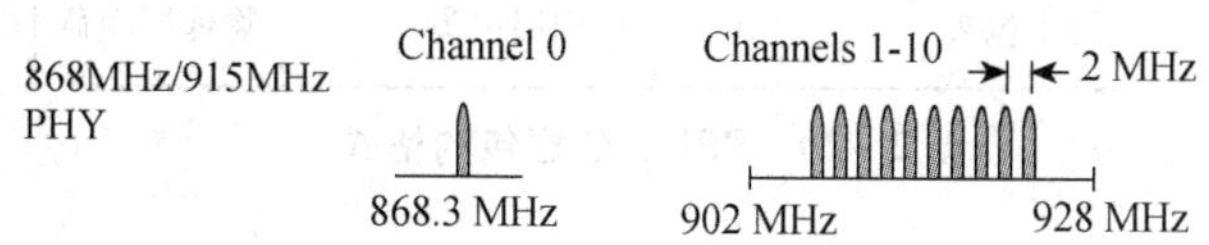

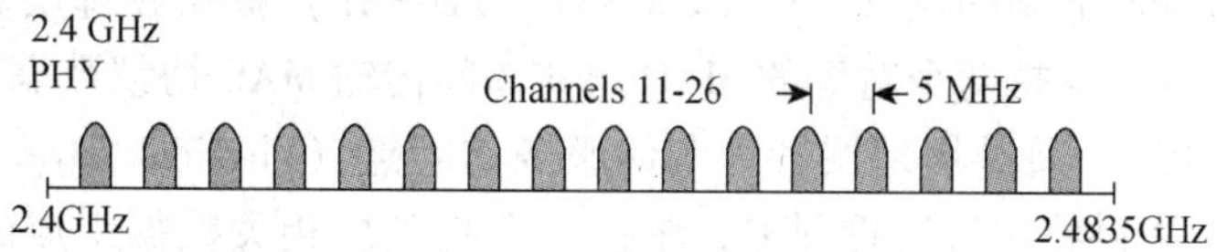

图2-19　频率与信道分布

（3）物理层的其他技术规范。在物理层规定了不同频段的ZigBee传输速率、调制方式等规范，其对比结果见表2-5。对于ZigBee的发射功率，通常的发射功率范围为0~10dB，通信距离为0~10m；但随着技术发展要求，现在可突破这一限制。比如在ZigBee模块上加上放大电路可提高发射功率和传输距离。

表2-5　ZigBee技术规范

数据传送速率	250kbps	20kbps	40kbps
调制方式	O-QPSK	DS-BSPK	DS-BPSK
邻近信道抗干扰水平	0dB	0dB	0dB
交替信道抗干扰水平	30dB	30dB	30dB
接收灵敏度	≥-85dBm	≥-92dBm	≥-92dBm

（4）物理层的协议数据单元的结构。ZigBee的物理层协议数据单元（PHY Protocol Data Unit，PPDU）数据包由同步包头、物理层包头和物理层净荷三部分组成：同步包头由前导码和帧定界符组成，用于获取符号同步、扩频码同步和帧同步，此外，也可进行粗略的频率调整；物理层包头指示数据净荷部分的长度，一般帧长度占7个比特，它的值是物理层服务数据单元（PHY Service Data Unit，PSDU）中包含的字节数。此外，还有1比特的预留位；物理层净荷部分携带MAC层数据包的信息，它的长度是可变的，最大长度是127字节。如果数据包的长度类型为5字节或大于8字节，那么PSDU携带MAC层的帧信息，即MAC层协议数据单元（MAC Service Data Unit，MSDU）。PPDU数据包的格式如图2-20所示。

在 PPDU 数据包结构中，优先发送和接收最左边的字段。在多个字节的字段中，优先发送或接收最低有效字节，而在每一个字节中优先发送最低有效位（LSB），同样在物理层与 MAC 层之间数据字段的传送也遵循这一规则。

4 字节	1 字节	1 字节		变量
前同步码	帧定界符	帧长度（7bit）	预留位（1bit）	PSDU
同步包头		物理层包头		物理层净荷

图 2-20　PPDU 数据包的格式

（5）物理层的服务规范。IEEE 802.15.4 的物理层定义了物理信道和 MAC 子层间的接口，通过物理层数据服务访问点（PHY Data SAP，PD-SAP）提供物理层数据服务，从无线物理信道上收发数据，支持两个对等的 MAC 层实体间传输 MAC 协议数据单元（MAC Protocol Data Unit，MPDU）；通过物理层管理实体服务访问点（Physical Layer Management Entity SAP，PLME-SAP）提供物理层管理服务，维护一个物理层相关数据组成的数据库。物理层提供的服务原语如下。

① PD-SAP 支持的服务原语。

- PD-DATA. request：MAC 层送给本地物理层的原语，请求发送 MPDU。
- PD-DATA. confirm：物理层实体发送给 MAC 层实体的原语，作为对 PD-DATA. request 的响应。
- PD-DATA. indication：指示一个 MPDU（即 PSDU）从物理层传送到本地 MAC 层实体。

② PLME-SAP 支持的服务原语。

- PLME-CCA：请求 PLME 执行空闲信道评估 CCA。
- PLME-ED：请求 PLME 执行能量检测 ED。
- PLME-GET：向 PLME 请求物理层 PIB 中相关属性的值。
- PLME-SET-TRX-STATE：向 PLME 请求改变收发信机的内部工作状态。
- PLME-SET：向 PLME 请求设置或改变 PIB 属性的值。

（6）物理层的通用射频规范。802.15.4 物理层通用射频规范同时适用于三个频段物理层，具体包括以下三类。

① 能量检测 ED。在 8 个符号周期内对信道带宽内的接收信号功率进行估计，用于网络层的信道选择算法。取值为 0x00 ~ 0xff。

② 链路质量指示 LQI。用于指示接收数据包的质量，通过接收机 ED、信噪比估计来测量。物理层对每个接收包都执行 LQI，并通过 PD-DATA. indication 原语连同数据帧一起报告给 MAC 层。取值为 0x00 ~ 0xff。

③ CCA 模式：包括能量门限检测、载波侦听、载波侦听联合能量检测。具体情况如下。

- 能量门限检测：如果检测到的信号能量超过设定的 ED 门限，则表示信道被占用。
- 载波侦听：如果检测到符合 IEEE 802.15.4 调制和扩频特征的信号，则表示信道忙，信号的强度可能高于或低于 ED 门限。

- 载波侦听联合能量检测：如果检测到符合 IEEE 802.15.4 调制和扩频特征的信号强度超过 ED 门限，则表示信道忙。

2. IEEE 802.15.4 MAC 层

（1）MAC 层的功能。MAC 层的作用主要是控制通信设备如何利用通信资源进行通信，在网络中能够协调多个设备恰当地使用通信资源，包括数据包的分段与重组，以及确保数据包按顺序传送。Zigbee 协议 MAC 层的主要功能如下所示。

- 协调器产生并发送信标帧。
- 普通设备根据协调器的信标帧与协调器同步。
- 支持 PAN 网络的关联和解关联操作。
- 为设备提供安全性支持。
- 使用 CSMA-CA 机制共享物理信道。
- 处理和维护时隙保障（Guaranteed Time Slot，GTS）机制。
- 在两个对等的 MAC 实体之间提供一个可靠的数据链路。

（2）MAC 层的协议数据单元的结构。MAC 层的协议数据单元又称 MAC 帧，它是由一系列字段按照特定的顺序排列而成的。MAC 帧按照功能的不同可分为信标帧、数据帧、确认帧、命令帧四种类型，不同的帧其帧格式有所不同，具体可见相关协议。这里，主要介绍 MAC 帧的一般格式，即通常由 MAC 帧头（MAC Header，MHR）、MAC 有效载荷和 MAC 帧尾（MAC Footer，MFR）组成，具体如图 2－21 所示。

2 字节	1 字节	0/2 字节	0/2/8 字节	0/2 字节	0/2/8 字节	可变	2 字节
帧控制	序列号	目的 PAN 标识符	目的地址	源 PAN 标识符	源地址	帧有效载荷	FCS
MHR（MAC 层帧头）					MAC 有效载荷	MFR	

图 2－21　MAC 层数据包格式

① MAC 帧头。由帧控制域、帧列号域和地址域组成。帧控制域有 2 字节，即 16bit 组成，共分为帧类型、安全使能等 9 个子域，具体如图 2－22 所示。它们指明了 MAC 帧的类型、帧是否进行了加密处理、源/目的地址的模式、数据帧是否在同一个 PAN 内传输以及是否需要接收方确认等控制信息；帧序号域有 1 字节，包含了发送方对帧的顺序编号（每帧指定的唯一顺序标识码），用于匹配确认帧，实现 MAC 层数据的可靠传输；地址域的长度可变，最多占 20 字节，包括目的 PAN 标识符、目的地址、源 PAN 标识符、源地址四部分组成，采用的寻址方式可以是 64 位的 IEEE MAC 地址或者 8 位的 ZigBee 网络地址。

0～2	3	4	5	6	7～9	10～11	12～13	14～15
帧类型	安全使能	数据待传	确认请求	网内/网际	预留	目的地址模式	预留	源地址模式

图 2－22　帧控制域格式

② MAC 有效载荷。其长度可变，最小为 5 字节，如果不考虑安全性，最大可达 25 字节；如果考虑安全性，最大可达 39 字节。不同的帧类型包含不同的信息。信标帧和数据帧包含了高层控制命令或者数据，确认帧和 MAC 命令帧则用于 ZigBee 设备间与 MAC 子层功能实体间控制信息的收发。

③ MAC 帧尾。含有采用 16 位 CRC 算法计算出来的帧校验序列（Frame Check Sequence，FCS），用于接收方判断该数据包是否正确，从而决定是否采用 ARQ 进行差错恢复。信标帧和确认帧不需要接收方的确认；数据帧和 MAC 命令帧的帧头包含帧控制域，指示收到的帧是否需要确认，如果需要确认，并且已经通过了 CRC 校验，接收方将立即发送确认帧，若发送方在一定时间内收不到确认帧，将自动重传该帧，这是 MAC 子层可靠传输的基本过程。

（3）MAC 层的 CSMA/CA 和信道接入方式。ZigBee 网络所有节点都工作在同一个信道上，因此如果邻近的节点同时发送数据就有可能发生冲突，为此 MAC 层采用了冲突避免的载波多路侦听访问（Carrier Sense Multiple Access with Collision Avoidance，CSMA/CA）技术。简单来说，就是节点在发送数据之前先监听信道，如果信道空闲则可以发送数据，否则就要进行随机的退避，即延迟一段随机时间，然后再进行监听，这个退避的时间是指数增长的，但有一个最大值，即如果上一次退避之后再次监听信道忙，则退避时间要增倍，这样做的原因是如果多次监听信道都忙，有可能表明信道上的数据量大，因此让节点等待更多的时间，避免繁忙的监听。通过这种信道接入技术，所有节点竞争共享同一个信道。这种设计，不但使多种拓扑结构网络的应用变得简单，提高了系统的兼容性，还可实现有效的功耗管理。

MAC 层中规定了两种信道接入模式，一种是信标模式，另一种是非信标模式。信标模式中规定了一种“超帧”的格式，超帧开始时发送信标帧，里面含有一些时序及网络的信息，之后是竞争接入时期，在这段时间内各节点以竞争方式接入信道，再后是非竞争接入时期，节点采用时分复用的方式接入信道，然后是非活跃时期，节点进入休眠状态，等待下一个超帧周期的开始又发送信标帧。信标模式中由于有了周期性的信标，整个网络的所有节点都能进行同步，但这种同步网络的规模不会很大。非信标模式则比较灵活，节点均以竞争方式接入信道，不需要周期性的发送信标帧。在 ZigBee 中用得较多的是非信标模式。

（4）MAC 层的服务规范。MAC 层提供了特定服务汇聚子层和物理层之间的接口，主要提供两种服务：MAC 层数据服务和 MAC 层管理服务。前者保证 MAC 协议数据单元在物理层数据服务中的正确收发，后者维护一个存储 MAC 子层协议相关信息的数据库。MAC 层的相关服务原语这里不再介绍，详见 IEEE802. 15. 4 协议。

3. ZigBee 网络层

（1）网络层的功能。网络层负责设备到设备的通信，并负责网络中设备初始化所包含的活动、消息路由和网络发现。ZigBee 的网络层需要在功能上保证与 IEEE802. 15. 4 标准兼容，同时也需要上层提供合适的功能接口。

对于网络层，其完成和提供的主要功能如下所示。

① 产生网络层的数据包：当网络层接受到来自应用子层的数据包，网络层对数据包进行解析，然后加上适当的网络层包头向 MAC 子层传输。

② 网络拓扑的路由功能：网络层提供路由数据包的功能，如果数据包的目的节点是本节点的话，将该数据包向应用子层发送；如果不是，则将该数据包转发给路由表中下一

节点。

③ 配置新的器件参数：网络层能够配置合适的协议，比如建立新的协调器并发起建立网络或者加入一个已有的网络的请求。

④ 建立 PAN 网络。

⑤ 连入或脱离 PAN 网络：网络层能提供加入或脱离网络的功能，如果节点是协调器或者是路由器，还可以要求子节点脱离网络。

⑥ 分配网络地址：如果本节点是协调器或者是路由器，则接入该节点的网络地址由网络层控制。

⑦ 发现并维护网络的邻居节点信息。

⑧ 建立路由功能。

⑨ 控制接收器的接收时间和状态。

（2）网络层协议数据单元的结构。网络层协议数据单元（Network-layer Protocol Data Unit，NPDU）即网络层的帧格式，ZigBee 网络帧主要由网络层帧报头和网络层的有效载荷构成，网络层帧报头包含帧控制、源和目的地址和序列信息等，如图 2－23 所示。每部分的具体构成如下所示。

字节：2	2	2	2	1	0/8	0/8	0/1	变长	变长
帧控制	目的地址	源地址	广播半径域	广播序列号	IEEE 目的地址	IEEE 源地址	多点传送控制	源路由帧	帧有效载荷
NWK 帧报头									NWK 有效载荷

图 2－23　通用的网络层帧格式

① 帧控制域。由 16 位组成，内容包括帧类型、协议版本、发现路由、源路由、广播标记、安全、源/目的地址等控制信息。

② 目地地址域。在网络层帧中，必须要有目的地址域，该域长度为 2 个字节。如果帧控制域的广播标记为 1，目的地址为 16 位的组播地址；若其为 0，目的地址为设备网络地址或广播地址。

③ 源地址域。在网络层帧中，必须要有源地址域，长度为 2 个字节，其值是 16 位的源设备网络地址。

④ 广播半径域。当帧的目的地址为广播地址（0xFFFF）时，才存在，长度为 1 个字节。该域用来设定传输半径范围，每个设备接收到一次该帧，广播半径就减 1。

⑤ 广播序列号域。当帧的目的地址为广播地址（0xFFFF）时才存在，长度为 1 个字节，每次发送 1 个新帧时，序列号值加 1。

⑥ IEEE 目的地址。如果存在此域，则它将包含在网络层地址头中的目的地址域的 16 位网络地址相对应的 64 位 IEEE 地址中。

⑦ IEEE 源地址。如果存在此域，则它将包含在网络层地址头中的源地址域的 16 位网络地址相对应的 64 位 IEEE 地址中。

⑧ 多点传送控制。只有多播标志子域值为 1 时才存在，占 1 个字节长度，它分为 3 个子域：多播模式（第 0、1 位，共 2 位），非成员半径（第 2 ~4 位，共 3 位），以及最大非成员半径（第 5 ~7 位，共 3 位）。

⑨ 源路由帧。只有帧控制域的源路由子域值为 1 时，才存在。它分为 3 个子域：应答计数器（1 个字节）、应答索引（1 个字节）和应答列长（可变长）。

⑩ 帧有效载荷域。该域长度可变，包含了各种帧的具体信息。在 ZigBee 网络层，主要有数据帧和命令帧。数据帧与通用帧结构相同，帧的有效载荷为网络层上层要求网络层传送的数据。命令帧的结构如图 2－24 所示。

2 字节	可变	1 字节	可变
帧控制	路由帧	网络层命令标识符	网络层命令载荷
网络层帧头		网络层载荷	

图 2－24　网络层命令帧结构

（3）网络层的路由机制。路由是指网络通信中一个源节点寻找目的节点的过程。在 ZigBee 网络中，借助于协调器和路由器实现帧的多跳传输。协调器和路由器提供的功能有：

- 为上层中继数据帧，为上层初始化路由选择；
- 为其他路由器中继数据帧，为它们初始化路由选择与修复；
- 参与路由选择，为后续数据帧建立路由；
- 维护路由表，记录最佳路由；
- 参与端到端的路由或本地路由的修复；
- 使用协议规定的路由成本度量路由选择和路由修复过程中路由成本。

ZigBee 网络层支持树路由、网状网路由及混合路由等多种路由算法。其中，树路由是 ZigBee 最基本的路由，又称为等级路由，它使用一个开关来设置是否使用树路由。使用树路由时，数据包沿着树的路径传递，根据树形编址的目的地址和本身地址的比较来确定下一跳节点的地址。树路由过程除了必须的几个网络拓扑参数外，不需要存储其他信息，计算比较简单；但由于只能沿着树的路径传递数据，路径单一，效率通常较低，可靠性不足。网状网路由为 ZigBee 网络提供了高效的路由，常用的网状网路由有自组织按需矢量（Ad-hoc On-Demand Vector，AODV）的简化版本 AODVjr。这种路由算法适合于拓扑和通信环境会发生变化，且承载数量不是很重的网络，它在路由代价、路由能力等方面有所改善。

（4）网络层的服务规范。为了向应用层提供接口，网络层提供了两个功能服务实体，分别为网络层数据服务实体（Network Layer Data Entity，NLDE）和网络层管理服务实体（Network Layer Management Entity，NLME）。网络层数据服务实体提供数据服务以允许一个应用在两个或多个设备之间传输应用协议，这些设备必须在同一网络中。它通过 NLDE-SAP 为应用层提供数据传输服务，包括生成网络层协议数据单元、指定拓扑路由、安全等服务；网络层管理服务实体提供一个网络管理服务来允许一个应用和栈相连接，它通过 NLME-SAP 为应用层提供网络管理服务，包括新设备的加入及配置、路由的记录、网络初始化及地址分配等服务，并且 NLME 还完成对网络信息库 NIB 的维护和管理。

4. ZigBee 应用层

（1）应用层的功能。Zigbee 应用层包括应用支持子层 APS、厂商定义的应用对象 AF、Zigbee 设备对象 ZDO。它们共同为各应用开发者提供统一的接口。

应用支持子层 APS 的主要任务是维护绑定表和在绑定设备之间传递信息，包括

- APS 层协议数据单元（APS Protocol Data Unit，APDU）的生成与处理。
- APS 数据实体（APS Data Entity，APSDE）提供在同一个网络中的应用实体之间的数据传输机制。
- APS 管理实体（APS Management Entity，APSME）提供多种服务给应用对象，这些服务包括安全服务和绑定设备，并维护管理对象的数据库 AIB。

厂商定义的应用对像 AF 为各个用户自定义的应用对象提供了模板式的活动空间，为每个应用对象提供了键值对 KVP 服务和报文 MSG 服务两种服务供数据传输使用。

除了 64 位的 IEEE 地址，16 位的网络地址，每个节点还提供了 8 位的，应用层入口地址，对应于用户应用对象。端点 0 为 ZDO 接口，端点 1 ~ 240 供用户自定义，用于对象使用，端点 255 为广播地址，端点 241 ~ 254 保留将来使用。每一个应用都对应一个配置文件。配置文件包括：设备 ID，事务集群 ID，属性 ID 等。AF 可以通过这些信息来决定服务类型。

ZigBee 设备对象 ZDO 是一个特殊的应用层端点。它是应用层其他端点与应用子层管理实体交互的中间件。它主要提供如下功能。

- 初始化应用支持子层、网络层、安全服务规范。
- 发现节点功能：在无信标的网络中，加入的节点只对其父节点可见。而其他节点可以通过 ZDO 的功能来确定网络的整体拓扑结构及节点所能提供的功能。
- 安全加密管理：主要包括安全键的建立和发送，以及安全授权。
- 网络的维护功能。
- 绑定管理：ZDO 确定了绑定表的大小、绑定的发起和绑定的解除等功能。
- 节点管理：对于网络协调器和路由器，ZDO 提供网络监测、获取路由和绑定信息、发起脱离网络过程等一系列节点管理功能。

ZDO 实际上是介于应用和应用支持子层中间的端点，其主要功能集中在网络管理和维护上。应用层的端点可以通过 ZDO 提供的功能来获取网络或者是其他节点的信息，包括网络的拓扑结构、网络地址和状态及类型和提供的服务等信息。

（2）应用支持子层的协议数据单元结构。APS 的协议数据单元又称为 APS 帧，它由 APS 帧头和 APS 有效载荷构成，APS 帧头由帧控制域、地址域、APS 计数域和扩展报头域组成。其通用的帧格式如图 2 - 25 所示。

字节：1	0/1	0/2	0/2	0/2	0/1	1	可变长	可变长
帧控制	目的端点	簇地址	串标志	模式标志	源端点	APS 计数	扩展报头	帧有效载荷
	地址域							
APS 帧头								APS 有效载荷

图 2 - 25　APS 帧格式

① 帧控制域：占1个字节，包含定义的帧类型、地址域和其他控制标志信息。

② 目的端点域：占1个字节，用于指定帧的最终接收端点。如果帧控制域中的传输模式子域为0b00（标准单播发送），那么帧中包含该域。

③ 目的端点值若为0x00，则该帧的端点地址为每个设备的ZOD。目的端点值若为0x01～0xf0，则该帧端点地址为操作的端点。端点地址值若为0xff，则该帧端点地址为除了端点0x00的所有活跃的端点。端点（0xf1～0xfe）保留。

④ 簇地址域：占2个字节，只有当帧控制中的传输模式子域为0b11时存在该域。在这种情况下，目的端点不存在。如果帧中的APS头包含簇地址域，帧将被发送设备发送给由簇地址域确定的所有端点。

设备的nwkUseMukticast设置为True，输出帧不设置簇地址域。

⑤ 串标识符域：占2个字节，指定由请求中SrcAddr所指示的用于设备绑定操作的串标识符。帧控制域的帧类型子域指定串标识符域是否存在。该域只用于数据帧，不用于命令帧。

⑥ 模式标识符域：占2个字节，指定在传输帧的过程中，用于设备过滤消息和帧的Profile标识符。该域只用于数据帧和确认帧。

⑦ 源端点域：占1个字节，指定发起者帧的端点。源端点值为0x00，表明从每个设备的ZDO发起。源端点值为0x01－0xf0，表明帧从应用操作的端点发起。其他的端点（0xf1～0xfe）保留。

⑧ APS计数器：占1个字节，用于防止接收重复帧。每新传输1次，该值加1。

⑨ 可扩展报头域：包含深层子域。

⑩ 帧有效载荷：长度可变，包含各个帧类型指定的信息。在APS中，有数据帧、命令帧和确认帧。

（3）应用支持子层的服务规范。应用支持子层给网络层和应用层通过ZigBee设备对象和制造商定义的应用对象使用的一组服务提供了接口，该接口通过数据服务和管理服务提供了ZigBee设备对象和制造商定义的应用对象使用的一组服务。

APS数据实体向网络层提供数据服务，并且为ZDO和应用对象提供服务，完成两个或多个设备之间传输应用层的协议数据单元。这些设备本身必须在同一个网络，通过与之连接的SAP（即APSDE-SAP）提供数据传输服务，包括生成应用层的协议数据单元、组地址过滤、可靠传输等服务。

APS管理实体提供管理服务支持应用程序符合堆栈。通过与之连接的SAP（即APSME-SAP）提供管理服务，并且维护一个管理实体数据库，即APS信息库。

① APS数据服务原语。

APSDE-DATA. request：该原语请求从本地NHLE向一个同等的NHLE实体传输NHLE PDU（ASDU）。

APSDE-DATA. confirm：该原语报告从本地NHLE向一个同等的NHLE传输PDU数据的结果。

APSDE-DATA. indication：该原语表明一个PDU数据向本地应用实体的APS子层传输。

② APS管理服务原语。

APSME-BIND. request：该原语允许支持绑定的设备上层通过在本地绑定表中建立一个入

口请求将两个设备绑定。

APSME-BIND. confirm：该原语使设备得到其上层请求绑定两个设备的结果。

APSME-UNBIND. request：该原语允许支持绑定的设备上层通过在本地绑定表中移除一个入口请求将两个设备解除绑定。

APSME-UNBIND. confirm：该原语使设备得到其上层请求解除两个设备绑定的结果。

③ 信息库的维护原语。

APSME-GET. request：该原语允许设备上层从 AIB 中读取属性值。

APSME-GET. confirm：该原语向上层报告从 AIB 中读取属性值的结果。

ASPME-SET. request：该原语允许设备上层将属性值写入 AIB。

APSME-SET. confirm：该原语向上层报告向 AIB 属性中写入属性值的结果。

④ 组管理原语。

APSME-ADD-GROUP. request：该原语允许上层请求一个特定的组的组关系加入到特定的端点。

APSME-ADD-GROUP. confirm：该原语使得设备得知其将一个组添加到端点的请求结果。

APSME-REMOVE-GROUP. request：该原语允许上层请求将一个特定的组的组关系从特定的端点中移除。

APSME-REMOVE-GROUP. confirm：该原语使得设备得知其将一个组从端点中移除的请求结果。

APSME-REMOVE-ALL-GROUP. request：当上层想要将所有组中的关系从端点中移除时产生该原语，因此，没有组地址的帧传送给端点。

APSME-REMOVE-ALL-GROUP. confirm：该原语使得设备得知其从一个端点中移除所有组的请求结果。

总之，在协议栈当中，各协议层之间通过服务接入点进行信息的交互。低协议层通过 SAP 为高协议层提供服务。其中，物理层与 MAC 层之间是物理层数据服务访问点和物理层管理实体服务访问点；MAC 层与网络层之间是 MAC 层数据实体服务接入点和 MAC 层管理实体服务接入点；网络层与 APS 之间是网络层数据实体服务接入点和网络层管理实体服务接入点；APS 与各应用对象或 ZDO 之间是 APS 数据实体服务接入点和 APS 管理实体服务接入点。SAP 一般较少出现跨层情况，只有在 ZDO 中，因网络管理需要可直接调用网络层，从而 NLME-SAP 直接为 ZDO 服务，而一般的应用只能从 APS 获得。此外，安全管理不是单独的协议层次，它是一系列安全功能，嵌入到网络层和应用层功能之中。最后，ZDO 也可给其他的应用对象提供一些功能，通过 ZDO 公共接口实现。

习题

1. 简述 RFID 系统的组成与应用特点。
2. 详细描述 NFC 的三种模式。
3. 论述 NFC 标准帧中奇偶校验位的作用。
4. NFC 中提及的曼彻斯特编码，给出 100110111 的曼彻斯特码波形。若它的数据传输率为 1200kbps，则它的波特率是多少？

5. 蓝牙技术物理层技术中描述基带层提供了两种不同的物理链路，即同步面向连接链路和异步无连接链路，分别描述两种不同的链路的工作原理。

6. 作为近距离通信技术，比较一下 RFID、NFC、蓝牙和 ZigBee 四种技术的优劣。

7. ZigBee 各种拓扑结构优劣点比较。

8. ZigBee 技术 MAC 层规定了两种信道接入模式，请做详细解释。

第3章　互联领域的无线通信技术

随着人们生活节奏的加快和社会活动的需求变化，人们对于通信方式也不断提出新的要求。随着无线网络的发展，人们越来越不希望受到有线网络的约束，希望能够随时随地的和他人进行高质量的视频语音通信，快捷地享受高速网络上的文字视频等信息。同时，一些特殊的社会活动，例如紧急救援、海上通信等，都需要一套支持移动通信的无线网络来提高效率。WiFi 技术和 WiMAX 技术由于它们较大的带宽、较多的频率选择和低功耗等优点，而成为满足上述要求的较佳接入方式。在国内外，现在 WiFi 网络的覆盖范围越来越广泛，大学校园、豪华住宅区、飞机场及咖啡厅之类的场所都有 WiFi 接口。相比于 WiFi，WiMAX 拥有更好的兼容性，相应的性能也更胜一筹。虽然 WiMAX 在国内外还没有得到普及，但其广泛的市场前景使其越来越受到业界的重视。故本章将对 WiFi 和 WiMAX 进行详细介绍，包括其基本的概念、特点、体系结构，以及其相应的协议标准和关键技术，以便使读者能够更好地掌握这两项无线接入技术。

3.1　WiFi 技术

3.1.1　WiFi 技术概述

3.1.1.1　WiFi 技术的概念

WiFi 的英文全称为 Wireless Fidelity，是无线保真的意思，在无线局域网（Wireless Local Area Networks，WLAN）里又指“无线相容性认证”，实质上是一种商业认证。同时也是一种无线连网技术，它是一种可以将个人电脑、手持设备（如 PDA、手机）等终端设备以无线方式互相连接的短距离无线技术。其目的是改善基于 IEEE 802.11 标准的无线网路产品之间的互通性。现在一般人会把 WiFi 及 IEEE 802.11 混为一谈，甚至把 WiFi 等同于无线网际网路，故使用 IEEE 802.11 系列协议的局域网就称为 WiFi 网络。

3.1.1.2　WiFi 技术的特点

自 1997 年 IEEE 发布了 IEEE 802.11 第一个无线网络规范开始，无线网络因其独特的优势迅猛发展起来。WiFi 技术的特性进一步提高了无线网络的发展速度。

它的主要优点如下。

（1）无线电波的覆盖范围广。基于蓝牙技术的电波覆盖半径大约有 15 米左右，而 WiFi 的半径则可达 100 米左右，可以实现整栋大楼中的无线通信。

（2）传输速度高。虽然 WiFi 技术的传输无线通信质量和数据安全性能比蓝牙差一些，但其传输速度非常快，IEEE 802.11b 就可以达到 11Mbps，而现今通过的 IEEE 802.11n 的数据速率最高可达 600Mbps。

（3）无需布线，节省了布线的成本。因此非常适合移动办公用户的需要，具有广阔市场前景。此外，无需布线，既节省了布线的成本，又美化了办公环境。

（4）发射功率低，对人体的辐射影响小。IEEE 802.11 规定的发射功率不可超过 100 毫瓦，实际发射功率约 60～70 毫瓦，这远低于手机的发射功率（手机的发射功率约 200 毫瓦至 1 瓦间），对人们的辐射影响小。

（5）组网方法简单，容易实现。一般只需一个无线网卡及一台无线访问节点（Access Point，AP）就可组成一个 WiFi 无线网络，再结合已有的有线网络便可分享网络资源，其总体的架设费用和复杂程度远远低于传统的有线网络。AP 主要在媒体接入控制层中扮演无线工作站及有线局域网络的桥梁。AP 节点如一般有线网络的 Hub，它可以快速容易地与网络相连。特别是对于宽带的使用，WiFi 更显优势，有线宽带网络（ADSL、小区局域网等）到户后，连接到一个 AP，然后在电脑中安装一块无线网卡即可使用。普通的家庭有一个 AP 已经足够，甚至用户的邻里得到授权后，无需增加端口，也能以共享的方式上网。此外，若几台对等的电脑各自配备无线网卡，无需 AP 可实现信息互享。

但是，WiFi 技术在应用中也存在一定的问题，有以下几点。

（1）WiFi 的无线通信质量不是很好，数据安全性能比蓝牙差一些，传输质量有待改善。

（2）抗干扰问题。由于 WiFi 技术的普及性，越来越多的移动和固定终端具备了 WiFi 功能，它们之间的干扰是制约 WiFi 性能的一个因素。另一方面，WiFi 的工作频段为 2.4GHz 的开放频段，使其也容易受到其他设备的干扰。

3.1.1.3 WiFi 的应用

由于 WiFi 的频段在世界范围内是无需任何电信运营执照的免费频段，因此，WLAN 无线设备提供了一个世界范围内可以使用的、费用极低且带宽极高的无线空中接口。如今，支持 WiFi 的电子产品越来越多，像手机、MP4、电脑等，基本上已经成为主流标准配置。随着 Internet 的迅速发展，人们越来越习惯网购，网上炒股，缴费，搜索资料等，更加希望能够在任何时间、任何地点无障碍地使用网络，这进一步促进了 WiFi 的发展，使其成为最为普及的无线组网方式。

目前，WiFi 在公共场合的应用随着 AP 热点的增加而更加方便快捷，商务人员可以随时在全球机场、酒店、咖啡馆等公共场所利用 WiFi 的 AP 热点接入因特网，从而实时地与公司进行网络联系。在家庭网络中，WiFi 主要应用在各种信息家电和家庭网关上。由于 WiFi 网络能够很好地实现家庭范围内的网络覆盖，它适合充当家庭中的主导网络，家里的其他具备 WiFi 功能的设备，如电视机、影碟机、数字音响、数码相机等，可以通过 WiFi 建立通信连接，实现整个家庭的数字化与无线化；此外，使用个人电脑、手持网络终端或者遥控器与家庭网关进行连接，通过家庭网关可以实现对各种信息家电实施有效的管理和控制，从而实现家庭中的物联网，使人们的生活变得更加方便与丰富。

总之，随着 Internet 网络的发展，移动 3G、4G 的普及，WiFi 作为一种无线接入技术，因其接入速度快，覆盖范围高，低成本等优势，必将与其他技术结合，更好地推动物联网通信的发展。

3.1.2 WiFi 相关标准及拓扑结构

3.1.2.1 WiFi 联盟及相关标准介绍

WiFi 联盟，全称是国际 WiFi 联盟组织，它是一个商业联盟，主要负责 WiFi 认证与商标授权的工作，总部位于美国德州奥斯汀。1999 年，为了推动 IEEE 802.11b 规格的制定，组成了无线以太网路相容性联盟（Wireless Ethernet Compatibility Alliance，WECA）。2000 年，改名为 WiFi 联盟。主要目的是在全球范围内推行 WiFi 产品的兼容认证，制定基于 IEEE 802.11 标准的全球通用规范，对基于 IEEE 802.11 标准无线设备进行测试与认证，并发展 IEEE 802.11 标准的无线局域网技术。目前，该联盟成员单位超过 200 家，其中 42% 的成员单位来自亚太地区，中国区会员也有 5 个。

WiFi 的第一个标准版本发表于 1997 年，即 IEEE 802.11，其中定义了物理层和介质访问接入控制层。物理层定义了工作在 2.4GHz 的 ISM 频段上的两种扩频方式和一种红外传输方式，这两种扩频方式为直接序列扩频（Direct Sequence Spread Spectrum，DSSS）和跳频扩频（Frequency Hopping Spread Spectrum，FHSS），其总数据速率为 2Mbps。MAC 层使用带有冲突避免检测的载波监听多路访问的机制。两个设备间可以直接采用自由方式连接，也可以通过基站或者访问点的协调配合完成。

1999 年，WiFi 联盟又加了两个补充版本。802.11a 定义了一个 5GHz ISM 频段，物理层的数据传输速率可达 54Mbps，传输层的传输速率可达 25Mbps。它采用正交频分调制，覆盖范围可达 50 米；它可提供 25Mbps 的无线 ATM 接口和 10Mbps 的以太网无线帧结构接口，以及 TDD/TDMA 的空中接口；支持语音、数据、图像业务；一个扇区可接入多个用户，每个用户可带多个用户终端。802.11b 定义了一个在 2.4GHz 的 ISM 频段上但数据传输速率高达 11Mbps 的物理层。它采用直接序列扩频和补码键控（Complementary Code Keying，CCK）的调制方式，速率可以实现动态调整。2.4GHz 的 ISM 频段为世界上绝大多数国家通用，因此 802.11b 得到了最为广泛的应用。IEEE 802.11b 从根本上改变了无线局域网的设计和应用现状，满足了人们在一定区域内实现不间断移动办公的需求，为我们创造了一个自由的空间。

2003 年 7 月，IEEE 通过了 IEEE 802.11.g 标准，该标准的频段为 2.4GHz，可采取不同速率和不同的调制方式，支持 IEEE 802.11a 和 b 的所有速率，最高数据速率可达 54Mbps。2.4GHz 频段可使用补码键控调制，正交频分复用（Orthogonal Frequency Division Multiplexing，OFDM）调制等技术，使数据传输速率更高；同时能够与 IEEE 802.11b 的 WiFi 系统互联互通，可共存于同一 AP 的网络里，从而保障了后向兼容性。这样原有的 WLAN 系统可以平滑地向高速 WLAN 过渡，延长了 IEEE 802.11b 产品的使用寿命，降低了用户的投资。

2009 年 9 月，IEEE 批准了 IEEE 802.11.n 标准，该标准是一个高速无线局域网标准，使用 2.4GHz 频段和 5GHz 频段，其核心是多入多出（Multiple Input Multiple Output，MIMO）和 OFDM 技术，传输速度 300Mbps，最高可达 600Mbps，可向下兼容 IEEE 802.11b、802.11g 标准。表 3－1 给出了 IEEE 802.11/a/b/g/n 的协议对比。

表 3－1　IEEE802.11a/b/g/n 的协议对比

	802.11	802.11b	802.11a	802.11g	802.11n
标准发布时间	1997.7	1999.9	1999.9	2003.7	2007 年发布 2.0 草案，采用 MIMO 与 OFDM 技术相结合，最高速率可达 300－600Mbps，兼容 802.11a/b/g 产品
合法频宽	83.5MHz	83.5MHz	325MHz	83.5MHz	
频率范围	2.400－2.483GHz	2.400－2.483GHz	5.150－5.350GHz 5.725－5.850GHz	2.400－2.483GHz	
非重叠信道	3	3	12	3	
调制技术	FHSS/DSSS	CCK/DSSS	OFDM	CCK/OFDM	
物理发送速率	1，2	1，2，5.5，11	6，9，12，18，24，36，48，54	6，9，12，18，24，36，48，54	
兼容性	N/A	与 11b/g 不能互通	与 11b 产品可互通	与 11b 产品可互通	

3.1.2.2　WiFi 体系结构

WiFi 无线网络的体系结构主要有两种，即无中心网络和有中心网络。

1. 无中心网络

无中心网络是最简单的无线局域网结构，又称为无 AP 网络，对等网络，Ad-Hoc 网络。它由一组有无线接口的计算机（无线客户端）以自组织的形式组成一个独立基本服务集（Independent Basic Service Set，IBSS），这些无线客户端有相同的工作组名、SSID（Service Set Identifier，服务区别号）和密码，网络中任意两个站点之间均可对等地直接通信。无中心网络的体系结构如图 3－1 所示。

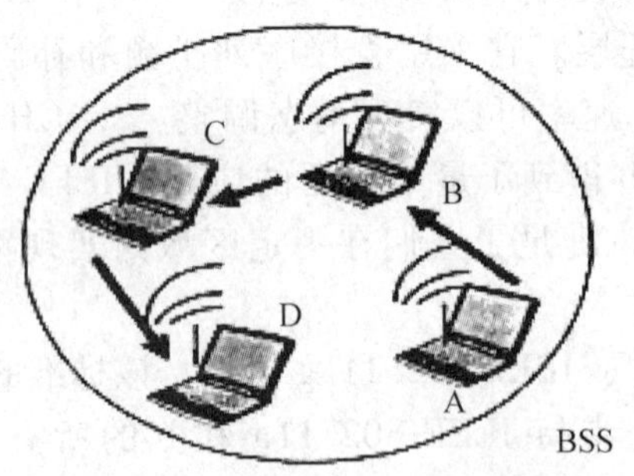

图 3－1　无中心网络的体系结构

无中心网络一般只有一个公用广播信道，每个站点都可竞争公用信道，而信道接入控制协议大多采用 CSMA/CA 多址接入协议。这种结构具有强的抗毁性、易建网、低成本等优点。但是，当网络中站点数量过多时，激烈的信道竞争将直接降低网络性能。此外，无中心网络没有固定的基础设施，为了满足任意两个站点的通信，所有的站点必须直接与其他站点互连，因此站点间的网络布局复杂；此外，网络中的站点布局受环境限制较大。因此，这种网络结构仅适应于工作站数量相对较少（一般不超过 15 台）的工作群，并且工作站应离得足够近的工作群，或者组建临时性的网络时。

2. 有中心网络

有中心网络即结构化网络，又称为基础设施结构化网络，它由一个或多个无线 AP 及一系列无线客户端构成，网络体系结构如图 3－2 所示。在有中心网络中，只有一个无线 AP 和多个与其关联的无线客户端的情形被称为一个 BSS（Basic Service Set，基本服务集），它是有中心网络的最小构件。两个或多个 BSS 可构成一个 ESS（Extended Service Set，扩展服务集）。

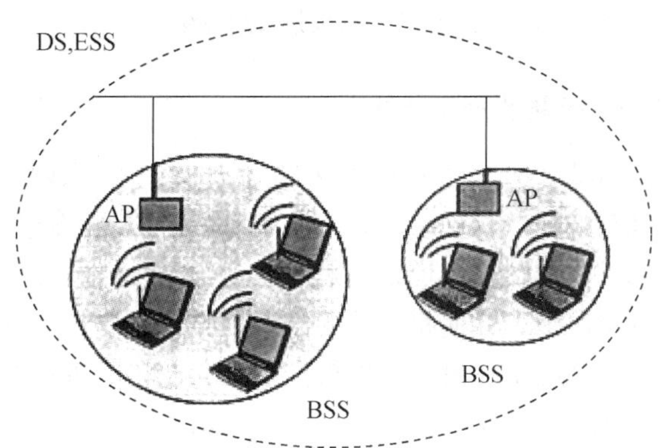

图 3－2　有中心网络的拓扑结构

一个 BSS 网络使用一个无线 AP 作为中心站，又称为 BS（Base Station，基站），所有无线客户端对网络的访问均由 AP 控制。这样，随着网络业务量的增大，网络吞吐量性能及网络时延性能的恶化并不强烈。由于每个站点只要在中心站覆盖范围内就可与其他站点通信，故网络布局受环境限制比较小。此外，中心站为接入有线主干网提供了一个逻辑访问点，从而可以实现将移动节点与现有的有线网络连接起来。大多数 BSS 采用集中式 MAC 协议，比如轮询机制，这样可以减少用户间的访问冲突。BSS 组网成本相对较低，维护简单，且因为中心站采用了全向天线，设备的调试也比较容易。尽管如此，BSS 拓扑结构的弱点是：抗破坏性差，中心站点的故障容易导致整个网络瘫痪，并且中心站点的引入增加了网络成本。故在实际应用中，经常与有线主干网络结合起来使用，这时，AP 中心站充当无线网与有线主干网的转接器。

为了实现跨越 BSS 范围，IEEE 802.11 标准中规定了一个 ESS LAN，也称为 Infrastructure 模式。在 ESS 中，BSS 是该网络的最小单元，有点儿类似蜂窝移动网络中的小区，但又与其不同。在 ESS 无线网络中，有多个无线接入点 AP 可与有线网络连接，另外，一些无线的终端站也可与有线网络直接连接。图 3－2 所示的 ESS 网络，有两个 BSS 通过 AP 连入有线网络。该配置满足了大小任意、大范围覆盖的网络需要，用户可以通过 ESS 结构访问有线网络中的资源。

此外，现在还有一种无线 ESS 网络，这种方式与 ESS 网络相似，也是由多个 BSS 网络组成的，所不同的是网络中不是所有的 AP 都连接在有线网络上，而是存在 AP 没有连接在有线网络上，而是使用 DS（Distribution System，分布式系统）组成的结构化网络。该 AP 使用 DS 和距离最近的连接在有线网络上的 AP 通信，进而连接在有线网络上。其结构框图如图 3－3 所示。当一个地区有 WLAN 的覆盖盲区，且在附近没有有线网络接口时，采用无线的 ESS 网络可以增加覆盖范围。

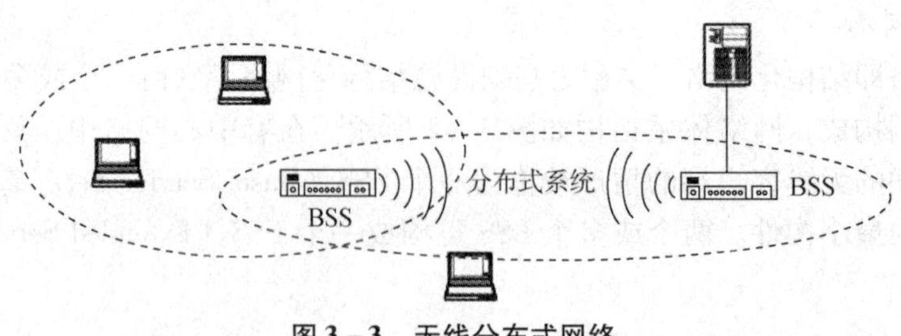

图 3-3　无线分布式网络

3.1.3　WiFi IEEE 802.11 标准的分层结构

WiFi 网络主要指的是 IEEE 802.11 系列协议的无线网络。该系列协议规定了物理层和媒体接入控制层的一系列标准与技术。物理层主要关注如何根据无线传输介质的特点设计合适的方案，为上层提供高速可靠的数据传输通道，它是点对点的无线传输。媒体接入控制层关注的则是在多个站点共享信道的情况下，如何将全部的信道资源分配给各个站点，保证传输不碰撞或少碰撞，保证在相对公平的情况下尽可能大地提高系统的吞吐量和服务质量。

3.1.3.1　WiFi 的 IEEE 802.11 分层结构

在 WiFi 网络中，最早的网络标准是 IEEE 802.11，它规定了网络的物理层和媒体接入控制层，为此，文中以 IEEE 802.11 标准来说明 WiFi 的分层结构。在 IEEE 802.11 标准中，从设备上看，有两种类型的设备，即无线接入点 AP 和无线站。AP 通常由一个无线输出口和一个有线网络结构构成，它可以将无线站接入到有线的网络上。它既有普通站点的身份，又有接入到分配系统的功能。无线站通常由一台 PC 加上一个无线网络接口卡构成。从协议架构上看，其基本的参考模型如图 3-4 所示。物理层分为汇聚子层（Physical Layer Convergence Protocol Sublayer，PLCP），介质依赖子层（Physical Medium Dependent Sublayer，PMD）和物理层管理实体（PHY Sublayer Management Entity，PLME）。MAC 层主要由 MAC 子层和 MAC 子层管理实体（MAC Sublayer Management Entity，MLME）构成。此外，IEEE 802.11 还规定了站管理实体，主要负责协调物理层和 MAC 之间的交互。各层之间，管理实体之间及层与管理实体之间主要通过服务访问点互相访问，利用服务原语进行通信。

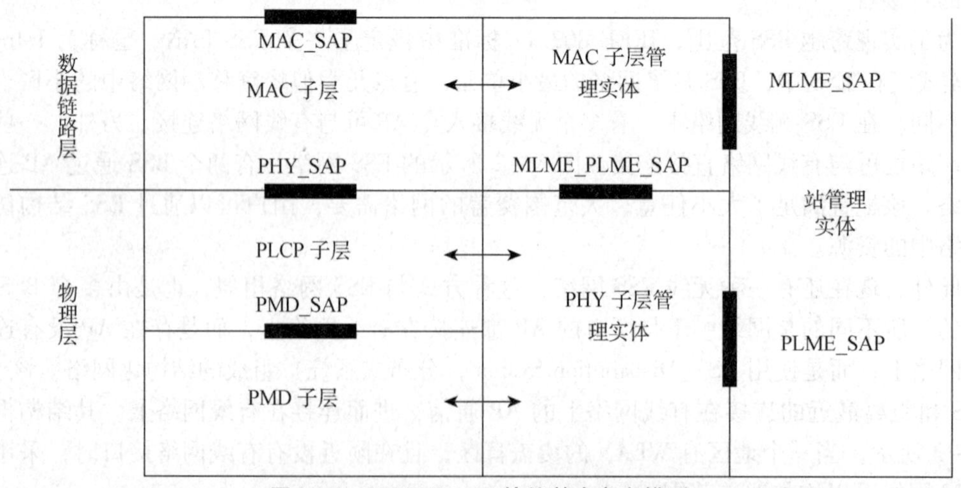

图 3-4　IEEE 802.11 协议基本参考模型

3.1.3.2 IEEE 802.11 物理层

1. 物理层的功能

(1) 为 MAC 层提供物理载波监听功能，用以避免冲突。物理层通过 PMD 实现介质状态的检查并执行载波监听功能。

(2) 为 MAC 层提供接口，从而实现数据帧比特流的传送与接收。物理层通过 PLCP 实现 MAC 层的 PHY-TXSTART. request 原语接收，将 PMD 转换为传输模式，同时 MAC 层将向接收到的请求发送一个字节数和数据率的告示，然后 PMD 以 1Mbps 发送帧前同步码和适配头，适配头发送结束后，将数据率改到适配头确定的速率。整个发送完成后，PLCP 向 MAC 层发送 PHY-TXEND. confirm 原语，关闭发送器，并将 PMD 转换到接收模式。

(3) 提供信号载波等手段使数据可以传输在无线介质上。

2. 物理层的服务原语

(1) PHY-DATA. request：MAC 层向物理层传送一个字节的服务原语。

(2) PHY-TXSTART. request：MAC 层向物理层请求开始一个 MPDU（MAC Protocol Data Unit，MAC 层协议数据单元）传送的服务原语。

(3) PHY-TXEDN. request：MAC 层向物理层请求结束一个 MPDU 传送的服务原语。

(4) PHY-CCARESET. request：MAC 层向物理层确认信道评价状态机制复位的服务原语。

上面这四个原语都是从 MAC 层向物理层传送的服务原语。

(5) PHY-DATA. comfirm：物理层向 MAC 层发送的服务原语，确认数据从 MAC 传送到了物理层。

(6) PHY-TXSTART. comfirm：物理层向 MAC 层发送的服务原语，确认一个 MPDU 传送的开始。

(7) PHY-TXEDN. comfirm：物理层向 MAC 层发送的服务原语，确认一个 MPDU 传送的结束。

(8) PHY-CCARESET. comfirm：物理层向 MAC 层发送的服务原语，确认信道状态机制的复位。

(9) PHY-DATA. indication：物理层向 MAC 层传送接收到数据的一个字节的服务原语。

(10) PHY-CCA. indication：物理层向 MAC 层传送指明介质状态的服务原语。

(11) PHY-RXSTART. indication：物理层向 MAC 层传送指明 PLCP 已经接收到了一个合法的开始帧定界符的服务原语。

(12) PHY-RX. indication：物理层向 MAC 层传送的确认接收状态机制已经完成了一个 MPDU 的接收的服务原语。

3. PLCP 子层帧格式

PLCP 子层将 MAC 层传来的数据 MPDU 转换为 PSDU（PLCP Service Data Unit，PLCP 子层业务数据单元），然后，加上 PLCP 头（PLCP Header）信息和前导码（Preamble Code）就构成了 PLCP 子层帧格式，即 PPDU（PLCP Protocol Data Unit，PLCP 子层协议数据单元）数据帧结构。具体结构图如图 3 -5 所示。其中，PLCP 前导码包含同步字段和开始帧定界符，它们共同为了实现帧的同步。PLCP 头指明数据率、帧长度和 PLCP 头的 CRC 码。

<table>
<tr><td colspan="2">PLCP Preamble</td><td colspan="3">PLCP Header</td><td rowspan="2">Whitened PSDU</td></tr>
<tr><td>Sync</td><td>Start Frame Delimeter</td><td>PLW</td><td>PSF</td><td>Header Error Check</td></tr>
<tr><td>80bit</td><td>16bit</td><td>12bit</td><td>4bit</td><td>16bit</td><td>可变字数</td></tr>
</table>

图 3-5 IEEE 802.11 中 FHSS 方式的 PLCP 帧格式

不同版本的 IEEE 802.11 协议其 PLCP 子帧结构会有所不同，读者可参阅相关的协议及文献，这里不再赘述。

3.1.3.3 IEEE 802.11 MAC 层

在 IEEE 802.11 网络中，由于多个终端设备间共享同一传输介质，所以需要一种 MAC 协议来控制各终端对同一介质的访问。带有冲突避免机制的载波监听多路访问用来控制各设备对传输介质的访问，使用 ACK 确认信号来避免冲突的发生，即只有当发送端收到返回的 ACK 信号后才确认送出的数据已经正确到达目的地。此外，为了解决无线网络中存在"隐藏节点"的问题，IEEE 802.11MAC 层还引入了一个请求发送/清除发送（Request to Send/Clear to Send，RTS/CTS）选项。当这个选项打开时，一个发送工作站传送一个 RTS 信号，随后等待 AP 回送 CTS 信号，由于所有终端都能侦听到 AP 发出的信号，所以使用 CTS 可以终止它们传送的数据，这样发送端就可以发送数据，接受 ACK 信号而不会造成数据的冲突。

1. MAC 层的功能

（1）访问控制功能，包括分布式协调功能（Distributed Coordination Function，DCF）和点协调功能（Point Coordination Function，PCF）。DCF 基于 CSMA/CA 协议，是物理层和 AP 间自动共享无线介质的协议，它是强制的。在 DCF 模式下，IEEE 802.11 主机将竞争获取访问权，并且在发送无线帧的时候，其他站点是不会传输的。如果其他站点需要传输，则此站点将等待直到信道空闲。此外，DCF 提供随机避让时间来避免访问冲突。PCF 是为了能够支持数据帧的实时业务传输而制定的协议，它提供无竞争的帧传送方式。在 PCF 模式下，AP 在竞争空闲期间内对站点进行轮询。站点只有在 AP 轮询到的时候才能够传输。

（2）网络连接的功能。工作站开机后通过被动或主动扫描方式搜索有无 AP 可供加入，从而实现与网络的连接。

（3）MAC 层在 LLC（Logical Link Control，逻辑链路控制）层的支持下执行寻址方式和帧识别功能。

（4）提供身份验证和数据加密，保证无线网络身份的确认、访问的安全。在 IEEE 802.11 网络中，通常采用 SSID（Service Set Identifier，接收服务站标识符）技术、MAC 技术、WEP（Wired Equivalent Privacy，有线对等加密）技术、WAPI（Wireless LAN Authentication and Privacy Infrastructure，无线局域网鉴别和保密基础结构）及用户认证技术等来保证接入用户和传送数据的安全。

2. MAC 层的服务原语

（1）MA-UNITDATA. request：请求将 MSDU（MAC Service Data Unit，MAC 层服务数据单元）从一个本地 LLC 实体传送到对应的一个或多个 LLC 实体。

（2）MA-UNITDATA. indication：请求将 MSDU 从 MAC 实体传送到 LLC 实体。

（3）MA-UNITDATA-STATUS. indication：将相应 MA-UNITDATA. request 的状态信息反馈

到 LLC 层。

3. MAC 层的帧分类及格式

IEEE 802.11 标准定义了 MAC 帧结构的主体框架，如图 3－6 所示。其主要的字段构成为帧控制（Frame Control）：该字段是在工作站之间发送的控制信息，它定义了该帧是管理帧、控制帧还是数据帧。

持续时间/标志（Duration/ID）：在大部分帧中，这个域内包含持续时间的值，值的大小取决于帧的类型。通常每个帧都包含表示下一个帧发送的持续时间信息。

Address1/2/3/4（地址 1/2/3/4）：地址字段包含不同类型的地址，地址的类型取决于发送帧的类型。这些地址类型可以包含基本服务组标识、源地址、目标地址、发送站地址和接收站地址。

序列控制（Sequence Control）：该字段最左边的 4bit 由分段号子字段组成。这个子字段标明一个特定 MSDU 的分段号。第一个分段号为 0，后面发送分段的分段号依次加 1。

帧体（Frame Body）：这个字段的有效长度可变，为 0～2312 字节。该字段信息取决于发送帧。如果发送帧是数据帧，那么该字段会包含一个 MSDU。

帧控制 2 字节	持续时间/ 标志 2 字节	地址 1 6 字节	地址 2 6 字节	地址 3 6 字节	序列控制 2 字节	地址 4 6 字节	帧体	帧校验 4 字节

图 3－6　IEEE 802.11MAC 帧结构

IEEE 802.11MAC 层的帧主要由管理帧、控制帧和数据帧三种。

（1）管理帧。它主要负责在工作站和 AP 接入点之间建立初始通信、提供连接或认证等服务。基本的管理帧格式如图 3－7 所示。工作站接收管理帧时，根据 MAC 帧中的目的地址进行地址比较，如果目的地址和该工作站相匹配，则该站完成帧的接收，并提交给 LLC 层，否则忽略该帧。IEEE 802.11 定义了关联请求帧、关联响应帧、重关联请求帧等 11 种管理帧。

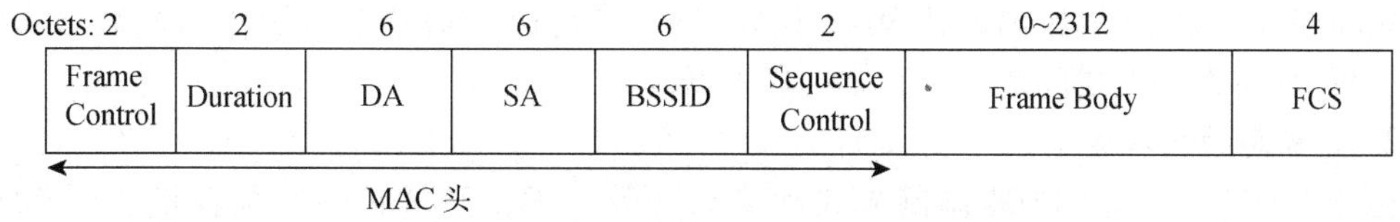

图 3－7　IEEE 802.11MAC 的管理帧格式

（2）控制帧。它在工作站和 AP 之间建立连接并认证后提供必要的辅助功能。IEEE 802.11 规定请求发送、清除发送、应答等 5 种控制帧。图 3－8 给出了请求发送和清除发送的帧格式。

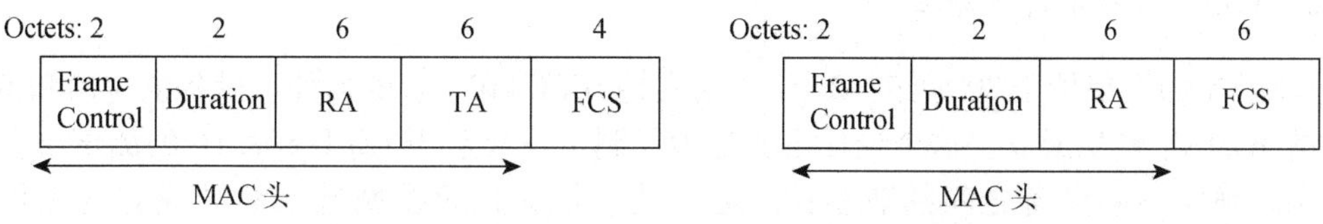

图 3－8　IEEE 802.11MAC 的控制帧请求发送/清除发送格式

（3）数据帧。它负责将 MSDU 传输到目标工作站，转交给相应的 LLC 层；此外，它可以从 LLC 层承载特定信息、监督尚未编号的帧。

3.2 WiMAX 技术

3.2.1 WiMAX 概述

无线宽带接入技术（Worldwide Interoperability for Microwave Access，WiMAX）作为一种拥有巨大发展潜力和市场前景的接入技术，正受到通信行业的广泛关注。目前 WiMAX 在欧美各国获得了广泛的关注和应用，并且在亚洲地区也开始蓬勃发展。

WiMAX 以 IEEE 802.16 系列无线通信标准为基础，兼容各种不同的常用无线网络，为广大消费者提供便捷的无线数据接入服务。随着光纤通信的不断发展，通信网络主干网络都逐渐为光纤网替代，由于光纤通信容量巨大的优势，使得主干网络的通信几乎没有了限制。但是随着社会的进步与发展，人们对于网络服务的要求提出了更高的要求，随时随地能够享受到高质量的数据服务成为广大消费者的向往。因此，最后一公里的通信成为业界内的热点话题之一。与 WiFi 等无线接入技术相比，WiMAX 在扩大网络覆盖范围、提高频谱利用率和系统容量等方面具有自己独到的优势，成为解决最后一公里瓶颈的重要手段之一。

为了提高 WiMAX 的系统性能，支持更高的传输速率和覆盖范围，采用了许多关键技术。其中包括：物理层的调制技术（Orthogonal Frequency Division Multiplexing，OFDM），硬件方面采用多天线技术，MAC（Media Access Control Layer，MAC）层制定了不同的通信方式和众多的 QoS（Quality of Service，QoS）保证机制，自动重传机制 ARQ（Automatic Repeat reQuest，ARQ）机制等。

总而言之，WiMAX 系统的技术优势概括如下。

1. 较远的传输距离

WiMAX 的最大传输距离可达 30 ~ 50 km 英里，可以覆盖整个城域作为城域接入网络。因此，WiMAX 系统需要的基站少，硬件成本低。

2. 非常高的接入速率

由于 WiMAX 采用 OFDM 调制方式和多天线等技术，使得它的系统容量达到 70Mbps，远远超出了 WiFi 和 3G 的系统容量。

3. 提供广泛的多媒体通信服务

由于 WiMAX 较之 WiFi 在安全性和可扩展性方面更加出色，从而能够实现更多的多媒体通信服务，例如数据、语音和视频的传输等。

3.2.2 WiMAX 标准体系结构

WiMAX 的发展始于 20 世纪。2001 年由支持 IEEE 802.16 的器件、设备供应商和运营商组成的 WiMAX 论坛成立，这个论坛主要是为了制定一套基于 IEEE 802.16 的测试规范和认证体系，确保不同设备之间的兼容性。通常我们认为，无线城域网标准成立的工作组是 IEEE 802.16，它们开发了 2 ~66GHz 频带上的物理层和 MAC 层规范，最早的 802.16 标准就是由这个工作组在2001年发布的。根据是否支持移动性，802.16系列可以分为支持固定节点接入标准和支持移动节点接入两个部分。前者包括802.16、802.16a、802.16d，其中2004年IEEE通过了802.16d，对WiMAX物理层和MAC层进行了较详细的规定，是现在较为成熟的版本。后者主要是2005年通过的802.16e标准，这个标准在2GHz～6GHz频段支持移动中的高速数据传输。802.16e主要扩展了物理层的OFDMA，并在MAC层添加了支持移动性的改进。2007年10月，国际电信联盟正式批准了WiMAX作为3G的第四个标准，统一了它在全球范围内的使用频谱。802.16系列标准如表3-2所示。

表3-2　802.16系列标准

标准	频段（GHz）	类型	说明	发布时间
IEEE 802.16	10～66	空中接口	规定了多业务的一点到多点固定带宽，包括MAC层和物理层	2001，12
IEEE 802.16a	2～11	空中接口	在低频段修改和扩展了物理层，结合了ARQ等技术	2003，1
IEEE 802.16c	10～66	空中接口	修改了802.16中的错误，更新了它的部分内容，列出了典型的特征功能	2003，1
IEEE 802.16d	2～11	空中接口	目的和802.16c相同，只是频段有变化	2004，10
IEEE 802.16e	2～6	空中接口	面向移动终端服务，支持车载速度移动，结合移动和固定带宽接入	2005年年底

可以说IEEE 802.16工作组的主要工作都是围绕物理层和MAC层而展开的。物理层包括物理介质依赖（Physical Medium Dependence，PMD）子层和传输汇聚（Transmission Convergence，TC）子层，通常说的物理层指的是前者。物理层规定了TDD（Time Division Duplexing，TDD）和FDD（Frequency Division Duplexing，FDD）两种双工方式。MAC层又分为三个子层：特定服务汇聚子层（service specific Convergence Sublayer，CS）、公共部分子层（Common Part Sublayer，CPS）和安全子层（Security Sublayer，SS）。

1. 特定服务汇聚子层

CS子层负责高层协议数据单元与MAC层连接间的映射，可以将高层协议的数据单元分类，并转发给相应的传输连接；接收MAC层服务接入点的汇聚子层协议数据单元。

2. 公共部分子层

MAC层的大部分核心功能都是在这个子层完成的，例如连接建立和维护、系统接入、带宽请求授予机制、带宽分配和QoS保证等各种关键技术的实现。

3. 安全子层

负责MAC层加密、鉴权、密钥交换等与安全有关的功能，防止无线数据在传输工程中被窃听盗用，包括数据包的封装和密钥管理机制。

WiMAX 协议栈模型如图 3－9 所示。

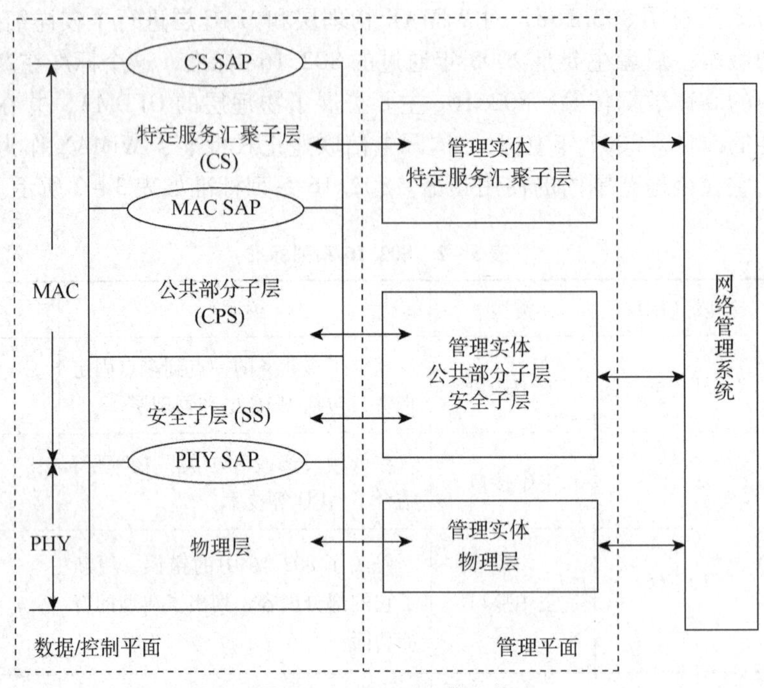

图 3－9　WiMAX 协议栈

3.2.3　WiMAX 关键技术

WiMAX 无线接入能够极大地满足人们对于网络高速化、便捷化的需求，在社会的各个方面将起到它独到的作用。WiMAX 这些优势与实现通信协议及诸多关键技术是密不可分的，优质的通信协议和先进的技术是实现 WiMAX 优势的重要基石。其中物理层协议及正交频分复用技术（OFDM）、多天线技术及 MAC 层协议及资源调度机制、ARQ 重传机制是重中之重。下面将详细介绍这些内容。

3.2.3.1　物理层关键技术

物理层是空中接口的最底层，是保证上层运用的基础，通信系统的革命性质变和进步就表现在物理层。物理层主要涉及无线调制技术，带宽与工作频率，信源和信道编码，帧检测和判决，频偏估计与校正，同步技术及信道估计等模块。这也就涉及对无线发送机和接收机的系统设计。考虑下层芯片的支持与直接上层 MAC 层的协议融合，按照实际的通信环境来设计一个有效的通信系统便是物理层的主要研究内容。其中，OFDM 技术是 802.16 物理层的核心技术，下面将对此做重点介绍。

802.16 标准规定了 5 种物理层实现方式：WMAN-SC、WMAN-Sca、WMAN-OFDM、WMAN-OFDMA 和 Wireless HUMAN。考虑到市场前景和视距传输（Non-Line-of-Sight，NLOS）不支持 10GHz 以上频段，这里主要介绍 WMAN-OFDM。WMAN-OFDM 是指 WiMAX 通信系统物理层采用了 256 个子载波的 OFDM 调制方式。这样的系统主要用在 2～11GHz 频段上的 PMP 通信网中。在许可频段，双工方式可采用 FDD 或 TDD，且 BPSK（Binary Phase

Shift Keying，BPSK）、QPSK（Quadrature Phase Shift Keying，QPSK）、16QAM（16Quadrature Amplitude Modulation，16QAM）和64QAM（64Quadrature Amplitude Modulation，64QAM）是必须支持的调制方式；在免许可频段，只能采用TDD双工方式，且除了BPSK、QPSK和16QAM外，可选支持64QAM调制方式。在OFDM物理层，多个OFDM符号组成了上行/下行链路突发。MAC层的信息由OFDM符号来传输，这就是通常所说的MAC协议数据单元（MAC Protocol Data Unit，MAC PDU）。载荷使用802.16中所定义的物理层突发参数来实现编码、调制，最后形成OFDM信号发送出去。

1. WMAN-OFDM参数和发送信号

在802.16协议中，OFDM符号是由四种原始的参数来表达的，它们分别是：BW（通常指信道带宽）、Nused（子载波的数量）、n（采样因子，这个参数与信道带宽、子载波数量Nused一起可以计算有用符号时间和子载波间距）及G（CP时间/有用时间）。在WMAN-OFDM中用公式3－1来计算到达天线的发送信号电压，它是OFDM符号的时域函数。

$$s(t)=\mathrm{Re}\left\{\mathrm{e}^{\mathrm{j}2\pi f_c t}\sum_{\substack{k=-N_{\mathrm{used}}/2\\k\neq 0}}^{N_{\mathrm{used}}/2}C_k\cdot\mathrm{e}^{\mathrm{j}2\pi k\Delta f(t-T_g)}\right\}\tag{3－1}$$

这里t是时间，在OFDM符号开始时候开始，$0<t<T_s$。C_k是复数，在OFDM符号周期内发送数据的子载波频率偏移索引是k。它表示QAM星座图上的一个点。在子信道发送时，对于所有未指定的子载波C_k为0。其中OFDM的参数如表3－3所示。

表3－3　OFDM参数表

参数	数值
NFFT	256
Nused	200
n	n=1.44/1.25 信道带宽是1.25MHz的整数倍 n=1.72/1.5 信道带宽是1.5MHz的整数倍 n=8/7 信道带宽是1.75MHz的整数倍 n=3.16/2.75 信道带宽是2.75MHz的整数倍 n=8/7 其他信道带宽
G	1/4，1/8，1/16，1/32
低频率的保护带宽子载波数	28
高频率的保护带宽子载波数	27
保护子载波频偏索引	－128，－127…，－101 +101，+102，…，127
导频载波频偏索引	88，－63，－38，－13，13，38，63，88

2. WMAN-OFDM信道编码

物理层的信道编码由三步组成：扰码，FEC（Forward Error Correction，FEC），交织。

在发送端应该按照这个顺序进行，而在接收端则应该按照相反的顺序进行。

（1）扰码。需要进行扰码操作的包括在上行/下行链路中的所有突发数据包。这种扰码操作，是指对所有指配的数据（时域 OFDM 符号及频域子信道）使用各不相同的扰码器。若发送数据与指配数据的数量不相同，那么在发送数据块的末尾添加 0xFF，扰码器输出的比特应该送给编码器。对每次新的指配，扰码器的移位寄存器应该初始化。

（2）FEC。FEC 是由一定比率的卷积内编码和 RS（Reed-Solomon，RS）外编码组成的，应该被上行/下行链路所支持。可以选择支持 BTC（Block Turbo Code，BTC）和 CTC（Concatenated Turbo Code，CTC）。在入网请求（而在子信道化模式下，只是采用 CC（Confirmation Code，CC）1/2 编码）和 FCH（Frame Control Header，FCH）突发包中，应该使用 1/2 编码率的 RS-CC 编码。编码过程是这样的，数据块首先经过 RS 编码器，然后再进行 0 截止的卷积。表 3－4 给出了不同调制方式采用的信道编码。

表 3－4　各种调制方式强制采用的信道编码

Modulation	Uncoded block size/bytes	Coded block size/bytes	Overall coding rate	RS code	CC code rate
BPSK	12	24	1/2	（12，12，0）	1/2
QPSK	24	48	1/2	（32，24，4）	2/3
QPSK	36	48	3/4	（40，36，2）	5/6
16－QAM	48	96	1/2	（64，48，8）	2/3
16－QAM	72	96	3/4	（80，72，4）	5/6
64－QAM	96	144	2/3	（108，96，6）	3/4
64－QAM	108	144	3/4	（120，108，6）	5/6

（2）交织。所有的编码数据都应该由一个块交织器进行交织，块大小对应参数是 Ncbps，即每个指配子信道中每个 OFDM 符号拥有的编码比特数。交织过程包括两步置换。第一步，指相邻的编码比特被映射到非相邻子载波上；第二步，相邻的编码比特被交替映射到星座图的最低/最高位。交织块大小如表 3－5 所示。

表 3－5　交织块大小

	Default (16 subchan-nels)	8 subchannels	4 subchannels	2 subchannels	1 subchannel
			N_{cbps}		
BPSK	192	96	48	24	12
QPSK	384	192	96	48	24
16-QAM	768	384	192	96	48
64-QAM	1152	576	288	144	72

3. WMAN-OFDM 帧结构

OFDM 物理层支持基于帧的发送。上行链路子帧和下行链路子帧构成一个 OFDM 帧。每个下行链路子帧只包含一个下行的物理层 PDU。每个上行链路子帧由竞争区间（用于带宽申请和初始测距）及一个或数个上行的物理层 PDU 组成。每个下行的物理层 PDU 由负责物理层同步的长前导开始，FCH（Frame control head）紧跟其后。FCH 突发的长度是 1 个 OFDM 符号，强制使用 BPSK 方式，编码率为 1/2。FCH 后面则是一个或多个下行链路突发，每个突发按照不同参数发送。每个下行链路突发由整数个 OFDM 符号组成。第一个下行链路突发的位置和参数在下行帧前缀（Downlink Frame Prefix，DLFP）中指定。最大可能数目的后续突发的位置和参数也必须在 DLFP 中指定。图 3 - 10 由 TDD 模式下的 OFDM 帧结构组成。

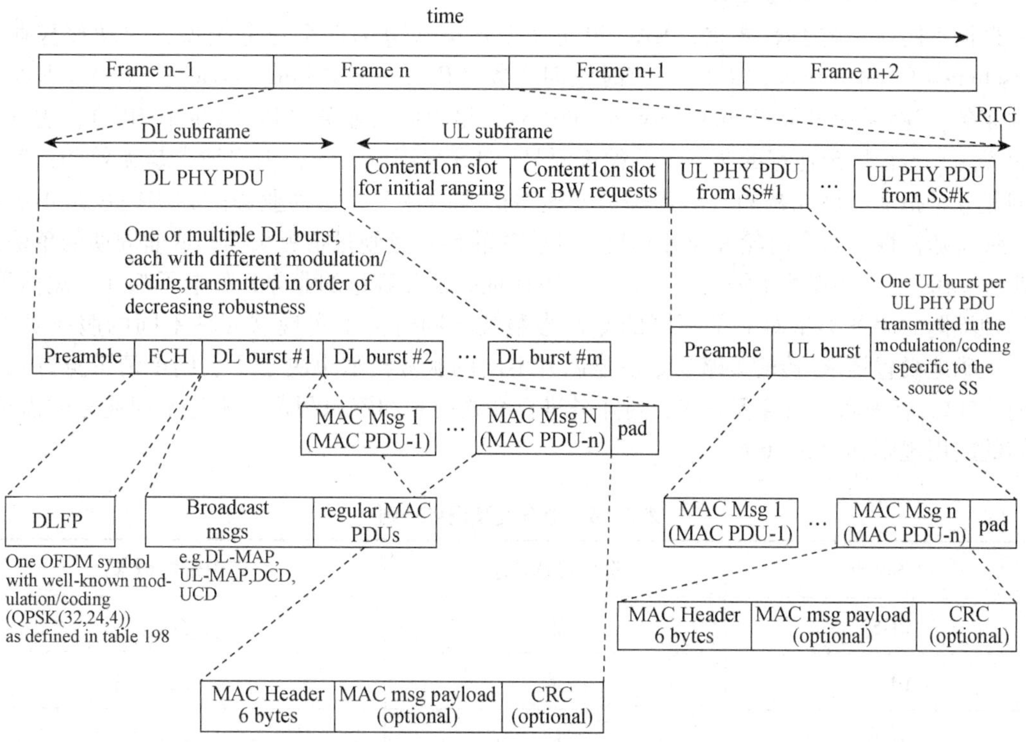

图 3 - 10　TDD 模式下的 OFDM 帧结构

总结起来，WiMAX 物理层的特点包括如下几个方面。

（1）采用 OFDM 技术，实现频谱的高效利用。

（2）支持时分双工（TDD）、频分双工（FDD）。

（3）支持移动网络。

（4）系统的带宽范围为 1.25 ~ 20MHz。WiMAX 规定了几个系列的带宽：1.25MHz 的倍数系列和 1.75MHz 的倍数系列。

（5）采用多天线技术，提高了网络覆盖范围和容量。

（6）采用自动重传（ARQ）技术。

(7) 采用自适应调制编解码 (Adaptive Coded Modulation, AMC) 技术。AMC 会根据接收信号的优劣，随时改变分组的编码速率、编码方式和调制方式等来尽可能提高数据传输速率。

(8) 采用功率控制技术。

(9) 采用先进的空时编码 (Space Time Coding, STC) 技术增加通信质量。

3.2.3.2 MAC 层协关键技术

MAC 层支持 QoS 管理，可以满足不同业务质量的需求，其最大特点是面向连接。该层实现的操作包括网络的接入和维护、不同业务类型的管理方式、资源调度等。为支持移动性，IEEE 802.16e 还在 MAC 层引入了一些新特性，如切换支持、可节电的休眠模式和空闲模式等。

1. 不同业务类型的管理方式

根据不同业务的 QoS 要求，MAC 层将每个数据包分为四个业务类型：主动授权业务 (Unsolicited Grant Service, UGS)、实时轮询业务 (Real-time Polling Service, rtPS)、非实时轮询业务 (Non-real-time Polling Service, nrtPS)、尽力而为业务 (Best Effort, BE)。主动授权业务用来传输固定速率的业务，这种资源是由 BS 强制调度的，用户请求是无效的；实时轮询业务是指那些诸如视频、语音等可变速率的实时业务，这种业务的到来往往是不确定的，带有随机性。与实时轮询业务相比，非实时轮询业务则是指更长周期或非周期的单播请求业务。BE 则支持那些不需要及时发送，不保证时延和容量的业务，如电子邮件、短信等。这四种不同的服务类型对应了不同的 QoS 参数集，同时为了实现这四种不同的服务类型，必须正确地设置请求/传输策略参数。这四种不同的服务类型也决定了它们申请带宽方式的不同。MAC 层采用队列管理方式，对业务进行介入控制和资源预留，满足不同业务的需求。它们的应用规则如表 3－6 所示。

表 3－6 业务类型调度规则

业务类型	附带带宽请求	借用带宽请求
UGS	否	否
rtPS	是	是
nrtPS	是	是
BE	是	是

2. 资源调度

在资源调度方面，IEEE 802.16MAC 层支持点对多点 (Point-to-Multipoint, PMP) 和多点对多点 (mesh) 两种拓扑结构。PMP 模式指的是基站 (Base Station, BS) 与多个固定或者移动的用户 (Subscriber Station, SS) 进行通信，用户之间不存在直接通信，网络中所有的通信连接必须经由基站。而 mesh 网络根据有无基站 (BS) 可以划分为分布式网络和集中式网络。mesh 集中式与 PMP 类似但是数据调度机制不同。如图 3－11 和图 3－12 所示。

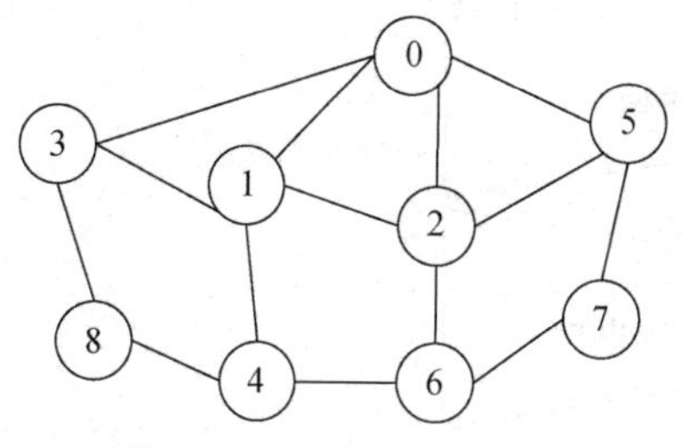

图 3－11　分布式 mesh 网

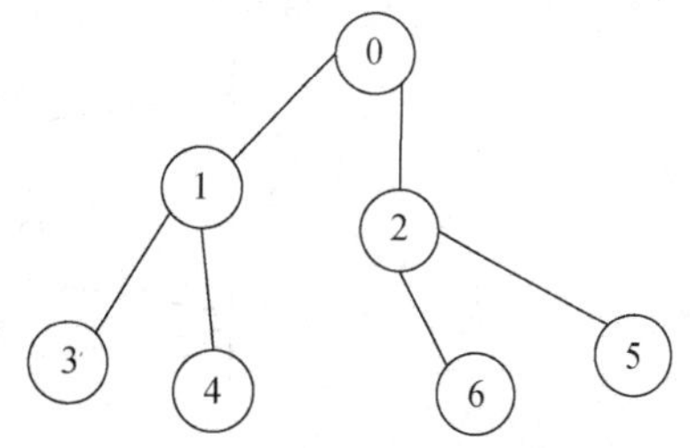

图 3－12　集中式 mesh 网

1）PMP 模式资源调度

PMP 应用模式以 BS 为核心，采用点到多点的连接方式，构建星状拓扑结构的 WiMAX 接入网络。BS 所扮演的是业务接入点（PService Access Point，SAP）的角色，即 BS 通过动态带宽分配技术，并根据覆盖区用户的情况，灵活选用定向天线、全向天线及多扇区技术，从而满足大量的 SS 设备接入核心网的需求。总的来说，该过程为：BS 通过轮询过程来响应 SS 的带宽请求，为 SS 分配带宽；SS 接收到基本 CID（Connection Identifier，CID）准许消息后，根据是否满意这样的带宽分配来决定是增加带宽请求还是将带宽分配给请求的连接。

轮询是 BS 为 SS 分配带宽的一种处理流程。根据是否有足够的带宽，BS 轮询方式可以分为单播轮询和广播或组播轮轮询。有足够的带宽 BS 则采用单播轮询的方式。这种情况下 BS 轮询每个 SS 会在 UL-MAP（Uplink Map，UL-MAP）中分配足够的带宽用于 SS 发送带宽请求，如果 SS 不需要发送请求，这些分配的时隙要按协议的规定进行填充。这里要强调的是，SS 利用这些时隙发送带宽请求消息之后，BS 所返回的准许消息是针对基本 CID 的，是分配给这个 SS 所有连接的带宽，SS 要根据这个准许消息给每个连接具体分配带宽。当没有足够的带宽时，BS 就会采用广播或多播的方式来分配带宽。与单播轮询不同，BS 采用这两种方式时，将在 UL-MAP 中给分组分配一定的组播 CID 时隙。属于该组的 SS 将利用这些时隙发送带宽请求，为了减少冲突，只有需要带宽请求的 SS 才响应，而且它们也应该使用相应的竞争解决算法来选择初始带宽请求发送时隙，并且不能在广播及组播中使用零长度带宽请求。如果在规定的时间内没有在 UL-MAP 中收到准许消息，则认为传输不成功。SS 会一直使用竞争解决算法来重发带宽请求。

SS 在接收到准许消息后，如果 SS 对这个基本的 CID 准许消息分配的带宽不满意，则看周期性的总带宽请求时间是否到，如果到，则发送总带宽请求消息，否则再发送增加带宽请求。如果对分配的带宽满意，则可以发送数据，重新回到带宽请求/准许流程头。

2）mesh 模式资源调度

在 IEEE 802.16d 协议中规定了无线 mesh 的两种调度方式，即分布式调度方式和集中式调度方式。下面将详细介绍这两种调度方式。

（1）分布式资源调度。IEEE 802.16d Mesh 模式下的分布式调度运用三次握手过程来建立发送数据前的连接，即通过三次握手机制为数据的发送预约时隙，以实现数据子帧的调度，其流程如图 3－13 所示。

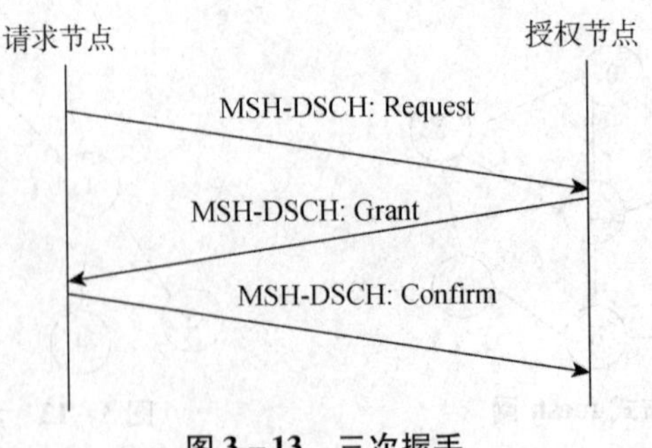

图 3－13　三次握手

三次握手中 DSCH（Distributed Scheduling，DSCH）消息的调度是通过 MESH 选举算法实现的。每一次 DSCH 消息发送时，节点要确定下一次 DSCH 发送时间并在 DSCH 携带发送出去，这样整个邻居就能彼此了解节点的下次和下下次的 DSCH 发送时间，从而通过 Mesh 选举算法实现控制消息的无碰撞传输。该过程如下。

首先，确定某个节点（A）在某个时隙的竞争节点集合。具体确定方式如图 3－14 所示，包括：邻居的下次发送时间所在的区间包含当前竞争时隙，可能发送碰撞（节点 B）；邻居的下下次发送时间的可能区间（由于不清楚邻居的下下次发送时间的区间，只能是一个大概的范围）包含当前竞争时隙（节点 C）；邻居的下次发送时间不清楚（节点 D）。

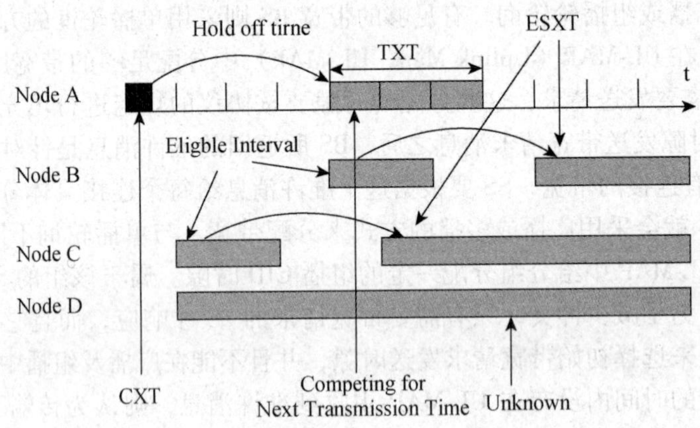

图 3－14　MESH 竞争集合确定示意图

其次，节点 A 在某个时隙的竞争节点确定完毕之后，通过 mesh 竞争算法（如图 3－15 所示）看 A 是否竞争成功。否则用同样的方法竞争下一个时隙，直至 A 成功竞争到一个时隙为止。

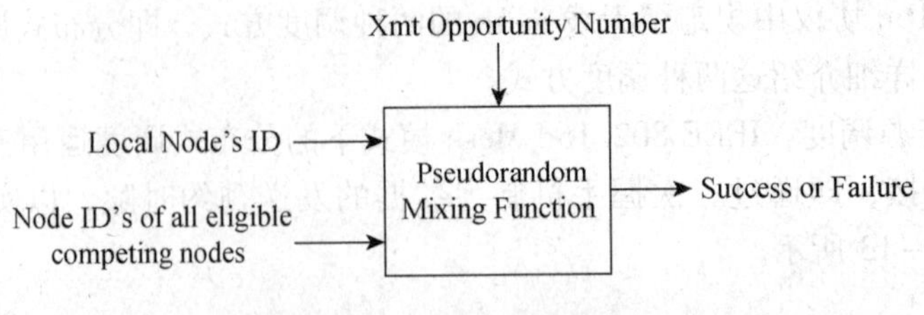

图 3－15　mesh 选举算法

由于所有节点都用同一个伪随机算法，当输入相同的节点 ID 和时隙时，无论哪个节点计算出的结果都是一样的。这样，每个控制时隙最多只会有一个节点获得发送机会，即控制消息的调度是没有碰撞的。

如上面所述，数据资源的调度是通过三次握手完成的，即通过控制消息 DSCH 的调度来预约数据时隙。在网的每个节点都需要在本地维护一张时隙表，记录当前时隙的利用情况，并及时更新。这样，每个节点都可以明确资源的利用情况：源节点在发送请求的时候可根据时隙表在请求消息（DSCH-Request）中添加可用时隙资源的信息；目的节点在接受到 Request消息之后会查询自己的时隙表，找到两个节点空闲时隙的交集，完成时隙分配并携带在授权消息（DSCH-grant）中发送给源节点；源节点收到授权消息后回复确认消息。在成功预约之后，源节点和目的节点都需要及时广播这次预约信息，收发节点各自的一跳节点根据“发送节点的一跳邻居在相应的时隙不能接收，接收节点的一跳邻居在相应的时隙不能发送”的原则更新自己的时隙表。当节点到达预约好的时隙时，就会发送/接收数据，这种调度方式实现了理论上的无碰撞传输。

（2）集中式资源调度。集中式资源调度是通过调度树的生成、维护数据和控制子帧的发送来完成的。首先在网节点加入调度树，然后通过控制子帧来维护调度树，完成 SS 带宽请求和 BS 带宽分配。

在集中式调度中，调度树的整体结构由 BS 维护，并通过 CSCF（Centralized Scheduling Configuration，CSCF）消息将调度树上所有层次的节点信息通知所有 SS。CSCF 消息由 BS 生成，它携带集中式可用的信道号和调度树中所有节点的基本信息及各链路突发属性信息，如节点的 Node ID、孩子节点个数、孩子节点的索引号及相应链路的调制方式等，BS 通过全树广播 CSCF 来通知各 SS 整个调度树信息。

接收到 BS 发送的或由父节点转发的 CSCF 消息后，树上的 SS 根据其中的信息，通过自己的 Node ID 得到对应的 index 号，并获得自己孩子的详细信息，从而在本地维护孩子节点列表。如果 SS 有孩子节点，则需要转发 CSCF 消息。

在集中式调度方式下，控制消息 CSCH 和 CSCF 在第 1 帧到第 12 帧的控制子帧中发送，可用时隙的比例由 NCFG 进行配置。我们暂称此部分逻辑信道为集中式管理信道。集中式管理信道是由 BS 进行统一分配调度的，分配机制是一个开放性的研究问题，主要考虑每个节点进行带宽请求所产生的时延问题。目前用的比较普遍的是轮流机制，集中式模式下的节点循环有序地发送 CSCF、CSCH 请求消息和 CSCF 授权消息，来避免链路上可能发生的碰撞。集中式模式实现数据调度的方法如下。

在 802.16d 协议中，集中式数据子帧的调度主要包括 SS 向 MBS 请求带宽和 BS 向树上节点授权带宽两步，这两步都是基于 CSCH 消息完成的。CSCH 是用于集中式调度的管理消息，在控制子帧中发送，其组成比较复杂。CSCH 中的指示参数 Grant/Request Flag 用来表示 MSH-CSCH 中携带的信息单元是用于请求还是授权，Grant/Request Flag =1，表示消息是请求类型，用于 SS 向 BS 请求带宽；Grant/Request Flag =0，表示消息是授权类型，用于 BS 向全树广播其为各链路分配的带宽。SS 根据调度树的结构在 CSCH 请求消息中携带所请求的带宽信息，向 MBS 请求资源。BS 收到所有有孩子节点的请求信息后，根据当前的可用资源和各个节点的请求进行资源分配，并通过 CSCH 授权消息沿树广播调度结果，同时广播每条链路的突发配置。SS 节点在接收到 CSCH 消息之后，会解出自己能够利用的时隙，并在相应的时隙发送数据。

3.2.3.3 多天线技术

随着无线通信技术的高速发展，频谱资源严重不足已逐渐成为无线通信事业进一步发展的“瓶颈”。当前通信界研究的热点课题之一，即如何充分开发利用有限的频谱资源，提高频谱利用率。多天线技术在提高频谱效率、提高传输信号质量、支持更高速的数据传输、解决热点地区的高容量要求和增加系统覆盖范围等方面均具有无可比拟的优势，也因此获得了广泛的青睐。它在 WiMAX 中的应用领域主要包括自适应天线系统（Adaptive/Advanced Antenna System，AAS）和预编码技术等。

1. 自适应天线系统（AAS）

AAS 是一种可以通过调整发射或接收特性从而增强性能的天线，它可以根据环境变化、业务要求等自动及时地优化天线方向图及调整系统参数，从而增强网络覆盖，提高网络容量。

AAS 的基本原理是应用软件算法控制并调节天线阵元相位来优化改变天线方向图，实时处理收信号，最终形成自适应波束并使天线波束的零位和干扰方向相互对准，从而有效地提高系统的抗多径衰落及抗干扰能力。AAS 实现系统参数自动调整的主要方式是波束定向，即利用基带数字信号处理技术，对基站的接收和发射波束进行自适应的赋形，使得天线主波束（最大增益点）对准 SS 信号到达的方向，并使零陷或者旁瓣对准干扰信号方向，从而最大化有用信号的增益，大大地减少了多径效应所带来的负面影响，抑制甚至消除干扰信号。另外还有波束选择、最优信号干扰比合并等方式。

AAS 在提高系统性能方面具有以下几个方面的优势。

（1）增加信干噪比，提高接收机的灵敏度，降低误码率。

（2）提高基站发射机的等效发射功率。

（3）降低系统干扰。

（4）利用空分多址技术（Space Division Multiple Access，SDMA），提高频谱利用率。

（5）改进小区的覆盖，增加覆盖距离。

2. 预编码技术

基于预编码的空间复用是将多个数据流在发送之前使用一个预编码矩阵进行线性加权。如图 3-16 所示，当被空间复用的信号数目等于发送天线数目时（$N_L = N_T$），预编码可以用来对多个并行传输进行正交化，从而增加在接收端的信号隔离度。当被空间复用的信号数目小于发送天线数目时（$N_L < N_T$），预编码还提供将 N_L 个空间复用信号映射到 N_T 个传输天线上的作用，通过提供空间复用和波束赋形增益。

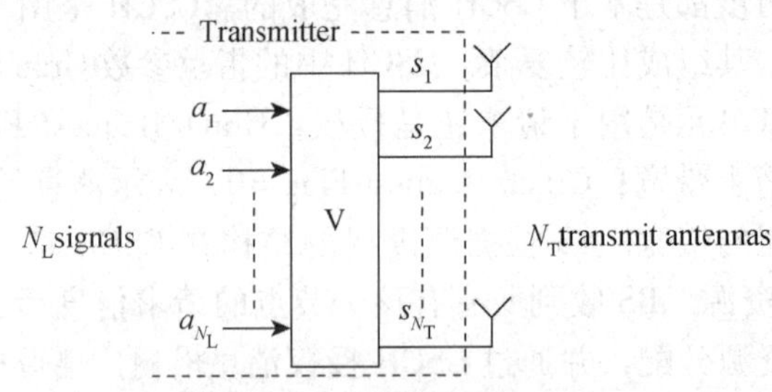

图 3-16 预编码技术原理图

3.2.3.4 ARQ机制

ARQ是实现节点之间信息无失真传输的一种技术，在室外远距离条件下，无线信道的衰落现象比较显著，在链路层加入了ARQ机制后，就减少了到达网路层的信息差错，从而在较大程度上提高了系统的业务吞吐量。ARQ机制是：若接收端能够正确接收发送端发来的数据报文，则返回一个确认消息ACK，否则，返回否认消息NACK。返回NACK消息，则发送端将重复发送上次发送的报文。该机制在牺牲一点带宽利用率的基础上，却大大提高了数据传输的服务质量（QoS），较好地满足用户了的需求。ARQ的类型如下。

1. SAW（Stop-and-wait，SAW）

源节点送一个数据包之后暂停，以等待目的节点返回确认消息。目的节点在接收到数据包之后，对数据进行检测，无错，则返回ACK消息，确认无误，源节点继续发送新的数据。若数据有错，目的节点就会返回NACK消息，发送节点会在此发送这个数据包，直到目的节点正确接收数据为止。源节点在暂停时是不发送任何数据的，也就是说这一段时间的信道是闲置的。由于物理层采用OFDMA调制方式，这样可以很好地克服停等协议信道利用率低的缺陷。这种机制类型信令开销小，实现简单，接收端所需要的缓存较低。

2. GBN（Go-Back-N，GBN）

相比SAW，发送节点总是会发送若干个数据包，这中间是不会暂停的。接收节点在收到数据后依然会检测数据包的正确性，并返回对应每个数据包的ACK和NACK消息和数据包分组号。源节点在接收到NACK消息后，不是仅仅再次发送错误的数据包，而是再次发送包括错误数据在内的N个数据包。相比SAW，这种方式增大了系统的吞吐量，但是其信令的开销较大。

3. SR（Selective Repeat，SR）

只重传出现差错的数据包，在这种方式下，在收端需要相当容量的缓存空间来存储已经成功译码的，但还没能按序输出的分组。同时收端在组合数据包前必须知道序列号，因此，序列号要和数据分别编码，而且序列号需要更可靠的编码以克服任何时候出现在数据里的错误，这样就增加了对信令的要求。该方式下信道利用率高，但所需缓存空间和信令开销大。

习题

1. 请简述WiFi的定义以及与WLAN的区别。
2. 简单介绍IEEE802. 11标准体系有哪些?
3. Wimax和Wifi相比，有哪些不同之处? Wimax的技术优势主要体现在哪些地方?
4. Wimax协议栈各层主要功能介绍。
5. 分布式和集中式数据资源的调度有何异同?
6. 简述多天线技术和ARQ机制的特点。

第4章　电信领域的无线通信技术

无线通信是指利用电磁波信号可以在自由空间中传播的特性进行信息交换的一种通信方式。在电信领域中，无线通信经历了几十年的发展历程。1G 技术是以模拟技术为基础的蜂窝通信，通过采用频率复用技术使通信容量大大提高；2G 技术开始引入了数据业务，同时引入了数字技术。从 3G 时代开始，可提供移动宽带多媒体业务，支持更快的数据传输速率，更大带宽，更高频谱利用率。

在物联网中，物与物之间的交互大部分采用无线通信技术，同时，每一个物体都要实现可通信、可寻址、可控制，因此，物与物之间的无线通信将包含大量的数据业务。这样，用户对网络速率及带宽的要求就越来越高，3G 和 4G 技术提供的更高数据传输速率及更大带宽满足了物联网的发展需求。本章中将重点介绍 3G 和 4G 技术，以及其在物联网中的应用。

4.1　3G 技术

4.1.1　3G 概述

4.1.1.1　3G 的概念及发展历程

1. IMT-2000 和 3G

IMT-2000 指的是工作的核心频段为 2 000MHz 并于 2000 年左右投入商用的国际移动通信系统（International Mobile Telecom System，IMT-2000），其第一阶段的最高传输速率为 2Mbps，第二阶段实现 10Mbps，它包括地面通信系统和卫星通信系统。

3G 是第三代移动通信系统（3rd-Generation，3G）的简称，它是基于 IMT-2000 的宽带蜂窝移动通信系统，可将无线通信与国际互联网等多媒体通信结合的新一代移动通信系统，它支持数据速率高达 2Mbps 的业务，而且业务种类涉及语音、数据、图像及多媒体业务。目前，3G 的主要标准有 WCDMA，CDMA2000，TD-SCDMA，后文将展开介绍。

2. 3G 的发展历程

早在 1985 年，国际电信同盟（International Telecommunications Union，ITU）就提出了第三代移动通信系统的概念，最初命名为 FPLMTS（Future Public Land Mobile Telecommunication Systems，未来公共陆地移动通信系统），之后 3G 的发展历程如下。

1991 年，ITU 正式成立 TG8/1 任务组，负责 FPLMTS 标准的制定工作。

1992 年，ITU 召开世界无线通信系统会议，对 FPLMTS 的频率进行了划分，这次会议成为第三代移动通信标准制定进程中的一个重要里程碑。

1994 年，ITU 的无线电通信部门和远程通信标准化部门正式携手研究 FPLMTS。

1997 年初，ITU 要求各国在 1998 年 6 月前提交各自的 IMT-2000 无线接口技术方案，之后共收到 15 个这方面的接口方案。

1999 年 3 月，ITU-RTG8/1 在巴西召开会议，从而确定了第三代移动通信技术的两大接口方式，即 CDMA 与 TDMA，如表 4－1 所示。

表 4－1 3G 无线接口标准

多址方式	标准名称	对应提案
CDMA	IMT-2000 CDMA DS	WCDMA
	IMT-2000 CDMA MC	CDMA 2000
	IMT-2000 CDMA TDD	TD-SCDMA 和 UTRA-TDD
TDMA	IMT-2000 TDMA SC	UWC-136
	IMT-2000 TDMA MC	DECT

1999 年 5 月，在多伦多会议上，世界上 30 多家无线运营商及十多家设备厂商在 CDMA FDD 技术方面达成了融合协议，实现了使 WCDMA 和 CDMA 2000 标准上的统一。

1999 年 6 月，ITU-R TG8/1 第 17 次会议在北京召开，这次会议不仅全面确定了第三代移动通信无线接口最终规范的详细框架，而且在进一步推进 CDMA 技术融合方面取得了重大成果。

1999 年 10 月，ITU-R TG8/1 在芬兰召开的第 18 次会议上最终确定了第三代移动通信无线接口的标准规范。

2000 年 5 月，ITU 通过了 IMT-2000 无线接口规范，即欧洲电信标准协会（European Telecommunications Standards Institute ETSI）提交的 WCDMA，美国电信工业协会（Telecommunications Industry Association，TIA）提交的 CDMA 2000，中国电信科学技术研究院（China Academy Of Telecommunications Technology，CATT）提交的 TD-SCDMA。

在 3G 各个流派的标准化过程中，逐渐形成了 3GPP（3rd Generation Partnership Project，3G 伙伴项目）和 3GPP2 两大组织。3GPP 主要负责 GSM 演化为 WCDMA 过程中标准的研究工作，以及 TD-SCDMA 的标准研究。3GPP2 主要负责窄带 CDMA 演化为CDMA 2000的过程中标准的研究工作。

4.1.1.2 3G 的目标及要求

第三代移动通信网络由卫星移动通信网和地面移动通信网构成全球覆盖的无线通信网络，它满足城市和偏远地区各种用户密度条件下和不同速度移动用户的需求，提供高速、高质量的语音和数据业务，并降低网络设备成本。具体的目标如下。

（1）与第二代移动通信系统及其他各种通信系统（固定电话系统、无绳电话系统等）相兼容，以保护广大运营商和用户的利益，充分利用已有的网络资源。

（2）实现全球的无缝覆盖和漫游。

（3）具有高度的系统灵活性，能适应多种环境的自由通信。

（4）能提供高质量的业务，包括宽带数据及多媒体业务。提高语音和数据的传输质量，支持网络的无缝连接；能很好地解决传输误码与系统时延的问题。

（5）足够的系统容量和强大的用户管理能力。不断提高频谱的利用率，增加系统容量，以满足语音及多种数据业务的要求。

（6）支持多种环境下不同数据速率的传输，即高速移动环境 144kbps，室外步行环境 384kbps，室内环境 2Mbps。

为了上述目标，对第三代移动通信系统提出了如下的要求。

（1）设计必须便于系统的升级、演进，易于向下一代移动通信系统灵活发展。已有的第二代移动通信系统在全世界已经形成相当大的规模，现仍以较快的速度发展。故而，如何在现有的系统上去升级演进第三代移动通信系统是其繁荣发展的技术制约因素。另外，从经济角度考虑，也应该设计能上下兼容的系统，以使系统能更好的利用。

（2）传输速率能够按需分配，以满足不同环境下不同数据速率的要求。

（3）上下行链路能够适用不对称业务的需求。随着信息时代的发展，不对称的 IP、多媒体业务的比例迅速增加，所以要求系统具有自动调整带宽和变速率的性能，在上下行方向得到业务实时需要的带宽、时延和传输质量。

（4）具有简单的小区结构和易于管理的信道结构。

（5）无线资源的管理、系统配置和服务设施灵活方便，以适用复杂环境，提供多频带接入和多模式操作。

（6）频谱利用率高。

（7）具有较强的抗干扰能力和高的保密性。

第三代移动通信系统相比于前两代移动通信系统来说，更加注重数据速率的提高及数据业务、多媒体业务的传输，提供包括网页浏览、电话会议、电子商务等多种信息服务，从而实现更加灵活多样的无线通信。

4.1.1.3 3G 的工作频段与提供业务

1. 3G 的工作频段

1）ITU 对 3G 的频率规划

早在 1992 年的世界无线电行政管理大会（WARC’92）上，ITU 就为 IMT-2000 划分了频率范围，其核心频段为 1885MHz ~ 2025MHz 和 2110MHz ~ 2200MHz。之后针对频分双工（Frequency Division Duplex，FDD）、时分双工（Time Division Duplex，TDD）方式及移动卫星通信业务（Mobile Satellite Service，MSS）给出了不同的频率分配，具体为：

对于 FDD 方式：2110MHz ~ 2170MHz，1920MHz ~ 1980MHz。

对于 TDD 方式：2010MHz ~ 2025MHz，1885MHz ~ 1920MHz。

对于 MSS 方式：2170MHz ~ 2200MHZ，1980MHz ~ 2010MHz。

2）我国对 3G 的频率规划

ITU 为 3G 划分的频率大多数国家都已指配或正在指配给其他业务使用，因此每个国家应根据本国的经济和无线电业务发展需要，猜测或计算出频谱的近期、中期和长期需求量，按照国际电联的划分要求并结合本国的实际情况及国外的经验来做规划。我国国家无线电管理委员会对 3G 频率划分的原则为：充分考虑我国频谱使用的现状及国情，尽量与国际规划一致，积极支持 TD-SCDMA 技术标准，研究 WCDMA，CDMA 2000 等空间接口标准之间的电磁兼容特性与频率共用的可能性，同时兼顾长远和近期需求，分步实施，平滑过渡。

2002年10月，国家无线电管理委员会颁布了我国3G的频率规划，具体如下。

主要工作频段：

FDD方式：1920MHz～1980MHz，2110MHz～2170MHz。

TDD方式：1880MHz～1920MHz，2010MHz～2025MHz。

补充工作频段：

FDD方式：1755MHz～1785MHz，1850MHz～1880MHz。

TDD方式：2300MHz～2400MHz，与无线电定位业务共用，均为主要业务，共用标准另行制定。

卫星移动通信系统工作频段：1980MHz～2010MHz、2170MHz～2200MHz。

在3G频率规划的基础上，我国为三大运营商分配的频段分别如下。

中国电信CDMA 2000：1920MHz～1935MHz，2110MHz～2125MHz，共15MHz×2。

中国联通WCDMA：1940MHz～1955MHz，2130MHz～2145MHz，共15MHz×2。

中国移动TD-SCDMA：1880MHz～1900MHz及2010MHz～2025MHz，共35MHz。

2. 3G的业务

3G支持多种业务，包括语音、数据、图像，以及多媒体等的传输，并能够灵活地引进新业务。ITU-R的建议M.816将3G的主要业务划分为交互性业务、分配性业务和移动性业务三大类。

（1）交互性业务指双方进行交换互通的业务，包括会话业务、消息业务、检索与存储业务。

（2）分配性业务指从一个中心源向网上数量不限的授权接收机分配一种连续的信息流，比如广播业务。

（3）移动性业务指直接与用户移动性相关的业务，如漫游业务和定位业务。

4.1.1.4 3G的主流标准简介

1. WCDMA

WCDMA标准是由欧洲ETSI提出的第三代移动通信系统标准，它支持异步基站和可变速率传输，能实现与2G GSM系统的兼容与平滑过渡，并向未来4G发展。它的核心网兼容GSM的核心网，基于MAP（Mobile Application Part，移动应用部分）和GPRS，接入网采用全新的基于FDD/TDD的WCDMA UTRAN（UMTS Terrestrial Radio Access Network，地面无线接入网）。

WCDMA标准从系统构成上看，主要由核心网、无线接入网和用户设备构成。其系统带宽为5MHz，采用码片速率为3.84Mcps、可变扩频因子和多码连接的扩频码进行直接序列扩频，系统采用了多径分集技术来减小信号的衰减。WCDMA支持FDD和TDD的工作模式，在FDD模式下，上下行链路分别使用两个独立的5MHz载波；在TDD模式下，上下行链路时分共享同一个5MHz载波。另外，WCDMA支持异步基站操作和基于导频信号的相干检测，支持不同高编码增益的信道编码，采用上下行闭环、开环的功率控制技术，支持多用户检测和智能天线。WCDMA的主要技术指标参数如表4-2所示。

表 4-2 WCDMA 技术指标参数

多址技术	CDMA（直接序列扩频）
信道带宽	5MHz
码片速率	3.84Mcps
双工方式	FDD/TDD
基站间同步方式	异步/同步
语音编码	AMR 语音编码
帧长	10ms
下行链路扩频方式	Walsh 序列划分信道，Gold 序列区分小区
上行链路扩频方式	Walsh 序列划分信道，Gold 序列区分小区
相关检测	下行链路：公共导频信道和用户专用的时分复用导频 上行链路：用户专用的时分复用导频
调制方式	下行链路：QPSK；上行链路：BPSK
功率控制	开环结合快速闭环功率控制（1.5kHz）
信道编码	卷积码、PS 码和 Turbo 码
发射分集方式（可选）	空时发射分集 STTD 与时分发射分集 TSTD

2. CDMA 2000

CDMA 2000 标准是由美国 TIA 提出的核心网基于 ANSI 41 和 MAP，并采用新的无线传输技术的第三代移动通信系统标准，它是从 IS-95 CDMA 标准发展而来的，采用频分双工的方式，目前主要在亚洲和北美地区使用。

CDMA 2000 标准规定了用于满足 3G 要求的 CDMA 无线接口技术标准。对于前向链路而言，不同系统的前向链路在同一载频上保持正交，因此可以重叠布署，以实现目前窄带系统向宽带系统的平滑演进。而且，由于 CDMA 2000 1x 在采用 QPSK 调制时，I 路和 Q 路上可用正交函数的数目比 IS-95 多了大约 1 倍，所以对于相同条件下的普通语音业务而言，其容量大致是 IS-95 系统的 2 倍。对于数据业务，CDMA 2000 采用了更为灵活的 MAC 层和多种数据速率，加上不同的信道组合及动态信道分配，同时采用了变长的正交函数，数据速率高的用户占用较短的正交函数，即为较多的码信道资源；而数据速率低的用户占用较长的正交函数，即为较少的码信道资源，这样使得 CDMA 2000 的无线资源的利用效率更高。CDMA 2000 的主要技术参数如表 4-3 所示。

表 4-3 CDMA2000 技术指标参数

多址技术	CDMA（多载波和直接序列扩频）
信道带宽	$N \times 1.25$MHz，$N=1$，3，6，9，12
码片速率	$N \times 1.2288$Mcps
双工方式	FDD

续表

多址技术	CDMA（多载波和直接序列扩频）
基站间同步方式	同步
语音编码	8k/13k 的 QCELP 或者 8k 的 EVRC 语音编码
帧长	20ms
下行链路扩频方式	Walsh 序列划分信道，PN 短码的不同相位编移区分小区
上行链路扩频方式	Walsh 序列划分信道，PN 长码的不同相位编移区分用户
相干检测	下行：公共导频信道和辅助导频；上行：用户专用导频信道
调制方式	下行链路：QPSK；上行链路：BPSK
功率控制	开环结合快速闭环功率控制（800Hz）
信道编码	卷积码和 Turbo 码
发射分集方式（可选）	正交发射分集 OTD 与空时扩展分集 STS

3. TD-SCDMA

TD-SCDMA 标准是由我国 CATT 提出的第三代移动通信系统标准，它采用 TDD 双工方式和 CDMA 技术，其核心网基于 MAP 核心网，具有系统容量大、频谱利用率高，适合传输非对称的实时或非实时的数据业务和 IP 业务等优势。

TD-SCDMA 作为 3G 标准，采用 DS-CDMA 技术，使用 TDMA 和 CDMA 结合的多址方式，采用了联合检测、智能天线、上行同步等技术，支持高质量的语音传输、高速的数据传输、多媒体业务等多种不同速率的对称与不对称业务。其具体的技术指标如表 4-4 所示。

表 4-4 TD-SCDMA 技术指标参数

参数	技术指标
多址接入技术和双工方式	多址方式：TDMA/CDMA；双工方式：TDD
码片速率	1.28Mcps
帧长和结构	无线帧：10ms，子帧：5ms 每帧 7 个主时隙，每时隙长 675μs
语音编码	AMR 语音编码
信道编码	卷积码和 Turbo 码
单载波带宽	1.6MHz
调制方式	QPSK，8PSK，16QAM
解调方式	导频辅助的相干检测
功率控制方式	上行为开环功率控制 下行为闭环功率控制（1.4kHz）

续表

参数	技术指标
相邻信道泄漏功率比 ACLR（发射端）	UE：（功率等级：+21dBm）；ACLR（1.6MHz）=33dB ACLR（3.2MHz）=43dB；BS：ACLR（1.6MHz）=40dB ACLR（3.2MHz）=50dB
相邻信道选择性 ACS（接收端）	UE：（功率等级：+21dBm） ACS=33dB；BS：ACS=45dB
随机接入机制	在专用上行时隙的 RACH 突发
信道估计	训练序列
基站间的同步和非同步运行	同步

从上面的三种主流技术可以看出，它们各自有自己的特点，为了说明 3G 的体系结构和协议栈架构，后文主要以我国的 TD-SCDMA 标准展开讲述。

4.1.2 TD-SCDMA 体系结构及接口

4.1.2.1 TD-SCDMA 网络结构

TD-SCDMA 系统的设计集 FDMA、TDMA、CDMA 和 SDMA 技术为一身，并考虑到当前中国和世界上大多数国家广泛采用 GSM 第二代移动通信的客观实际，它能够由 GSM 平滑过渡到 3G 系统。TD-SCDMA 系统的网络结构和欧洲的通用移动通信系统（Universal Mobile Telecommunication System，UMTS）一致，其功能模块主要包括：用户设备（User Equipment，UE）、通用陆地无线接入网（UMTS Terrestrial Radio Access Network，UTRAN）和核心网（Core Network，CN），其网络结构框图如图 4-1 所示。下面将分别介绍各部分的组成及功能。

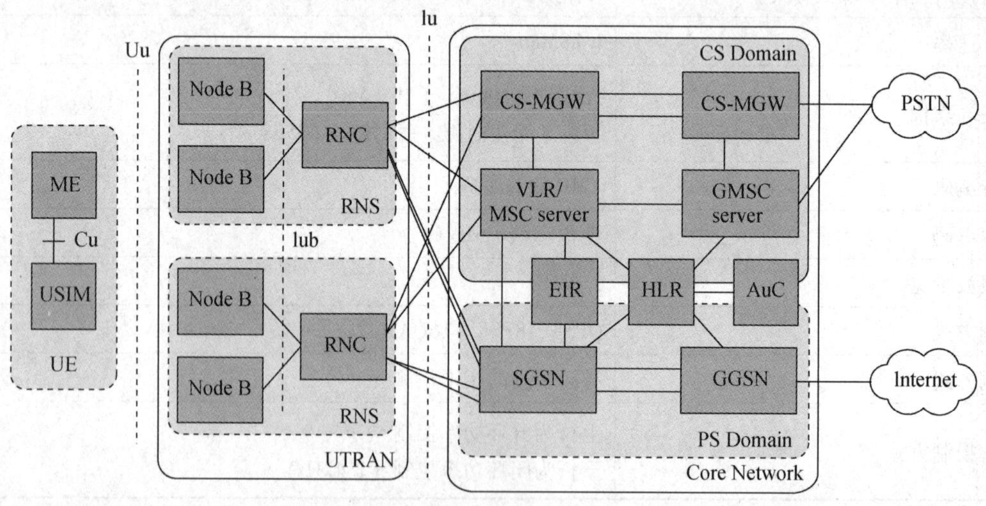

图 4-1 TD-SCDMA 网络结构

1. 用户设备

用户设备是为移动用户提供服务的设备，主要完成语音、数据等的无线传输与应用，并安全地鉴定用户身份，存储用户的信息。它通过Uu接口与无线接入网进行数据交换和信令交换，为用户提供电路交换（Circuit Switched，CS）域和分组交换（ Packet Switched，PS）域内各种业务。UE一般由移动设备（Mobile Equipment，ME）和用户识别模块（User Service Identity Module，USIM）构成，ME和USIM之间通过Cu标准接口进行信息的交互。

移动设备，即通常所说的移动台，可分为车载台、便携台和手持台（即手机）；主要提供用户与无线接入网相连的交互界面，用于完成语音或数据信号在空中的接收和发送，支持网络相关信令的交换，并支持端到端的应用。

用户识别模块用于识别唯一的移动设备使用者，其物理特性与GSM的SIM卡基本相同。主要功能如下。

（1）存储用户的信息并能通过空中接口以安全的模式更新。

（2）用户鉴权与身份识别。

（3）提供保证USIM信息安全可靠的安全机制。

2. 通用陆地无线接入网

UTRAN位于两个开放的接口Uu和Iu之间，主要完成与无线有关的功能，实现用户设备与核心网的连接。具体包括系统的接入控制、无线信号的收发和无线信道的加密/解密、与移动相关的功能、无线资源管理与控制等。UTRAN通常由一个或几个无线网络子系统（Radio Network Subsystem，RNS）组成，每个RNS负责本小区的资源管理。一个RNS由一个无线网络控制器（Radio Network Controller，RNC）和一个或多个基站（Node B）组成。

1）RNS

RNS是一个逻辑概念，是用户与核心网中移动业务交换中心（Mobile Switch Center，MSC）和服务GPRS支撑节点（Serving GPRS Supporting Node，SGSN）的连接枢纽，语音通过Iu-CS接口由RNS送往MSC，数据信息由Iu-PS接口送往SGNS。

每个RNS管理一组小区的资源，通常UE和UTRAN的扇区连接时，只涉及一个RNS，此时这个RNS称为服务RNS（Serving RNS，SRNS）；由于软切换的出现，可能会发生一个UE与UTRAN的连接使用多个RNS资源的情况，这里就引入了漂移RNS（Drift RNS，DRNS）。SRNS与DRNS的关系如图4－2所示。

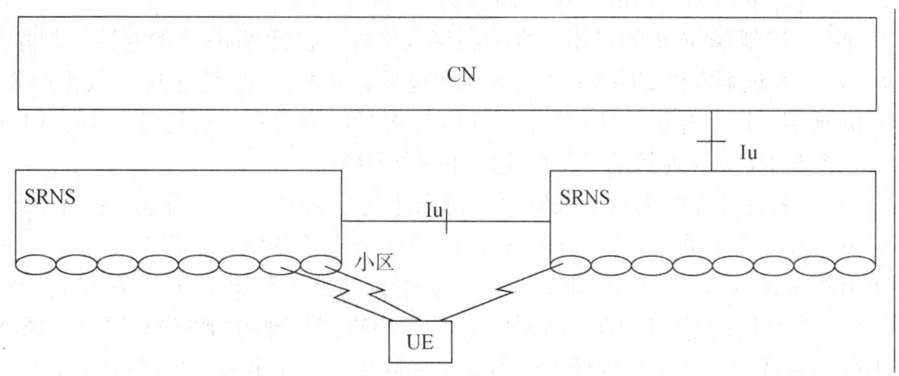

图4－2　SRNS和DRNS关系图

2）Node B

Node B 是 TD-SCDMA 的无线收发信机，通过 Uu 接口与用户设备相连，通过标准的 Iub 接口和 RNC 互连，主要完成 Uu 接口物理层协议的处理。它的主要功能包括数据信号的基本处理、基带信号和射频信号的相互转换、无线资源管理等。具体如下。

（1）物理层的基本功能，包括调制和扩频、信道编码和交织、速率匹配、信道解码、解扩解调等功能，还包括物理信道与小区的维护操作。

（2）无线链路的建立、删除与重配置。

（3）系统信息的广播。

（4）Node B 测量。当 RNC 请求时，Node B 可以对公共资源和专有资源进行测量，响应测量控制命令的启动和终止，并根据测量控制的要求把测量结果报告给 RNC。

（5）无线资源的管理与控制，包括内环功率控制。在上行内环功率控制中，Node B 根据接收信道的质量产生 TPC 命令，调整 UE 的上行发射功率；在下行内环功率控制中，Node B 根据 UE 产生的 TPC（Transmit Power Control，传输功率控制）命令，调整针对该 UE 的 Node B 发射功率。

3）RNC

RNC 是 TD-SCDMA 中对 Node B 进行无线资源的控制和管理的设备。一个 RNC 可以支持一个或多个 Node B，它主要完成建立和断开连接，切换，宏分集合并，无线资源管理控制等功能。两个 RNC 之间的通信主要通过 Iur 接口完成，RNC 与 CN 之间通过 Iu 接口连接，RNC 与 Node B 之间通过 Iub 接口连接。RNC 的具体功能如下。

（1）系统信息管理。执行系统信息的广播与系统接入控制功能。

（2）移动性管理。切换和 RNC 迁移等移动性管理功能。

（3）无线资源管理与控制。宏分集合并、功率控制、无线承载分配等无线资源管理和控制功能。

（4）自适应多速率编码（Adaptive Multi-Rate Code，AMR）速率控制。RNC 能够检测 AMR 模式适配的情况，并根据需要自适用调整 AMR 的速率。

（5）安全机制。RNC 可实现信令的完整性保护，支持用户数据信息、信令信息的加密/解密。

RNC 根据功能的不同，可以分为控制 RNC（Control RNC，CRNC）、服务 RNC（Service RNC，SRNC）和漂移 RNC（Drift RNC，DRNC）三种。

（1）CRNC。控制 Node B 的操作、维护和接入管理，包括 Node B 的配置、删除等操作。

（2）SRNC。管理 UE 和 UTRAN 之间的无线连接，负责启动/终止用户数据的发送、控制和 CN 的 Iu 连接，以及通过无线接口协议和 UE 进行信令交互。它是对应于该 UE 的 Iu 接口终止点，一个与 UTRAN 连接的 UE 有且只有一个 SRNC。

（3）DRNC。控制 UE 使用的小区资源，可以进行宏分集合并、分裂。一个 UE 可以没有也可以由一个或多个 DRNC，一个 DRNC 可以与一个或者多个 UE 相连。

需要指出的是，CRNC、SRNC 和 DRNC 是从逻辑功能上对 RNC 的一种描述，SRNC 和 DRNC 是针对一个具体的 UE 和 UTRAN 连接，从专用数据处理的角度进行区分，CRNC 是从管理整个小区公共资源的角度出发派生的概念。实际中，一个 RNC 通常包含 CRNC、SRNC、DRNC 的功能，它们是从不同层次上对 RNC 的一种描述。

3. 核心网

核心网是整个网络结构的核心部分，包括支持网络特征和通信业务的功能实体，提供信息交换与传输，用户位置信息的管理与业务控制，以及与其他的网络进行连接与路由选择等。它通过 Iu 接口与 UTRAN 连接，通过 PSTN/ISTN 等接口与外部网络连接。其主要的功能如下。

（1）处理和控制用户的呼叫。

（2）管理和分配信道。

（3）控制越区切换和漫游切换。

（4）登记与管理用户位置信息。

（5）登记和管理用户号码和移动设备号码。

（6）鉴权功能、互连功能。

（7）计费功能。

TD-SCDMA 核心网由三个部分组成，核心网电路交换（Core Network-Circuit Switched，CN-CS），核心网分组交换（Core Network-Packet Switched，CN-PS），以及两者共有的部分，具体如图 4－1 所示。下面分别加以介绍。

1）CN-CS

核心网的电路域部分主要处理语音信息，它包括移动业务交换中心/访问位置寄存器（Mobile Switch Center/Visitor Location Register，MSC/VLR），网关交换中心（Gateway Mobile Switch Center，GMSC），互连功能单元和回声抑制等功能设备。

（1）MSC/VLR。MSC 提供 CS 域的呼叫控制、移动性管理，与电路交换媒体网关（Circuit Switching Media Gateway，CS-MGW）相关联的呼叫状态控制等。VLR 用于存储用户业务基本特征副本和位置信息的数据库。这些信息包括：IMSI/MSISDN/MSRN/TMSI 等用户标识、用户所在位置区的标识、用户所在 SGSN 的标识（如果支持 Gs 接口）、补充业务参数和为用户分配新的 TMSI 等。

（2）GMSC。充当移动网和固定网之间的移动关口，完成与固定网络之间的呼叫控制与移动性控制、路由控制、与 CS-MGW 相关联的呼叫状态控制等。

2）CN-PS

核心网的分组域部分主要处理数据信息，包括服务 GPRS 支撑节点和网关 GPRS 支持节点（Gateway GPRS Supporting Node，GGSN）。

（1）SGSN。其功能和 MSC/VLR 相似，但主要是提供 PS 域的移动性管理、呼叫控制、存储用户分组业务的基本特征副本和位置信息。具体包括：IMSI/P-TMSI/PDP Address 的标识；用户所在路由区的标识；用户所在 VLR 的标识（如果支持 Gs 接口）；GGSN 地址信息（针对每个激活的 PDP 上下文）；为用户分配新的 P-TMSI 等。

（2）GGSN。功能与 GMSC 相似，但主要处理 PS 域的业务，实现用户分组业务的位置注册功能，包括 IMSI/PDP Address 等标识、用户所在 SGSN 的地址信息、分组业务网关功能等。

3）公共部分

公共部分主要完成注册、鉴权功能，包括归属位置寄存器（Home Location Register，HLR），鉴权中心（Authentication Center，AuC），设备识别寄存器（Equipment Identity Register，EIR）。

（1）HLR。用于存储用户业务基本特征主备份的数据库。这些信息包括：开通业务的信息、禁止漫游区域、补充业务信息、UE 在 VLR 或 SGSN 一级的位置信息、IMSI、MSISDN 等用户标识、PDP Address 和 LCS 业务信息等。

（2）AuC。主要存储鉴权算法和加密密钥，防止非法用户进入系统，保证无线接口的信息安全和接入安全。

（3）EIR。存储国际移动设备识别码（International Mobile Equipment Identity，IMEI）。

4.1.2.2　TD-SCDMA 接口

1. Uu 接口

Uu 接口是 UTRAN 与 UE 之间的接口，也称无线接口或者空中接口，它主要实现用户信息的收发、无相关信令的传输、无线资源的管理等功能。Uu 接口是 TD-SCDMA 系统区别于其他 3G 系统的关键，后文将展开细讲。

2. Iub 接口

Iub 接口是 RNC 与 Node B 之间的接口，用来传输 RNC 和 Node B 之间的信令及无线接口的数据，包括用户数据传送、用户数据及信令的处理和 Node B 逻辑上的操作和维护等三部分。它的协议栈包括无线网络层、传输网络层（包含物理层），具体如图 4 -3 所示。

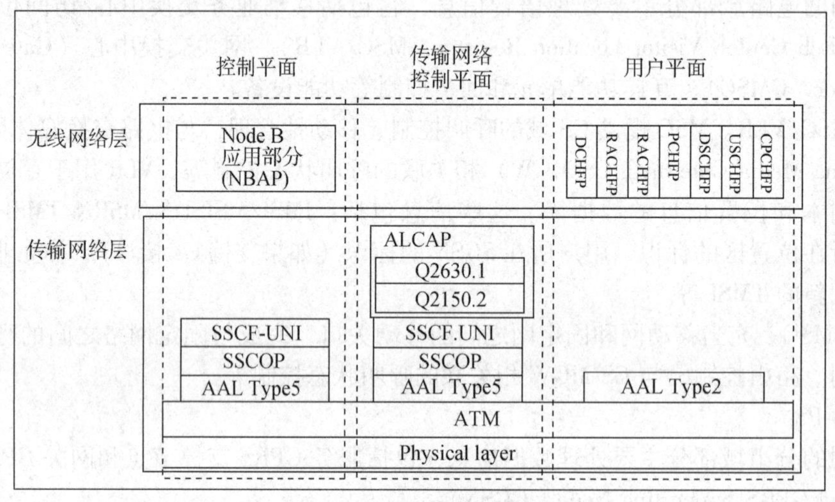

图 4 -3　Iub 接口协议栈结构

无线网络层由控制平面的 Node B 应用部分（Node B Application Part，NBAP）和用户平面的帧协议（Frame Protocol，FP）组成。其中，Node B 是 RNC 与 Node B 之间的控制协议，它不关心底层所使用传输协议的细节。传输网络层目前采用 ATM 传输，在 Release 5 以后的版本中，引入了 IP 传输机制。其用户平面使用 AAL2 协议，上面定义的每个 Iub 用户平面对应一个 AAL2 链路上的资源。物理层常用的标准接口是 E1 和 STM -1。Iub 的主要功能有：

（1）公共功能。包括 Iub 公共信道数据传输，公共传输信道管理，Node B 小区的配置与故障管理，定时和同步管理等功能。

（2）专用功能。包括 Iub 专用数据传输和专用传输信道管理，无线链路 RL 监控，专用测量管理等功能。

3. Iur 接口

Iur 接口是实现两个 RNC 之间控制信令和用户数据传送的逻辑接口。它是一个开放的接口，最初是为了支持两个 RNC 之间的软切换而设计的，现在已经加入了其他特性，包括支持基本的 RNC 之间的移动性、公共信道业务、专用信道业务和系统管理过程。

同 Iub 接口类似，Iur 协议栈主要由无线网络层、传输网络层（包含物理层）构成，具体如图 4 –4 所示。无线网络层由控制平面的无线网络子系统应用部分（RNS Application Part，RASAP）和用户平面的帧协议组成。传输网络层采用 ATM 传输，与 Iub 接口的描述一致。

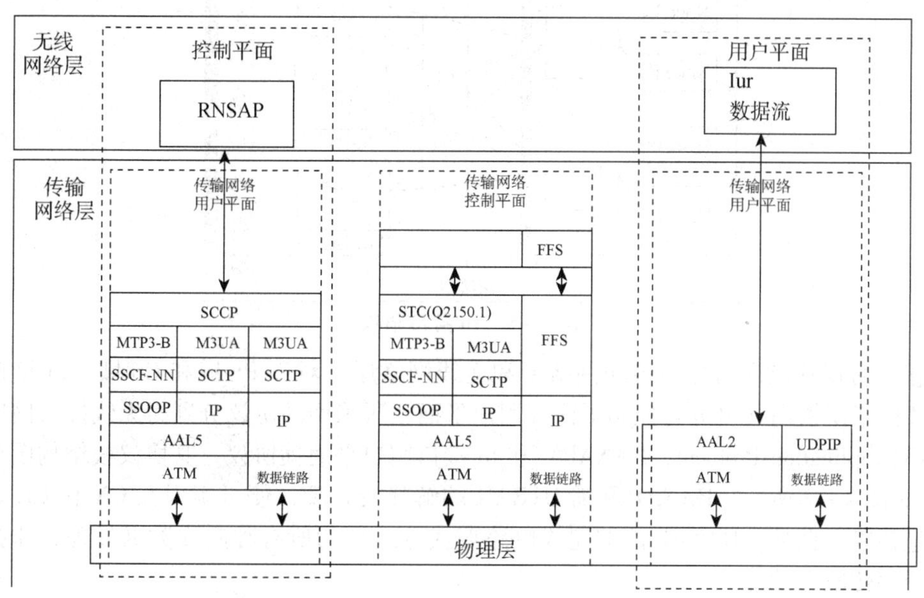

图 4 –4　Iur 接口协议栈结构

Iur 接口的具体功能有传输与无线应用相关的信令，支持任意两个 RNS 间无线接口的移动性、切换与同步，以及无线资源的处理；传送 Iub/Iur DCH，USCH、FACH 数据流，并提供相应帧的传输方法；支持系统的管理。

4. Iu 接口

Iu 接口是实现 UTRAN 和 CN 的信令和数据交换的接口，它也是 RNS 和 CN 之间的参考点，一个 CN 可以与几个 RNC 相连，图 4 –5 给出了 Iu 接口的基本结构。Iu 接口也是一个开放接口，根据传递的信息特性，可以将 Iu 接口可以分为三个域：Iu-CS（电路交换域）、Iu-PS（分组交换域）和 Iu-BC（广播域）。

Iu 接口主要负责传递非接入层的控制消息、用户信息、广播信息及控制 Iu 接口上的数据传递等，具体内容如下。

（1）无线接入承载管理。主要负责无线接入承载的建立、修改和释放，并完成无线接入承载特征参数及 Uu 承载和 Iu 传输承载参数的映射。

（2）无线资源管理。在无线接入承载建立时执行用户身份的鉴定和无线资源状况的分析，并根据此分析来确定接收或拒绝该请求。

（3）连接管理。负责 UTRAN 和 CN 之间的 Iu 信令连接的建立和释放，为 UTRAN 和 CN 之间提供可靠的信令和数据传输保证。

（4）用户平面管理。根据无线接入承载的特性提供不同的用户平面的模式：透明模式或支持模式；并根据所使用的模式决定其帧结构。

（5）移动性管理。跟踪用户设备的当前位置或对用户设备寻呼。

（6）安全管理。对传输的信令和用户数据进行加密并校验其完整性；对用户的身份和权限进行审核。

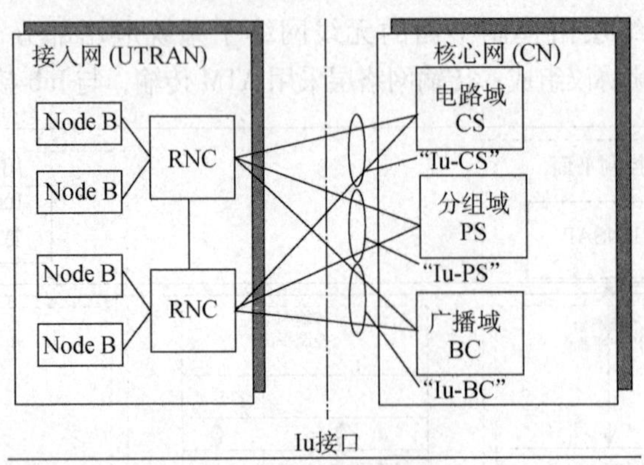

图 4－5　Iu 接口结构

Iu 接口协议栈纵向可分为传输网络层和无线网络层。对于 PS 域和 CS 域，Iu 接口协议栈的无线网络层横向又可分为控制平面和用户平面，所采用的协议分别为无线接入网应用协议（RAN Application Protocol，RANAP）和 Iu 接口用户平面帧协议，其协议栈结构图分别如图 4－6 和图 4－7 所示。RANAP 无需 UTRAN 的解释或处理，便可实现在 CN 和 UE 之间透明的信息传输。此外，RANAP 能够完成电路域或分组域的所有呼叫或数据处理、非接入层的信令透明传输等功能。

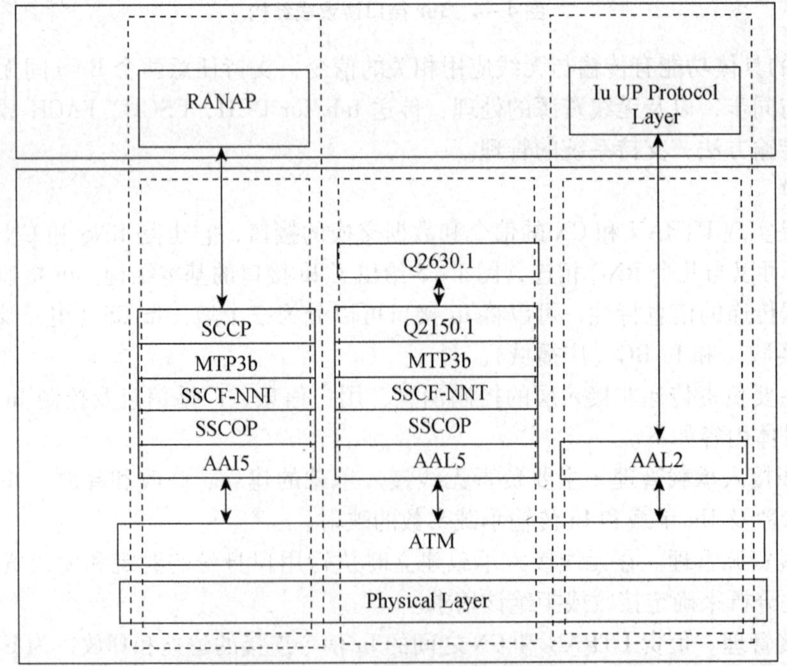

图 4－6　Iu-CS 接口协议栈结构

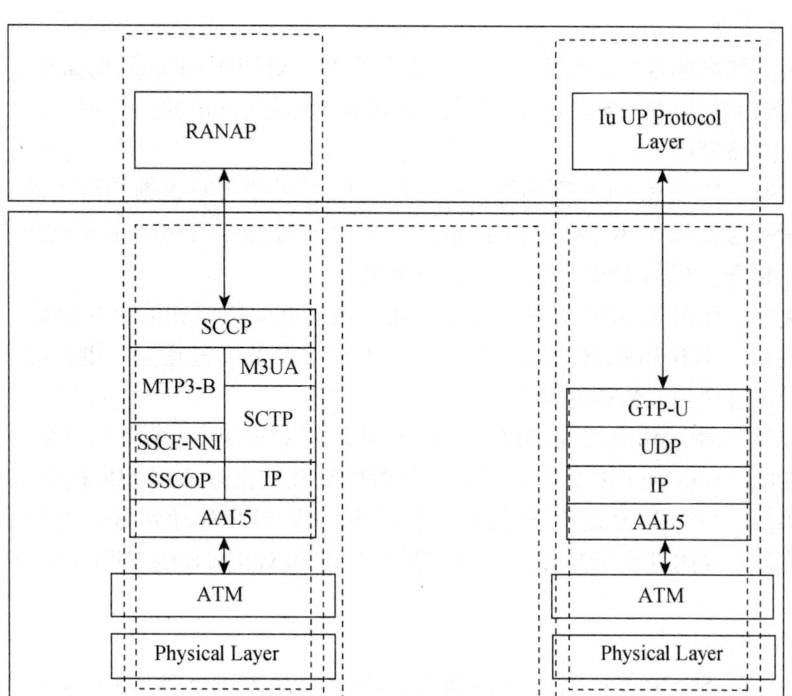

图 4－7　Iu-PS 接口协议栈结构

对于 BC 域，它只有一个平面，包含用户信息和控制信息，使用的协议是服务区广播协议（Service Area Broadcast Protocol，SABP）。SABP 用于 BC 域的数据和信令传输。Iu-BC 协议栈结构如图 4－8 所示。

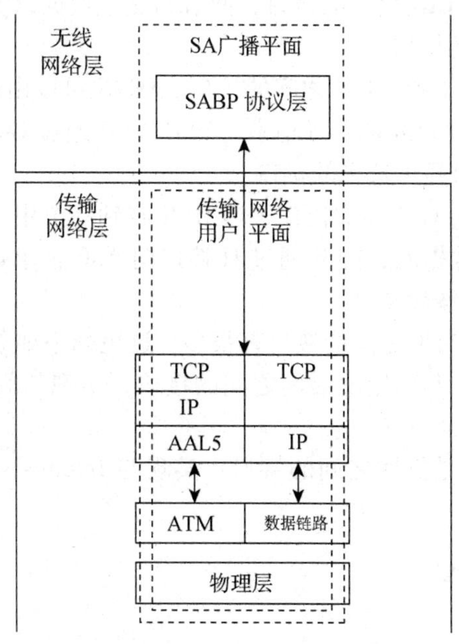

图 4－8　Iu-CS 接口协议栈结构

5. CN 内部接口

不同的核心网内部接口会有所不同，此部分主要针对图 4－1 的结构简单介绍部分接口，主要分为 CS 域内部接口、PS 域内部接口、CS 域和 PS 域之间的接口三部分。

1）CS 域内部接口

（1）B 接口。MSC 和 VLR 之间的内部接口，用于两者之间数据和信令的交互。比如位置更新时，MSC 会通知 VLR 存储相关信息；当用户激活特定的补充业务或修改业务的一些数据时，VLR 也需要根据 MSC 的控制进行数据更新。

（2）C 接口。HLR 和 MSC 之间的接口，用于两者之间数据和信令的交互。

（3）D 接口。HLR 和 VLR 之间的接口，用于移动设备位置登记、更新时两者间相关数据的交互和用户管理相关数据的交互。

（4）E 接口。两个 MSC 之间的接口，用于用户越区切换时，两者间数据和信令的交互。

（5）F 接口。MSC 和 EIR 之间的接口，两者间交互数据以实现 EIR 检验 UE 的 IMEI。

（6）G 接口。两个 VLR 之间的接口。当 UE 从一个 VLR 移动到另一个 VLR 时，要进行位置更新，这时需要两者间交互数据，以使新的 VLR 可获得 UE 的 IMSI 和原 VLR 参数的鉴定等。

2）PS 域内部接口

（1）Gr 接口。SGSN 和 HLR 之间的接口，用于两者之间交换与 UE 位置和用户管理相关的数据。比如 SGSN 告知 HLR UE 最新的位置，HLR 向 SGSN 发送支持用户业务所必须的数据。

（2）Gn/Gp 接口。SGSN 和 GGSN 之间的接口，用于支持两者之间的移动性。

（3）Gc 接口。HLR 和 GGSN 之间的信令通路，GGSN 利用该信令通路得到位置信息并支持移动用户的业务。

（4）Gf 接口。SGSN 和 EIR 之间的接口，两者间交互数据以实现 EIR 检验 UE 的 IMEI。

3）CS 域和 PS 域之间的接口

（1）Gs 接口。MSC/VLR 和 SGSN 之间的接口。SGSN 可以由该接口向 MSC/VLR 发送位置信息，也可接收来自 MSC/VLR 的寻呼请求。MSC/VLR 通过 Gs 接口向 SGSN 指示，UE 的业务由 MSC 来处理，该接口是可选择的接口。

（2）H 接口。HLR 和 AuC 之间的接口。当 HLR 收到一个用于移动用户鉴权和加密的请求时，且 HLR 没有该请求数据时，HLR 通过 H 接口向 AuC 请求数据。

6. TD-SCDMA 与其他网络的接口

TD-SCDMA 与不同的专有网之间的接口有很多，这里列举如下。

（1）PSTN 接口。GMSC 与固定电话网之间的接口，实现与固定电话网的连接，收发语音信号。

（2）Gi 接口。GGSN 与数据网之间的接口，实现与 Internet 或 ISDN 等各种分组网络的连接。

4.1.3 TD-SCDMA 空中接口

4.1.3.1 概述

空中接口是 UE 和 UTRAN 之间的接口，即 Uu 接口，通常也称为无线接口，它是一个开放的接口。其主要功能是用来建立、重配置和释放各种 3G 无线承载业务。不同的空中接口协议使用各自的无线传输技术，因此第三代移动通信三种主流标准的区别主要体现在空中接口上。

从协议的角度看，TD-SCDMA 系统的 Uu 主要由物理层（L1 层）、数据链路层（L2 层）和网络层（L3 层）组成，其整体结构如图 4－9 所示。

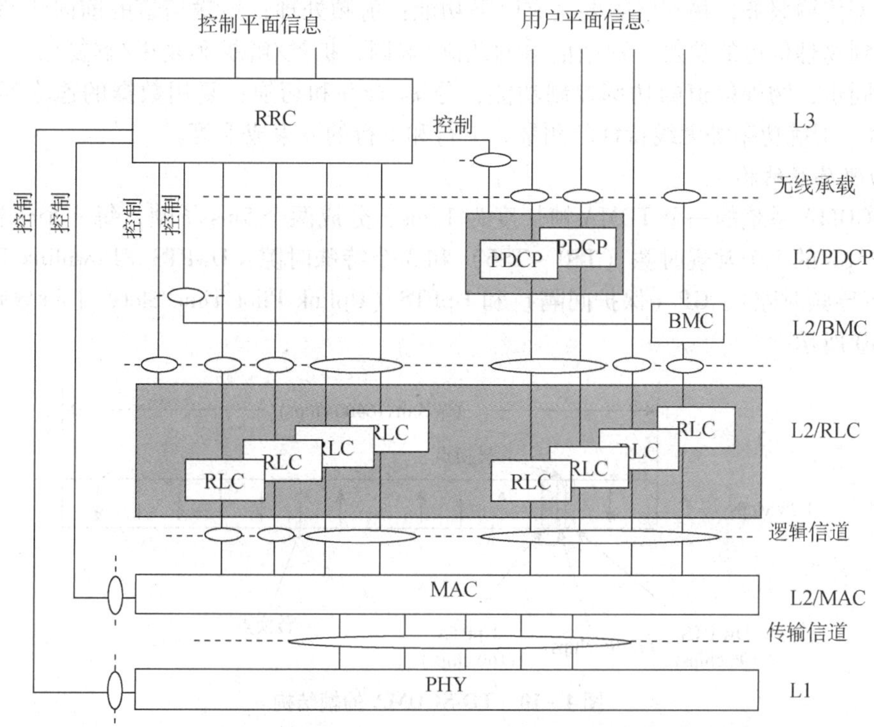

图 4－9　TD-SCDMA 空中接口协议结构

（1）物理层实现向高层数据业务的传输，并提供数据信息在物理介质上的传输。

（2）数据链路层由媒体接入控制子层、无线链路控制（Radio Link Control，RLC）子层、分组数据协议汇聚（Packet Data Convergence Protocol，PDCP）子层和广播/组播控制（Broadcast/Multicast Control，BMC）子层组成，该层可以在不太可靠的物理链路上实现可靠的数据传输，并向网络层提供良好的服务接口。

（3）网络层由无线资源控制（Radio Resource Control，RRC）、移动性管理（Mobile Management，MM）和连接管理（Connection Management，CM）三个子层组成，主要完成无线接入网络和终端之间交互的所有信令处理及和更高层之间的关系。

从功能的角度看，L2 层和 L3 层可分为用户平面（U 平面）和控制平面（C 平面）。用户平面包括数据流和相应的承载，用户所发的所有信息，都经过这个平面传输。控制平面负责对无线承载及 UE 和网络之间的连接控制。L2 层中的数据协议汇聚子层和广播/组播控制子层仅存在用户平面。

从其信令与接入是否有关的角度看，空中接口可分为接入层（Access Stratum，AS）和非接入层（Non-Access Stratum，NAS）。L1 层、L2 层和 L3 层的 RRC 子层属于接入层，而

L3 层的 MM 子层，CM 子层属于非接入层。

本书中将按照 L1 层、L2 层和 L3 层的结构分别介绍相关的协议及实现的功能，重点讲述物理层的帧结构和物理层信道。

4.1.3.2　物理层

物理层受 RRC 的控制，并通过 MAC 子层使用的传输信道向高层提供数据传输服务。为了提供数据传输服务，物理层需要完成以下功能：射频处理；传输信道的前向纠错编译码；传输信道到物理信道的映射；物理信道的调制/解调、扩频/解扩和复用/解复用；频率和时钟的各级同步；物理信道的功率控制功能；分集/合并和切换；复用数据的速率匹配问题；FER、SIR、干扰功率等无线特性的测量；上行和下行的波束成形等。

1. 物理层帧结构

TD-SCDMA 系统的一个 TDMA 帧长度为 10ms，分成两个 5ms 子帧，每一个子帧又分成长度为 675μs 的 7 个常规时隙（TS0 ~ TS6）和 3 个特殊时隙：DwPTS（Downlink Pilot Time Slot，下行导频时隙）、GP（保护间隔）和 UpPTS（Uplink Pilot Time Slot，上行导频时隙），如图 4 - 10 所示。

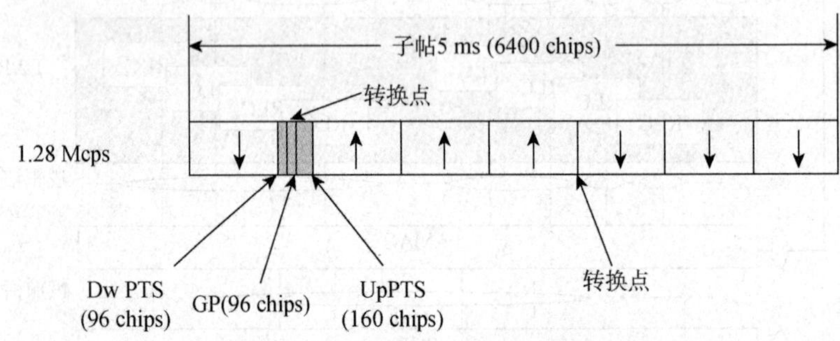

图 4 - 10　TD-SCDMA 的帧结构

TS0 ~ TS6 常规时隙用作传送用户数据或控制信息。其中，TS0 总是分配给下行链路，用来发送系统广播信息（在单载频小区，通常不承载业务），而 TS1 总是分配给上行链路，其他的常规时隙可以根据需要灵活地配置成上行或下行，以实现不对称业务的传输，如分组数据的传输。每个常规时隙由 864chips 组成：144chips 的 Midamble 码，用于信道估计，估计结果用于联合检测和智能天线算法；16chips 的保护间隔，用于发射机关闭时延保护；两个 352chips 的数据部分，包含物理层控制信息的信令数据，其时隙结构如图 4 - 11 所示。

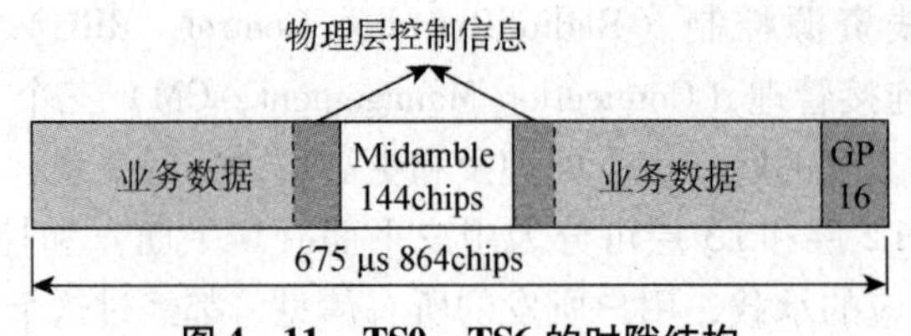

图 4 - 11　TS0 ~ TS6 的时隙结构

3 个特殊时隙中，DwPTS 用于下行同步和小区的初步搜索。它由 96 个码片（chips）组成：32chips 用于保护，64chips 用于下行同步码（SYNC-DL），其时隙结构如图 4 - 12 所示。SYNC-DL 码共有 32 种，不需要扩频和加扰处理，主要用于区分相邻小区。

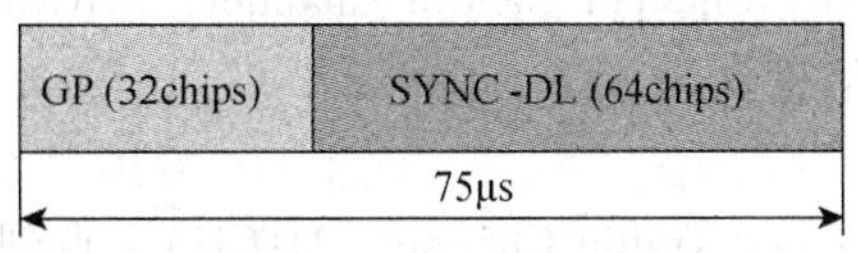

图 4 - 12　DwPTS 的时隙结构

UpPTS 用于上行初始同步和随机接入，以及切换时邻近小区的测量，不需要进行波束成形，采用全向或扇形天线传输。它由 160chips 组成：32chips 用于保护；128chips 用于上行同步码（SYNC-UL），其时隙结构如图 4 - 13 所示。SYNC-UL 码共有 256 种，分为 32 个码组（每组 8 个 SYNC-UL 码），对应 32 个 SYNC-DL 码，也不需要扩频和加扰处理，通过 NodeB的检测终端可获得其初始波束成形参数。

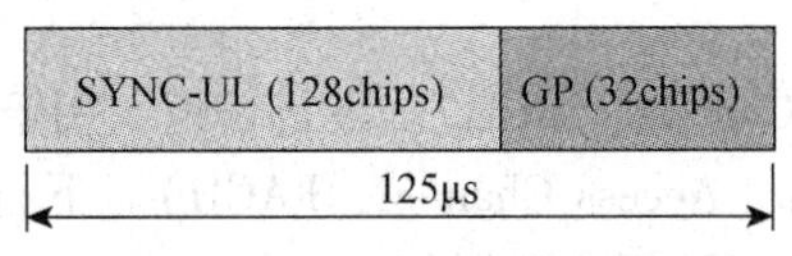

图 4 - 13　UpPTS 的时隙结构

GP 是上行、下行同步间的保护时隙，由 96chips 组成。在小区搜索时，确保 DwPTS 可靠接收，防止干扰 UL 工作；在随机接入时，确保 UpPTS 可以提前发射，防止干扰 DL 工作，其时隙结构如图 4 - 14 所示。GP 决定了 TD-SCDMA 系统基站的最大覆盖距离。

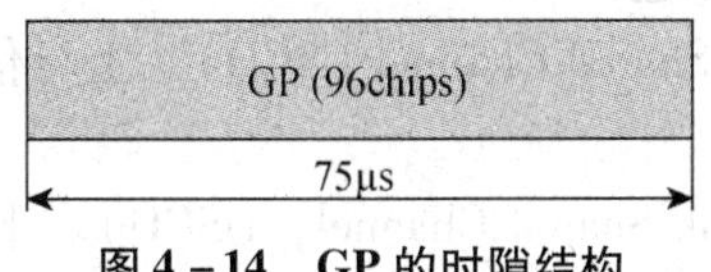

图 4 - 14　GP 的时隙结构

2. 物理层信道

信道是空中接口的基本功能单位，为了完成通信任务需要空中接口多种信道的配合。TD-SCDMA 系统在 Uu 上的信道可分为三种类型：逻辑信道、传输信道和物理信道。逻辑信道是 MAC 子层向 RLC 提供的数据传输服务，表示承载的任务和类型。传输信道是物理层向 MAC 子层提供的数据传输服务，表示所承载信息的传输方式。物理信道是物理层实际的传输通道，即在空中传输信道数据和自身信息的物理信道。下面分别介绍逻辑信道、传输信道和物理信道。

1）逻辑信道

逻辑信道可以分为两类：用来传输控制平面信息的控制信道和用来传输用户平面信息的业务信道。

（1）控制信道。

① 广播控制信道（Broadcast Control Channel，BCCH）。下行信道，传输广播信息。

② 寻呼控制信道（Paging Control Channel，PCCH）。下行信道，传输寻呼信息。

③ 公共控制信道（Common Control Channel，CCCH）。双向信道，网络和 UE 在没建立 RRC 连接时，使用该信道接入新小区。

④ 专用控制信道（Dedicated Control Channel，DCCH）。点到点的双向信道，由 RRC 连接建立过程中建立，UE 和网络通过该信道传输专用控制信息。

⑤ 共享控制信道（Shared Channel Control Channel，SHCCH）。TDD 专用的双向信道，网络和 UE 传输上下行共享信息。

（2）业务信道。

① 专用业务信道（Dedicated Traffic Channel，DTCH）。点到点的双向信道，传送用户平面信息。

② 公共业务信道（Common Traffic Channel，CTCH）。点到多点的单向信道，为所有用户或一组特定用户传输专用用户信息。

2）传输信道

传输信道分为两类：某时刻信道上的信息是发送给所有用户或一组用户的公共传输信道和某时刻信道上的信息是只发送给单一用户的专用传输信道。

（1）公共传输信道。

① 广播信道（Broadcast Channel，BCH）。下行信道，用于广播系统和小区特定信息。

② 前向接入信道（Forward Access Channel，FACH）。下行信道，当网络知道用户位置时传送控制信息，也可传一些短的用户数据包。

③ 寻呼信道（Paging Channel，PCH）。下行信道，当网络不知用户位置时，传送控制信息。

④ 随机接入信道（Random Access Channel，RACH）。上行信道，用于 UE 传送控制信息，也可传送一些短的用户数据包。

⑤ 上行共享信道（Uplink Shared Channel USCH）。上行信道，用于多个用户传送专用控制或业务数据。

⑥ 下行共享信道（Downlink Shared Channel，DSCH）。下行信道，用于多个用户传送专用控制或业务数据。

⑦ 高速下行共享信道（High Speed Downlink Shared Channel，HS-DSCH）。下行信道，多用户共用的传输信道，通常伴随一个下行 DPCH 和一个或多个 HS-SCCH。

（2）专用传输信道。

专用传输信道（Dedicated Channel，DCH）。上行或下行信道，用于 UE 和 UTRAN 传送控制或用户信息。

3）物理信道

TD-SCDMA 中，物理信道是由频率、时隙、信道码和无线帧共同定义和分配的。物理信道可以分为两大类：公共物理信道（Common Physical Channel，CPCH）和专用物理信道（Dedicated Physical Channel，DPCH）。

（1）公共物理信道。

① 主公共控制物理信道（Primary Common Control Physical Channel，P-CCPCH）。传输信道 BCH 的数据映射在该信道上传输，该信道在 TS0 的下行时隙上传送，扩频因子为 16。该信道中没有物理层信令 TFCI（Transport Format Combination Indicator，传输格式组合指示），TPC 或同步偏移（Synchronization Shift，SS）。

② 辅助公共控制物理信道（Secondary Common Control Physical Channel，S-CCPCH）。传输信道 PCH 和 FACH 的数据映射在该信道上传输，其所使用的码和时隙在小区中广播，其扩频因子为 16，支持 SS 和 TPC，不支持 TFCI。

③ 寻呼指示信道（Page Indicator Channel，PICH）。没有对应的传输信道，用来承载寻呼指示信息的下行物理信道，扩频因子为16。

④ 物理随机接入信道（Physical Random Access Channel，PRACH）。传输信道RACH的数据被映射在该信道上传输，可映射到一个或多个PRACH上，扩频因子为4、8或16。

⑤ 物理上行共享信道（Physical Uplink Shared Channel，PUSCH）。传输信道USCH的数据被映射在该信道上传输，扩频因子为1、2、4、8或16。

⑥ 物理下行共享信道（Physical Downlink Shared Channel，PDSCH）。传输信道DSCH的数据被映射在该信道上传输，扩频因子为1或16。

⑦ 物理同步信道DwPCH、UpPCH。TD-SCDMA系统中特有的两个专用物理同步信道，即TD-SCDMA系统中每个子帧中的DwPCH和UpPCH。DwPTS用于下行同步，而UpPCH用于上行同步。

⑧ 快速物理接入信道（Fast Associated Control Channel，FPACH）。TD-SCDMA系统独有的物理信道，无对应的传输信道映射，用于支持上行同步，频因子为16。

（2）专用物理信道。

专用物理信道（Dedicated Physical Channel，DPCH）。传输信道DCH的数据被映射在该信道上传输，可同时传送多条DCH的数据组合，实现信道的多码传输。

4）逻辑信道、传输信道和物理信道之间的映射关系

所谓信道映射，是指一种承载关系，逻辑信道、传输信道上的信息最终都要在物理信道上传送。在TD-SCDMA中，逻辑信道与传输信道之间，传输信道与物理信道之间有特定的映射关系，如图4－15所示。所有的传输信道都至少有一个物理信道与之相映射，而部分物理信道与传输信道没有映射关系（这部分物理信道在图中未画出），这些物理信道只传输物理层自身的信息。逻辑信道与传输信道之间的映射可以为一对一的映射，也可为一对多或多对一的映射。

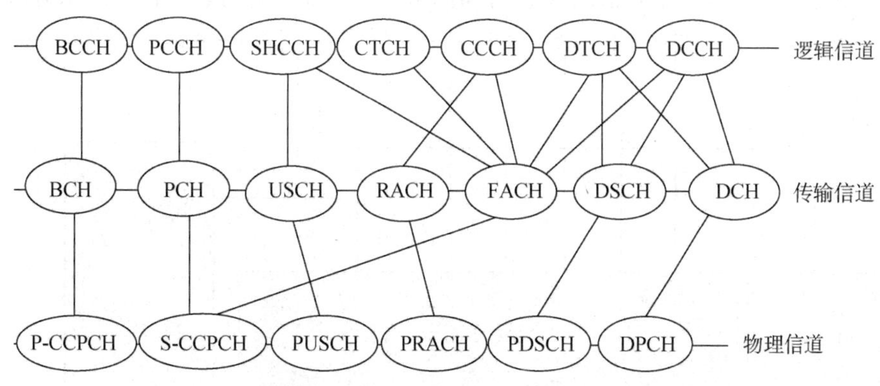

图4－15　逻辑信道、传输信道和物理信道之间的映射关系

3. 调制、扩频及多址技术

TD-SCDMA采用QPSK（室内环境下的2M业务采用8PSK调制）调制，脉冲成形滤波器采用滚降系数为0.22的升余弦滤波器。

在TD-SCDMA中，多址接入采用直接序列扩频码分多址方式，扩频带宽约为1.6MHz，采用不需配对频率的TDD工作方式。此外，除了采用了DS-CDMA外，它还具有TDMA的特

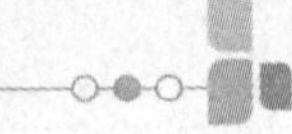

点，因此，经常将 TD-SCDMA 的接入模式表示为 TDMA/CDMA。

TD-SCDMA 的扩频调制主要分为扩频和加扰两步，用扩频码对数据信号扩频，扩频因子为 1～16 之间。

4. 信道编译码和交织

为了保证数据在无线链路上可靠传输，物理层需要对来自 MAC 和高层的数据流进行编码/复用后发送。同时，物理层需要对接收的来自无线链路上的数据进行解码/解复用后，再传给 MAC 层。

在 TD-SCDMA 中，支持三种信道编码方式。

（1）前向纠错编码。在物理信道上可以采用卷积编码，编码速率为 1～1/3，用来传输误码率要求不高于 10^{-3}的业务和分组数据业务。

（2）Turbo 编码。用于传输速率高于 32kbps 并且要求误码率优于 10^{-3}的业务。

（3）无信道编码。信道编码方式由高层选择，为了使传输错误随机化，需要进一步进行比特交织。

4.1.3.3　数据链路层

数据链路层从下到上分为四层：MAC 子层，RLC 子层，PDCP 子层和 BMC 子层。

1. MAC 子层

1）MAC 子层的结构

MAC 子层按功能可分为 MAC-b、MAC-c/sh 和 MAC-d 三部分实体，如图 4－16 所示。MAC-b 用来处理广播信道上传输的信息，主要完成逻辑信道 BCCH 和传输信道 BCH 之间的映射功能。MAC-c/sh 用来处理公共信道和共享信道上传输的信息，主要完成逻辑信道与公共传输信道和共享传输信道之间的映射。MAC-d 用来处理专用信道 DCH 上传输的信息，主要完成逻辑信道 DCCH/DTCH 和传输信道 DCH 之间的映射。

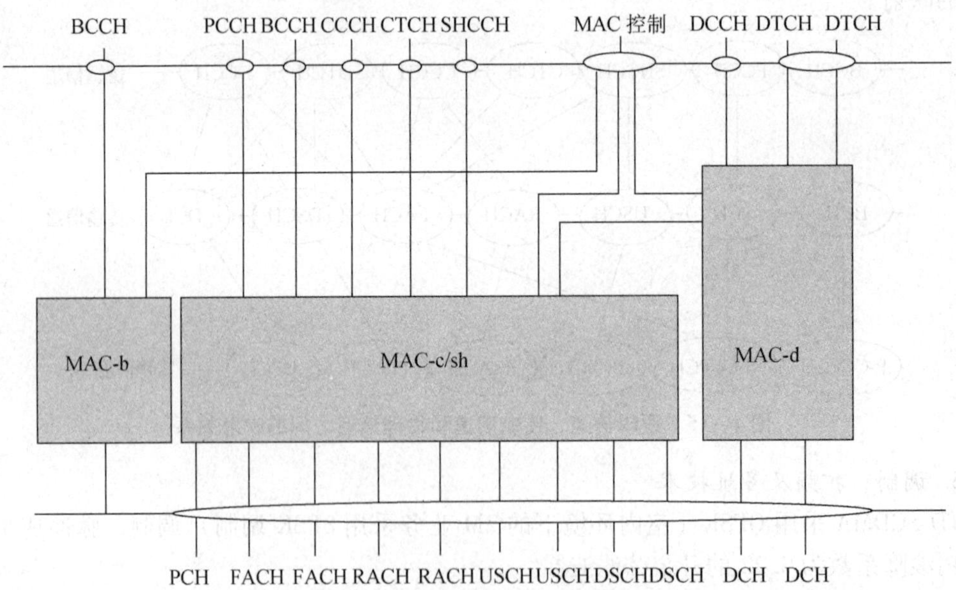

图 4－16　MAC 子层的结构

（1）MAC 子层的功能。MAC 子层与 RLC 子层之间的通信使用逻辑信道，与物理层之间使用传输信道。在 MAC 控制业务接入点上（接 GRR），MAC 层接收上层的控制信息，并通过该业务接入点向上层报告测量结果和错误指示等。

MAC 子层负责处理来自 RLC 子层与 RRC 子层的数据流，其主要功能是向高层提供三种业务：数据传输、无线资源和 MAC 参数的重分配及测量报告。其中，数据传输功能提供 MAC 子层对等层实体之间服务数据单元的非确认传输，即不保证数据正确地传输到对方，数据正确传输及数据分段/重组功能的保证由 RLC 层完成。根据 RRC 的请求，MAC 子层可执行无线资源的重分配和改变 MAC 层参数的功能，在 TD-SCDMA 系统中，MAC 子层可以自主处理资源分配而不需要高层的指示。同时，在 RRC 层的控制下，MAC 子层可以向 RRC 子层报告当前的业务流量和质量，以便 RRC 子层根据当前业务流量和质量对资源进行控制。

2. RLC 子层

1）RLC 子层概述

RLC 子层为用户和控制数据提供分段和重传业务。从该层开始，L2 层和 L3 层被分为控制平面和用户平面两个平面。在控制平面，RLC 子层向高层提供的服务为信令无线承载（Signaling Radio Bearer，SRB），SRB 通常在 RRC 子层建立连接期间建立；在用户平面，RLC 子层向高层提供的服务为无线承载（Radio Bearer，RB），用于实现用户平面的一个无线接入承载或其子流。RLC 子层的总体结构如图 4－17 所示。根据业务类型的不同，RLC 实体可以分为三种模式：透明模式、非确认模式和确认模式。究竟选择哪种模式取决于无线承载业务对服务质量的要求，也就是说对模式的选择主要是根据业务的特性决定的。

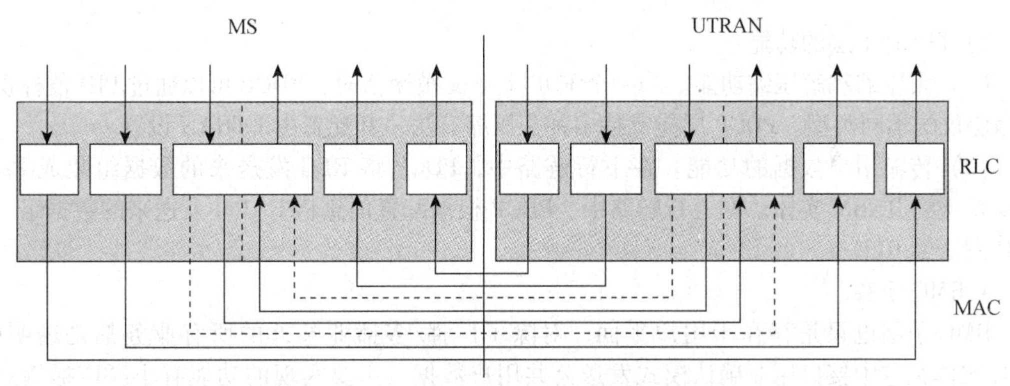

图 4－17 RLC 子层的结构

2）RLC 子层功能

（1）透明数据的传输模式。该模式下传输数据时，RLC 只需对高层的数据进行分段/重复，而无需增加其他的协议信息。

（2）非确认的数据传输模式。该模式下传输数据时，RLC 无需保证数据可靠地传输到对等层，RLC 若检测到数据出错，则将其丢掉，只传输未出错的数据到高层。

（3）确认的数据传输模式。该模式下传输数据时，RLC 需保证数据可靠地传输到对等层，可采用无错传递、唯一传递、顺序传递或无序传递等数据传输方法。

（4）QoS 的维护。RLC 根据高层定义的不同业务需求的 QoS 要求进行维护，并通过配置重传协议实现。

（5）不可恢复错误的通告。

3. PDCP 子层

1）PDCP 子层的结构

PDCP 位于 RLC 子层之上，受 RRC 的调度和控制，将来自上层的用户数据传输到 RLC 子层。它只存在于用户平面，处理 PS 业务。通常，每一个 RB 连到一个 PDCP 实体，每一个 PDCP 实体都对应于一个 RLC 实体。PDCP 子层的总体结构如图 4－18 所示。

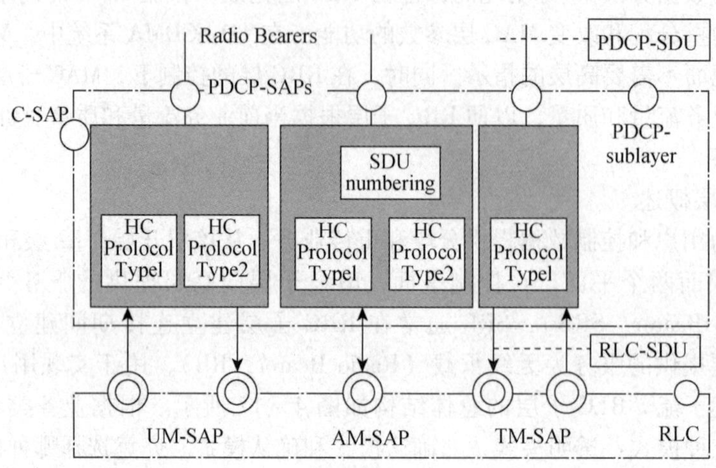

图 4－18　PDCP 子层的结构

2）PDCP 子层的功能

（1）头压缩和解压缩功能。当一个 PDP 上下文被激活时，PDCP 可以通过 PID 值标识头压缩协议的不同类型。PDCP 层能支持多种头压缩算法，其配置由 UTRAN 设置。

（2）传输用户数据的功能。在下行链路中，PDCP 将 RLC 发送来的数据组装成 PDCP SDU 发送到 RABM 实体；在上行链路中，PDCP 根据配置信息将 RABM 发送来的数据组装成 PDU 发送给 RLC。

4. BMC 子层

BMC 子层也只是存在于用户平面，对除了广播/多播业务外的所有业务都是透明的。BMC 实体在空中接口用非确认模式发送公共用户数据。主要实现的功能有小区广播消息的存储，业务量监测和为小区无线广播服务请求无线资源，BMC 消息的调度，发送 BMC 消息及将小区广播信息发送到高层。

4.1.3.4　网络层

网络层包括三个子层：RRC 子层、MM 子层和 CM 子层。

1. RRC 子层

RRC 子层位于接入层的高层，主要完成无线资源的控制和管理功能，其中包括 UE 和 UTRAN 之间传递的几乎所有控制信令，以及 UE 在各种状态下无线资源使用的情况、测量任务和执行的操作等。RRC 子层主要由 6 个功能实体组成：路由功能实体、广播控制功能实体、寻呼及通告功能实体、专用控制功能实体、共享控制功能实体、传输模式实体。RRC 子层在连接模式下有四种不同状态：CELL_DCH 状态，CELL_FACH 状态，CELL_PCH状态，

URA_PCH 状态。下面详细介绍四种状态及它们之间的转换，如图4－19所示。

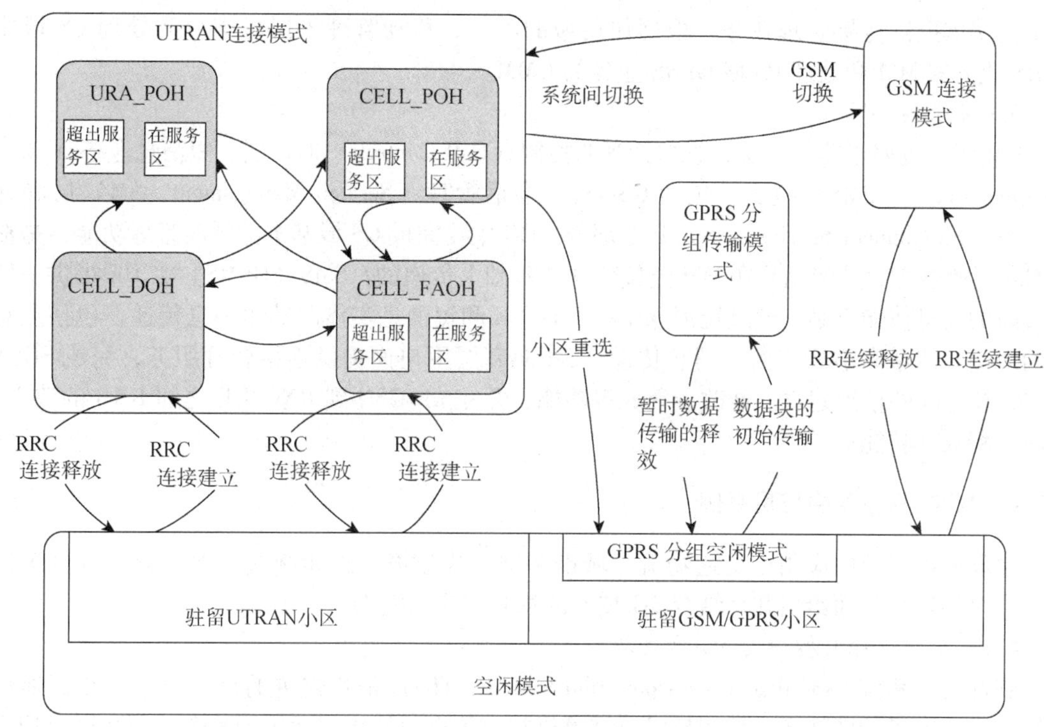

图 4－19　RRC 子层状态转移图

1）CELL_DCH 状态

UE 被分配专用的物理信道，并且 SRNC 能够知道 UE 所在的小区；在此状态下，UE 可以使用专用的传输信道、上下行共享信道或者两者的组合。

2）CELL_FACH 状态

UE 与 UTRAN 之间没有专用的物理信道连接。可以使用 RACH/FACH 信道传递信令或少量的用户数据，同时也可以建立一个或多个 USCH/DSCH 信道。

3）CELL_PCH 状态

在 CELL_PCH 状态下 UE 没有专用的物理信道，并且不可以使用任何上行物理信道。UE 将根据网络提供的算法选择 PCH 信道，并使用 DRX（非连续接收）监控与之相伴随的 PICH 读取寻呼信息，以达到终端节电的目的。此状态下，小区重选必须迁移到 CELL_FACH 状态。

4）URA_PCH 状态

URA_PCH 状态与 CELL_PCH 状态非常类似。两者的区别在于在 URA_PCH 状态下，UTRAN 通过 UE 最后一次上报的小区更新消息确定其位置。在此状态下，UE 也可以进行小区重选，重选后不执行小区更新，而是从 BCH 中读取 UTRAN 注册区标识（URA），仅当 URA 发生变更时，UE 才将其位置信息重新通知 SRNC。同 CELL_PCH 一样，此动作也要迁回到 CELL_FACH 状态。URA 由一个或多个小区组成，多个 URA 在地理上可以覆盖，这种重叠区域设置在一定程度上避免了网络的乒乓效应。

2. MM 子层

MM 子层属于非接入层，其主要功能是支持用户终端的移动性，并向上层连接管理子层的不同实体提供连接管理业务。根据作用域的不同，移动管理子层可细分为处理 CS 域非 GPRS 业务的 MM 和处理 PS 域 GPRS 业务的 GMM。

3. CM 子层

CM 子层也属于非接入层，它包括呼叫控制（Call Control，CC）层、短消息业务（Short Message Service，SMS）模块（包括 GSMS）、会话管理（Session Management，SM）层和补充业务（Supplement Service，SS）几个部分。CC 主要完成 CS 域基本的呼叫管理功能，是整个 CM 层的核心，其消息是在 MM 连接建立的基础上传递的；SMS（GSMS）为 UE 提供一种非实时的消息传输机制，通过短消息中心实现 UE 和短消息实体间的短消息传递，包括点对点的短消息传递和小区广播短消息传递。SM 向高层用户面提供连接管理服务，完成 SGSN 到 GGSN 之间的信道建立、修改、释放等功能，并完成 SGSN 到 RNC/UE 之间 RAB 的建立、修改、释放等功能。

4.1.4 3G 在物联网中应用举例

物联网可广泛的应用于交通物流、城市基础设施建设、工业制造、智能家居等多个行业，多个领域，下面给出几个结合 3G 技术的物联网应用实例。

4.1.4.1 车载视频监控中的 3G 物联网

智能交通系统（Intelligent Transportation System，ITS）是将先进的信息技术、数据通信传输技术、电子传感技术、控制技术及计算机技术等有效地集成运用于整个地面交通管理系统而建立的一种在大范围内、全方位发挥作用的，实时、准确、高效的综合交通运输管理系统。ITS 可以有效地利用现有交通设施、减少交通负荷和环境污染、保证交通安全、提高运输效率，它是未来交通系统的发展方向。而智能交通的发展与物联网的发展是分不开的，只有物联网技术概念的不断发展，智能交通系统才能越来越完善。智能交通是交通的物联化体现。

在智能交通中，车辆调度管理、车载视频监控服务都是其重要的组成部分。在车辆调度管理中，每个运营车辆上安装车载定位系统，它通过 3G 或 GPRS 模块把定位信息、车辆工作状态、线路等数据发送给车辆管理的后台管理系统，后台管理系统分析传送来的数据，可以通过 3G 网路的语音或者短消息实现对车辆或司机的统一调度管理。在车载视频监控服务中，每个车辆上安装摄像头，它将车辆里实时监控的信息通过 3G 网络（或者 WiFi 等）按需上传，实现远程视频的监控，从而可以加强车辆的安全管理、并可利用此监控录像协助警察有效打击偷窃等违法行为。

4.1.4.2 远程医疗中的 3G 物联网

远程医疗是运用计算机、通信、医疗技术与设备，通过数据、文字、语音和图像资料的远距离传送，实现专家与病人、专家与医务人员之间异地“面对面”的会诊，并可实现家中病人或老人的健康保健。

为充分说明远程医疗中 3G 物联网，下面以健康 e 家系统为例加以说明，具体如图 4－20 所示。如果从实现功能角度看，其架构又可分为四部分，即健康数据采集终端、移动终端网关、移动通信网络、远程医疗信息系统，具体如图 4－21 所示。

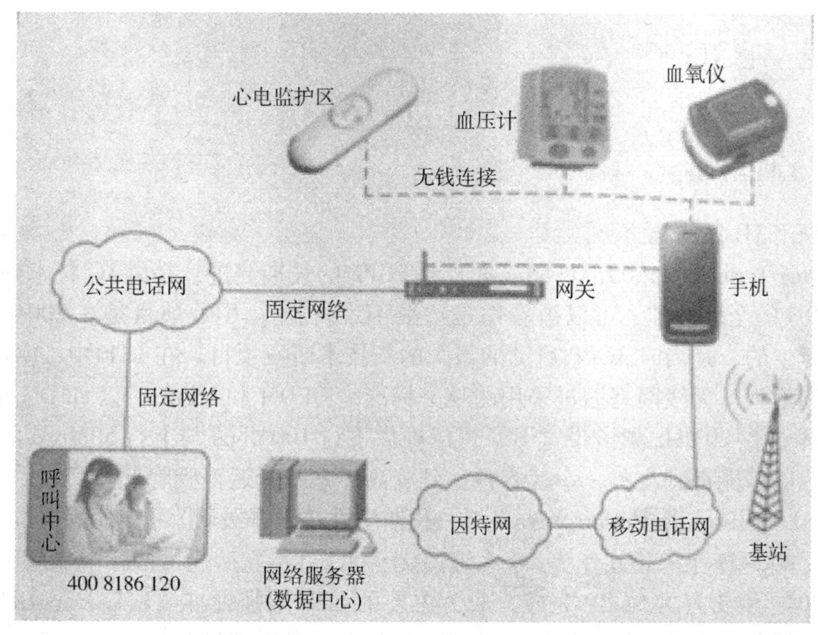

图4－20　健康e家系统示意图

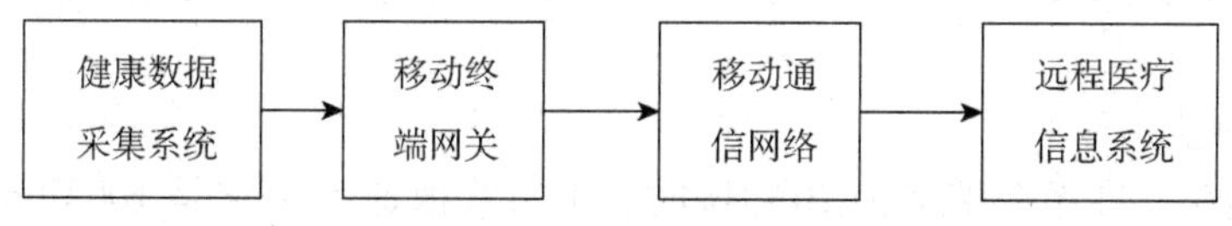

图4－21　健康e家系统架构图

1. 健康数据采集终端

可采用心电监护仪、血压计、血氧仪等常规的数字化医疗设备，也可采用各种医学传感器组成的无线传感器网络；图4－20给出的是常规设备组成的数据采集终端。其主要功能是实现监控病人或家中老人的体温、脉搏、呼吸、血压、心电等生命指征的监测。

2. 移动终端网关

采用3G终端网关，主要实现将数据采集终端的数据传送到3G移动网络中。

3. 移动通信网络

可通过3G网络或固定网络将各种采集数据以语音、短信息等多种方式传送到远端信息系统中，并可以短信的形式发送给指定的病人亲属，以通知亲属根据短信内容作出相应的措施。

4. 远端医疗信息系统

它是整个系统的后端处理平台，负责整理和处理各种健康监测数据，并将其录入个人的电子病历中，为用户提供健康档案管理。

4.2 B3G

4.2.1 LTE/LTE-A 概述

4.2.1.1 LTE/LTE-A 的概念

LTE（Long Term Evolution，长期演进）是3GPP 的长期演进，是由3G 技术到4G 技术的过渡，是3.9G 的全球标准，可以被看作是“准4G”技术。LTE 项目是在2004 年3GPP 多伦多会议上诞生的，是当时3GPP 启动的最大的新技术研发项目。在LTE 中，空中接入技术得到了改进和增强，无线网络演进采用的唯一标准是OFDM 和MIMO。以OFDM/FDMA 为核心的LTE 技术，在20MHz 频谱带宽下，可以提供下行100Mbps 与上行50Mbps 的峰值速率，小区边缘用户的性能得到改善，小区容量得到提高，系统延迟得到降低。

LTE-A（Long Term Evolution-Advanced，长期演进技术升级版）是4G 规格的国际高速无线通信标准。2009 年年末正式作为4G 系统递交至ITU-T，先后通过国际电信联盟、IMT-Advanced，于2011 年3 月为3GPP 完成，成为主要的LTE 增强标准。LTE-A 是LTE 的平滑演进，前者保持了与后者的良好兼容性；峰值速率和吞吐量得到显著提高，下行的峰值速率可以达到1Gbps，上行峰值速率可以达到500Mbps；频谱效率也得到大大提升，下行增加到30bps/Hz，上行增加到15bps/Hz；能够从宏蜂窝到室内场景提供无缝覆盖，支持多种应用场景。

4.2.1.2 LTE 的基本要求

（1）通信速率。在系统带宽为20MHz 时，下行峰值速率要求是100Mbps，上行峰值速率要求是50Mbps。

（2）频谱效率。频谱利用率为下行5bps/Hz，上行2.5bps/Hz。

（3）系统布署。系统带宽可以为1.4，3，5，10，15，20MHz，最大支持20MHz。

（4）QoS 保证。通过系统设计和严格的QoS 机制，保证实时业务（如VoIP）的服务质量，一般支持的能保证QoS 的速率是120km/h，支持的覆盖半径为5km。

（5）双工方式。同时支持TDD 和FDD 模式。

（6）小区容量。系统带宽为5MHz 时，支持至少200 个用户，当系统带宽大于5MHz 时，支持至少400 个用户。

（7）小区边界传输速率。在保持目前基站位置不变的情况下增加小区边界传输速率。

（8）无线网络延时。子帧长度为0.5ms 和0.675ms，解决了向下兼容的问题并降低了网络时延，用户面延迟（单向）小于5ms，控制面延迟小于100ms。

4.2.1.3 LTE-A 的基本要求

（1）基于LTE 系统平滑演进。LTE-A 网络应支持LTE 终端接入，反之，LTE-A 终端也能够在LTE 网络中使用。

（2）通信速率。使用多输入多输出系统且传输带宽大于70MHz 时，下行峰值传输速率为1Gbps，上行峰值传输速率为500Mbps。

（3）频谱效率。频谱利用率为下行30bps/Hz，上行15bps/Hz。

（4）频谱配置。频谱可扩展到100MHz，并可将多个频段进行整合；可同时支持连续和不连续的频谱；可以与LTE系统共享相同的频段。

（5）支持多种环境下的系统正常工作。可以为宏蜂窝到市内环境等多种场景提供无缝覆盖。

（6）小区容量。系统带宽为5MHz时，支持200~300个并行的VoIP用户。

（7）无线网络延时。控制层从空闲状态转换到连接状态的时延低于50ms，从休眠状态转换到连接状态的时延低于10ms；用户层在FDD模式的时延小于5ms，在TDD模式的时延小于10ms。

4.2.2　LTE网络结构及协议栈

4.2.2.1　LTE网络结构

与传统的3GPP接入网相比，LTE设计为单层结构，仅由NodeB构成，大大减少了RNC节点，这种简单的结构能够简化网络并减小延迟，从而实现低时延、低复杂度和低成本的基本要求。LTE不仅是3G的演进，实际上更是从根本上对3GPP的整个体系架构作了改变，与典型的IP宽带网结构逐渐接近。LTE的架构如图4-22所示。

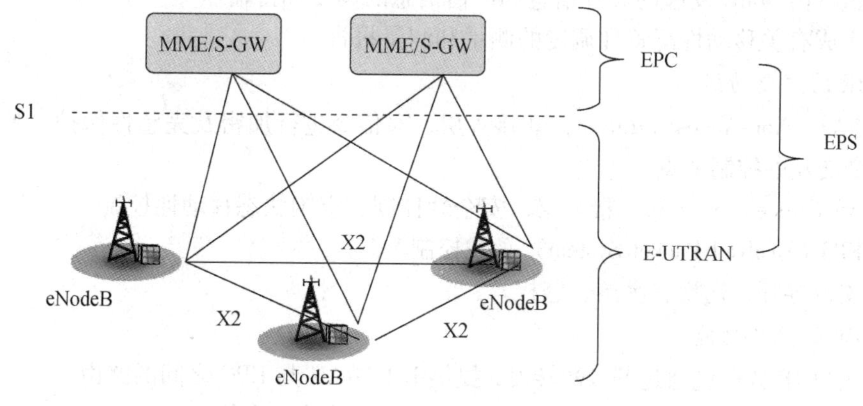

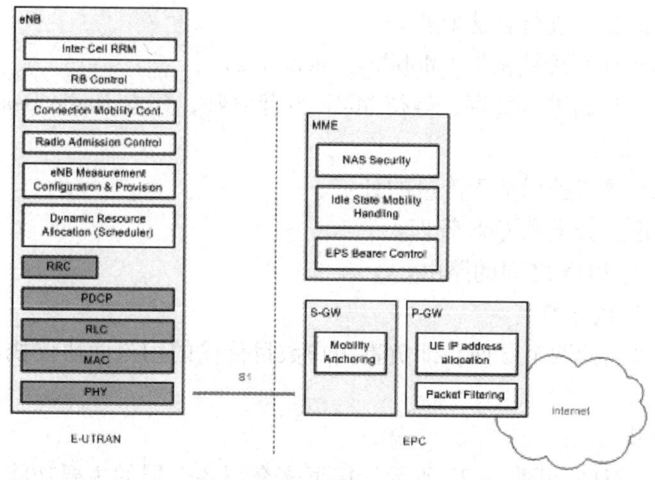

图4-22　LTE的网络架构

LTE 架构中的接入网部分称为演进型 UTRAN（Evolved UMTS Terrestrial Radio Access Network，E-UTRAN），主要由演进型 NodeB（e-NodeB）构成，用来提供用户界面和控制面。e-NodeB 不仅具有原来 NodeB 的功能，还能完成原来 RNC 的大部分功能，包括物理层、MAC 层、RRC、调度、接入控制、承载控制、接入移动性管理和小区间 RRM 等。e-NodeB 通过 X2 接口相互连接，支持数据和信令的直接传输。

LTE 架构中的核心网部分称为演进型分组核心网（Evolved Packet Core，EPC），主要由 MME，S-GW 和 P-GW 组成。S1 接口连接 e-NodeB 与 EPC。其中，S1-MME 是 e-NodeB 连接 MME 的控制面接口，S1-U 是 e-NodeB 连接 S-GW 的用户面接口。

下面具体介绍 LTE 架构中各个部分的主要功能。

1. e-NodeB 的主要功能

（1）实现无线资源管理功能，包括实现无线许可控制、无线承载控制和连接移动性控制，完成 UE 在上下行链路的动态资源分配。

（2）实现用户数据流的 IP 报头压缩和加密。

（3）实现 UE 附着状态时 MME 的选择。

（4）实现 S-GW 用户面数据的路由选择。

（5）执行由 MME 发起的寻呼信息和广播信息的调度和传输。

（6）完成有关移动性配置和调度的测量和测量报告。

2. MME 的主要功能

（1）NAS（Non-Access Stratum）非接入层，对信令进行加密及完整性保护，处理 UE 与核心网信令交互的控制节点。

（2）AS（Access Stratum）接入层，安全性控制、空闲状态移动性控制。

（3）EPS（Evolved Packet System）承载控制。

（4）支持寻呼，切换，漫游，鉴权。

3. S-GW 的主要功能

（1）用户 IP 数据包通过 S-GW 转发，提供 E-UTRAN 与 EPC 之间的路由。

（2）当用户在 e-NodeB 之间移动，充当本地移动性管理实体。

（3）收集流量信息，进行合法监听。

（4）提供“移动性管理锚链”（Mobility Anchoring）。

（5）对下行用户数据进行缓存，等待 MME 发起寻呼，建立 Radio Bearer。

4. P-GW 的主要功能

（1）根据 PCRF 规则进行基于流量的计费。

（2）UE 的 IP 地址分配和 QoS 管理。

（3）提供 EPC 与 PDN 之间的路由。

4.2.2.2 LTE 的协议栈介绍

LTE 协议栈可以包括两个层面，即负责用户数目传输的用户面协议栈和负责系统信令传输控制面协议栈。

1. 用户面协议栈

用户面协议栈示意图如图 4－23 所示。接下来介绍各个层的主要功能。

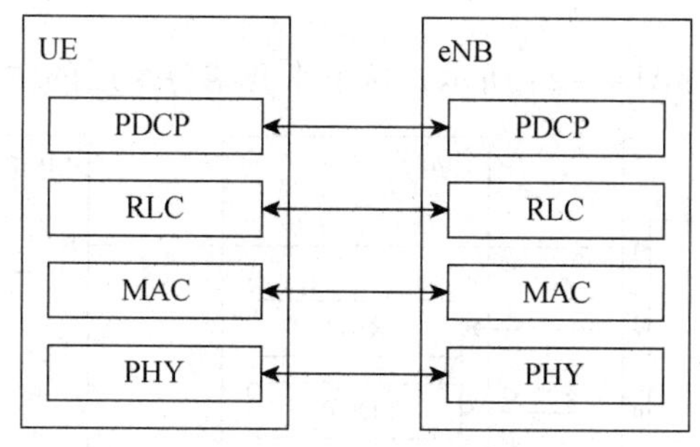

图 4－23　用户面协议栈

1）PDCP 层的主要功能

- 对 IP 数据流进行头压缩和解压缩。
- 提供安全性功能。
- 进行数据传输。
- 用户面和控制面数据的加密与解密。
- 控制面数据的完整性保护和验证。
- 对上层发送的 PDU 进行顺序发送和重排序。
- 对映射到 RLC 应答模式下的用户面数据进行无损切换。
- 对 PDCP SN 值进行维护。
- 丢弃超时的用户数据。

2）RLC 层的主要功能

- 负责上层 PUDs 的传输。
- AM 数据传输时，通过 ARQ 进行错误检查，重组 RLC 的数据 PDUs。
- UM 和 AM 数据传输时，进行级联、分段和重组，对 RLC 数据 PDUs 进行重新排序，重复检查，丢弃 RLC SDU。
- 重建 RLC。
- 检查和恢复协议错误。

3）MAC 层的主要功能

- 实现逻辑信道向传输信道的映射。
- 传输模块接到从一条或多条逻辑信道发来的数据，随之将其通过传输信道发送到物理层。
- 传输块经过传输信道被传送过来，通过相应的逻辑信道将复用的传输块上交给 RLC 层。
- 报告调度信息，UE 向 e-NodeB 请求传输资源等。
- 基于 HARQ 机制的纠错功能。
- 动态调度处理不同 UE 的优先级。
- 处理同一 UE 的不同逻辑信道的优先级。
- 为了最优化地充分利用资源，通过物理层上报测量信息、用户能力等，选择适合的传输格式。

2. 控制面协议栈

控制面协议栈示意图如图 4－24 所示，接下来介绍各个层的主要功能。

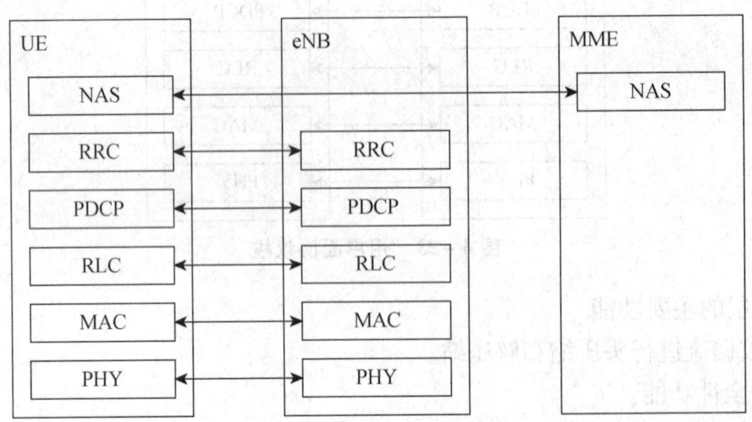

图 4－24　控制面协议栈

1）NAS 层的主要功能

非接入层，支持移动性管理功能及用户面激活、修改和释放功能。主要执行 EPS 承接管理、鉴权、IDLE 状态下的移动性处理、寻呼及安全控制功能。

2）RRC 层的主要功能

主要执行广播、寻呼、RRC 连接管理、无线承载管理、移动性管理、密钥管理、UE 测量报告与控制、MBMS 控制、NAS 消息直传、QoS 管理等功能。

3）PDCP 层的主要功能

执行头压缩、数据传输、加密和完整性保护功能。

4）RLC 层的主要功能

负责分段与连接、重传处理，以及对高层数据的顺序传送。与用户面功能基本一致。

5）MAC 层的主要功能

负责处理 HARQ 重传与上下行调度。与用户面功能基本一致。

6）PHY 层的主要功能

负责处理编译码、调制译码、多天线映射及其他典型物理层功能。

4.2.3　LTE/LTE-A 的关键技术

4.2.3.1　OFDM

OFDM（Orthogonal Frequency Division Multiplexing，正交频分复用技术）是 LTE 系统的技术基础与主要特点。

1. LTE 的传输方案

出于不同的考虑，LTE 的上行和下行链路采用不同的传输策略。LTE 规定下行链路采用可扩展的 OFDM 传输/多址技术，通过使用频率选择性信道内的多用户分散，能得到高频谱效率。在每个传输时间间隔内，做出一次调度决策，此时每个被调度的 UE 在时域和频域内都被分配一定数量的无线资源。被分配了不同 UE 的无线资源间彼此正交，也就是说，彼此不存在小区内干扰。

而相对地，在上行链路采用可扩展的 SC-FDMA 传输/多址技术，该技术拥有 OFDM 的发部分优点同时又可以降低所传输信号的峰均功率比（PAPR）。在上行链路具有较低的 PAPR 至关重要，因为这样 UE 可以使用相对便宜的功率放大器，覆盖范围也可以得到提高。SC-FDMA 收发器的结构域 OFDM 类似，不同的是，上行链路只允许在连续子载波上进行局部资源分配。

LTE 上下行采用以上不同的两种传输策略，保证了不同频谱资源用户间的正交性。LTE 系统对 OFDM 子载波的调度方式分为集中式和分布式两种，并灵活地在这两种方式间相互转化。上行除了采用这种调度机制之外，还可以采用竞争机制。

2. LTE 的帧结构

如上所述，LTE 同时支持 FDD 和 TDD 两种模式。那么 LTE 支持两种类型的帧，适用于频分双工 FDD 和时分双工 TDD，如图 4－25 所示。

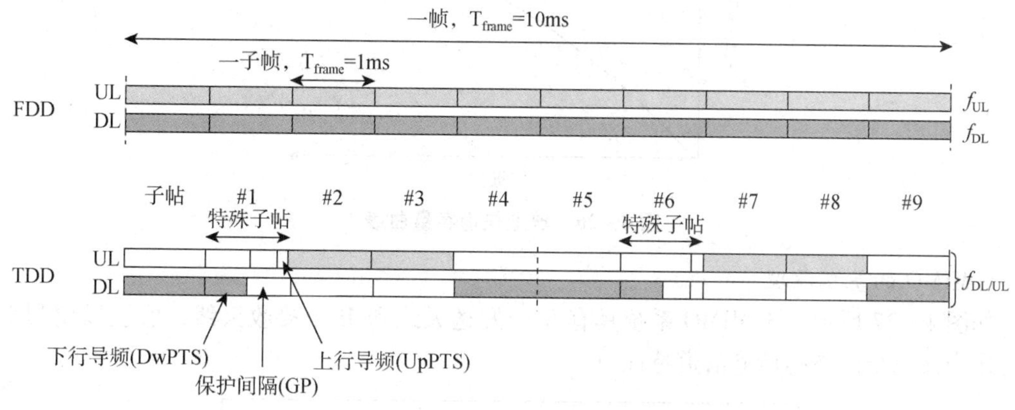

图 4－25 LTE 支持的帧结构

两种帧结构帧长都为 10ms，子帧长都为 1ms，时隙长都为 0.5ms。它们的不同点如下。

适用 FDD 类型的无线帧结构中，LTE 采用 OFDM 技术，子载波间隔为 $f = 15\text{kHz}$，2048 阶 IFFT 进行调制，那么帧结构的时间单位为 T_s = ［1/（2048×15000）］s。FDD 帧结构中共有 20 个时隙，10 个子帧，有 10 个子帧可以用于上行，10 个子帧可以用于下行，上下行传输是在频域上分开的。普通 CP 配置下，一个时隙包含 7 个连续的 OFDM 符号。FDD 非常适用于支持对称业务。

TDD 类型同样采用 OFDM 技术，子载波间隔和时间单位均与 FDD 相同。帧结构时隙分为常规时隙和特殊时隙。TDD 非常适用于支持非对称业务。

LTE 引入了循环前缀 CP，有效克服了 OFDM 系统所特有的符号间干扰 ISI。CP 的长度与覆盖半径有关，一般情况下配置普通 CP（Normal CP）即可满足要求；广覆盖等小区半径较大的场景下可配置扩展 CP（Extended CP）。显然，CP 长度配置越大，系统开销越大。

4.2.3.2 MIMO

MIMO（Multiple Input Multiple Output，多输入多输出系统）技术，目的是在发送天线与接收天线之间建立多路通道，在不增加带宽的情况下，成倍改善 UE 的通信质量或提高通信效率。实质上，MIMO 技术利用空间复用技术有效提高信道容量，利用空间分集则有效增强信道的可靠性，降低信道误码率，也就是为系统提供空间复用增益及空间分集增益。LTE 系统分别支持适用于宏小区、微小区、热点等各种环境的 MIMO 技术。

目前，下行 MIMO 模式包括发射分集、波束赋形和空间复用，这三种模式适用于不同的信噪比条件。图 4－26 给出了典型的信道容量曲线，如图所示，斜率比较大的部分即低信噪比区域，为了提高传输速率或者覆盖范围（如小区边缘用户），可以利用波束赋形技术和传输分集技术有效提高接收信号的信噪比；而在容量曲线接近平坦的部分即高信噪比区域，继续提高信噪比不能增加信道容量，传输速率不能得到明显改善，此时提高传输速率可以通过空间复用技术来实现。

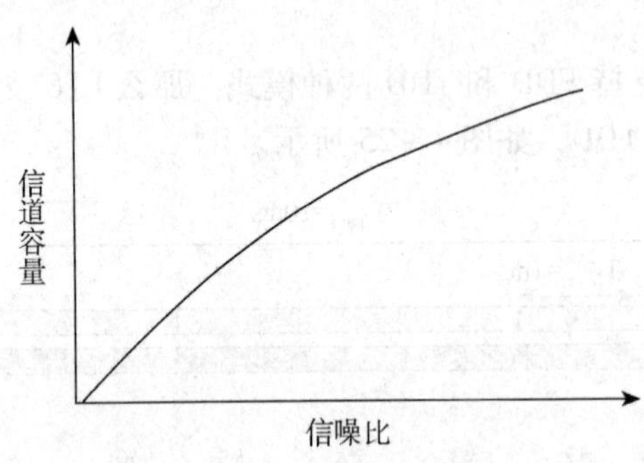

图 4－26　典型信道容量曲线

1. MIMO 的基本原理

如图 4－27 所示，该 MIMO 系统具有 N 个发送天线和 M 个接收天线，假设以瑞利平坦衰落作为该系统的空间传输信道特征。

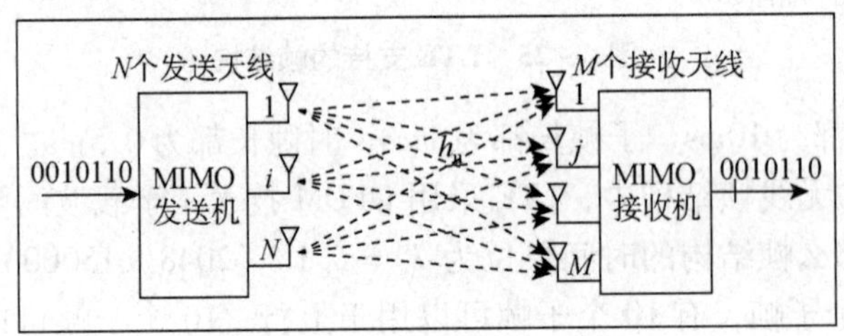

图 4－27　MIMO 系统模型

上述 MIMO 系统利用各接收天线和发送天线间通道响应的独立性，以空时编码方式创造出了多个相互并行的传输空间。该系统信道容量可以表示为如下表达式：

$$C = \max_{f(s)} I\,(s;\ \gamma) = \max_{Tr(R_{ss})=N} \log_2 \det\left(I_M + \frac{\rho}{M}\boldsymbol{H}\boldsymbol{R}_{ss}\boldsymbol{H}^*\right) \tag{4-1}$$

式中，$f\,(s)$ ——矢量 $\boldsymbol{s}$ 的概率分布函数，$I\,(s;\ \gamma)$ 为矢量 $\boldsymbol{s}$ 与 γ 的互信息量，$\boldsymbol{R}_{ss}$ 为发送信号协方差矩阵，I_M 为 $M \times N$ 阶的单位矩阵，ρ 为接收端信号噪声功率比，$\boldsymbol{H}$ 为 $M \times N$ 阶的信道矩阵，$\boldsymbol{H}^*$ 为 $\boldsymbol{H}$ 的共轭转置矩阵。

当信噪比很大时，对于任意的 N 和 M，信道容量也随着 M 的最小值线性增长。因此，只要接收端能够正确估计信道信息，即使信道的状态信息不确定，信道的容量也与发送端和接收端中最小的天线数目成线性增长关系。

2. MIMO 的分类

如上文所述，下行 MIMO 技术包括发射分集、波束赋形和空间复用三种。下面进行简单介绍。

1）发射分集

发射分集是在发射端使用多幅发射天线发射相同的信息，接收端获得比单天线高的信噪比，如图 4－28 所示。发射分集包括开环发射分集，闭环发射分集；还可以分为循环延迟分集，空时发射分集，空频发射分集。LTE 中使用空频发射分集，将同一组数据承载在不同的子载波上面获得频率分集增益。

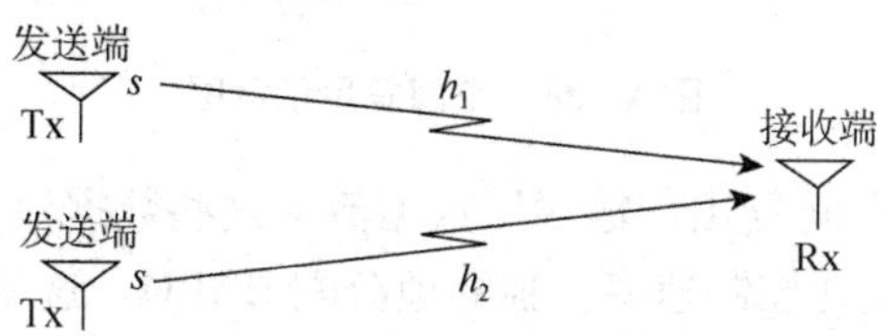

图 4－28　发射分集

2）波束赋形

波束赋形是利用波的干涉和空间传递的强相关性，以产生强方向性的辐射方向图，根据用户发射的电磁波方向，辐射方向图的主瓣进行自适应调整，从而提高信噪比，最终提高了系统容量或者覆盖范围。在实际应用中，波束赋形应用了小间距的天线阵列多天线传输技术，如图 4－29 所示。波束赋形分为单流波束赋形和多流波束赋形。

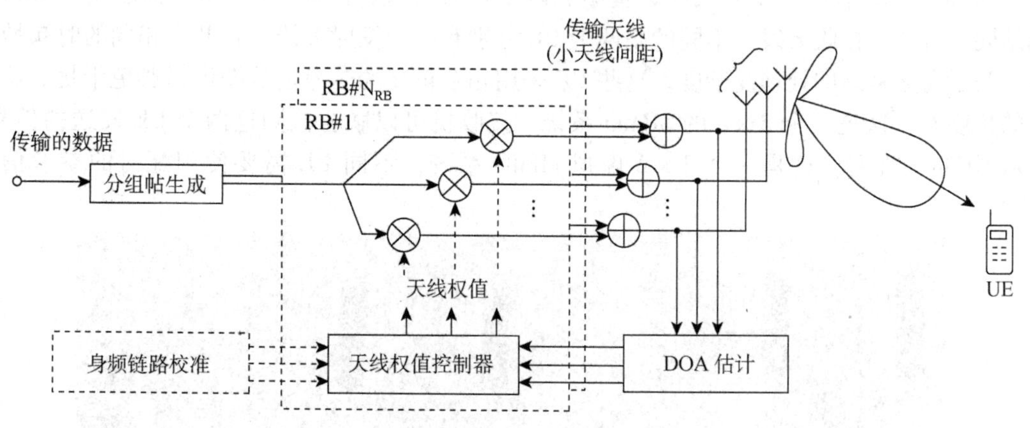

图 4－29　波束赋形示意图

3）空间复用

空间复用是将高速数据分成多个低速数据流，通过多个天线在同一频带同时、并行发射出去。由于多径传播，每个发射天线对于接收机产生不同的空间签名，接收机利用这些不同的签名分离出独立的数据流，最后再恢复成原始数据流。由此可见，空间复用能够成倍提高数据传输速率。图 4－30 是空间复用技术示意图。

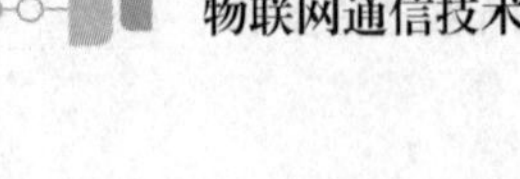

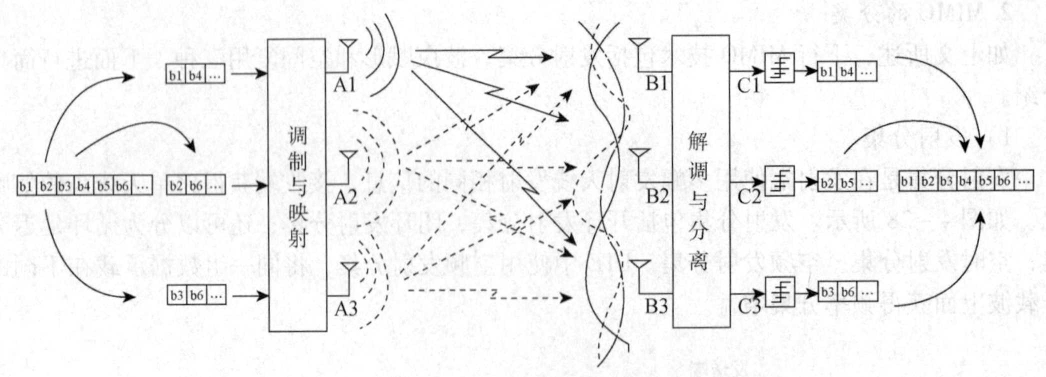

图 4－30　空间复用示意图

在 LTE 系统中，利用空间复用传输多层数据流，这些数据流分别进行独立的信道编码，并且每一个码字均可以独立地控制速率，独立地分配 HARQ。这就是用于 LTE 系统中的多码字（Multiple Code Word，MCW）的空间复用传输。

对于上行 MIMO，LTE 系统中包括空间复用和传输分集，两种技术与下行 MIMO 类似。上行 MIMO 对终端天线的要求比较高，为了改善数据速率，提供更大范围的覆盖，同时节省功率，降低终端的射频开销，在终端存在两个或多个天线时，上行 MIMO 引入了天线选择技术。

另外，在 LTE 系统中，上行多用户 MIMO 采纳了一种被称为虚拟 MIMO 的特殊技术，每一个终端发送一个数据流，而不同的数据流占用相同的时频资源，如图 4－31（a）为单用户 MIMO，UE 有两个发射天线，基站有两个接收天线；图 4－31（b）为多用户 MIMO，基站同样有两个接收天线，不同的是两个 UE 分别有一个发射天线，且共享相同的时频域资源。为了简化基站的处理复杂度，这些 UE 采用相互正交的参考信号图谱以避免干扰。从基站的角度看，这是一个 2×2 的 MIMO 系统，接收机可以联合检测这两个 UE 发送的信号。但从 UE 的角度看，这是一个 2×2 虚拟 MIMO 系统，不同 UE 需要使用配对的参考信号图谱。

(a) 单用户MIMO　　(b) 多用户MIMO

图 4－31　上行单用户 MIMO 和多用户 MIMO

与单用户MIMO相比，多用户MIMO可以获得多用户分集增益，多用户MIMO信号来自于不同终端，更容易获得信道之间的独立性。当终端存在两个或者更多天线时，可以把多用户MIMO与传输天线选择技术结合起来使用，如图4－32所示。上行MIMO模式中根据是否需要eNodeB的反馈信息，分别设置开环或闭环的传输模式。

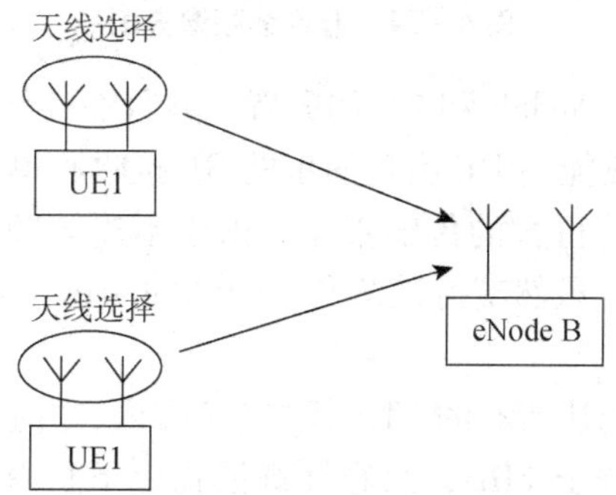

图4－32　上行多用户MIMO与传输天线选择技术结合方案

3. MIMO的发展现状

LTE系统已经在下行采用了MIMO技术，LTE-A系统对于MIMO系统进行优化。LTE上行仅支持单天线的发送，并不支持SU-MIMO，为提高上行吞吐量，也为了满足IMT-A对上行峰值频谱效率的要求，LTE-A在LTE的基础上引入上行SU-MIMO。

3GPP LTE Release 11将MIMO天线个数进一步扩展到支持下行8×8、上行4×4。同时，对波束赋形的扩展也是下行MIMO扩展的一项重要内容，LTE以用户专用导频的方式实现与目前TD-SCDMA系统类似的对用户透明的波束赋形操作，但目前仅支持单流的情况。在LTE-A中将对其进行扩展，引入多流空间复用的波束赋形。

4.2.3.3　CA

CA（Carrier Aggregation，载波聚合）技术，是指LTE-A为了支持下行传输带宽超过20MHz，聚合两个或者更多的成分载波（Component Carrier，CC）。

CA技术具有很多优势。终端根据其能力可以同时在一个或多个CC上接收或发送。具有载波聚合接收或发送能力的LTE-A终端可以同时在多个CC上接收或发送。从UE角度来讲，每个调度的CC有一个传输块（不存在空分复用）和一个HARQ实体。每个传输块只映射到一个CC上。UE可以同时在多个CC上被调度。

1. CA的基本原理

根据聚合载波在频谱上的连续性可以分为连续性载波聚合和非连续性载波聚合；按照LTE-A成分载波和Rel－8载波的兼容性可以分为兼容性载波（Backwards Compatible Carrier）、非兼容性载波（Non-backwards Compatible Carrier）和扩展载波（Extension Carrier）。

连续CA是指将同一频带内相邻的若干较小载波整合为一个较大的载波，如图4－33所示；非连续CA是指将不相邻的多个载波聚合起来，当作一个较宽的频带使用，通过统一的基带处理实现离散频带的同时传输，如图4－34所示。

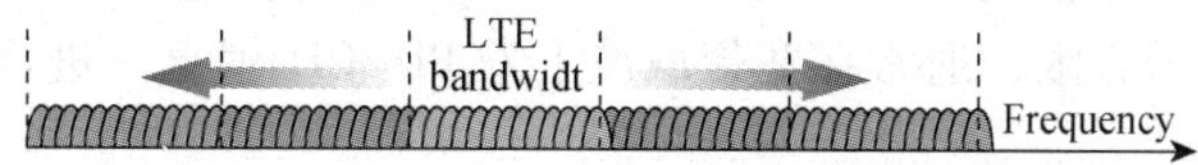

图4－33　连续频谱分配

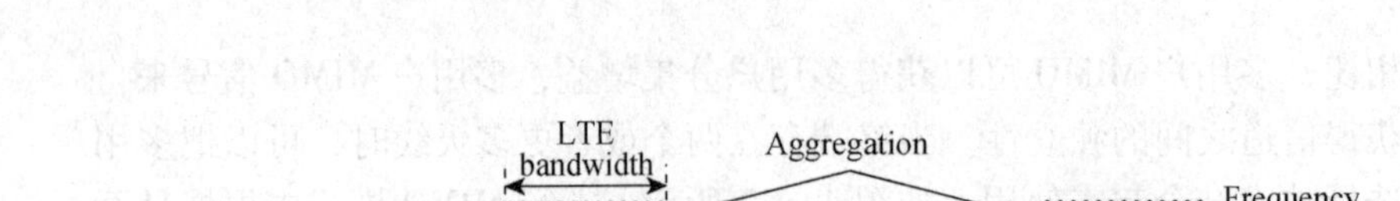

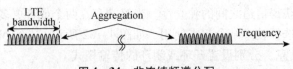

图 4－34　非连续频谱分配

使用连续载波可以简化 e-NodeB 和 UE 的配置，并且在连续性频谱分配中，在整个系统带宽内保持相同的子载波间隔能使 UE 实现简单的 RF 接收和单一的 FFT。除了连续的频谱，不连续的频谱被聚合，以此获得大的传输带宽。由于不连续频谱的使用，UE 将有多个 RF 接收和多个 FFT 处理。LTE-A 虽然支持连续和非连续的频谱聚合，但是 NTT DOCOMO 建议优先考虑连续的频谱聚合。

兼容性载波是一个载波能让所有的 LTE 版本 UE 接入，并且能够作为单个载波操作或者是作为载波聚合的一部分。对于 FDD，兼容性载波在上下行总是成对出现。非兼容性载波是一个载波不能让早期的 LTE 版本 UE 接入，但是 LTE-A UE 能够接入，能够作为单个载波操作或者是作为载波聚合的一部分。

2. CA 的关键技术

在 LTE 中，ACK/NACK（确认/否认信号）在上行控制信道格式 1a/1b 中，可以支持 1bit/2bit 的调度信息传输。利用 CA 技术则可以在一个子帧中传输 2bit 以上的调度信息。如图 4－35 为载波聚合接入方案。

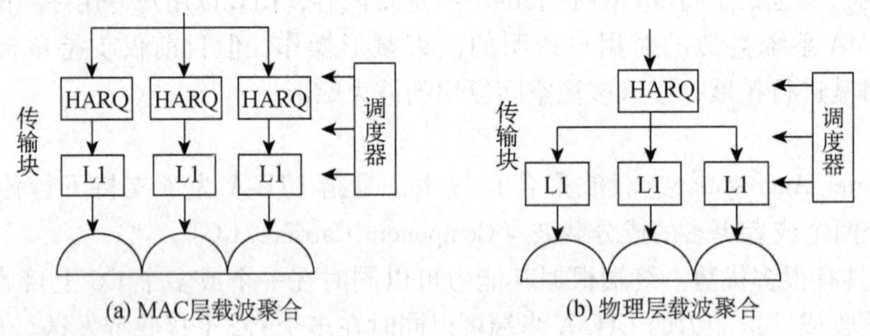

图 4－35　载波聚合接入方案

具有信道选择的上行控制信道格式 1b，为每个用户预留 4 个正交资源，每个正交资源定义一个可携带上行控制信道信息的虚拟信道，根据 ACK/NACK 比特，为每次传输选择一个虚拟信道。LTE-A 中的上行控制信道格式采用基于 DFT-S-OFDM（离散傅立叶变换扩展的正交频分复用）的信道结构，在相同的时频位置上最多可支持 5 个用户终端复用。

当有多载波聚合时，则可以使下行控制信道调度带外载波的 PDSCH，只需在 DL（下行）CC 上的下行控制信道引入 3 比特的载波标示域，就可以调度其他 DL CC 上的 PDSCH 或非对应 UL（上行）CC 上的 PUSCH，如图 4－36 所示。在宽带 CC 和窄带 CC 进行聚合时，由于窄带载波频谱有限，通常在宽带载波上发 PDCCH 消息，进行跨载波调度。

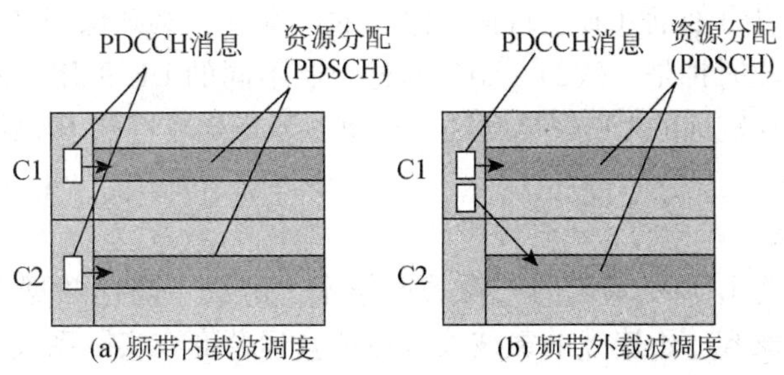

图 4－36　PDCCH 调度方案

3. CA 的分类

表 4－5　CA 的典型应用

序号	描　述	应　用
1	覆盖基本相同的载波聚合	
2	覆盖范围不相同的载波聚合	
3	覆盖范围相互交叠的载波聚合	
4	宏覆盖载波和 RRH 拉远覆盖载波聚合	
5	宏覆盖载波和 Repeater 扩展覆盖的载波聚合	

CA 不影响控制面 L3 协议的架构。用户面 L2 协议架构，如图 4－37 所示。载波聚合对 RLC/PDCP 透明，每个分量载波对应一条传输信道，每个分量载波对应一个专用和独立的 HARQ 实体。

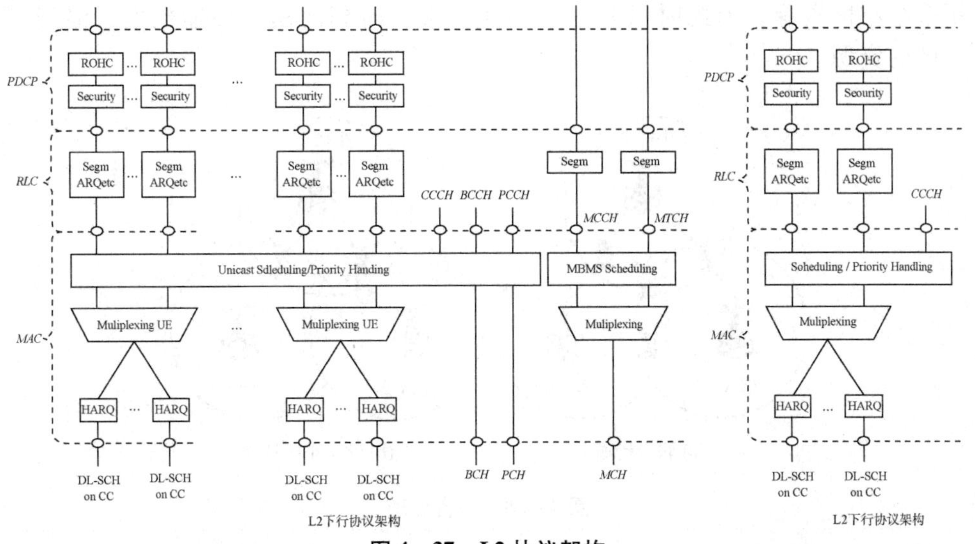

图 4－37　L2 协议架构

在 LTE 系统中，为了保证 UE 上行信号之间的正交性，必须保证各 UE 发出的上行信号在基站到接收端的接收时钟是一致的。LTE 通过控制不同的 UE 采用不同的上行时间调整来实现。即距离 e-NodeB 较远的 UE 较早发送，距离 e-NodeB 较近的 UE 较晚发送。LTE-A 中，上行可以聚合多个 CC。

4. CA 的发展现状

载波聚合技术作为 LTE-A 系统的一项关键技术，解决了高速数据业务的传输问题，并且与 LTE 系统中 UE 兼容。不连续的载波聚合更适合运营商在实际系统中使用，但同时也面临许多技术上的挑战。载波聚合的引入需要考虑更多，如不对称、切换控制和载波带宽等问题。需要进一步研究多载波调度、控制信道和信令设计、跨频段聚合技术，以保证数据的高速、有效和准确传输。

4.2.3.4 CoMP

CoMP（Coordinated Multipoint Transmission or Teception，多点传输接收协作）技术，目的是为了提高小区边缘用户的性能，满足小区边缘频谱效率的要求。CoMP 技术的核心思想是通过处于不同地理位置的多个传输点之间的合作来避免相邻基站之间的干扰或将干扰转换为对用户有用的信号，以合作的方式实现用户性能的改善，相比于在单个小区基础上确定传输方案的 LTE 系统，其有效改善了边缘用户的性能。

1. CoMP 的基本原理

根据无线接入网中用户的协作发生位置，可以将其分为下行 CoMP（发生在传输协作中）和上行 CoMP（发生在接收协作中）。两种协作方式的特征可以归纳为联合处理（Joint Processing，JP）和协作调度/波束赋形（CS/CB）。

JP 实际上是消除干扰的一项技术。在这种情况下，用户数据在多个小区中进行共享，如图 4－38 所示，可将其分为两种工作方式。一种称为联合传输，此时多个小区的资源需要被占用，同一个用户收到多个小区利用相同的时频资源同时发送来的数据，接收端处理多路有用的信号，在采用适当的资源分配的方案下，可以明显增加小区边缘的用户的性能，而且减小对系统性能的影响。另一种称为动态小区选择，也需要同时占用多个小区资源，但此时只有一个小区在某一时刻向用户传输数据，浪费了其他协作小区的资源。

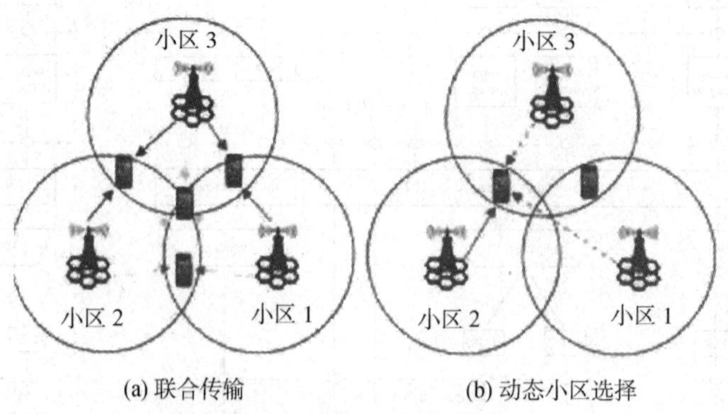

(a) 联合传输　　(b) 动态小区选择

图 4－38　联合处理

CS/CB可认为是一种干扰协调技术，在这种情况下，只有服务小区存在用户数据，如图4-39所示。为了减少小区间的同频干扰，通过协作调度或者波束赋形，各个小区间可以对时频资源的分配、波束的指向进行灵活调整，接收端只需要处理一路有用信号，但是对边缘用户性能的提升比较有限。

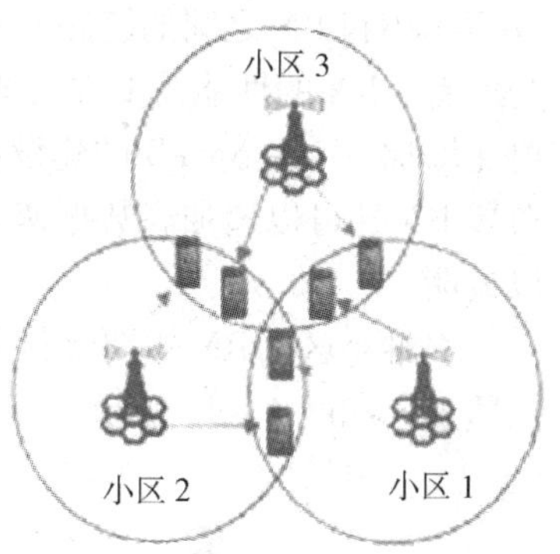

图4-39 协同调度/波束赋形

2. CoMP的分类

CoMP的应用场景可以按照协同区域的不同划分为小区内协同（Intra-sat cooperation）和小区间协同（Inter-sat cooperation）。小区内协同是指协作发生在一个e-NodeB内，此时因为没有回传容量的限制，可以在同一个站点的多个小区间交互大量的信息。小区间协同是指协作发生在多个e-NodeB之间，对回传容量和时延提出了更高要求，如图4-40所示。

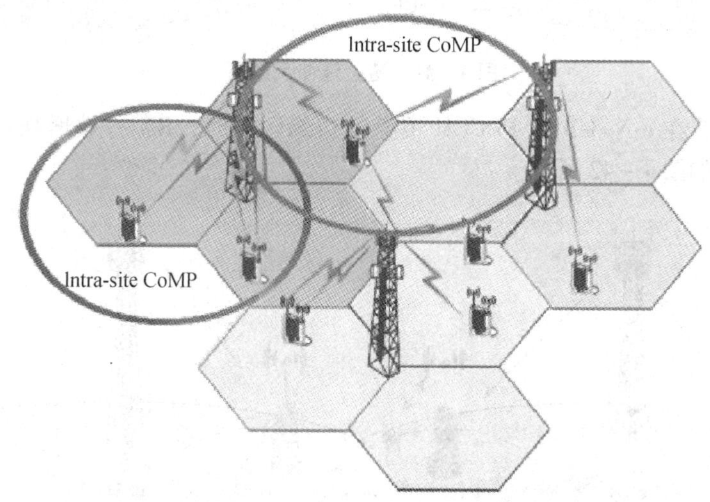

图4-40 小区内协同和小区间协同

在CoMP中，UE的反馈尤为重要，为了支持不同的CoMP传输方式，各种不同形式的信道状态信息需要由UE进行反馈。CoMP的反馈共有以下三种类型。

（1）显式反馈，指终端反馈诸如信道系数和信道秩等信息，而不对信道状态信息进行预处理。

（2）隐式反馈，指终端在一定假设前提下，对信道状态信息进行一定的预处理后，再反馈给基站，如编码矩阵指示信息和信道质量指示信息等。

（3）基于探测参考符号的反馈，指e-NodeB根据终端发送的SRS获取等效的下行信道状态信息，也就是利用信道的互易性，这种方法非常适用于TDD系统。

4.2.3.5 Relay

Relay技术即中继技术。在LTE-A中，Relay技术主要定位于增加覆盖范围，提高小区边缘吞吐量等。中继节点（Relay Node，RN）通过主节点连接到无线接入网络，用来传输e-NodeB和终端之间的业务/信令。RN分为带内RN和带外RN两种，前者的回程链路

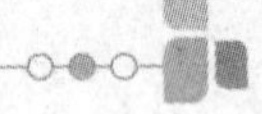

（e-NodeB和 RN 之间的链路）与接入链路（RN 和 UE 之间的链路）的载波频率相同，否则为后者。RN 的性能需要在其成本和效率之间进行适当的平衡，在 LTE 系统中布署一个 RN 要比增加一个 e-NodeB 的建设费用和运营成本低，同时，增加了布署的灵活性。此外，合理布署 RN 还可以增加高数据速率的覆盖范围，提升小区边缘的吞吐量。下面列举两个实例加以说明。

中继小区（RN 的覆盖区域）的覆盖超出 e-NodeB 的覆盖时，RN 有效延伸了 e-NodeB 的覆盖，如图 4 – 41 所示。

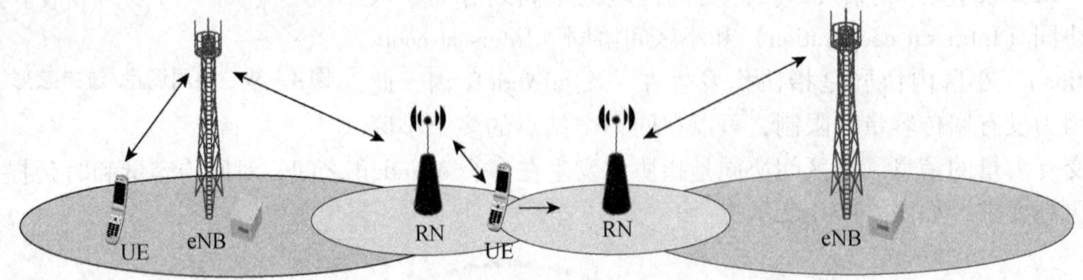

图 4 – 41　覆盖延伸示意图

中继小区布署在 e-NodeB 的 PDCCH 覆盖的边缘区域时，RN 有效增强在边缘地区的发送、接收性能。如图 4 – 42 所示。

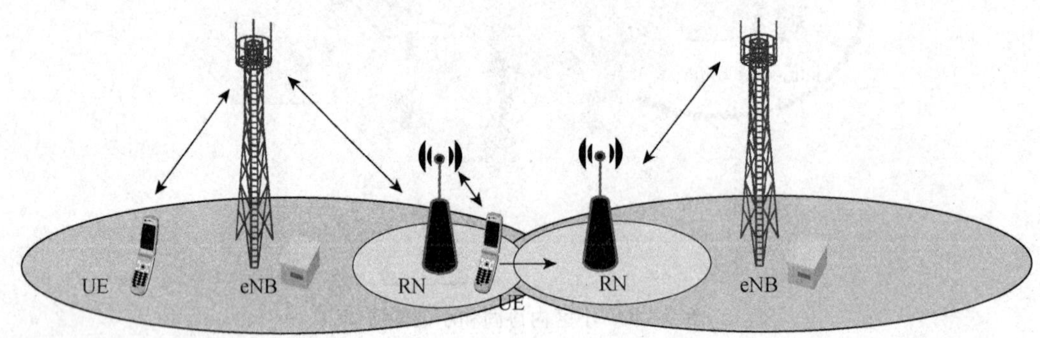

图 4 – 42　小区边缘增强示意图

1. Relay 的基本原理

Relay 技术是在源基站（Donor e-NodeB，De-NodeB）基础上，通过增加一些新的 RN，增加站点和天线的分布密度。这些新增 RN 和 De-NodeB 都通过无线连接，和传输网络之间没有有线的连接，下行数据先到达 De-NodeB，然后再传给 RN，RN 再传输至终端用户，上行数据则与之相反。如图 4 – 43 所示。

RN 和 De-NodeB 间的接口定义为 Un（回程链路）口，Un 口可以是带内的也可以是带外的，UE 与 RN 之间仍然通过 Uu（接入链路）口相连，如图 4 – 44 所示。

图 4 – 43　中继技术

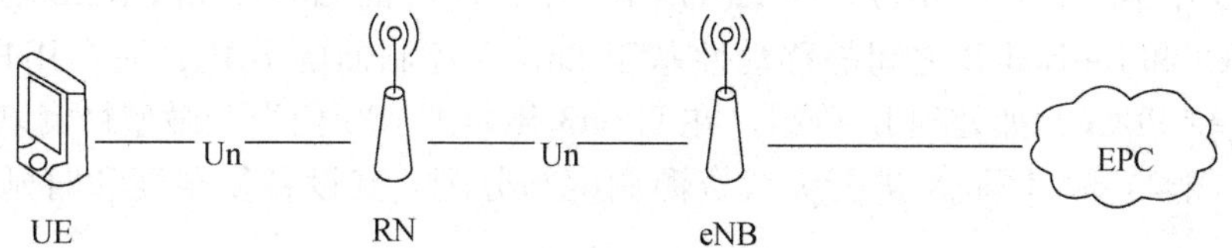

图 4 – 44　中继技术中的接口

2. RN 的分类

根据协议层功能可以将 RN 划分为三类，如图 4 – 45 所示。

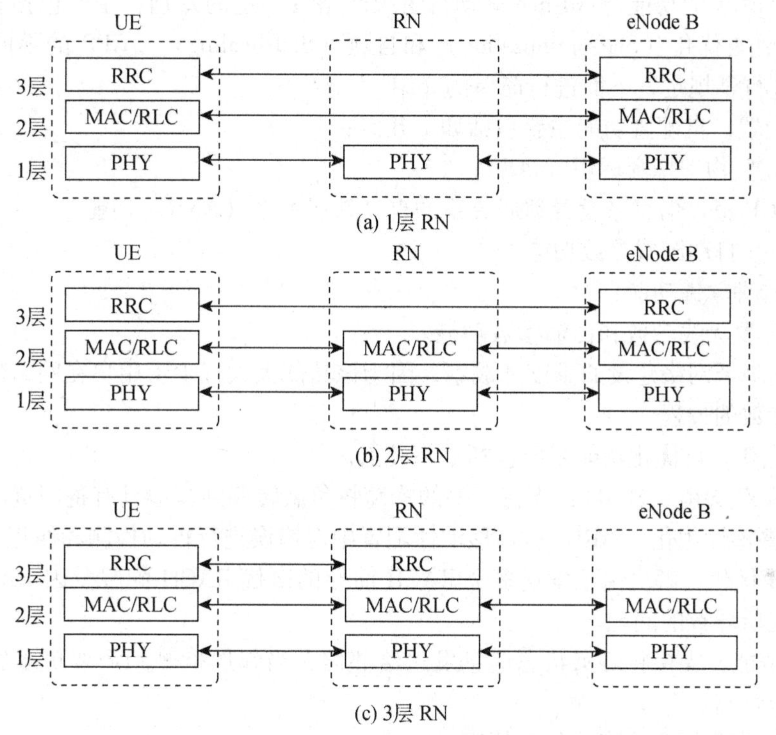

图 4 – 45　RN 的协议栈

（1）层 1 中继（Layer1 RN）。在 Layer1 RN 中，数据仅在物理层进行传输和处理，没有层 2 以上的数据处理。如果 RN 只是执行无线频率处理，该 RN 则是一个简单的直放站，也可称为 Layer0 RN。Layer1 RN 不包括调度功能，但包括基带信号处理，如前向纠错功能，而不仅仅是简单地将基站和用户的双向链路进行放大转发。

（2）层 2 中继（Layer2 RN）。在 Layer2 RN 中，所有的 Layer1 功能都能够支持。此外，Layer2 RN 还需要支持 MAC MAC 层功能（如调度功能）和 RLC 层功能（如 ARQ 和分段/级联功能）。在层 2 中继中，参考信号（Reference Signal，RS）在 MAC 层对接收的数据解码，然后再编码并转发，这样有利于改善信噪比，但会加大设备复杂度和时延。

（3）层3中继（Layer3 RN）。在Layer3 RN中，所有的Layer1和Layer2功能都能够支持。此外，RN和De-NodeB之间的移动性基于Layer3控制面的RRC，而在用户面，Layer3 RN至少要支持PDCP，如处理IP分组。在Layer3 RN中，RS相当于微型蜂窝基站，有专用的中继标识，能与基站协同，进行无线资源调度与分配，其设备复杂度和时延是三者中最高的。

4.2.3.6 SON

SON（Self-Organizing Networks，自组织网络），主要目的是最大幅度地简化手工网络配置和优化，降低运营成本，实现无线网络的自主功能。

1. SON的主要功能

LTE中的SON的功能与Ad-hoc移动自组织网络有一定的差别，主要包括自配置（Self-configuration）、自优化（Self-optimization）和自愈（Self-healing）。3GPP的不同版本对SON的不同功能进行了规定，下面进行简单的介绍。

（1）自配置。自配置功能主要包括如下几点：

- 自动配置物理蜂窝标识（PCI）；
- 基于UE报告信息来设置邻居关系的自动邻居关系（ANR）功能；
- e-NodeB自动配置参数功能；
- 自动管理软件功能；
- 自动配置无线参数和传输参数功能。

自配置能降低网络建设的难度和成本，因为该功能大大减少了用户在网络建设开通中重复手动配置参数的过程。

（2）自优化。自优化功能主要包括如下几点。

- 移动负载均衡（MLB）：支持拥塞的蜂窝将负载转移到其他具有备用资源的蜂窝处。
- 移动鲁棒性优化（MRO）：在移动性配置中对错误进行自动检测和纠正。
- RACH优化：解决由于发送多个RACH前导的次优RACH配置及因RACH接入而造成的较高干扰所导致的问题。
- LTE节能：支持将蜂窝状态信息发送给邻居，当邻居检测到需要更多容量时，唤醒呼叫可能相应蜂窝。
- 负载均衡化管理及切换优化管理。

（3）自愈。自愈功能主要包括如下几点。

- 容量与覆盖优化：对容量问题进行监测。
- 驱动测试最小化：记录和报告UE各类测量数据，采集可以用于实现运营商驱动测试数目最小化的服务器数据。
- 蜂窝断电补偿及缓解。

2. SON架构的分类

在EMS中包含一个负责e-NodeB的自配置的子系统，自优化功能可以位于EMS或者e-NodeB，也可以同时位于两者之中。因此，根据优化算法的执行位置，SON可以分为集中式SON、分布式SON和混合SON三类。

（1）集中式SON。集中式SON解决方案中，在EMS系统中执行优化算法，SON功能位于结构中较高层的少数节点上，如图4-46所示。集中式SON功能主要在网络管理或网元管理系统中实现，因此很容易布署。但是由于不同的制造商有不同的 EMS 系统，不同制造商之间的优化支持性较差，为了实现集中式 SON，需要扩展现存的 Itf-N 接口。

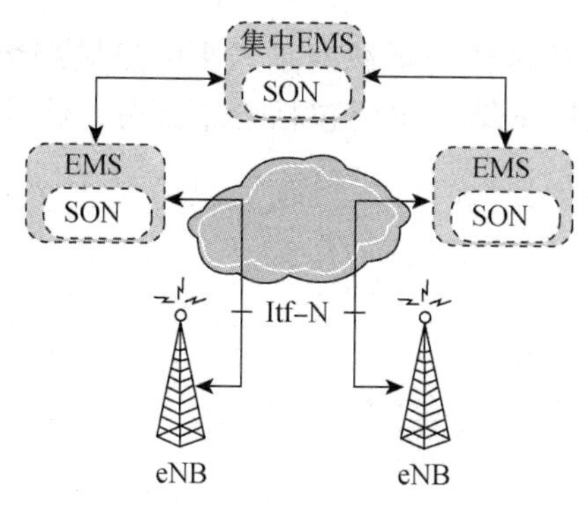

图 4-46　集中式 SON

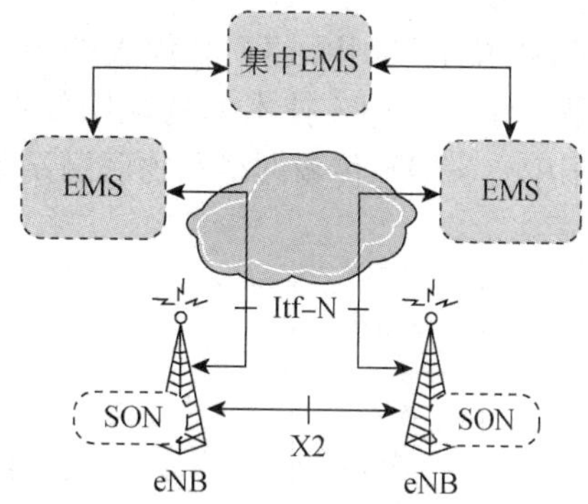

图 4-47　分布式 SON

（2）分布式 SON。分布式 SON 解决方案中，在 e-NodeB 中执行优化算法，SON 功能位于结构中较低层的多个节点中，如图 4-47 所示。分布式 SON 适用于需要快速反应时间且仅影响几个蜂窝的过程，或者变化的参数仅具有局部影响，但需要用到邻居蜂窝配置或状态信息的过程。在 e-NodeB中实现 SON 功能，布署工作量较大。对于分布式 SON，需要对 X2 接口进行扩展。

（3）混合式 SON。混合式 SON 解决方案中，复杂的优化机制在 EMS 中执行，简单快速优化机制在 e-NodeB 中实现，因此混合 SON 可以灵活支持各类不同的优化情况，例如，可以通过 X2 接口支持不同制造商之间的优化。但是，混合 SON 的布署成本较高，并且还需要扩展相应的接口。图 4-48 是混合式 SON 构架方案。

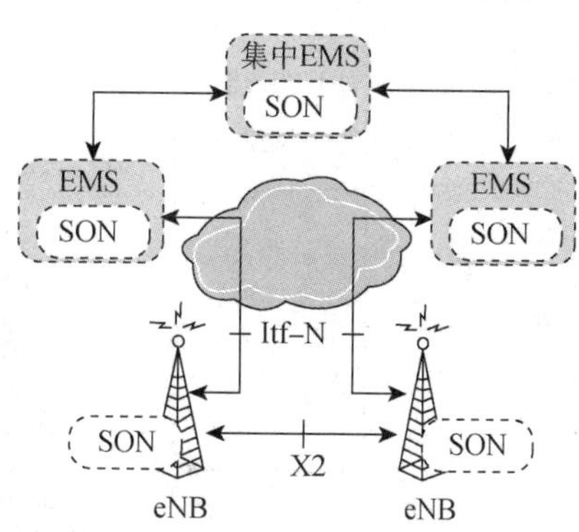

图 4-48　混合式 SON

4.2.4　物联网中的 LTE

4.2.4.1　物联网技术与 LTE 技术的融合

在物联网中，每一个物体都需要实现可通信、可寻址、可控制，从而实现物与物之间的通信，因此，我们要给每一个物都贴上一个标签，还有遍布世界各地的读写器，那么物与物之间通信的容量非常大，在有线连接的场景下，比较容易实现，但是有线通信分布不够灵活，不能满足当今人们对灵活性的需求。移动通信网是覆盖面积最广阔的通信网，是物联网的基础承载网络，但是传统的移动通信网络如 GSM 和 3G 通信技术能够提供的通信容量有限，都不足以满足物联网对数据传输的要求，而 LTE 具有高的频谱利用率、宽带宽和大覆盖范围的特点，是解决这个问题的一个很好的方案，可以在读写器上直接集成 LTE 通信模块，也可以进一步改造成一个智能终端。

如前文所述，LTE 技术具有很高的频谱效率，在 20MHz 频谱带宽条件下，峰值速率能够达到下行 100Mbps、上行 50 Mbps。在组网方面，以 LTE 为代表的准 4G 及 4G 可以真正使包括多种局域网和自组织网络在内的无线接入技术、移动网络及有线宽带技术得到有效的融合，这就说明 LTE 系统可以真正达到提供“无所不在”服务的目标。

4.2.4.2　基于 LTE 系统的物联网体系结构

物联网技术采用以 LTE 为代表的 4G 移动通信技术作为承载网是未来的发展趋势。图 4－49是一种基于 LTE 技术的物联网体系结构，该体系结构主要包括三个部分：物联网服务/应用中心、LTE 传输网络和物联网设备网络。

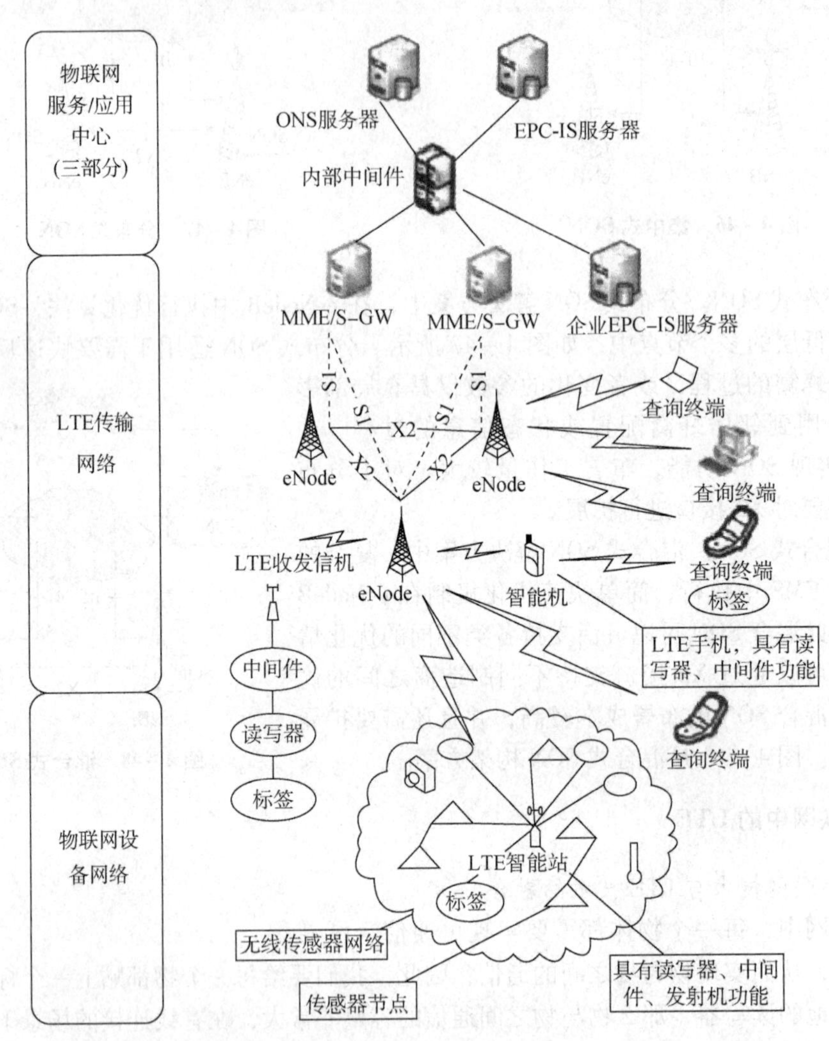

图 4－49　基于 LTE 系统的物联网体系结构

物联网服务/应用中心由三部分组成：对象命名服务器（ONS）、物联网服务器（EPC-IS）和内部中间件。标签中只存储了产品的 EPC，因此计算机需要将 EPC 与相应产品信息解决方案进行匹配。ONS 服务器与互联网中域名解析系统（DNS）类似，是物联网中解析名称的服务器，用来为物联网中的 EPC-IS 服务器及应用服务器进行定位。EPC-IS 服务器能够提供一个可扩展的、模块化的数据及服务接口，它可以在企业内部及企业之间实现相关数据的共享。可以说 EPC-IS 是一种物联网中实现发布信息的服务器，它主要由三个模块组成：客户端模块、数据存储模块和数据查询模块。内部的中间件集成了防火墙的功能，同时还负责提供服务器和 LTE 核心网之间的接口，以收集 EPC-IS 数据。

LTE 传输网络主要负责物联网设备间数据和控制信令的可靠传输，和原有的物联网架构中的互联网作用类似，主要包括基站（e-NodeB）和移动管理实体（MME）/服务网关（S-GW）两部分。MME 中的网关设备适合将多种接入手段整合起来，统一与电信网中的关键设备进行连接，提供 UE 和 LTE 核心网络的信令交互；网关能够满足局部区域的短距离通信接入需求，即使其链接到公共网络得以实现，另外还可实现转发、信令交换、控制及编解码等功能，而终端管理安全认证等功能保证了物联网业务的质量和安全。

物联网设备网络部分可以支持不同终端的接入。图 4－49 中，LTE 收发信机的功能只是提供收信息及发信息。物联网设备网络可以把无线传感器网络直接通过具有读写器、中间件功能的智能站接入 LTE 系统，此智能站可以收集所辖范围内的传感器和物联网设备上的所有数据，也可以把读写器、中间件直接集成到 LTE 终端里，如果手机、笔记本等智能终端都具有读写器功能，可以大大增加收集标签的地域范围，同时可以查询和更新 EPC-IS 服务器产品信息。

作为物联网基础的承载网络，LTE 能够提供更大的网络带宽和更高的传输速率，从而可以使所有局部细小的传感器网络有机联系在一起，能够选择多文本语言及视频等多种形式的数据进行传输。LTE 网络的建成让互联网不再受限于技术问题，根据各行业间的不同要求，适合行业的终端和应用将会陆续出现。移动通信网与物联网的结合，将极大地延伸传统通信业的领域，使人与人的通信延伸到物与物的通信、人与物的通信。但是，目前物联网和 LTE 系统还处于初级阶段，在成本标准及规模化方面还需要进一步完善。同时，LTE 与物联网融合存在一些挑战，对于其融合业务分析、数据压缩处理和网络层融合等关键技术有待进一步研究。

习题

1. 简单描述 3G 的主流标准有哪些？
2. TD-SCDMA 的接口有哪些？
3. 请简单介绍 3G 提供的业务。
4. LTE 和 LTE-A 的基本要求分别有哪些？
5. 画出 LTE 的网络架构，并简述各个部分的主要功能。
6. 简述 LTE 协议栈各层的主要功能。
7. LTE 的帧结构有哪几种，并作出简要介绍。
8. OFDM 引入的循环前缀有什么作用？
9. MIMO 技术分为哪几类？简述每个类别的概念。
10. CA 的基本原理是什么？用图加以说明。
11. CoMP 的基本原理是什么？用图加以说明。

12. Relay 技术中，RN 有哪些作用？RN 分为哪几类？

13. SON 的主要功能有哪些，并作出简要介绍。

14. SON 架构分为哪几类？并用图加以说明。

第三部分

物联网相关技术

物联网技术是通过射频识别（RFID）、红外感应器、全球定位系统、激光扫描器等信息传感设备，按约定的协议，将任何物品与互联网相连接，进行信息交换和通信，以实现智能化识别、定位、追踪、监控和管理的一种网络技术。物联网是将所有物品加入计算机的智能，但是不以通用计算机的形式出现，这就离不开嵌入式系统和中间件技术；物联网将虚拟网络与现实世界连接起来，随着物联网的不断深入，物联网安全技术也成为人们关注的话题；随着全球定位系统的不断发展，要实现物联网“物物相连”、互联互通的理念已经成为一种趋势，而这必需定位技术的支持。本部分将分章介绍物联网的这三个相关技术——嵌入式和中间件技术、物联网安全和物联网定位技术。

第 5 章　嵌入式系统和中间件技术

随着 IT 技术的飞速发展，互联网已进入了“物联网”的时代。之前互联网上存在的设备大多以通用计算机的形式出现，而“物联网”的目的是让所有物品都具有计算机的智能，但是却并不以通用计算机的形式出现，这就需要嵌入式系统和中间件技术的支持才能将这些“聪明”的物品与网络连接在一起。

物联网与嵌入式系统密不可分，无论是智能传感器，无线网络还是计算机技术中信息显示和处理都包含了大量嵌入式系统技术的应用。可以说物联网就是基于互联网的嵌入式系统。

中间件技术是物联网所有应用的必需品，它的总体作用是为处于自己上层的应用软件提供运行与开发的环境，帮助用户灵活、高效地开发和集成复杂的应用软件。

本章将从嵌入式系统的概述到嵌入式系统的组成，嵌入式的开发过程及中间件技术出发，全面地了解物联网的本质。

5.1　嵌入式系统概述

嵌入式系统已经广泛应用于各个科技领域和日常生活的每个角落，由于其本身的特性，使得我们很难发现它的存在。甚至一些从事嵌入式系统开发的科技人员也只知单片机，不知道嵌入式系统。本节从嵌入式系统的定义、发展、特点来了解嵌入式系统。

5.1.1　嵌入式系统的定义

嵌入式系统无处不在，在移动电话、数码照相机、MP4、数字电视的机顶盒、微波炉、汽车内部的喷油控制系统、防抱死制动系统等装置或设备中都使用了嵌入式系统。嵌入式系统，是一种“完全嵌入受控器件内部，为特定应用而设计的专用计算机系统”，根据国际电气和电子工程师协会（Institute of Electrical and Electronic Engineers，IEEE）的定义，嵌入式系统是“控制、监视或辅助设备、机器和车间运行的装置”。

目前，国内普遍认同的嵌入式系统的定义是：以应用为中心，以计算机技术为基础，软硬件可裁剪，适应应用系统对功能、可靠性、成本、体积、功耗严格要求的专业计算机系统。

5.1.2　嵌入式系统的发展

嵌入式系统的应用可以追溯到 20 世纪 60 年代中期。嵌入式系统的发展历程，大致经历了以下 4 个阶段。

5.1.2.1　无操作系统阶段

单片机是最早应用的嵌入式系统。单片机作为各类工业控制和飞机、导弹等武器装备中的微控制器，用来执行一些单线程的程序，完成监测、伺服和设备指示等多种功能，一般没有操作系统的支持，程序设计采用汇编语言。由单片机构成的这种嵌入式系统使用简便，价格低廉，在工业控制领域得到了非常广泛的应用。

早期的单片机均含有 256 B 的 RAM、4KB 的 ROM、4 个 8 位并口、1 个全双工串行口、两个 16 位定时器，如 Intel 公司的 8048，它出现在 1976 年，是最早的单片机；Motorola推出的 68HC05；Zilog 公司推出的 Z80 系列。之后在 80 年代初，Intel 又进一步完善了 8048，在它的基础上研制成功了 8051，这在单片机的历史上是值得纪念的一页，迄今为止，51 系列的单片机仍然是最为成功的单片机芯片，在各种产品中有着非常广泛的应用。

5.1.2.2　简单操作系统

20 世纪 80 年代，出现了大量具有高可靠性、低功耗的嵌入式 CPU，如 Power PC 等。这些芯片上集成有微处理器、RAM、ROM 及 I/O 接口等部件。此时，面向 I/O 设计的微控制器开始在嵌入式系统中设计并应用。一些简单的嵌入式操作系统开始出现，并得到了迅速的发展，程序设计人员也开始基于一些简单的"操作系统"开发嵌入式应用软件。虽然此时的嵌入式操作系统还比较简单，但已经初步具有了一定的兼容性和扩展性，内核精巧且效率高，大大缩短了开发周期，提高了开发效率。其中比较著名的有 Ready System 公司的 VRTX、Integrated System Incorporation（ISI）的 PSOS、QNX 公司的 QNX 和 IMG 公司的 VxWorks等。

5.1.2.3　实时操作系统

20 世纪 90 年代，随着技术和需求的发展，嵌入式系统的功能和实时性都不断提高。此时，以嵌入式实时操作系统（Real-Time Operation System，RTOS）为核心的嵌入式系统成为主流。这类嵌入式实时操作系统，能运行于各种类型的微处理器上、兼容性好、内核精小、效率高、具有高度的模块化和扩展性。通用的嵌入式实时操作系统通过提供大量的 API 接口来提升系统的可扩展性和灵活性。另外，通用的嵌入式实时操作系统还具备文件和目录管理、多任务、设备支持、网络支持、图形窗口及用户界面等功能。

这时候更多的公司看到了嵌入式系统的广阔发展前景，开始大力发展自己的嵌入式操作系统。除了上面的几家老牌公司以外，还出现了 Palm OS，Win CE，嵌入式 Linux，Lynx，Nucleux，以及国内的 Hopen，DeltaOs 等嵌入式操作系统。

5.1.2.4　面向 Internet 的嵌入式系统

进入 21 世纪，Internet 技术与信息家电、工业控制技术等的结合日益紧密，嵌入式技术与 Internet 技术的结合正在推动着嵌入式系统的飞速发展，这也是"物联网"的思想。

5.1.3　嵌入式系统的特点

嵌入式系统具有以下几个重要特征。

5.1.3.1　系统内核小

由于嵌入式系统一般是应用于小型电子装置，系统资源相对有限，所以内核较传统的操作系统要小得多。比如 ENEA 公司的 OSE 分布式系统，内核只有 5KB，而 Windows 的内核则要大得多。

5.1.3.2 系统精简

嵌入式系统一般不明显区分系统软件和应用软件，不要求其功能设计和实现过于复杂，这样一方面利于控制系统成本，同时也利于实现系统安全。

5.1.3.3 专用性强

嵌入式系统个性化很强，其中软件系统和硬件的结合非常紧密，一般要针对硬件进行系统移植，即使在同一品牌、同一系列产品中也需要根据系统硬件的增减和变化进行不断的修改。

5.1.3.4 高实时性

高实时性的操作系统软件是嵌入式软件的基本要求。软件代码要求高质量和高可靠性。而且软件要求固化存储，以提高速度。

5.1.3.5 多任务的操作系统

嵌入式软件开发要想走向标准化，就必须使用多任务的操作系统。嵌入式系统的应用程序可以没有操作系统而直接在芯片上运行；但是为了合理地调度多任务，利用系统资源、系统函数及专家库函数接口，用户必须自行选配实时操作系统开发平台，这样才能保证程序执行的实时性、可靠性，并减少开发时间，保障软件质量。

5.1.3.6 专门的开发工具和环境

嵌入式系统开发需要专门的开发工具和环境。由于嵌入式系统本身不具备自主开发能力，即使设计完成以后，用户通常也不能对其中的程序功能进行修改，因此必须有一套开发工具和环境才能进行开发，这些工具和环境一般是基于通用计算机上的软硬件设备及各种逻辑分析仪、混合信号示波器等。开发时往往有主机和目标机的概念，主机用于程序的开发，目标机作为最后的执行机，开发时需要交替结合进行。

5.2 嵌入式系统的组成

一个嵌入式系统通常由嵌入式微处理器、嵌入式操作系统、应用软件和外围设备接口的嵌入式计算机和执行装置组成。嵌入式计算机系统是整个嵌入式系统的核心，由硬件层、中间层、系统软件层和应用软件层组成，如图 5－1 所示。

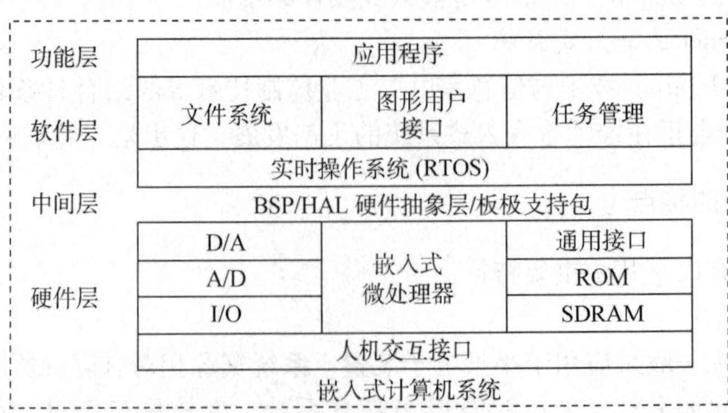

图 5－1 嵌入式系统的典型组成

5.2.1　硬件层

硬件层中包含嵌入式微处理器、存储器（SDROM、ROM、Flash 等）、通用设备接口和 I/O 接口（A/D、D/A、I/O 等）。在一片嵌入式处理器基础上添加电源电路、时钟电路和存储器电路，就构成了一个嵌入式核心控制模块。

5.2.1.1　嵌入式微处理器

嵌入式微处理器是嵌入式系统硬件，确保数据通道快速执行每一条指令，从而提高了执行效率并使 CPU 硬件结构设计变得更为简单，但处理特殊功能时效率可能较低。而 CISC 计算机的指令系统比较丰富，有专用指令来完成特定的功能，因此，处理特殊任务效率较高。

嵌入式微处理器的选择需要根据具体的应用来决定，因为嵌入式微处理器有各种不同的体系（即使在同一体系中也可能具有不同的数据总线宽度和时钟频率），或者嵌入式微处理器集成了不同的外设和接口。据不完全统计，目前全世界已经有超过 1 000 多种嵌入式微处理器，30 多个系列的体系结构，其中主流的体系有 ARM、PowerPC、MIPS、X86 和 SH 等。

5.2.1.2　存储器

存储器是嵌入式系统中用来存放和执行代码的部分。嵌入式系统的存储器包含 Cache、主存和辅助存储器，如图 5－2 所示，它与通用 CPU 最大的不同在于嵌入式微处理器大多工作在专用系统中，它将通用 CPU 许多由板卡完成的任务集成在芯片内部，因此有利于嵌入式系统在设计时趋于小型化，还具有很高的可靠性和效率。

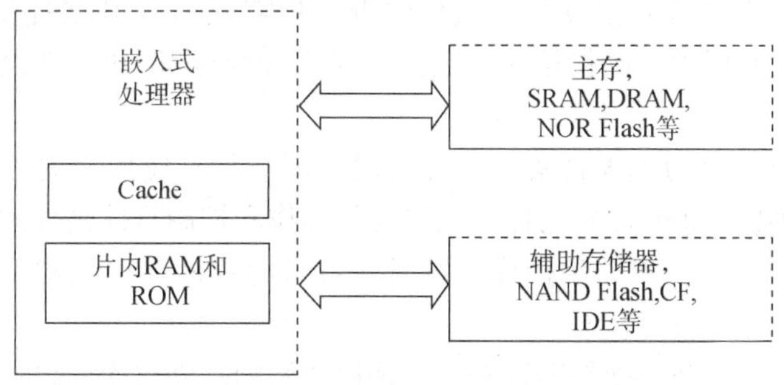

图 5－2　嵌入式系统存储结构

嵌入式微处理器的体系结构可以采用哈佛体系或冯·诺依曼体系结构；嵌入式微处理器的指令系统可以选用精简指令系统（Reduced Instruction Set Computer，RISC）和复杂指令系统（Complex Instruction Set Computer，CISC）。RISC 计算机在通道中只包含最有用的指令。

Cache 位于嵌入式微处理器内核和主存之间，是一种速度快、容量小的存储器阵列，存放的是最近一段时间微处理器使用最多的程序代码或数据。Cache 的主要目标是：减小存储器给微处理器内核造成的存储器访问瓶颈，使处理速度更快，实时性更强。Cache 一般集成在中高档的嵌入式微处理器中。在需要进行数据读取操作时，微处理器不是从主存中读取，而是尽可能地从 Cache 中读取数据，这样就大大改善了系统的性能，提高了微处理器和主存之间的数据传输速率。

主存是嵌入式微处理器能直接访问的寄存器，用来存放系统和用户的程序和数据。它可以位于微处理器的内部或外部，其容量为 256KB～1GB，根据具体的应用而定，一般片内存储器容量小，速度快，片外存储器容量大。常用作主存的存储器有：ROM 类 NORFlash、EPROM 和 PROM 等，RAM 类存储器有 SRAM、DRAM 和 SDRAM 等。其中 NORFlash 凭借其可擦写次数多、存储速度快、存储容量大、价格便宜等优点，在嵌入式领域内得到了广泛应用。

辅助存储器通常指硬盘、NANDFlash、CF 卡、MMC 和 SD 卡等，用来存放大数据量的程序代码或信息，它的容量大，但读取速度与主存相比就慢很多，用来长期保存用户的信息。

5.2.1.3 通用设备接口和 I/O 接口

嵌入式系统和外界交互需要一定形式的通用设备接口，外设通过和片外其他设备或传感器的连接来实现微处理器的输入/输出功能。每个外设通常都只有单一的功能，它可以在芯片外也可以内置于芯片中。外设的种类很多，可从一个简单的串行通信设备到非常复杂的 802.11 无线设备。目前嵌入式系统中常用的通用设备接口有模/数转换接口、数/模转换接口，I/O 串行通信接口、以太网接口、通用串行总线接口、音频接口、VGA 视频输出接口、现场总线、串行外围设备接口和红外线接口等。

5.2.2 中间层

中间层处于硬件层与软件层之间，也被称为硬件抽象层（Hardware Abstract Layer，HAL）或板级支持包（Board Support Package，BSP），它把系统上层软件与底层硬件分离开来，软件开发人员无需关心底层硬件的具体情况，只需根据 BSP 层提供的接口即可开发。中间层一般包含相关底层硬件的初始化、数据的输入/输出操作和硬件设备的配置功能。它具有以下两个特点。

（1）硬件相关性。因为嵌入式实时系统的硬件环境具有应用相关性，而作为上层软件与硬件平台之间的接口，BSP 需要为操作系统提供操作和控制具体硬件的方法。

（2）操作系统相关性。不同的操作系统具有各自的软件层次结构，因此，不同的操作系统具有特定的硬件接口形式。

实际上，BSP 是一个介于操作系统和底层硬件之间的软件层次，包括系统中大部分与硬件联系紧密的软件模块。设计一个完整的 BSP 需要完成两部分工作：嵌入式系统的硬件初始化的 BSP 功能，硬件相关的设备驱动。

5.2.2.1 嵌入式系统硬件初始化

系统初始化过程可以分为三个主要环节，按照从硬件到软件的次序依次为：片级初始化、板级初始化和系统级初始化。

片级初始化完成嵌入式微处理器的初始化，包括设置嵌入式微处理器的核心寄存器、控制寄存器、嵌入式微处理器核心工作模式和嵌入式微处理器的局部总线模式等。片级初始化把嵌入式微处理器从上电时的默认状态逐步设置成系统所要求的工作状态。这是一个纯硬件的初始化过程。

板级初始化完成嵌入式微处理器以外的其他硬件设备的初始化。另外，还需设置某些软件的数据结构和参数，为随后的系统级初始化和应用程序的运行建立硬件和软件环境。这是一个同时包含软硬件两部分在内的初始化过程。

系统初始化以软件初始化为主，主要进行操作系统的初始化。BSP将对嵌入式微处理器的控制权转交给嵌入式操作系统，由操作系统完成余下的初始化操作，包括加载和初始化与硬件无关的设备驱动程序，建立系统内存区，加载并初始化其他系统软件模块，如网络系统、文件系统等。最后，操作系统创建应用程序环境，并将控制权交给应用程序的入口。

5.2.2.2 硬件相关的设备驱动程序

BSP的另一个主要功能是硬件相关的设备驱动程序。硬件相关的设备驱动程序的初始化通常是一个从高到低的过程。尽管BSP中包含硬件相关的设备驱动程序，但是这些设备驱动程序通常不直接由BSP使用，而是在系统初始化过程中由BSP将他们与操作系统中通用的设备驱动程序关联起来，并在随后的应用中由通用的设备驱动程序调用，实现对硬件设备的操作。与硬件相关的驱动程序是BSP设计与开发中另一个非常关键的环节。

5.2.3 系统软件层

系统软件层由实时多任务操作系统、文件系统、图形用户接口（Graphic User Interface，GUI）、网络系统及通用组件模块组成。

5.2.3.1 嵌入式操作系统

嵌入式操作系统（Embedded Operation System，EOS）是一种用途广泛的系统软件，过去它主要应用于工业控制和国防系统领域。EOS负责嵌入系统的全部软、硬件资源的分配、任务调度，控制、协调并发活动。它必须体现其所在系统的特征，能够通过装卸某些模块来达到系统所要求的功能。目前，已推出一些应用比较成功的EOS产品系列。随着Internet技术的发展、信息家电的普及应用及EOS的微型化和专业化，EOS开始从单一的弱功能向高专业化的强功能方向发展。目前较知名的有Microsoft的“Windows CE”、Palm source的“Palm OS”、Symbian的“Symbian OS”及Embedded Linux厂商所提供的各式Embedded Linux版本，如Metrowerks的“Embedix”、TimeSys的“TimeSys Linux/GPL”、LynuxWorks的“BlueCat Linux”、PalmPalm的“Tynux”等。

嵌入式操作系统在系统实时高效性、硬件的相关依赖性、软件固化及应用的专用性等方面具有较为突出的特点。EOS是相对于一般操作系统而言的，它除了具备一般操作系统最基本的功能，如任务调度、同步机制、中断处理、文件功能等外，还有以下特点。

（1）可装卸性。开放性、可伸缩性的体系结构。

（2）强实时性。EOS实时性一般较强，可用于各种设备控制当中。

（3）统一的接口。提供各种设备驱动接口。

（4）操作方便、简单，提供友好的图形GUI，追求易学易用。

（5）提供强大的网络功能，支持TCP/IP协议及其他协议，提供TCP/UDP/IP/PPP协议支持及统一的MAC访问层接口，为各种移动计算设备预留接口。

（6）强稳定性，弱交互性。嵌入式系统一旦开始运行就不需要用户过多的干预，这就需要负责系统管理的EOS具有较强的稳定性。嵌入式操作系统的用户接口一般不提供操作命令，它通过系统调用命令向用户程序提供服务。

（7）固化代码。在嵌入式系统中，嵌入式操作系统和应用软件被固化在嵌入式系统计算机的ROM中。辅助存储器在嵌入式系统中很少使用。

（8）更好的硬件适应性，也就是良好的移植性。

5.2.3.2　文件系统

嵌入式文件系统与通用操作系统的文件系统不完全相同，主要提供文件存储、检索和更新等功能，一般不提供保护和加密等安全机制。

嵌入式文件系统通常支持 fat32、jiffs2、yaffs 等几种标准的文件系统。一些嵌入式文件系统还支持自定义的实时文件系统，可以根据系统的要求选择所需的文件系统和存储介质，配置可同时打开的最大文件数等。除此之外，嵌入式文件系统还可以方便地挂载不同存储设备的驱动程序，支持多种存储设备。

嵌入式文件系统以系统调用和命令方式提供文件的各种操作，如设置、修改对文件和目录的存取权限，提供建立、修改、改变和删除目录等服务，提供创建、打开、读写、关闭和撤销文件等服务。

5.2.3.3　图形用户接口

GUI 使用户可以通过窗口、菜单、按键等方式来方便地操作计算机或者嵌入式系统。嵌入式 GUI 与 PC 上的 GUI 有着明显的不同，要求具有轻型，占用资源少，性能高，可靠性高，便于移植，可配置等特点。

使用嵌入式系统中的图形界面一般采用下面几种方法。

（1）针对特定的图形设备输出接口，自行开发相应的功能函数。

（2）购买针对特定嵌入式系统的图形中间软件包。

（3）采用源码开放的嵌入式 GUI 系统。

（4）使用独立软件开发商提供的嵌入式 GUI 产品。

5.2.4　应用软件层

应用软件层用来实现对被控对象的控制功能，由所开发的应用程序组成，面向被控对象和用户。为方便用户操作，通常需要提供一个友好的人机界面。

5.3　嵌入式系统开发过程

嵌入式系统的一般模型并不足以定义嵌入式系统本身。绝大多数嵌入式系统是用户针对特定的任务而定制的。一个轻量级的嵌入式操作系统，一般是自行开发的。嵌入式开发主要是指采用某种语言（如汇编、C、C ++ 、Java、C#等）在嵌入式软硬件开发环境中进行开发。

本节从嵌入式系统开发的特点、嵌入式系统开发的一般流程及怎样调试嵌入式系统来了解嵌入式系统开发的整体过程。

5.3.1　嵌入式系统开发特点

5.3.1.1　采用宿主机/目标机方式

嵌入式系统本身不具备自主开发能力，即使设计完成以后用户通常也不能对其中的程序功能进行修改。嵌入式软件以宿主机/目标机模式开发，所需要的开发环境称为交叉开发环境，分为宿主机部分和目标机部分，两者以统一的通信协议进行通信，宿主机向目标机发送命令，目标机接收、执行命令并将结果返回宿主机，从而实现两机之间的交互控制。

5.3.1.2　为了保证稳定性和实时性，选用 RTOS 开发平台

对简单系统可以采用传统方法，从底层用汇编语言编写程序，利用在线仿真器（In-Circuit Emulator，ICE）、在线调试器（In-Circuit Debugger，ICD）等开发工具进行软件的调试。对于那些复杂的嵌入式系统，需要在优化级可控的情况下预测其运行状态，如果不利用实时操作系统和嵌入式系统开发平台进行开发，是很难、甚至是不可能达到预定要求的。为了合理地调度多任务、利用系统资源，用户必须选配 RTOS 开发平台，这样才能保证程序执行的实时性、可靠性，并减少开发时间，保证软件质量。

5.3.1.3　软件代码具有高质量、高可靠性，生成代码需要固态化存储

嵌入式应用程序开发环境是 PC，但运行的目标环境却千差万别，可以是 PDA，也可以是仪器设备。而且应用软件在目标环境下必须存储在非易失性存储器中，保证系统在掉电重启后仍然能正常使用。所以，应用软件在开发完成以后，应生成固化版本，都固化在单片机本身或烧写到目标环境的 Flash 中运行。

5.3.2　嵌入式系统开发流程

嵌入式系统的应用开发是按照如图 5－3 所示的流程进行的，一般由 5 个阶段构成：需求分析、体系结构设计、硬件/软件设计、系统集成和代码固化。各个阶段之间往往要求反复修改，直到最终完成设计目标。

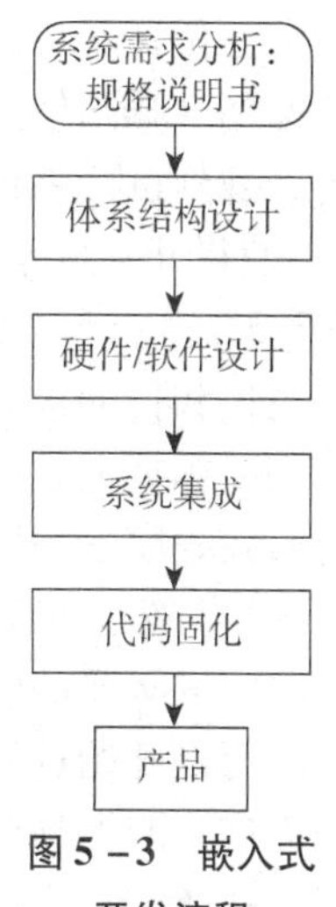

图 5－3　嵌入式开发流程

5.3.2.1　需求分析阶段

在需求分析阶段需要分析系统的需求，系统的需求一般分功能需求和非功能需求两方面。根据系统的需求，确定设计任务和设计目标，并提炼出设计规格说明书，作为正式指导设计和验收的标准。

5.3.2.2　体系结构设计

需求分析完成后，根据提炼出的设计规格说明书，进行体系结构的设计。系统的体系结构描述了系统如何实现所述的功能和非功能需求，包括对硬件、软件的功能划分，以及系统的软件、硬件和操作系统的选型等。

5.3.2.3　硬件/软件设计

基于体系结构，对系统的软、硬件进行详细设计。对于一个完整的嵌入式应用系统的开发，应用系统的程序设计是嵌入式系统设计的一个非常重要方面，程序的质量直接影响整个系统功能的实现，好的程序设计可以克服系统硬件设计的不足，提高应用系统的性能，反之，会使整个应用系统无法正常工作。

5.3.2.4　系统集成

把系统中的软件、硬件集成在一起，进行调试，发现并改进单元设计过程中的错误。

5.3.2.5　代码固化

嵌入式软件开发完成以后，大多数要在目标环境的非易失性存储器中运行，程序写入到 Flash 中固化，保证每次运行后下一次运行无误，所以嵌入式软件开发与普通软件开发相比，增加了固化阶段。

5.3.3 调试嵌入式系统

调试是任何项目开发过程中必不可少的一部分，特别是在软硬件结合非常紧密的嵌入式系统开发中。一般来说，大多数的调试工作是在 RAM 中进行的，只有当程序完成并能运行后才切换到 ROM 上。嵌入式系统的调试有多种方法，可分为模拟器方式、在线仿真器（ICE）、监控器方式和在线调试器（ICD）方式。

5.3.3.1 模拟器方式

调试工具和待调试的嵌入式软件都在主机上运行，通过软件手段模拟执行为某种嵌入式处理器编写的源程序。简单的模拟器可以通过指令解释方式逐条执行源程序，分配虚拟存储空间和外设，进行语法和逻辑上的调试。

5.3.3.2 在线仿真器方式

在线仿真器 ICE 是一种完全仿造调试目标 CPU 设计的仪器，目标系统对用户来说是完全透明的、可控的。仿真器与目标板通过仿真头连接，与主机有串口、并口、以太网口或 USB 口等连接方式。该仿真器可以真正地运行所有的 CPU 动作，并且可以在其使用的内存中设置非常多的硬件中断点，可以实时查看所有需要的数据，从而给调试过程带来很多便利。由于仿真器自成体系，调试时可以连接目标板，也可以不连接目标板。

使用 ICE 同使用一般的目标硬件一样，只是在 ICE 上完成调试后，需要把调试好的程序重新下载到目标系统上而已。由于 ICE 价格昂贵，而且每种 CPU 都需要一种与之对应的 ICE，使得开发成本非常高。

5.3.3.3 监控器方式

主机和目标板通过某种接口（通常是串口）连接，主机上提供调试界面，被调试程序下载到目标板上运行。

监控程序是一段运行于目标机上的可执行程序，主要负责监控目标机上被调试程序的运行情况，与宿主机端的调试器一起完成对应用程序的调试。监控程序包含基本功能的启动代码，并完成必要的硬件初始化，等待宿主机的命令。被调试程序通过监控程序下载到目标机，就可以开始进行调试。监控器方式操作简单易行，功能强大，不需要专门的调试硬件，适用面广，能提高调试的效率，缩短产品的开发周期，降低开发成本。正因为以上原因，监控器方式才能够广泛应用于嵌入式系统的开发之中。

监控器调试主要用于调试运行在目标机操作系统上的应用程序，不适宜用来调试目标操作系统。有的微处理器需要在目标板工作正常的前提下，事先烧制监控程序，而且功能有限，特别是硬件调试能力较差。

5.3.3.4 在线调试器方式

使用在线调试器 ICD 和目标板的调试端口连接，发送调试命令和接收调试信息，可以完成必要的调试功能。一般情况下，在 ARM 芯片的开发板上采用 JTAG 边界扫描口进行调试。摩托罗拉公司采用专用的 BDM 调试接口。

使用合适的开发工具可以利用这些接口。例如，ARM 开发板，可以将 JTAG 调试器接在开发板的 JTAG 口上，通过 JTAG 口与 ARM 处理器核进行通信。由于 JTAG 调试的目标程序是在目标板上执行，仿真更接近于目标硬件，因此许多接口问题，如高频操作限制、电线长度的限制等被最小化了。该方式是目前采用最多的一种调试方式。

5.4　中间件技术

5.4.1　中间件定义

何为中间件？一般定义如下：

（1）独立的系统程序、软件，且用于连接两个独立的系统；

（2）在客户端设备和服务器的操作系统上应用；

（3）管理计算机与网络的通信；

（4）保证相连接的系统即使接口不同却仍可以互通。

中间件系统位于感知设备和物联网应用之间，它的工作过程是对感知设备采集的数据进行校对、滤除、集合等处理，这样可以有效地减少传输数据的冗余度、提高数据正确接受的可靠性。中间件示意图如图 5－4 所示。

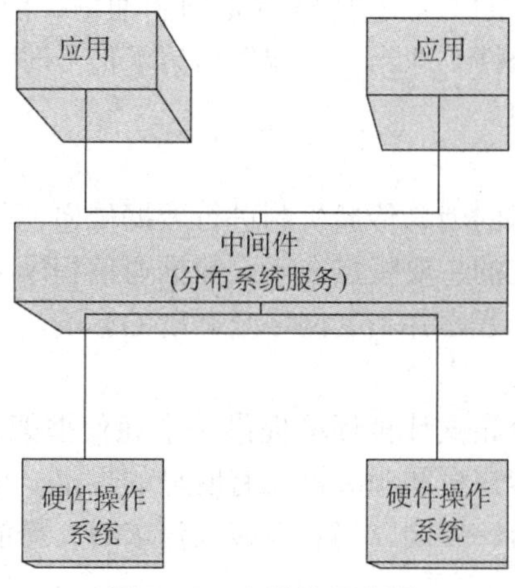

图 5－4　中间件示意图

5.4.2　物联网中间件作用

从实质意义上来看，物联网中间件是物联网所有应用的必需品，它主要是为物联网的感知、互联互通和智能等功能提供帮助。物联网中间件与已有的各种中间件及信息处理技术相融合来提升自身性能。在目前阶段，物联网中间件的发展并未完善，它的主要作用体现在两个方面。一方面，底层感知和互联互通，是对底层硬件和网络平台差异进行屏蔽，支持物联网的应用开发、数据共享和开放式互联的特色，为物联网系统的布署和管理提供可靠保障；另一方面，目前的物联网技术正处于起步状态，大规模的物联网仍然存在较多的技术难题，如复杂环境应用、远距离无线通信、大量数据互通、复杂事件处理、综合运行管理等。所以说，这些障碍都需要通过不断的中间件研究来克服。

5.4.3 物联网中间件特点

在分析中间件的特点之前，必须要了解中间件的各种不同类型，不同类型的中间件具有不同的特点。从目的和实现机制的差异出发，中间件主要被分为以下四类：远程过程调用中间件、面向消息中间件、对象请求代理中间件、事务处理监控中间件。

首先，物联网中间件的通用特点如下。

（1）满足大量应用的需要；

（2）运行于多种硬件和OS平台；

（3）支持分布计算，提供跨网络、硬件和OS平台的透明的应用和服务的交互；

（4）支持标准的协议；

（5）支持标准的接口。

其次，根据不同类型的中间件，分析其功能与特征。

1. 远程过程调用中间件

这是一种分布式应用程序处理方式，使用远程过程调用协议（Remote Procedure Call Protocol，RPC）进行远程操作过程。它的特点是同步通信，能够屏蔽不同的操作系统和网络协议。但它也有一定的局限性，即当客户端发出请求信号时，服务器必须保持在进程中才能接收到信息，否则直接丢包。

2. 面向消息中间件

这一中间件利用高效可靠的消息传递机制进行数据传递，与此同时，在数据通信的基础上进行分布式系统的集成。它的主要特点在于：数据通信程序可在不同的时间运行；对应用程序的结构并没有特定要求；程序并不受网络复杂度的影响。

3. 对象请求代理中间件

它的作用在于为异构的分布式计算环境提供一个通信框架，进行对象请求消息的传递。这种通信框架的特点在于：客户机和服务器没有明显的界定，也就是说当对象发出一个请求信号时，它就扮演一个客户机，反之，当它在接收请求时，扮演的是服务器的角色。

4. 事务处理监控中间件

事务处理监控（Transaction Processing Monitor，TPM）一开始是一个为大型机提供海量事务处理的扎实的操作平台。后来由于分布应用系统对于关键事务处理的高要求，TPM的功能则转向事务管理与协调、负载平衡、系统修复等，用以保证系统的运行性能。它的特点在于海量信息处理，能够提供快速的信息服务。

5.4.4 物联网中间件发展

如今，物联网中间件的发展已经日趋完善，有多种类型以供不同的功能要求。

在物联网底层感知与互通方面面，EPC中间件和OPC中间件的相关规范已经过多年的发展，相关商品已被消费者所熟悉。WSN中间件和OSGi中间件是目前的研究热点；如今的物联网应用已趋向于大规模，所以说具有大量的数据实时处理特征，在这方面CEP中间件则发挥了其功能，因为CEP中间件具备事件驱动架构和复杂事件处理的特点。

5.4.4.1 EPC（Electronic Product Code）中间件

应用程序使用EPC中间件所提供的一组通用应用程序接口，即可连到RFID读写器获取数据。此标准接口能够解决多对多连接的维护复杂性的问题，例如存储 RFID 标签数据的数据库软件被更改或后端应用程序增加，又或 RFID 读写器种类增加等案例出现时，应用端并不需要修改也能进行处理。

5.4.4.2 OPC（OLE for Process Control）中间件

OPC 中文全称为用于过程控制的对象链接和嵌入（Object Linking and Embedding，OLE），是一个面向开放工控系统的工业标准。OPC 基于微软的 OLE（Active X）、COM（构建对象模型）和 DCOM（分布式构建对象模型）技术，包括一整套接口、属性和方法的标准集，用于过程控制和制造业自动化系统。

OPC 是连接 OPC 服务器和 OPC 应用程序之间的软件接口标准。OPC 服务器可以是 PLC、DCS、条码读取器等控制设备。根据控制系统构成的不同，OPC 服务器即可以和 OPC 应用程序运行在同一台计算机上，也可以在不同的计算机上运行，即所谓的远程。OPC 接口即可以适用于 HMI（硬件监控接口）/SCADA，批处理等自动化程序，这些程序通过网络把最下层的控制设备的原始数据传递给作为数据的使用者（OPC 应用程序）乃至更上层的历史数据库等应用程序；也可以直接连接应用程序和物理设备。

OPC 统一架构（OPC Unified Architecture）是 OPC 基金会最近发布的数据通信统一方法，它克服了 OPC 之前不够灵活、平台局限等的问题，涵盖了 OPC 实时数据访问规范（OPC DA）、OPC 历史数据访问规范（OPC HDA）、OPC 报警时间访问规范（OPC A&E）和 OPC 安全协议（OPC Security）的不同方面，以使得数据采集、信息模型化及工厂底层与企业层面之间的通信更加安全可靠。

5.4.4.3 WSN（Wireless Sensor Network）中间件

WSN 中间件主要支持无线传感器应用的开发、维护、布署和执行，还包含一些更加复杂的任务，比如传感器网络通信机制，异构节点之间的协调及各节点的任务分配和调度。

与传统网络不同的是，无线传感器网络有其特有的优势，如能量有限、动态拓扑、异构节点等，大大提高了其性能。但是这种动态、复杂的分布式环境，也给构建应用程序带来了难题，所以说 WSN 中间件并不如 OPC 和 RFID 中间件一样已被广泛应用，目前仍处于初级研究状态。

目前，WSN 中间件研究也有了一定的成果，即分布式数据库、虚拟共享空间、事前驱动、服务发现调用等不同设计方案的提出。

5.4.4.4 OSGi（Open Services Gateway initiative）中间件

OSGi 是一个 1999 年成立的开放标准联盟，旨在建立一个开放的服务规范。一方面，为通过网络向电子终端提供服务标准，另一方面，为各种嵌入式终端提供通用的软件运行平台。OSGi 规范是建立在 Java 技术的基础之上，可为设备的网络服务定义一个标准的、面向组件的计算环境，并提供已开发的多种公共功能标准组件，比如 HTTP 服务器、配置、日志、安全、用户管理、XML 等等。OSGi 组件可以在无需网络设备重启下被设备动态加载或移除，以满足不同的应用要求。

基于 OSGi 的物联网中间件技术早已被广泛的用到了手机和智能 M2M 终端上，在汽车业、工业自动化、智能楼宇、网格计算、云计算、各种机顶盒等领域都有广泛应用。有人认为 OSGi 是“万能中间件”。

5.4.4.5　CEP 中间件

复杂事件处理（Complex Event Progressing，CEP）是一种新型的基于事件流的技术，它的工作原理是将系统数据看作不同类的事件，然后分析事件之间的成员关系、时间关系和因果关系等来建立事件的关系序列库，最终生成高级事件或商业流程。

CEP 的功能在于可以获取大量信息，进过推理判断之后，利用规则引擎和查询语言技术来处理信息。物联网的最大特色就是对海量传输数据库或事件的实时处理，CEP 技术的应用即是配合了物联网的这一特点。

CEP 中间件主要面向的领域有金融和监控，已存在的产品有 Sybase、Tibico 等。

当然，由于行业部门的不同，即便是同为 RFID 应用，它的应用架构和信息处理模型也一定是有所不同的。随着时代的发展，当前物联网中间件研究的热点内容包括智能交通、智能电网、智能消费、智能安防、军事运用等。

中间件技术在国内外的发展进度亦是不同的，当今的形式是美国基本上垄断了全球市场，欧盟在研发物联网中间件和“网络化嵌入式系统软件”方面也已有了一定的成果；而与此相反的是我国的物联网技术正处于萌芽状态，尚未建立物联网软件和中间件研发基地，相比国外有很大的差距。

习题

1. 简述嵌入式系统的定义和主要特点。
2. 简述嵌入式操作系统与通用操作系统的区别。
3. 描述嵌入式系统主要组成部分。
4. 简述各类嵌入式处理器及其特点。
5. 简述 BSP 的定义和作用。
6. 描述嵌入式系统开发的特点与过程。
7. 简要介绍一下物联网中间件所起的作用。

第 6 章　物联网安全技术

物联网在为人们日常生活带来诸多便利的同时，网络信息安全的防护问题也随之而来。物联网的关键在于应用，物联网应用将深入到所有人生活的方方面面。如果网络信息安全不能保障，那么随时可能出现个人隐私、物品信息等被泄露或被恶意窃取、修改的情况。由于物联网包含多种网络技术，业务范围也非常广泛，因此物联网应用中所面临的安全威胁及安全事故所造成的后果，将比互联网时代严重得多。

物联网的构建是基于传统网络的，因此物联网面临同传统网络相同的安全问题。随着物联网建设的加快，物联网的安全问题必然成为制约物联网全面发展的重要因素。由于物联网将虚拟网络与现实世界连接起来，把现实世界的物品、设备、系统等连接到网络中，场景中的实体具有一定的感知、计算和执行能力，广泛存在的这些感知设备将会对国家基础、社会和个人信息安全构成新的威胁。一方面，由于物联网具有网络技术种类上的兼容和业务范围上无限扩展的特点，因此当大到国家电网数据、小到个人病例情况都接到物联网时，将可能使更多的公众个人信息在任何时候、任何地方被非法获取；另一方面，随着国家重要的基础行业和社会关键服务领域如电力、医疗等都依赖于物联网和感知业务，国家基础领域的动态信息将可能被窃取。所有这些问题使得物联网安全上升到国家层面，成为影响国家发展和社会稳定的重要因素。要发展好物联网，一定要充分考虑信息保护、系统稳定、网络安全等各方面存在的问题，把握好发展需求与技术体系之间的平衡，实现物联网产业的有序健康发展。

6.1　物联网安全架构

物联网是指在物理世界的实体中布署具有一定感知能力、计算能力和执行能力的嵌入式芯片和软件，使之成为“智能物体”，通过网络设施实现信息传输、协同和处理，从而实现物与物、物与人之间的互联。物联网的特点是无处不在的数据感知、以无线网络为主的信息传输、智能化的信息处理。此外，客户端可以扩展到任意物品与物品之间，并实现彼此间的信息交换和通信交流。物联网可用的基础网络有很多，根据其应用需要可以用公网也可以用专网，通常认为互联网最适合作为物联网的基础网络。

具体来讲，物联网应该具有以下三个基本特征：①全面数据感知，即利用 RFID、传感器等传感设备实时获取物体的信息；②可靠信息传递，即通过不同网络与互联网的融合，将物体的信息根据需要实时准确地传递出去；③智能信息处理，即利用云计算、模糊处理等智能算法，对海量数据和物体信息进行分析和处理，对物体实施智能化控制。其中智能信息处理和全面数据感知是物联网的核心内容。

考虑到物联网安全的总体需求就是物理安全、信息采集安全、信息传输安全和信息处理安全的综合，安全的最终目标是确保信息的保密性、完整性、真实性和网络的容错性，结合物联网分布式连接和管理模式，物联网可分为感知层、网络层和应用层三个层次，相应的安全层次模型如图 6－1 所示。

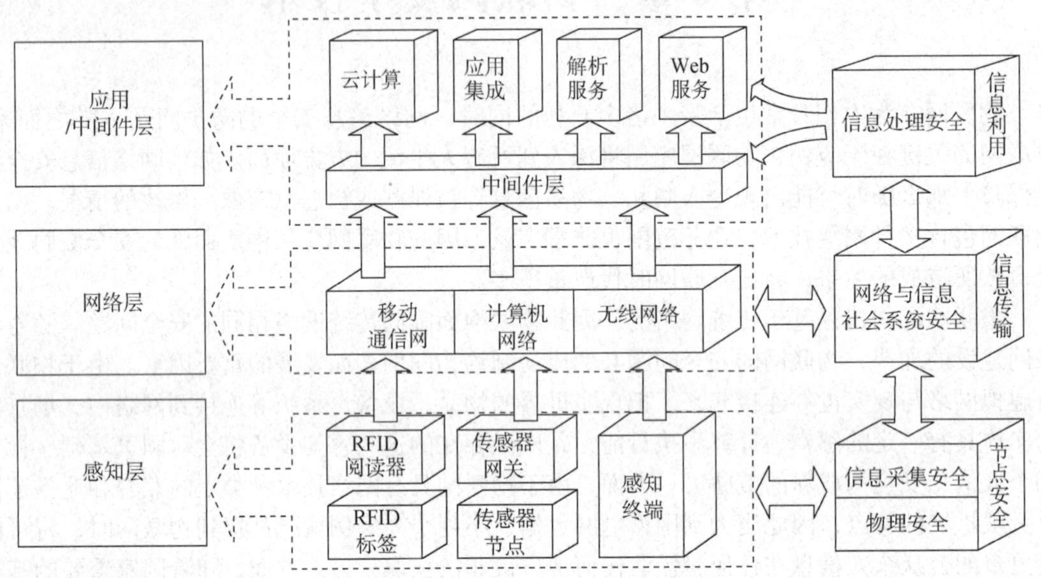

图 6－1　物联网的安全层次模型

感知层通过射频标签 RFID 读写器、传感器、摄像头等设备采集装置来实现感知和识别物体、采集并捕获信息的功能；网络层将感知层获取的信息进行处理和传递，并可以实现感知层数据的远距离传输；应用层是将物联网技术与行业专业技术相结合、实现广泛智能化应用的解决方案集，利用人机交互对收到的数据进行智能处理，从而为用户提供物联网应用接口，实现物联网的智能化应用。

目前，针对物联网体系结构已经有许多信息安全解决方案。但需要说明的是，物联网作为一个应用整体，各个层的独立安全措施简单相加不足以提供可靠的安全保障，而且物联网与几个逻辑层所对应的基础设施之间还存在许多本质区别。一方面，已有的对感知层、网络层的一些安全解决方案对于物联网环境可能不再适用。另一方面，即使分别保证感知层、网络层的安全，也不能保证物联网的安全。这是因为物联网是融合几个逻辑层为一体的大系统，许多安全问题来源于系统整合，同时物联网的数据共享对安全性提出了更高的要求，物联网的应用也对安全提出了新要求，比如隐私保护不属于任一层的安全需求，但却是许多物联网应用的安全需求。

因此，为了更好地满足物联网的整体及层次之间的安全需求，可以考虑建立四级物联网信息网络安全架构，将网络层划分为传输层和处理层，这也满足了物联网推广应用过程的安全需求。四级物联网安全架构如图 6－2 所示。

数据库访问控制和内容筛选	隐私信息保护技术	叛逆追踪和泄露追踪机制	计算机取证技术	应用层
计算机数据销毁技术	知识产权保护技术			
移动设备识别、定位和追踪	密文查询、秘密数据挖掘	安全多方计算、安全云计算	恶意指令分析和预防	处理层
移动设备文件的备份和恢复	保密日志追踪、恶意行为模型建立	入侵检测和病毒检测计算机取证技术	访问控制及灾难恢复机制	
数据完整性和机密性服务	网络认证	高智能处理手段	密钥管理机制	
移动网中密钥协商机制的一致性	跨域认证和跨网络认证	DDOS攻击的检测与预防	组播和广播通信的安全机制	传输层
数据流机密性	数据完整性和机密性服务	节点认证	密码技术	
密钥管理机制	节点和网络认证	密码技术	安全路由	感知层
入侵检测				

图6-2 物联网安全架构

6.1.1 感知层安全

感知层的任务是全面感知外界信息，或者说是原始信息的收集器。该层的典型设备包括RFID装置、各类传感器（如红外、超声、温度、湿度、速度等）、图像捕捉装置（摄像头）、全球定位系统（GPS）、激光扫描仪等。这些设备收集的信息通常具有明确的应用目的，因此传统上这些信息直接被处理并应用，如公路摄像头捕捉的图像信息直接用于交通监控。但是在物联网应用中，多种类型的感知信息可能会被同时处理、综合利用，甚至不同感知信息的结果将影响其他控制调节行为，如湿度的感应结果可能会影响到温度或光照控制的调节。同时，物联网应用强调的是信息共享，这是物联网区别于感知层的最大特点之一。

为了能使同样的信息被不同应用领域有效使用，应该有综合处理平台，这就是物联网的智能处理层，因此形成了这样的逻辑流程：感知层获取消息→传输层传输信息→处理层处理信息→应用层使用信息。

6.1.1.1 感知层的安全挑战

感知层可能遇到的安全挑战包括下列情况：

- 感知层的网关节点被恶意控制（安全性全部丢失）；
- 感知层的普通节点被恶意控制（攻击方控制密钥）；
- 感知层的普通节点被捕获（但由于没有得到节点密钥，而没有被控制）；
- 感知层的节点（普通节点或网关节点）受来自网络的DoS（Denial of Service）攻击；
- 接入到物联网的超大量传感节点的标识、识别、认证和控制问题。

网关节点被捕获不等于该节点被控制，一个感知层的网关节点实际被攻击方控制的可能性很小，因为需要掌握该节点的密钥（与感知层内部节点通信的密钥或与远程信息处理平台共享的密钥），而这是很困难的。如果攻击方掌握了一个网关节点与感知层内部节点的共享密钥，那么他就可以控制感知层的网关节点，并由此获得通过该网关节点传出去的所有信息。反之，如果攻击方不知道该网关节点与远程信息处理平台的共享密钥，那么他就不能篡改发送的信息，只能阻止部分或全部信息的发送，但这样很容易被远程信息处理平台觉察到。因此，若能识别一个被攻击方控制的感知层，就可以降低甚至避免由攻击方控制的感知层传来的虚假信息所造成的损失。

感知层遇到的比较普遍的情况是某些普通网络节点被攻击方控制而发起的攻击，感知层与这些普通节点交互的所有信息都被攻击方获取。攻击方的目的可能不仅仅是被动窃听，而且还通过所控制的网络节点传输一些错误数据。因此，感知层的安全防护需要对恶意节点行为的判断和对这些节点的阻断，以及在阻断一些恶意节点（假定这些被阻断的节点分布是随机的）后，对网络连通性的保障。

对感知层分析（很难说是否为攻击行为，因为有别于主动攻击网络的行为）更为常见的情况是攻击方捕获一些网络节点，不需要解析它们的预置密钥或通信密钥（这种解析需要代价和时间），只需要鉴别节点种类，比如检查节点是用于检测温度、湿度还是噪声等。有时候这种分析对攻击方是很有用的。因此安全的感知层应该有保护其工作类型的安全机制。

既然感知层最终要接入其他外在网络，包括互联网，那么就难免受到来自外在网络的攻击。目前能预期到的主要攻击除了非法访问外，应该是拒绝服务（DoS）攻击了。因为感知层节点的资源（计算和通信能力）有限，所以对抗 DoS 攻击的能力比较脆弱，在互联网环境里不被识别为 DoS 攻击的访问就可能使感知层瘫痪，因此感知层的安全应该包括节点抗 DoS 攻击的能力。考虑到外部访问可能直接针对感知层内部的某个节点（如远程控制启动或关闭红外装置），而感知层内部普通节点的资源一般比网关节点更小，因此，网络抗 DoS 攻击的能力应包括网关节点和普通节点两种情况。

6.1.1.2 感知层的安全需求

感知层接入互联网或其他类型网络所带来的问题不仅仅是感知层如何对抗外来攻击的问题，更重要的是如何与外部设备相互认证的问题，而认证过程又需要特别考虑感知层资源的有限性，因此认证机制需要的计算和通信代价都必须尽可能小。此外，对外部互联网来说，其所连接的不同感知层的数量可能是一个庞大的数字，如何区分这些感知层及其内部节点，有效地识别它们，是能够建立安全机制的前提。针对上述挑战，感知层的安全需求可以总结为如下几点。

1. 机密性

多数感知层内部不需要认证和密钥管理，如统一布署的共享一个密钥的感知层。

2. 密钥协商

部分感知层内部节点进行数据传输前需要预先协商会话密钥。

3. 节点认证

个别感知层（特别当传感数据共享时）需要节点认证，确保非法节点不能接入。

4. 信誉评估

一些重要感知层需要对可能被攻击方控制的节点行为进行评估，以降低攻击方入侵后的危害（某种程度上相当于入侵检测）。

5. 安全路由

几乎所有感知层内部都需要不同的安全路由技术。

6.1.1.3　感知层的安全架构

了解了物联网感知层的安全威胁，就容易建立合理的安全架构。在感知层内部，需要有效的密钥管理机制来保障感知层内部通信安全。感知层内部的安全路由及连通性解决方案等都能相对独立使用。

感知层的类型具有多样性，因此需要哪些安全服务是很难统一要求的，但机密性和认证性都是十分有必要的。机密性是要求在通信时建立一个临时会话密钥，而认证性则能通过对称密码或非对称密码方案来解决。其中，对称密码的认证方案需要预先设置节点间的共享密钥，效率高并且消耗资源较少；而非对称密码技术的感知层一般需要具有较好的通信能力和计算能力，对安全性要求也更高。在认证的基础之上完成密钥协商是建立会话密钥必需的步骤。感知层也应同时具有安全路由和入侵检测等性能。

感知层的安全一般不涉及其他网络安全，因而相对较独立，有些已有的安全解决方案在物联网环境中也同样适用，但这些传统安全解决方案需要提升安全等级后才能使用于物联网环境中，即在安全的要求上更高。

6.1.2　传输层安全

物联网传输是指把感知层收集到的信息可靠安全地传输到处理层，然后根据不同的应用需求进行信息处理，因此传输层主要是网络基础设施，包括互联网、移动网和一些专业网（如国家电力专用网、广播电视网）等。在信息传输过程中跨网络传输是很正常的，可能经过一个或多个不同架构的网络进行信息传输。在物联网环境中，这一现象尤为突出，而且很可能在看似稀松平常的事件中产生信息安全隐患。

6.1.2.1　传输层的安全挑战

初步分析认为，物联网传输层将会遇到以下三类安全挑战。

- DoS 攻击、DDoS（Distributed Denial of Service，分布式拒绝服务）攻击；
- 假冒攻击、中间人攻击等；
- 跨异构网络的网络攻击。

网络环境目前遇到了前所未有的安全挑战，物联网传输层所处的网络环境甚至存在更高的挑战。同时，由于不同架构的网络需要相互连通，因此在跨网络架构的安全认证等方面安全挑战也值得重视。

在物联网发展过程中，目前的互联网或者下一代互联网是物联网传输层的核心载体，多数信息要经过互联网传输。互联网遇到的 DoS 攻击和 DDoS 攻击仍然是个不可忽视的问题，因此需要有更好的防范措施和灾难机制。由于物联网连接的终端设备之间的差异及对网络需求的不同，对网络攻击的防护也会有很大差别，因此很难设计出普适的安全方案，针对不同网络性能和网络需求实施不同的防范策略才能满足要求。

6.1.2.2　传输层的安全需求

在传输层，安全性的脆弱点主要体现在异构网络的信息交换中，尤其是在网络认证方面，中间人攻击和其他类型的攻击（如异步攻击、合谋攻击等）都在所难免。这些攻击需要有更高的安全防护措施来应对。若仅考虑移动网和互联网及其他一些专用网络，则物联网传输层对安全的需求将概括为以下几方面。

1. 数据机密性

需要保证在数据传输过程中不会将其内容泄露出去。

2. 数据完整性

需要保证在数据传输过程中不被非法篡改，或数据在被非法篡改后易被检出。

3. 数据流机密性

需要对数据流量信息进行不同场景下的保密操作，但是目前能提供的数据流机密性十分有限。

4. DDoS 攻击的检测与预防

作为网络中最常见的攻击现象，DDoS 攻击在物联网中表现更为突出。如何对脆弱节点的 DDoS 攻击进行防护，也是物联网中亟待解决的重要问题。

6.1.2.3 传输层的安全架构

传输层安全机制主要分为两种情况：端到端机密性和节点到节点机密性。对前者而言，需要建立如下安全机制：端到端认证机制、密钥协商机制、机密性算法选取机制及密钥管理机制等。对后者而言，需要节点间的认证和密钥协商协议，并着重考虑效率因素。考虑到跨网络架构的安全需求，不同网络环境的认证衔接机制是不可或缺的。另外，按照应用层的需求不同分类，网络传输模式分为单播通信、组播通信和广播通信，针对不同类型的通信模式也应该提供具体的机密性保护机制和认证机制与之相对应。传输层的安全架构主要包括以下几个方面。

（1）节点认证、数据机密性、完整性、数据流机密性、DDoS 攻击的检测与预防。

（2）移动网中 AKA 机制中基于 IMSI 的兼容性或一致性、跨域认证和跨网络认证。

（3）相应密码技术，密钥管理（密钥基础设施 PKI 和密钥协商）、端对端加密和节点对节点加密、密码算法和协议等。

（4）广播和组播通信的机密性、认证性和完整性安全机制。

6.1.3 处理层安全

处理层对到达处理平台的信息进行处理，包括如何接收网络中的信息。在接收信息这一过程中，需对信息的有效性作出判断，即哪些是有用信息，哪些是无用甚至是恶意信息。在众多网络信息中，有些是一般性数据，用于输入一些应用过程，有些则有可能是操作指令。而这些操作指令中，又有一部分可能是多方面原因造成的错误指令（如网络传输错误、指令发出者的错误操作、被恶意篡改等），或是攻击者发出的恶意指令。如何利用密码技术等手段筛选出有用信息，同时识别并高效防范恶意信息及指令造成的威胁是物联网处理层所面临的重大安全挑战。

6.1.3.1 处理层的安全挑战

智能化是物联网处理层的重要特征，目的是简化处理过程并保证其高效性，它的实现离不开自动处理技术。显然，非智能处理手段几乎无法应对海量数据。但自动过程对恶意数据尤其是恶意指令的判断能力有限，且智能也仅限于一定规则内的过滤和判断。因此，攻击者能够很轻易避开这些规则，正如垃圾邮件过滤一样，始终是一个很难完全解决的问题。因此处理层的安全方面的问题包括以下几点：

- 智能向低能趋势发展；
- 来自超大量终端的海量数据的识别与处理；
- 自动向失控趋势发展（可控性是信息安全的一项重要指标）；
- 灾难的预防、控制与恢复；
- 非法人为干预（内部攻击）；
- 设备（尤其是移动设备）丢失。

6.1.3.2　处理层的安全需求

物联网时代有海量信息亟待处理，它们的处理平台也都是分布式的。当一个处理平台有多种不同性质的数据同时通过时，就需要同时有多个功能不尽相同的平台进行协作处理。但数据类别的分类是必须的，因为必须先知道哪些数据被分配到了哪个平台。另外，为了满足安全方面的要求，许多信息都是以加密的形式存在，在这种情况下，如何快速高效地处理海量加密数据，成为智能处理阶段的一项重大挑战。

尽管计算机技术的智能处理过程较人类的智力而言有着本质的区别，但它在判断速度上是人类智力判断速度无法企及的，由此，期望物联网环境的智能处理不断提高智能水平，并且不用人的智力去代替。也就是说，只要存在智能处理过程，攻击者就可能有机会避过智能处理过程的识别和过滤，进而实现其攻击目的。如果是这种情况，智能就相当于低能。因此，物联网的传输层急需高智能处理机制。

如果具有很高的智能水平，就会具有识别继而处理恶意数据或指令的可能性。但即便再好的智能也不排除失误的可能，尤其是在物联网环境中，即使失误概率非常小，但由于自动处理过程的数据量异常庞大，失误的情况还是会很多。在处理失误而被成功攻击后，如何将损失降至最低，并最快恢复到正常工作状态，是物联网智能处理层的另一个重要问题，也是面临的重大挑战和需求，因为在技术上没有最好，只有更好。

处理层虽然采用的是智能自动处理手段，但仍不排斥人为干预，甚至可以说是必须的。人为干预一般发生在智能处理过程无法给予正确判断的时候，或是发生在智能处理过程有关键中间结果或最终结果时，也有可能是其他任何情况但需要人为干预的时候。人为干预是为了保证处理层更好地工作，但也存在例外，即干预方试图实施恶意行为。人为恶意行径有着极大的无法预测性，防范措施除技术辅助外，更需要依靠管理手段。因此，保障物联网处理层的信息还需要通过科学管理手段。

智能处理平台规模不同，大的可以是高性能工作站，小的可以是移动设备，如手机等。工作站的威胁往往来自内部人员恶意操作，但移动设备的一大威胁是丢失。移动设备不仅是信息处理平台，其本身常常携带大量重要私密信息，因此，降低由移动设备丢失所造成的损失也是重要的安全需求。

6.1.3.3　处理层的安全架构

为满足物联网智能处理层对安全方面的需求，以下几种安全机制被提出：

- 高强度数据机密性和完整性服务；
- 入侵检测和病毒检测；
- 可靠的高智能处理手段；
- 可靠的密钥管理机制，包括 PKI 和对称密钥的有机结合机制；

- 可靠的认证机制和密钥管理方案；
- 密文查询、秘密数据挖掘、安全多方计算、安全云计算技术等；
- 恶意指令分析和预防、访问控制及灾难恢复机制；
- 保密日志跟踪和行为分析，恶意行为模型的建立；
- 移动设备识别、定位和追踪机制；
- 移动设备文件（包括秘密文件）的可备份和恢复。

6.1.4 应用层安全

应用层设计的具体应用业务有着个体或综合特性，涉及的一些安全问题可能通过前面几个逻辑层的安全解决方案仍然无法解决。隐私保护就是这些安全问题中的一个典型。尽管感知层、传输层或是处理层都与隐私保护无关，但它却是一些特殊应用环境的实际需求。即应用层的特殊安全需求。物联网的数据共享存在多种情况，涉及不同权限的数据访问。除此之外，应用层还涉及计算机取证、知识产权保护、计算机数据销毁等安全需求和相应技术。

6.1.4.1 应用层的安全挑战

应用层的安全挑战主要来自于以下几个方面：

- 提供用户隐私信息保护，同时又能正确认证；
- 根据不同访问权限对同一数据库内容进行筛选；
- 销毁计算机数据；
- 进行计算机取证；
- 处理信息泄露与追踪问题；
- 保护电子产品及软件的知识产权。

6.1.4.2 应用层的安全需求

物联网根据不同应用需求对共享数据分配不同的访问权限，而不同权限访问同一数据可能产生不同的结果。例如，道路交通监控视频数据在用于城市规划时往往只需要很低的分辨率，因为城市规划仅仅需要交通堵塞的大致情况；但当其用于交通管制时，就需要更高的分辨率，因为需要及时发现哪里发生了交通事故及事故的基本情况等；当用于公安侦察时就对清晰度有更高的要求，以便准确识别汽车牌照等信息。因此以安全方式处理信息是应用中的一大需求。

随着商业及个人信息的网络化，越来越多的信息被用户视作隐私。需要隐私保护的应用主要包括如下几种。

- 许多业务需要匿名，如网络投票。
- 用户不希望他人知道自己在使用何种业务，但又需要证明自己使用业务的合理性，如在线游戏。
- 移动用户既需要知道（或被合法知道）其位置信息，又不希望被非法获取该信息。

用户信息在多数情况下是认证过程的必须信息。如何对这些信息进行隐私保护，是非常具有挑战性但又必须解决的问题。例如，医疗病历管理系统需要病人提供相关信息以获得正确的病历数据，但又必须避免病历数据与病人的身份相关联。在应用过程中，主治医生熟悉病人的病历数据，这种情况对保护隐私信息具有一定困难，但可以采用密码技术掌握医生泄漏病历信息的证据。

在互联网环境下的商业活动，尤其是在使用物联网的活动中，无论采取何种技术措施，都无法彻底消除恶意行为。若能依据恶意行径所造成后果的严重程度施以对应的惩罚措施，那么在一定程度上就能够有效避免恶意行径的产生。这在技术上需要搜集相关证据。因此，计算机取证极其重要。但是这会面临一定的技术难度，因为计算机平台种类太多，包括多种计算机操作系统、移动设备操作系统、虚拟操作系统等。数据销毁与计算机取证相对应，其目的在于销毁在密码协议或密码算法实施过程中所产生的临时中间变量，一旦密码协议或密码算法实施完毕，这些中间变量都将无效。

但是，一旦这些中间变量被攻击者获得，可能会透露重要的数据，以致增大成功攻击的可能。因此，这些中间变量需要安全及时地从内存和存储单元中删除。计算机数据销毁技术难免会成为计算机犯罪分子的证据销毁工具，这就增大了计算机取证的难度。如何处理计算机数据销毁与计算机取证这对矛盾是一项极具挑战的技术性难题，也是物联网应用中必须解决的问题。

物联网未来的主要市场是商业应用，大量需要保护的知识产权产品存在于商业应用中，其中不乏电子产品和软件等。在物联网应用中，对电子产品的知识产权保护将会达到一个新的高度，对应的技术要求也成为新的安全挑战和需求。

6.1.4.3　应用层的安全架构

基于物联网综合应用层的安全挑战和安全需求，需要如下的安全机制：

- 有效的数据库访问控制和内容筛选机制；
- 不同场景的隐私信息保护技术；
- 安全的数据销毁技术；
- 有效的数据取证技术；
- 叛逆追踪和其他信息泄漏追踪机制；
- 安全的电子产品和软件的知识产权保护技术。

针对这些安全架构，需要发展相关的密码技术，包括访问控制、匿名认证、匿名签名、叛逆追踪、门限密码、密文验证（包括同态加密）、指纹技术和数字水印等。

6.2　无线传感器网络安全问题

无线传感器网络作为一种起源于军事领域的新型网络技术，其安全性问题显得尤为重要。由于和传统网络之间存在较大差别，无线传感器网络的安全问题也有一些新的特点，如内容广泛、需求多样、对抗性强等。

用户不可能接受并布署一个没有解决好安全和隐私问题的传感器网络，因此在进行协议和软件设计时，就必须充分考虑传感器网络可能面临的安全问题，并把安全机制集成到系统设计中去。只有这样，才能促进传感器网络的广泛应用，否则，传感器网络只能布署在有限、受控的环境中，这和传感器网络的最终目标——实现普遍性计算、并成为人们生活中的一种重要方式是相违背的。

6.2.1 挑战

无线传感器网络是由成百上千的传感器节点大规模随机分布形成的具有信息收集、传输和处理功能的信息网络，通过动态自组织方式协同感知并采集网络覆盖区域内被查询对象或时间的信息，用于决策支持和监控。

无线传感器网络具有以下特点，这些特点对传感器网络的安全机制构成了挑战。

6.2.1.1 节点能量受限

传感器节点大多采用电池供电，有些应用在人迹罕至的地区，在布署后很难重新充电或者更换电池，因此能量是最宝贵的资源。节点能量消耗来源主要有：传感器消耗的能量；节点通信；处理器功耗。但所有的安全机制都需要引入控制报文或者增加数据包长度，这必将增加节点的能量消耗，而节点的通信功耗是远大于计算功耗的。

6.2.1.2 节点存储受限

为降低节点造价，传感器节点属于微器件，仅有很小的内存和存储空间，用于安全相关的代码存储空间非常有限。非对称加密体系是目前商用安全系统主流的认证和签名体系，但是公钥长度至少几百字节，如再考虑计算需要的空间，显然传感器节点的存储空间不足以运行这种安全体制。传感器节点的存储空间也很难满足密钥过长、空间复杂度高的对称加密算法的要求。

6.2.1.3 通信的不可靠性

无线信道的不可靠性和开放性给传感器网络的安全带来了极大的威胁。传感器网络大多采用基于数据包的路由，这种机制是无连接的，也是不可靠的。数据在传输过程中，可能由于信道错误导致数据包损坏，也可能在拥塞节点被丢弃。无线信道的可靠性较有线信道差很多，数据包由于信道错误导致的损害，可能性大增。关键数据包的丢失将导致整个网络安全体系失效。

6.2.1.4 通信的高延迟

传感器网络大多采用多跳方式将数据包传回 Sink 节点，传输过程中会因为传输冲突、网络拥塞及中间节点对转发报文的处理，造成非常大的传输延迟，节点间同步非常困难，对依赖于重要事件汇报的安全机制及密钥分发造成严重影响。

6.2.1.5 安全需求多样

传感器网络的应用领域极其广泛，安全需求千差万别，需要为传感器网络设计多样化、小型化和灵活的安全机制。

6.2.1.6 网络无人值守

传感器网络大多布署在偏僻地区或者敌占区，使得节点易于遭受物理攻击。远程管理几乎无法发现这种攻击。传感器网络分布式和无人值守的特点，使得保证网络安全变得非常苦难。如果安全机制设计不合理，必然导致网络组织困难、运行效率低和鲁棒性下降。

6.2.1.7 感知数据量大

传感器网络中的每个传感器通常都产生较大的流式数据，并具有实时性。网络中的节点除处理本身产生的数据外，还需要转发其他节点产生的数据，而每个传感器仅仅具有有限的计算资源，难以处理巨大的实时数据流。

综上，由于无线传感器网络通常布署在人迹罕至的恶劣环境中，除了面临信息泄漏、信息篡改、重放攻击等传统网络安全问题外，还面临传感器节点被攻击者捕获并获取节点中存储的物理信息和安全信息等威胁。在获取这些信息后，攻击者可以实现对部分网络或全部网络的控制。同时，传感器节点数量众多，每个节点都是一个潜在的攻击点，都能被攻击者进行物理和逻辑攻击。无线传感器节点的计算能力和存储空间有限，使得传统的安全机制无法适应传感器网络的要求。传感器网络大多采用随机方式进行布署，网络拓扑在布署前无法获知，在网络运行中，由于节点失效和移动等因素，造成网络拓扑不断变化，很多网络参数、密钥等都是传感节点在布署后进行协商后形成的，无法提前配置。同时，无线传感器网络大多运行在无人值守的环境中，以及无线信道的开放性，都给网络安全提出了更大的挑战。

6.2.2 需求

传感器网络除了具有与传统网络相同的安全需求外，由于其自身的特点，还有一些特有的安全需求。

6.2.2.1 数据机密性

机密性是确保传感器网络节点传输的敏感信息（传感器身份、密钥、军事机密等）安全的基本要求。在传感器网络中，数据机密性需要解决以下问题：①节点中的数据不能泄露给任何未授权的节点和用户；②密钥分发机制必须健壮；③为对抗流量分析攻击，一些公开信息，如节点 ID 和公开密钥，也需要进行加密。

6.2.2.2 数据完整性

完整性是指数据未经授权不能进行改变的特性，即信息在存储和传输过程中保持不被修改、不被破坏和丢失的特性。无线传感器网络的严峻通信环境给恶意节点实施数据丢失或损坏攻击提供了方便。完整性要求网络节点收到的数据包在传输过程中未被执行插入、删除、篡改等操作，即保证目的节点收到的数据与发送节点发送的数据是一模一样的。

6.2.2.3 数据新鲜性

传感器网络测量的数据都是与时间相关的，新鲜性要求用户收到的数据包都是最新的、非重放的，即体现消息的时效性。确保数据新鲜性可以抵御重放攻击。所谓重放攻击是指入侵者将截获的合法消息和数据报文再次或者反复发送给目标节点。这种类型的攻击对于采用共享密钥的安全机制威胁最大。重放攻击的防御方案主要有：①为报文增加时间戳，当且仅当一个消息包含一个足够接近当前时刻的时间戳，接收者才接收该报文；②序列号，通信双方通过消息中的序列号来判断消息的新鲜性；③提问—回答，期望从 B 获得消息的 A 事先发给 B 一个 N，并要求 B 应答的消息中包含 N 或 $f(N)$，f 是 A、B 预先约定的简单函数。

6.2.2.4 自组织

传感器网络中的节点具有自组织和自愈性，这给安全机制带来了极大的挑战。这种动态性使得任意两节点之间是否存在直接连接在布署前是未知的，为共享密钥加密和公钥分配机制带来很大的实施难度。

6.2.2.5 时间同步

传感器节点采集的数据大多具有时效性，节点间的时间同步在传感器网络中非常重要。同时，传感器网络采用的全部安全机制均依赖节点间的时间同步。

6.2.2.6 数据认证

可靠的授权能够确保参与通信的节点就是它声称的节点，攻击者无法修改数据包也不能在通信过程中插入它修改的数据。两个节点间的通信可以通过节点间的共享密钥实现数据认证，发送者和接受者共享一个密钥来计算所有通信数据的消息认证码（MAC）。当消息带着正确的 MAC 到来时，接受者知道该消息的确是发送者发出的。

6.2.3 安全攻击

无线传感器网络常见的攻击类型如下。

6.2.3.1 保密与认证攻击

这类攻击主要采取窃听（eavesdropping）、报文重放攻击和报文欺骗等方式。

6.2.3.2 拒绝服务攻击

拒绝服务攻击即攻击者想办法让被攻击目标停止提供服务，是最常用的攻击手段之一。对网络带宽进行的消耗性攻击只是拒绝服务攻击的一类，只要能够对被攻击目标造成麻烦，使某些服务暂停甚至死机，都属于拒绝服务攻击。

6.2.3.3 针对完整性的隐秘攻击

攻击者的目的是使网络接收虚假报文。例如，攻击者破坏某些节点向其中注入自己编造的数据。

上述三种类型的攻击与无线传感器网络协议栈的对应关系及防御手段见表 6－1。

表 6－1 攻击分类表

协议层	攻击方法	防御手段
物理层	拥塞攻击	跳频、优先级消息、低占空比、区域映射、模式转换
	物理破坏	破坏证明、节点伪装和隐藏
数据链路层	碰撞攻击	纠错码
	耗尽攻击	设置竞争门限
	非公平竞争	使用短帧策略和非优先级策略
网络层	虚假路由信息	
	选择性重发	
	女巫攻击（The Sybil attack）	
	HELLO flood 攻击	
	告知欺骗	
	丢弃和贪婪破坏	使用冗余路径、探测机制
	汇聚节点攻击（homing）	使用加密和逐跳认证机制
	黑洞攻击	认证、监视、冗余机制
	方向误导攻击	出口过滤；认证、监视机制
传输层	洪泛攻击	客户端谜题
	失步攻击	认证

1. 物理层攻击

物理层的功能是频率选择、载波频率生成、信号检测、调制和数据加密。物理层攻击可分拥塞攻击和物理破坏两种。

1）拥塞攻击

无线环境的开放特性，所有设备共享无线信道。当共享信道的多个节点同时访问信道时，就会造成数据传输冲突，解决方法是重传发生冲突的数据，这样就增加了节点能量消耗。拥塞攻击通过发出无线干扰射频信号实现破坏无线通信的目的，分为全频段拥塞干扰和瞄准式拥塞干扰。全频段拥塞干扰即大功率完全覆盖干扰，覆盖目标区域的整个频段，能够拥塞几乎全部正常信号传输，但是干扰效果受距离限制；而瞄准式拥塞干扰仅仅针对某一特定频点进行。无论哪种类型的拥塞攻击，均会在传感器节点工作的频段上不断发送无效的数据包，对网络存在下述影响：

- 导致传输范围内的所有节点数据传输发生拥塞，增加传输时延，对实时应用类传感器网络威胁更大；
- 攻击节点大量发送数据，导致网络中的节点无法进行数据传输，阻塞整个信道，最严重的拥塞攻击将导致整个网络瘫痪；
- 网络节点接收大量无效数据，导致节点能量迅速耗尽，缩短网络生命周期。

传感器网络可采用诸如跳频、调节节点占空比等技术来防范拥塞攻击。当节点探测到当前工作频点正在受到拥塞攻击时，改变频点，规避攻击。节点在发现被攻击后，降低占空比，定期检测信道，当发现攻击结束后，恢复到正常的工作状态。

2）物理破坏

无线传感器网络节点分布在一个很大的区域内，由于无人值守和分布式特点，很难对每个节点进行监控和保护，因而每个节点都是一个潜在的攻击点，都能被攻击者进行物理攻击。当捕获了传感节点后，攻击者就可以通过编程接口（JTAG 接口）修改或获取传感节点中的信息或代码，对网络的破坏主要包括：

- 攻击者俘获一些节点，对它进行物理上的分析和修改，并利用它干扰网络的正常功能，甚至可以通过分析其内部敏感信息和上层协议机制，破坏网络的安全性；
- 攻击者直接停止俘获节点的工作，造成网络拓扑结构变化，如果这些骨干节点被俘获，将造成网络瘫痪。

对抗物理破坏可在节点设计时采用抗篡改硬件，同时增加物理损害感知机制。另外，在通信前进行节点与节点的身份认证；设计新的密钥协商方案，使得即使有一小部分节点被操纵后，攻击者也不能或很难从获取的节点信息推导出其他节点的密钥信息等；可对敏感信息采用轻量级的对称加密进行加密存储。如果节点发现自己被对方俘获，可以采取自毁、销毁敏感数据等方式。

2. 数据链路层攻击

链路层的主要职能是建立可靠的点到点或点到多点通信链路，实现数据流复用、数据成帧、媒介访问控制差错监测等任务。对于数据链路层的攻击，可以引发冲突、资源耗尽以及非公平竞争等。

1）碰撞攻击

当多个节点同时访问信道时，只要数据包的任意一个比特发生冲突，就会导致接收者对数据包的校验和不匹配，接收节点不能正确接收，因而把整个报文丢弃。

解决的方法就是对 MAC 的准入控制进行限速，网络自动忽略过多请求，不必对每个请求都应答，从而节省了通信的开销。但是这类 MAC 协议通常系统开销比较大，不利于传感器节点节省能量。

可以先采用冲突检测的方法确定恶意引发冲突，同时设置更加有效的退避算法。也可以采用纠错编码的方法，在通信数据包中增加冗余信息来纠正数据包中的错误位。

2）耗尽攻击

耗尽攻击是指利用协议漏洞，通过持续通信的方式使节点能量资源耗尽的攻击方式。例如，当有些算法试图重传分组时，攻击者将不断干扰其发送，直至节点耗尽其能源。

针对耗尽攻击，可以限制网络发送速度，节点自动抛弃那些多余的数据请求，但这样会降低网络效率。也可以在协议实现的时候，制定一些执行策略，对过度频繁的请求不予理睬，或者对同一个数据包的重传次数进行限制，以免恶意节点无休止干扰导致的能源耗尽。

3）非公平竞争

非公平竞争是指恶意节点滥用高优先级的报文占据信道，使其他节点在通信过程中处于劣势，这样会导致报文传送的不公平，进而降低系统的性能，但这种攻击方式需要敌方完全了解传感器网络的 MAC 协议机制。

解决非公平竞争问题可以采用短小帧格式的方法，即在 MAC 层中不允许使用过长数据包，这样就可以减少单个节点占用信道的时间；另一种方法是弱化优先级之间的差异，或者不采用优先级策略，而采用竞争或者 TDMA 的方式实现数据传输。

3. 网络层攻击

1）虚假路由信息

对于路由表产生机制的攻击是最直接的网络层攻击。入侵节点通过伪造、修改和重放路由信息，达到破坏网络数据交换的目的。对路由表造成的危害主要有：创建路由环、将网络数据包吸引到特定节点、延长或者缩短源路由、生成虚假的错误消息及增加端到端延迟。

解决方案是采取多路径路由和发送冗余信息。这样一来，即使网络中存在入侵节点，也能够透过冗余路由的存在，保证数据传输。但多路径路由增加了协议复杂性、存储和数据传输开销。

2）选择性转发攻击

传感器网络通过多跳方式将节点采集的节点传输到 Sink 节点，数据的每次转发都有可能受到入侵节点的攻击。在选择性转发攻击中，恶意节点通常表现得和正常节点一样，但它会选择性地丢弃有价值的数据包，导致基站不能及时收到完整准确的消息，从而导致网络功能的失效甚至崩溃。因此，发现并剔除网络中的选择性转发攻击节点，对确保物联网安全至关重要。

3）槽洞攻击

槽洞攻击中，入侵者布署一个危害节点（Compromised Node）。对于基于链路状态的路由的协议，危害节点声称自己电源充足、性能可靠而且高效，从而吸引周围的节点选择它作为下一跳节点。因此，邻居节点会把数据包传给该节点。对于基于距离向量的路由协议，危害节点发送零距离公告，将所有邻居节点的报文都发送到本节点。攻击结果是，在危害节点周围形成一个大的槽洞。

槽洞攻击通常和其他的攻击（如选择攻击）结合起来达到攻击的目的。一些路由协议可能会通过监测端到端的可靠性和潜在信息试着判断路由的质量。在这种情况下，危害节点宣称能够提供高质量的路由和及时的传输，必将对网络安全造成严重危害。

4）女巫攻击

女巫攻击就是指一个恶意节点违法地以多个身份出现，通常把该节点的多余身份称为 Sybil 节点。女巫攻击能够明显地降低路由方案对于诸如分布式存储、分散和多路径路由、拓扑结构保持的容错能力，对于基于位置信息的路由算法很有威胁。

Newsome J 等人应用对称密钥管理技术，提出了针对女巫攻击的防御方案。此方案设计方便，针对性强，但是安全措施仅采用对称密钥，整个网络易受到攻击。另外，把安全性作为主要设计目标，而忽略了能耗问题。

5）虫洞攻击

虫洞攻击通过在两个恶意节点之间建立一条透明于网络中其他节点的私有信道，对无线传感器网络进行攻击。恶意节点可以在虫洞的两端肆意发送邻居探测报文，使得其邻近节点误以为处于虫洞另一端的节点为其邻居节点。

虫洞攻击通常需要两个入侵节点相互串通，合谋进行攻击。其中一个入侵节点在 Sink 节点附近，另一个入侵节点在离 Sink 节点较远的地方，较远的那个节点声称自己和 Sink 节点附近的节点可以建立低延迟、高带宽的链路，从而吸引周围节点将其数据包发到它这里。

该攻击常常与选择性路由攻击结合使用，当它和女巫攻击结合使用时，则最具有隐蔽性。虫洞攻击也可以转化为槽洞攻击。

6）HELLO 攻击

很多路由协议定时地发送 HELLO 包，节点通过 HELLO 报文建立相邻关系。入侵者在网络中放入一个能量较强的节点，以足够大的功率广播 HELLO 包时，收到 HELLO 包的节点会认为这个恶意的节点是它们的邻居。随后，恶意节点广播一个路由消息，声称自己到达 Sink 节点开销最小，收到 HELLO 报文的节点将报文全部发送给恶意节点。而事实上，由于大部分节点离恶意节点距离较远，以普通的发射功率传输的数据包根本到不了目的地。

7）ACK 攻击

一些传感器网络路由算法依赖于潜在的或者明确的链路层确认。入侵者窃听并伪造邻居节点的 ACK 报文，当入侵者监听到该邻居处于“死”状态时，冒充该邻居向源节点回复一个 ACK 报文，使得发送者相信一条差的链路是好的或一个已死或没有能力的节点是活着的。随后在该链路上传输的报文将丢失，而恶意节点也可以发起选择性转发攻击。

4. 传输层攻击

无线传感器网络传输层面临的安全威胁主要为洪泛攻击和失步攻击。

1）洪泛攻击

对于有状态的传输层协议，节点需要保存每个连接的当前状态，攻击者通过发送大量假的连接到某个节点，导致单个节点内存溢出，不能正常工作。当然，对于无连接的协议，不存在这种攻击。

一种解决方案是要求客户成功回答服务器的若干问题后再建立连接，它的缺点是要求合法节点进行更多的计算、通信，并消耗更多的能量。另一种方案是引入入侵检测机制，基站限制这些洪泛攻击报文的发送。

2）失步攻击

失步攻击是指当前连接断开。例如，攻击者向节点发送重放的虚假信息，导致节点请求重传丢失的数据帧。利用这种方式，攻击者能够削弱甚至剥夺节点进行数据交换的能力，并浪费能量，缩短节点的生命周期。

6.2.4 加密技术

加密技术按照密钥不同可分为对称密钥加密算法和非对称密钥加密算法。所谓对称密钥加密算法，是收发双方使用相同密钥对明文进行加密和解密，传统的密码都属此类。收发双方使用不同密钥对明文进行加密和解密，叫做非对称式加密算法。现代密码中的公钥密码就属此类。对称密钥相对非对称密钥，具有计算复杂度低、效率高（加/解密速度能达到数十兆/秒或更多）、算法简单、系统开销小等优点，是目前传感器网络的主流加密技术。

目前常用的6种密钥算法及其性能见表6－2。在密钥建立方面，MISTY1具有明显优势；而在加密方面，没有一个算法具有明显优势。Aura T等进一步对各种算法使用的CPU时钟周期总数进行统计，发现Rijndael算法使用的CPU时钟周期总数最多，因此Rijndael的能耗最大。Aura T等最后得出结论，在性能较差的节点设备上，MISTY1算法优势最大。

表6－2　密钥比较

密钥建立过程						
排序	算法优化后代码大小			算法优化后执行速度		
	代码量	数据量	执行速度	代码量	数据量	执行速度
1	RC5－32	MISTY1	MISTY1	RC6－32	MISTY1	MISTY1
2	KASUM1	Rijndael	Rijndael	KASUM1	Rijndael	Rijndael
3	RC6－32	KASUM1	KASUM1	RC5－32	KASUM1	KASUM1
4	MISTY1	RC6－32	Camellia	MISTY1	RC6－32	Camellia
5	Rijndael	RC5－32	RC5－32	Rijndael	Camellia	RC5－32
6	Camellia	Camellia	RC6－32	Camellia	RC5－32	RC6－32
加密过程						
排序	大小优化			速率优化		
	代码量	数据量	执行速度	代码量	数据量	执行速度
1	RC5－32	RC5－32	Rijndael	RC6－32	RC－32	Rijndael
2	RC6－32	MISTY1	MISTY1	RC5－32	MISTY1	Camellia
3	MISTY1	KASUM1	KASUM1	MISTY1	KASUM1	MISTY1
4	KASUM1	RC6－32	Camellia	KASUM1	RC6－32	RC5－32
5	Rijndael	Rijndael	RC6－32	Rijndael	Rijndael	KASUM1
6	Camellia	Camellia	RC5－32	Camellia	Camellia	RC6－32

6.2.5　密钥管理

根据无线传感器网络自身的特点，密钥管理应满足如下一些性能评价指标。

6.2.5.1　可扩展性

可扩展性（Scalability），即密钥协议所支持的最大网络规模及所需存储器与网络规模的关系。传感器网络的节点规模少则十几个或几十个，多则成千上万个。随着规模的扩大，密钥协商所需的计算、存储和通信开销都会随之增大，密钥管理方案和协议必须能够适应不同规模的无线传感器网络。

6.2.5.2　有效性

网络节点的存储、处理和通信能力非常受限的情况必须充分考虑有效性（Efficiency）。具体而言，应考虑以下几个方面：存储复杂度（Storage Complexity），用于保存通信密钥的存储空间使用情况；计算复杂度（Computation Complexity），为生成通信密钥而必须进行的计算量情况；通信复杂度（Communication Complexity），在通信密钥生成过程中需要传送的信息量情况。

6.2.5.3　密钥连接性

密钥连接性（Key Connection）是节点之间直接建立通信密钥的概率，保持足够高的密钥连接概率是传感器网络发挥其应有功能的必要条件。需要强调的是，传感器网络节点几乎不可能与距离较远的其他节点直接通信，因此并不需要保证某一节点与其他所有的节点保持安全连接，只需要确保相邻节点之间保持较高的密钥连接。

6.2.5.4　抗毁性

抗毁性（Resilience）是指抵御节点受损的能力。也就是说，存储在节点中的或在链路交换的信息未给其他链路暴露任何安全方面的信息。抗毁性可表示为当部分节点受损后，未受损节点的密钥被暴露的概率。抗毁性越好，意味着链路受损就越小。

在无线传感器网络中，由于网络的拓扑情况不能事先预知，节点之间的密钥、簇密钥或者是组密钥只能在节点布署后通过协商、计算的方式得出。目前传感器网络的密钥管理解决方案大致可以分为基于密钥分配中心（KDC）方式、基于预分配方式和基于分组、分簇实现方式。

1. 基于密钥分配中心方式

这是当前一种主流方式，该类协议基于密钥服务器来提供整个网络的安全性，其前提假设是初始化阶段主密钥不会发生泄漏，每个节点或用户只需保管与 KDC 之间使用的加密密钥，而 KDC 为每个用户保管一个互不相同的加密密钥。当两个用户需要通信时，需向 KDC 申请，KDC 将工作密钥（也称会话密钥）用这两个用户的加密密钥分别进行加密后送给这两个用户。在这种方式下，用户不会保存大量的工作密钥，而且可以实现一报一密，但缺点是存在网络瓶颈和单点失效问题；通信量大，而且需要有较好的鉴别功能，否则无法识别 KDC 和用户，它侧重于考虑能耗要求和存储要求，实现比较简单，但主密钥更新问题难以解决。

2. 基于预分配方式

传感器网络布署不可预知的特性是该类协议产生的最大动力。网络布署前，预先在节点上存储一定量的密钥或计算密钥的素材，用来在节点布署阶段生成所需的密钥。它侧重于提高网络安全性能，消除了对可信第三方的依赖，也消除了网络瓶颈。

该方案的优点是完美安全，无单点失效威胁，支持节点的动态离开。但节点存储负担大、网络可扩展性差，难以实现新增节点加入等问题。

这种密钥分配一般分为如下几步：初始化阶段、节点布署阶段和密钥建立阶段。密钥建立阶段包括直接密钥建立和间接密钥建立。各种方案的差异在于初始化以及密钥建立阶段采取的不同机制分别有其自身特点。

这类密钥分配方式有以下三种类型：基于密钥池预分配方案、基于动态计算的预分配方案和基于网络布署知识密钥管理方案。

Eschenauer 等人最早提出在无线传感器网络中采用预分配密钥方案，该方案基于概率论和随机图理论，目前是实现在节点布署之后，能够自主地与邻居节点建立密钥对，克服了传统传感器网络布署前拓扑无法预知的困难。在网络布署前，所有的节点随机地从一个很大的对称密钥池选取一部分密钥子集作为该节点的密钥环，并预先存储到节点上；在网络布署后，通过某种方式与直接邻居互相发现各自预先存储的密钥自己中共同拥有的部分，称为共享密钥，并将这些作为邻居之间的会话密钥。如果直接邻居间没有共享密钥，通过已建立的安全链路迂回建立会话密钥，称之为间接密钥。根据随机图论知识可以推导出，在随机图 $G(n, p_i)$ 中，为了达到预期的连通概率 P_C，节点的度 d，网络规模 n 及节点存储密钥环大小 k 之间存在如下关系：

$$d = \frac{n-1}{n}\left(\ln n - \ln\left(-\ln P_C\right)\right) \tag{6-1}$$

该方案的特点是节点能够与邻居建立安全链路，存储量需求下降。但因为是基于概率的，不能提供确定的安全性；几组不同的节点可能共享一个相同的密钥，如果有节点被俘获，一个节点的密钥泄露就可能导致其他众多节点的安全问题；另外一个不足之处在于布署阶段缺乏验证，通信量大。

3. 基于分组、分簇实现方式

该类协议将网络的节点动态或静态地分成若干个组或簇，这类方案非常适合于基于分簇的传感器网络。另外，分组或者分簇实现能够有效减少节点上的密钥存储量；但是，当节点使用组密钥或簇密钥加密时，单点失效影响的网络部分将扩大到一个组或者一个簇。因此，如何有效地减少单点失效对网络剩余部分的影响，是这类协议尚待解决的一个主要问题。

6.2.6 安全路由

6.2.6.1 TRANS 协议

TRANS（Trust Routing for location-aware sensor networks）协议建立在地理路由协议之上，为无线传感器网络中隔离恶意节点和建立信任路由，提出了一个以位置为中心的体系结构。

其主要思想是使用信任概念来选择安全路径和避免不安全位置。假定目标节点使用松散的时间同步机制 μTESLA 来认证所有的请求，每个节点为其邻居位置预置信任值，一个可信任的邻居是指能够解密请求且有足够信任值的节点，这些信任值由 Sink 节点或其他中间节点负责记录。Sink 节点仅将信息发给它可信任的邻居，这些邻居节点转发数据包给它的最靠近目标节点可信任的邻居，这样的信息包将沿着信任节点到达目的地。每一个节点基于信任参数计算其邻居位置的信任值，当某信任值低于指定的信任阈值时，在转发信息包时就避过该位置。协议的大部分操作是在基站（Sink）完成的，这样可以减轻传感器节点的负担。

6.2.6.2　INSENS 协议

INSENS（Intrusion-Tolerant Routing in Wireless Sensor Networks）协议是一种面向无线传感器网络的安全入侵容忍路由协议。该协议能够为 WSN 安全有效地建立树结构的路由。

整个过程分为三个阶段：①基站广播路由请求包；②每个节点单播一个包含临近节点拓扑信息的路由回馈信息包；③基站验证收到的拓扑信息，然后单播路由表到每个传感器。

协议结合有效的单向散列链去阻止入侵者发起洪泛攻击。内嵌的 MAC 可以唯一安全地把一个 MAC 与某个节点、某个路径和特定的 OHC 号相关联，因此可以防御通过虫洞的重放攻击。该协议借鉴了 SPINS 协议的某些思想。例如，利用类似 SNEP 的密码 MAC 来验证控制数据包的真实性和完整性，密码 MAC 是验证发送到基站的拓扑信息完整性的关键。它还利用 μTESLA 中单向散列函数链（OHC）所实现的单向认证机制来认证基站发出的所有信息，这是限制各种拒绝服务攻击和 rashing 攻击的关键。另外，该协议还通过每个节点只与基站共享一个密钥、丢弃重复报文、速率控制以及构建多路径路由等方法，限制了洪泛攻击，并使得恶意节点所能造成的破坏被限制在局部范围，而不会导致整个网络的断裂或失效。除了通过采用对称密钥密码系统和单向散列函数这些低复杂度安全机制外，该协议还将路由表计算等复杂性工作从传感器节点转移到资源相对丰富的基站（Sink 节点）进行，以解决节点资源约束问题。

6.2.7　入侵检测

入侵检测用于识别那些未经授权而使用网络系统的非法用户和那些对系统有访问权限但滥用其权力的用户，包含外部入侵检测和内部滥误用检测两方面的内容。

入侵检测是一种主动保护自己免受攻击的网络安全技术，它通过对网络或系统的若干关键点收集信息并对其进行分析，监视网络和系统的运行状况，尽可能发现各种攻击企图、攻击行为或者攻击结果，以保证网络系统资源的机密性、完整性和可用性。加密和认证等技术可以降低网络被攻击的可能性，但是不能完全杜绝攻击，无法真正实现保证网络安全的目的。因此入侵检测可以作为安全防护机制的合理补充，降低攻击可能给系统造成的破坏，收集证据甚至进行反入侵，构筑网络系统的第二道安全防线。

根据检测方法的不同，无线传感器入侵检测可以分为误用检测（Misuse Detection）和异常检测（Abnormal Detection）。下面分别对这两种检测的优缺点及在无线传感器网络入侵检测中的应用前景进行分析。

6.2.7.1　误用检测分析

误用检测是根据之前掌握的关于入侵或攻击的知识，为每一种入侵或攻击都建立一个或多个模式，将网络信息与特征库进行对比，检测与已知的不可接受行为之间的匹配程度。如果能找到相匹配的模式，即认为是入侵或攻击。由于误用检测是基于特征库的，对于已知攻击，它可以详细、准确地报告出攻击类型，但是对于在特征库中不存在的攻击都会认为是正常行为，所以误用检测无法对新的未知入侵进行检测，需要不断对特征库进行更新。频繁地更新特征库会造成过多的额外能耗，不能很好适应无线传感器网络入侵检测低能耗的要求。这造成了误用检测在无线传感器入侵检测中的局限性。同时，传感器节点存储资源受限，导致特征库的规模受到制约。

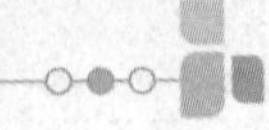

6.2.7.2 异常检测分析

异常检测假设入侵者活动异常与正常主体的活动，建立正常的“活动模型”，模型选取系统中某些特征进行分析，并通过观测一组测量值偏离度进行决策，这种方法一般需要借助一些数学模型。如果当前主体的活动违反其统计规律，则认为可能是“入侵”行为。异常检验分析成功与否的关键是如何选择系统的特征，建立正常状况下的模型。如果模型建立得不正确，或者本来是正常的行为，但是由于在建立模型的时候这种行为没有出现，那么在检测的时候就会认为这种行为偏离了正常的模型，而实际上这种行为确实是正常的，从而引起误检问题。异常检测应用与传感器网络存在如下困难。

（1）由于涉及数学建模，异常检测分析需要非常大的计算量，这对系统的计算能力和能量都提出了很高的要求。对于无线传感器网络这种资源受到限制的网络，异常检测分析的应用受到很大的制约。

（2）目前，由于传感器网络还缺乏大规模的实际应用，无法收集到足够多的正常数据以建立准确的数学模型。

6.3 RFID 系统安全问题

射频识别（Radio Frequency Identification，RFID）是一种非接触式的自动识别技术，是传感器网络的核心技术。其基本原理是通过射频信号和空间耦合，实现对目标对象的自动识别和相关数据的获取，可识别高速运动物体并可同时识别多个标签，识别工作无须人工干预，操作也非常方便。

RFID 技术近年发展迅速，它的应用正在影响并改变社会生活的方方面面。但是与此同时，它的安全和隐私问题也越来越受到重视。RFID 设计和应用的目的就是降低成本，提高效率，由于 RFID 标签价格低廉和设备简单，安全措施很少被应用到 RFID 当中。RFID 芯片如果设计不良或没有受到保护，有很多手段可以获取芯片的结构和其中的数据，单纯依赖 RFID 本身的技术特性将无法满足 RFID 系统安全要求，RFID 面临的安全威胁愈加严重。

6.3.1 安全风险

6.3.1.1 RFID 自身脆弱性

RFID 标签由于本身的成本所限，很难具备足以自身保证安全的能力。非法用户可以利用合法的阅读器或者自制的阅读器直接与 RFID 标签进行通信，这样就很容易获取甚至修改 RFID 标签中的数据，给其安全造成很大隐患。另外，RFID 系统中的任何组件或者子系统故障都会导致系统失效。导致这些故障的原因有多方面原因：网络或者线路连接故障、软件病毒使中间件（软件）功能失效，射频干扰导致阅读器无法正确获取标签信息。

同样，由于部分 RFID 部件布署于户外，极易受到天灾人祸的影响。如果企业对 RFID 系统有完全的依赖性，那么 RFID 系统故障会给企业带来巨大的经济损失。

6.3.1.2 RFID 易受外部攻击

RFID 使用的是无线通信信道，这给非法用户的攻击带来了便利。由于 RFID 系统支持远程无线接入访问系统资源，往往没有布署足够安全机制，很容易被第三方利用来进行非授权访问，第三方有可能非授权访问 RFID 信息并用来危害实施 RFID 系统单位的利益。

6.3.1.3　隐私风险

没有安全机制的射频标签会向邻近的读写器泄漏标签内容以及一些敏感信息，因此 RFID 技术导致多个隐私问题：一是单位或者个人为自己利益非法收集 RFID 信息，包括交易信息或者授权信息，然后利用该信息进行非法活动；另外，由于多数 RFID 信息未经加密处理，RFID 信息很容易被用于个人或者货物的非法跟踪。

6.3.1.4　外部风险

RFID 作为一个完整的系统会与其他系统、网络和设备整合在一起，不可避免地有来自外部的安全风险。外部安全风险主要来自于两个方面：射频干扰和计算机网络攻击。射频干扰主要是电磁干扰，会导致系统工作异常；计算机网络攻击主要指对网络设备和应用软件的攻击，会导致网络瘫痪。常见的有恶意软件攻击、拒绝服务攻击和配置错误等。

6.3.2　安全需求

RFID 技术发展迅速，产品种类繁多，对于不同的应用 RFID 系统的安全性要求也不同。对于带有 RFID 标签的商品的消费者来讲，隐私权的保护是最受关注的问题，防止标签信息被非法读取、跟踪，从而泄露使用者的行踪；对于一些电子票证、使用电子标签进行交易的业务，标签的复制和伪造则会给使用者带来损失；对于 RFID 应用最广泛的供应链系统，攻击者可以对信息进行窃听和篡改，将修改后的非法信息传给接受者。一般来说，RFID 系统应当解决机密性、完整性、可用性、真实性和隐私性等基本安全性要求。

6.3.2.1　机密性

一个 RFID 电子标签不应当向未授权读写器泄漏任何敏感信息。而现有的 RFID 系统中，阅读器和标签之间的通信多数情况是不受保护的，未使用安全机制的电子标签极易向周围的阅读器泄露所携带的信息。在许多应用中，电子标签中所包含的信息关系到消费者的隐私权，这些数据一旦被攻击者获取，消费者的隐私权将无法得到保障。

6.3.2.2　完整性

在通信过程中，数据完整性能够保证接收者得到的信息在传输过程中没有被攻击者篡改或替换。在阅读器和标签的通信过程中，传输信息的完整性无法得到保障，攻击者可能修改标签的内容，而使用校验和的方法无法检测出标签内容是否被修改。在 RFID 系统中，通常使用消息认证来进行数据完整性的检验。

6.3.2.3　可用性

可用性要求 RFID 系统的安全解决方案所提供的各种服务能够被授权用户正常使用，并能够有效防止攻击者企图中断 RFID 系统服务的恶意攻击。合理的 RFID 安全系统应当符合协议的要求，不能使用过于复杂的算法或额外的硬件开销，这在资源和功耗有限的电子标签上是无法实现的。同时应该能在一定程度上保证标签的安全性，避免攻击者对标签进行恶意的信息读取或内容篡改。

6.3.2.4　真实性

基于电子标签的身份认证是 RFID 系统的重要应用方向。电子标签的身份认证在 RFID 系统中是非常重要的，攻击者可以通过非法手段获得标签的信息，使用复制或伪造的标签哄骗阅读器。现有的 RFID 系统缺乏这样的机制。

6.3.2.5 隐私性

目前的 RFID 系统面临着位置保密或实时跟踪的安全风险。一个安全的 RFID 系统应当能够保护合法使用者的隐私信息或商业利益。隐私保护机制可分为隐私敏感信息收集方案、受控信息解密方案和通信内容保护机制。

由于 RFID 系统成本的限制，要建立起一个符合以上各种要求的安全机制是一项非常困难的任务，所以要寻求一种折中的方案，既能满足低成本的要求，同时能够基本保证系统的安全性。

6.3.3 安全机制

当前，为了保证 RFID 系统的安全，建立了相应的 RFID 安全机制，包括物理方法、逻辑方法及两者的结合。

6.3.3.1 物理方法

使用物理方法来保护标签安全性的方法主要有电磁屏蔽、kill 命令机制（Kill Tag）、主动干扰、阻塞器标签（Blocker Tag）和可分离的标签等。这些方法主要用于一些低成本的电子标签，因为这类 RFID 标签有严格的成本限制，功能简单，无法提供复杂的应用程序或加密算法保护隐私。

1. 电磁屏蔽

利用电磁屏蔽原理，把 RFID 标签置于由金属网或金属薄片制成的容器中，无线电信号将被屏蔽，从而阅读器无法读取标签信息，标签也无法向阅读器发送信息。顾客可以将自己的私人物品放在有这种屏蔽功能的手提袋中，防止非法阅读器的侵犯。但是这种方式增加了额外费用，在很多应用领域中这种安全措施也是不可行的，例如，衣服上的 RFID 标签无法用金属网屏蔽。

2. Kill 命令机制

Kill 命令机制是由标准化组织 Auto-ID Center 提出的方案，是一种从物理上毁坏标签的方法。RFID 标准设计模式中包含 kill 命令，执行 kill 命令后，标签将不可再用。消费者可以在购买产品后执行这个 kill 命令使标签失效，从而消除了消费者在隐私方面的顾虑。但这种方法以牺牲 RFID 的性能为代价，既难以验证是否真正执行了 kill 命令，也限制了 RFID 标签的进一步应用，如产品的售后服务、废品的回收等。

3. 主动干扰

主动干扰的基本原理是使用能主动发出无线电干扰信号的设备，以使附近 RFID 系统的阅读器无法正常工作，从而达到保护隐私的目的。但是这种方法在大多数情况下可能是违法的，因为它会给不要求隐私保护的合法系统带来严重的破坏，也有可能影响其他无线通信。

4. 阻塞器标签

RSA 安全公司提出的阻塞器标签是一种特殊的电子标签。当一个阅读器询问某一个标签时，即使所询问的物品不存在，阻塞器标签也将返回存在的信息，这样就防止 RFID 阅读器读取顾客的隐私信息。另一方面，通过设置标签的区域，阻塞器标签可以有选择性地阻塞那些被设定为隐私状态的标签，从而使那些被设定为公共状态的标签的正常工作不受到影响。这项技术的缺陷在于，只有持有阻塞器标签的顾客才能保证隐私不被侵犯，这给顾客带来了额外的负担。为了解决这个问题，该公司又提出了另一种相近的解决方法——软阻塞器。它在顾客购买商品后，更新隐私信息并通知阅读器不要读取该信息。

5. 可分离的标签

利用 RFID 标签物理结构上的特点，IBM 推出了可分离的 RFID 标签。它的基本设计理念是使无源标签上的天线和芯片可以方便地拆分。这种可分离的设计可以使消费者改变电子标签的天线长度从而极大地缩短标签的读取距离。如果用手持的阅读设备几乎要紧贴标签才可以读取到信息，那么没有顾客本人的许可，阅读设备不可能通过远程隐蔽获取信息。缩短天线后的标签本身还是可以运行的，这样就方便了货物的售后服务和产品退货时的识别。但是目前可分离标签的制作成本还比较高，标签制造的可行性也有待进一步讨论。

6.3.3.2　逻辑方法

随着芯片技术的进步，更加智能并可多次读写的 RFID 标签将会被广泛地应用，这就为解决 RFID 隐私与安全问题提供了更多的可能。与基于物理方法的安全机制相比，基于各种加密技术的逻辑方法被应用于 RFID 标签中，并受到了更多的关注。下面简要介绍三种方法。

1. 散列锁定

Weis 等提出了利用散列函数给 RFID 标签加锁的方法。它使用 metaID 来代替标签真实的 ID，当标签处于封锁状态时，它会拒绝显示电子编码信息，只散列函数产生的散列值返回。只有接收到正确的密钥或电子编码信息，标签才会在利用散列函数确认后来解锁。这种方法的技术成本包括标签中散列函数的实现和后端数据库里的密钥管理。散列锁定的协议流程（如图 6－3 所示）如下。

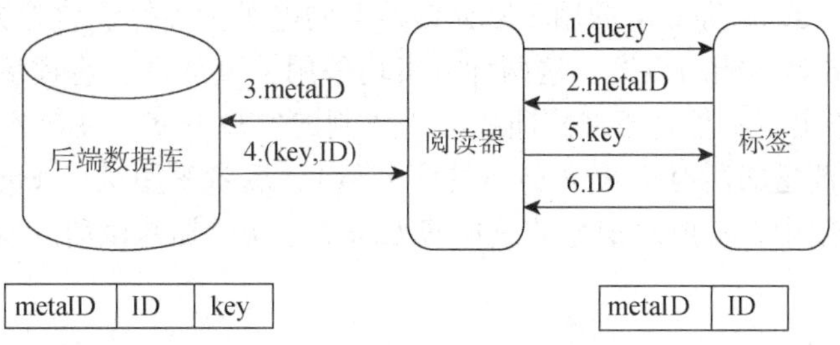

图 6－3　Hash-lock 的协议流程

- 阅读器向标签发送查询（query）认证请求。
- 标签把 metaID 发送给阅读器。
- 阅读器把 metaID 转发给后端数据库。
- 后端数据库查询自己的数据库，若找到与 metaID 匹配的项，则将该项的（key，ID）发送给阅读器，其中 ID 为待认证的标签的标识，metaID = H（key）；否则，返回给阅读器认证失败信息。
- 阅读器将接收自后端数据库的 key 发送给标签。
- 标签验证 metaID = H（key）是否成立，若成立，则将其 ID 发送给阅读器。
- 阅读器比较来自标签的 ID 是否与来自后端数据库的 ID 一致，若一致，则认证通过；否则，认证失败。

由于这种方法较为直接和经济，因此它受到了普遍关注。但是由上述协议过程可知，该协议采用静态 ID 机制，metaID 保持不变，且 ID 以明文形式在不安全的信道中传输，非常容易受到假冒攻击、重用攻击和标签跟踪，即 Hash-lock 协议并不安全，因此各种改进算法纷纷出现，如随机化 Hash-lock 协议、Hash 链协议等。

2. 临时 ID

这个方案的思想是让顾客可以暂时更改标签 ID。当标签处于公共状态时，存储在芯片 ROM 里的 ID 可以被阅读器读取。当顾客想要隐藏 ID 信息时，可以在芯片的 RAM 中输入一个临时 ID。当 RAM 中有临时 ID 时，标签会利用这个临时 ID 回复阅读器的询问。只有把 RAM 重置，标签才会显示它的真实 ID。这个方法给顾客使用 RFID 标签带来了额外的负担。同时，临时 ID 的更改也存在潜在的安全问题。

3. 重加密

为了防止 RFID 标签与阅读器之间的通信被非法监听，可以通过公钥密码体制实现重加密（re-encryption）。重加密，顾名思义就是反复对标签名进行加密，重加密时，读写器读取标签名，对其进行周期性加密，然后写回标签中。这样，由于标签和阅读器间传递的加密 ID 信息变化很快，这使得标签电子编码信息很难被盗取。

重加密机制有如下的优点。

- 对标签要求低：标签只不过是密文的载体，加密和解密操作都由读写器执行。
- 保护隐私能力强：重加密不受算法运算量限制，抗破解能力强。
- 兼容现有标签：只要求标签具有一定可读写单元。
- 读写器可离线工作：无需在线连接数据库。

由于 RFID 的计算资源和存储均十分有限，因此使用公钥加密的 RFID 安全机制非常少见，典型的有两个：Juels 等提出的用于欧元钞票上的电子标签标识建议方案和 Golle 等提出的实现 RFID 标签匿名功能的方案，这两种方案均采用了重加密。前者基于一般的公钥加密/签名方案，同时给出了一种基于椭圆曲线密码体制的实现方案，在该方案中，完成重加密的实体知道被加密消息的所有知识（钞票的序列号）；后者采用基于 Elgamal 体制的通用重加密方案，在该方案中，完成对消息的重加密无需知道初始加密该消息所使用的公钥的任何知识。

习题

1. 物联网安全体系主要有哪几层？每层的功能是什么？
2. 感知层可能遇到的安全挑战包括哪几种情况？
3. 简述处理层的安全架构。
4. 简单分析无线传感器网络的安全威胁。
5. 简述涉及无线传感器网络的 4 种安全技术。
6. 密钥管理技术有哪些性能指标？
7. 什么是入侵检测？物联网面临的入侵检测问题主要有哪些？
8. RFID 系统面临的隐私威胁有哪些？
9. 如何使用物理途径来保护 RFID 标签的安全性？

第7章　物联网定位技术

在物联网所有的现实技术应用中，与人们社会实际生产生活联系和结合最紧密的应用之一就是定位跟踪及其相应的管理任务。通过定位跟踪管理，可以使得网络中的人或者是任何物品实现信息互联互通，达到“物物相联”的效果。从物联网的所要达到的物物相连的效果来看，如果想要实现任何时间、任何事物、任何地点之间的连接，其中必须有定位技术的支持，而且，在任何地方的连接里面本身就必然包含着物体之间的位置信息。

对物联网的成熟体系架构进行分析研究知道，使用 RFID、传感器等可以从现实物理世界当中获取各种各样的信息，通过连接网络最后传送到用户或者服务器终端，从而实现为用户提供各种各样的信息服务。因此，所有采集到的信息必须能够和传感器自身的具体位置信息相关联，否则，采集到的信息所包含的价值就将失去意义。综上所述，基于传感器网络的定位追踪技术，是物联网实际应用中一个非常重要的方面。

7.1　基于传感器网（物联网）的定位技术及解算方法

近年来随着物联网产业的兴起和蓬勃发展，无线传感器网络这一新兴技术在现代城市环境监测、交通导航追踪定位、商业物流配送管理、智能化社区服务和公共安全等诸多领域得到了广泛应用，受到了高度关注。根据这一技术在应用于定位追踪问题处理中存在的诸多特点，其工程实现的技术方法可按传感器工作模式，定位空间范围及运行解算方式分为以下三类。

7.1.1　按传感器工作模式分类

基于物联网概念下的无线传感器网络应用中，按照传感器工作模式的分类，目前定位技术主要存在两种技术体制的工作模式。其中，一种是基于上行链路的定位技术，即基于无线传感器网络的定位技术；另外一种是基于下行链路的定位技术，即基于带有传感器的移动终端的定位技术。这两种技术分别具有自己的特点。

7.1.1.1　基于带有传感器的移动终端的定位技术

基于移动终端的定位技术，特点是要求带有无线传感器的移动终端参与有关定位的参数测量，并能够进行测量值的求解运算。目前，国际上已提出的基于移动台的成熟应用方法主要有：基于下行链路增强观测时间差定位方法、基于下行链路空闲周期观测到达时间差方法、基于 GPS 辅助的定位技术方法等，这种定位系统又称为前向链路定位系统或移动终端自定位系统。在此过程中，移动终端能够检测到多个位置已知发射信号机所发射的信号，并按照信号中所包含的与移动台位置坐标相关的特征信息（如传播时间、时间差、场强等）

来确定它与发射机之间的位置关系，并由移动终端中集成的位置解算功能，根据相关定位算法计算出估计位置。

TA（Timing Advance）定位法。TA 本身是目前 GSM 系统中的一个非常重要的参数。在现有的 GSM 系统中，为保证信息帧中各时隙的同步，基站利用移动终端所发信息分组中的训练码序列，就能够获得基站和移动终端之间的信号传播时延信息数据，通过慢速伴随信道就能够将信号传播时延信息，并且以 TA 参数的形式告知移动终端。移动终端此时利用 TA 参数就能够调整信息分组的发送时刻，从而确保各移动终端设备的信息数据按分组方式到达基站时能够避免时隙重叠的效应。网络基站和移动终端之间的信号传播时延，是指无线电通信信号在基站和移动终端之间一个往返的传输时间。其定位原理如图 7－1 所示。

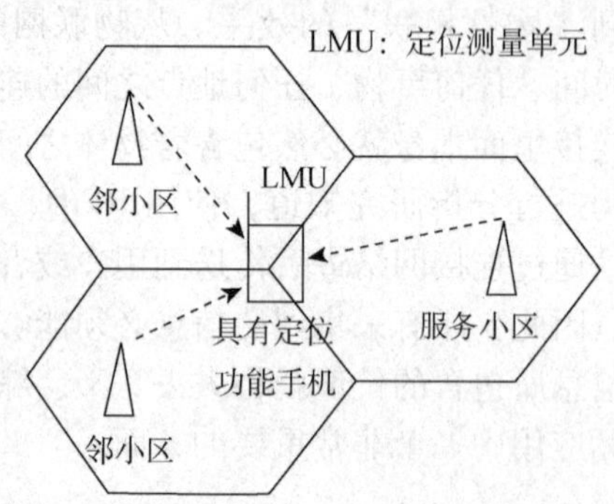

图 7－1　移动台辅助/基于移动终端的定位系统

TA 定位法是一种基于网络终端的定位技术。该方法的优点在于无须对移动终端作任何改动。对基站系统的改动也仅需在切换规程的控制软件中进行，其缺点在于采用了强制切换。在定位过程中移动台不能进行其他业务通信。同时也增加了更多的信令负荷，TA 参数的准确性受到多径效应的影响。至少需要获得三个以上的 TA 参数才可以决定移动台的具体位置于一个点，定位时间相对较长。

7.1.1.2　基于无线传感器网络的定位技术

基于传感器网络的定位技术，是指传感器网络根据测量到的数据信息，按照一定的算法机制，解算出移动终端所处的位置坐标参量。该系统概念上又称为长距离定位系统或是反向链路系统，在这一过程中，多个位置固定的接收机对移动终端发出信号，同时同步进行检测，并将接收信号中包含的与移动终端位置相关的信息传送到网络中的移动定位中心服务器（MLC），并由定位中心的 PCF 最终计算出移动终端的位置估计值。实际生活中，以手机为网络终端定位设备为例，通常情况下，必须利用三个或三个以上蜂窝基站接收手机信号的定位参数，即到达时间、到达角度或接受信号指示强度，然后根据一定算法进行坐标解算。下面，根据以上两种定位方式分别介绍其相应的定位算法。基于无线移动网络的定位方法，目前国际上主流通行的方法主要有：上行链路信号到达时间定位方法、上行链路信号到达时间差定位方法及上行链路信号到达角度定位方法、基于 CeU-ID 定位和基于时间提前量定位的方法等。下面分别基于这一技术的定位算法进行介绍。

1. AOA

基于到达方位角度（Arrival of Arrive，AOA）的定位方式，是一种根据无线电波传播信号到达的角度，测定出运动目标的位置的解算方法。如图 7－2 所示。

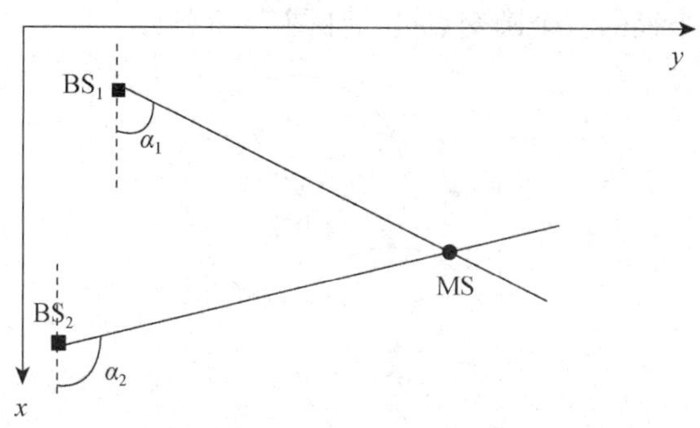

图 7 - 2　到达方位角度测量定位方法

在 AOA 定位方式中，其基本原理是只要相应地测量出移动目标与两个基站之间的传输信号到达角度参数的信息，就可以按特定的数学运算机制，获取得到目标的具体位置。假设，无线传感器网基站 BS_1 与基站 BS_2 到达定位物体的入射角分别为 α_1 和 α_2，则 AOA 定位技术可以由下式描述：

$$\tan\alpha_i = \frac{x - x_i}{y - y_i},\ i = 1,\ 2 \tag{7-1}$$

其中，$(x_i,\ y_i)$ 为第 i 个基站的坐标，通过求解方程组，可得到待定位物体的位置坐标 $(x,\ y)$。基于网络的 AOA 定位方式，是指基站接收机利用基站的天线阵列，接收不同阵元的信号相位信息，并测算出运动目标的电波入射角，从而构成一根从接收机到发射机的径向连线，即测位线，目标终端的二维位置坐标可通过两根测位线的交点获得，通常情况下为使定位精度更高，一般可再增加一定数量的测位线。它的优点在于在障碍物相对较少的地区可以得到较高的准确度，缺点在于在障碍物较多的环境中，由于多径效应误差将增大。另外在目前的系统中，基站的天线往往不能测量角度信息，所以需要引入阵列天线测量角度才可以采用 AOA 定位法对移动终端定位。

2. TOA

基于信号到达时间（TOA，Time of Arrive）定位方式，也称为基站式三角定位方式。其基本原理是，通过精确测量从移动目标发射机发出的无线电波，到达多个（三个及以上）基站接收机的准确传播时间，来确定并解算出移动物体目标的准确位置。其中，已知无线电波传播速度设定为 c，移动目标与定位基站之间的传播时间为 t，根据解析几何知识，可以得知运动目标确定位于以定位基站为圆心、以移动终端到基站的无线电波传输距离 c_t 为半径的定圆上。根据以上所述的几何原理，由 3 个基站确定的定位圆的交点，可以确认为目标移动的二维位置。基于 TOA 的定位方式中，为了能够实现可根据发射信号到达定位基站的接收时间，确定出无线信号的传播时间的目的，则要求运动目标发射机在发射无线信号中，添加有发射时间的特定标记信息。这种定位方式的定位精度在很大程度上取决于各基站和运动目标的时钟的精度，以及各基站接收机和运动目标发射机时钟间的同步运行。假设移动台到基站 i 的距离 R_i 已知，由几何定理可知，移动台必定处于以基站 i 为圆心，R_i 为半径的圆周上，即移动台 $(x_0,\ y_0)$ 与各基站 $(x_i,\ y_i)$ 之间满足以下关系，如式 7 - 2 所示。

$$(x_i - x_0)^2 + (y_i - y_0)^2 = R_i^2 \tag{7-2}$$

若已知三个基站与移动台之间的位置关系，则移动台恰好位于以三个基站为圆心，以基

站到移动台间距离 R_i 为半径的三个圆交点处，如图 7 - 3 所示。

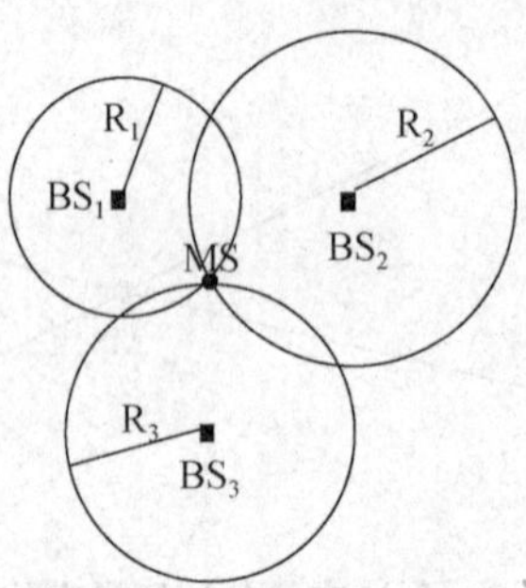

图 7 - 3　圆周定位法

在实际测量过程中，常通过测量移动台发射信号到达基站 i 的时间 t_i（TOA）来计算相隔的距离 $R_i = c \times t_i$，其中 c 为电磁波在空气中的传播速度，即 $c = 3 \times 10^8 \mathrm{m/s}$。因此，三圆相交定位法又称为 TOA 定位。

通常情况下，TOA 定位法是一种基于网络的定位技术。该定位方法的优势在于，对现有的移动节点终端无需作任何升级和改造，定位精度相对较高并且可以在后端数据处理时采用单独优化的手段。其定位精度与位置测量单元的时钟精度是紧密相关的。无线传感器网络节点之间的通信都采用无线电信号的方式，而 TOA 算法要求参与定位的各个基站，在时间上要达到严格意义的同步。但是，该方法同样存在一定的缺点，电磁波的传播绝对速率是非常高的，基本接近于光速，而传感节点之间的相对距离又较小，这就会使得很难计算发送和接收节点之间的信号传输时间，其间，微小的误差将会在算法运行中被放大，这将在很大程度上降低定位精度。其每个单独的基站，都必须增加使用一个位置测量单元，并且要做到时间的精确同步，与此同时，移动终端本身也需要与网络基站实现同步。构造这样完整的网络，初期投资费用可能比较高。此外，传播过程中的多径干扰、NLOS 及环境噪声等干扰，会造成叠加误差，使得定位圆形无法在一点交汇，或者交汇处不是一个点而是一个重叠的区域。因此，TOA 定位法对系统同步的要求是非常高的，需要在传输信号中加入准确的时间标记（要求基站之间的同步），而实际上参加定位的基站一般在三个以上，产生误差是完全不可避免的。此时，可以利用 GPS 辅助装置，对基站进行时间空间校正，并利用其他补偿算法来进一步估计位置从而提高算法的精确度，但这样的话，同时会大大增加系统的通信开销和算法复杂程度，因此单纯应用的 TOA 算法在工程实际中是比较少的。

最早的基于测量距离的 TOA 定位估计算法运用，是在一般非时间同步网络中，利用对称双程测距协议进行测量的，之后，单边测距方法在接下来的研究中被广泛提出并加以运用，如国外研究机构 Harter 开发的 Active Bat 定位系统，它由一系列固定在网格中的传感器节点组成。固定节点从移动节点中接收超声波信息，并通过 TOA 算法进行计算，得到移动节点的距离，在通信距离范围为 30m 左右的情况下，其定位精度可以达到 9cm，相对精度 9.3%。但 TOA 只有在视距（Line Of Sight，LOS）的情况下运用才比较精确，在非视距（None Line Of Sight，NLOS）情况下，随着传播距离的增加测量误差也会相应增大。Hangoo Kang 等人在多径环境下利用基于啁啾展频技术（chirp spread spectrum，CSS）和对称双边双向测距技术（Symmetric Double Sided Two-way Ranging，SDS-TWR）的 TOA 定位系统中提出了误差补偿算法，取得了较好的定位效果，在此基础上 Andreas Lewandowsld 等人提出了一种加权的 TOA 算法，该算法应用于工业环境下，可提高系统容错性，降低自身对测距系统的干扰，在 7m×24.5m 的范围内，测距误差小于 3m。

3. TDOA

基于信号到达时间差（Time Difference Of Arrival，TDOA）定位方式，其原理是通过精确测量移动目标终端发射机到达不同定位基站接收机的传播时间差，并通过相应的算法机制求解运算，来获取运动目标的位置信息的方法。TDOA 定位方式，其优势在于无需移动终端与基站间时间上的精确同步，也不需要在上行信号中加入时间标记信息，同时还可以消除或减少目标移动终端与基站间由于信道因素所造成的共同误差。在该定位方式中，将目标移动终端定位于以两个基站为焦点的双曲线方程上。为了确定目标移动终端的二维坐标，需要至少建立两个双曲线方程（至少三个基站），两条双曲线交点即为目标移动终端的二维坐标。由几何定理可知，当已知基站 BS_1、BS_2 与移动台之间的距离差 $R_{21}=R_2-R_1$ 时，移动台必处于以两个基站位置为焦点，以 R_{21} 为焦距的双曲线上。同理，若已知基站 BS_3 和 BS_1 与移动台的距离差 $R_{31}=R_3-R_1$，则可以通过两组双曲线的交点来确定移动台的位置，即两组双曲线交点处，如图 7-4 所示。

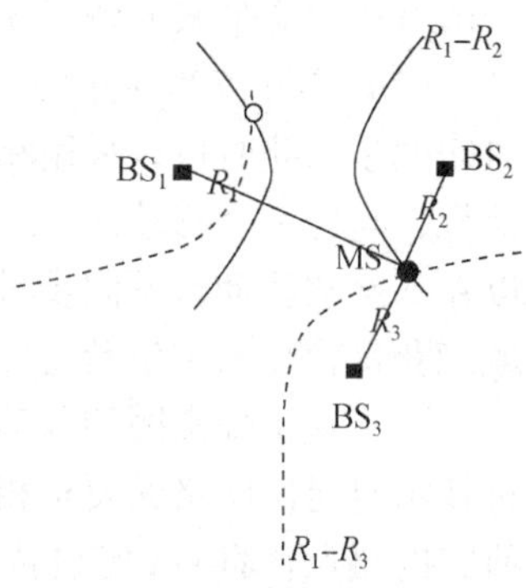

图 7-4 双曲线定位法

其中，距离差 R_{31}、R_{21} 可通过测量移动台发出信号分别到达两基站的时间差 t_{31}、t_{21} 来确定。故双曲定位法又称作基于到达时间差的定位方法，即 TDOA 定位法。而移动台位置 (x_0, y_0) 与基站位置 (x_i, y_i) $(i=1, 2, 3)$ 的关系如式 7-3 所示：

$$\begin{cases}[\sqrt{(x_0-x_2)^2+(y_0-y_2)^2}-\sqrt{(x_0-x_1)^2+(y_0-y_1)^2}]^2=R_{21}^2\\ [\sqrt{(x_0-x_3)^2+(y_0-y_3)^2}-\sqrt{(x_0-x_1)^2+(y_0-y_1)^2}]^2=R_{31}^2\end{cases} \tag{7-3}$$

上述方程可求出两个位置坐标，可由小区半径等已知信息排除其中一个解，得出移动台的真实位置。

TDOA 算法，其实质是对 TOA 算法的一种改进方法，其本身不是直接利用传输无线信号到达时间来确定目标的位置信息，而是利用多个不同区域的定位基站接收信号的到达时间差信息，以此来确定目标的位置信息。相较于 TOA 算法，它并不需要加入特定的时间标记信息，定位精度也有一定程度的提高。但其对硬件设备的要求相对较高，传感器节点上必须附加装备有特殊的硬件声波或超声波收发器设备，这无疑会增加传感节点的成本。针对传输信号易受环境背景噪声影响的特性，声波或者超声波在空气中的传输特性与一般的无线电波信号存在着不同，空气的温湿度或风速的不同，都会对声波的传输速度产生较大的影响，这种情况的存在就会使得距离的估计可能出现一定程度的偏差。单纯使用超声波信号与 RF 到达时间差的测距范围为 5~7m，其工程实用性不强，且超声波的传播方向较为单一，不适合用于面向多点的传播方式，且这种技术应用场合较为单一。基于测距的定位方法技术前提是发送节点和接收节点之间并没不存在障碍物的阻隔，在有障碍物的情况下，声波信号会出现反射、折射和衍射等物理现象，此时得到的测量传输时间将会变大，在这样的传输时间下，估算距离值也将会出现较大的误差。TDOA 值的准确获取目前一般采用以下两种形式。

(1) 利用移动终端到达两个基站的时间 TOA 信息，来获取移动台的坐标位置，以及至少三个基站的坐标位置，取其差值来进行定位解算。在这种情形下，仍然需要基站时间满足严格同步的条件，但是如果当两个基站间移动通信信道传输特性近乎相似时，则可以有效减少由多径效应带来的测量误差。

(2) 实际工程应用中，由于技术条件限制，往往难以做到基站与移动台严格意义上的时间同步，此时可以采用相关估计法，得到所需的 TDOA 值。即将某一个移动终端接收到的信号，与另一个移动终端接收到的信号进行相关法运算，从而得到 TDOA 的值。这种算法可以在基站和移动台不同步时，较为准确地估计出 TDOA 的值，再进行相应的几何定位计算，就能获得较高的定位精度。

对于基于蜂窝网的移动终端定位来说，TDOA 技术本身更具有良好的现实商业意义，这种技术对通信网络的要求相对比较低，且定位精度相对较高，已经成为目前各国科研工作者研究的热点。TDOA 定位技术本身主要具有以下优点。

① 可以在语音和控制信道上进行测量。

② 适用于多种移动电话制式下实现该技术。不需要对蜂窝通信的标准进行修改，容易在所有蜂窝网通信系统中扩展。

③ 对原有系统改动不大。不需要改变用户端和蜂窝的基础设施及蜂窝天线，安装费用少。

④ 测试精度不受距离影响，对多径干扰敏感度低；对功率变化不敏感，信号衰减对测时精度影响小；抗多径效应和市区遮挡效应强，因此在信号接收去不会出现盲点。

⑤ 延时小，其定位时间在 3s 之内。

该方案的优点是精度较高，实现容易，缺点是为了保证定时精度，需要改造基站设备。

近年来，由 MIT 开发出的 Cricket 室内定位系统最早采用了 RF 信号与超声波信号组合的 TDOA 测距技术，在 2m×2m×2.5m 的范围内，该系统定位精度在 10cm 以下，现已成为 Crossbow 的商业化产品。加利福尼亚大学洛杉矶分校的 Medusa 节点在 AHLos 定位系统之间传输距离为 3m 左右时，测距精度能够达到厘米级别。加利福尼亚大学伯克利分校开发的 Calamad 定位系统均采用 TDOA 超声波测距，在 144 的区域布署 49 个节点，平均定位误差达到 0.78m，对于声波收发器的方向单一性问题，给出了两种解决方法：一是将多个传感器调整成向外发射的形状；二是在节点的平面上使用金属圆锥来均匀地传播和收集声波能量。结合 TDOA 测距机制和 NTP 协议时间同步原理，国内外的一些学者均提出了时间同步与节点测距混合的相关算法，结合基于到达时间差的测距机制和网络时间协议中的时钟同步机制，通过逆推时间非同步情况下相互测距的意义，不仅能实现时间同步，还可以实现相对测距甚至绝对测距。

4. COO 定位法

COO (Cell of Origin) 定位法是目前常用的各种定位方法中原理及方式最简单的一种定位方法。它的基本原理是根据移动终端所处的传感器网络 ID 号来确定移动终端的位置。每个小区都有一个唯一的小区 ID 号。移动台所处的小区 ID 号是网络中已有的信息，当移动终端在某个小区注册后，在系统的数据库中就会将移动终端与该小区 ID 号对应起来，只需要知道该基站所处的中心位置和网络小区的覆盖半径，就能够获知移动终端所处的大致范围，所以 COO 定位法的定位精度取决于网络小区的覆盖半径。其在无线通信蜂窝网应用中，在用户相对比较少的地方，覆盖半径大约是40m；在话务量业务密集的地方，如热门商业街、黄金地段写字楼，一般多采用微微蜂窝，覆盖半径能达到100m；如果在繁华的商业区，一个移动终端设备，至少可以处于一个微微小区的覆盖，定位精度不超过100m，有时定位精度可以达到50m甚至更小。在郊区和农村，由于话务量小，基站密度较低，覆盖半径也较大，采用COO定位法一般只能获得1~2km的定位精度。

COO定位法具有实现简单的优点，只需要建立关于网络小区中心位置和覆盖半径的数据库，定位所需时间仅为查询数据库所需的时间，无需对现有的手机终端和通信网络进行改造。其缺点也很明显，定位精度较差，尤其不适合在基站分布密度较低、覆盖半径相对较大的地区使用。

5. E-OTD定位法

E-OTD（Enhanced Observed Time Difference）定位法的基本思想是由移动终端根据对传感器网网络基站和周围相邻几个基站的测量数据，计算出它们的时间差，时间差用于计算用户相对于基站的位置。增强型观测时间差定位技术是基于网络的定位方案，是目前使用频率最多且成熟度最高的技术。

7.1.2 按定位空间范围分类

物联网定位按照定位的空间范围进行分类，又可分为全球范围定位和局部区域定位。

7.1.2.1 全球范围定位

全球范围定位通常情况下必须借助高空中的人造卫星等外太空平台。卫星导航的基本作用是向各类用户和运动平台实时提供准确、连续的位置、速度和时间信息。卫星导航定位技术目前已在较大范围内取代了无线电导航、天文测量、传统大地测量技术，并推动了全新的导航定位技术的发展，成为人类生活中普遍采用的导航定位技术，而且在精度、实时性、全天候等方面对这一领域产生了革命性的影响。提供位置信息服务的方法有地面无线网络定位和GPS定位两种。地面无线网络定位和GPS定位的测量要求具有互补性。在农村或城市郊区无线网路覆盖不佳的地区，无线网络无法满足定位要求，而GPS接收机却可以在可见视野内锁定4颗以上的卫星，完成定位服务。在闹市区或建筑物内及城市峡谷，GPS接收机无法在可见空间内获得足够数量的定位卫星，此时，移动台却可以轻松地搜索到两个或更多的基站。因此，在这种情况下，地面定位网络可以作为GPS定位的补充来提供位置信息。高通公司开发的混合定位方案称为GPSone，它是利用CDMA地面网络定位和GPS定位的互补性发展起来的新技术，GPSone不仅可提高定位灵敏性、可用性和高精度，而且可以大大降低定位成本。

广域GPS卫星的参考网络是由多个具有高灵敏度GPS定位接收机构成的，它们的作用是全天候全时空地监测覆盖区域上空包含有GPS卫星的星历数据、多普勒频移等卫星定位所需的重要信息，动态地及时刷新定位平台中的GPS卫星数据库的存储数据（卫星数据信息与地球地理位置对应关系）。定位终端设备，只在需要进行定位工作时，才通过无线网络向定位系统平台发送信息，通报大概位置（属于基站的编号），然后才可以通过定位平台获得所需的GPS卫星信息，以此则可以大大缩短捕获高空卫星的时间，从而大幅度降低系统的总体耗电量。通过借助定位终端服务器强大的数学解算能力，可以采用结构较为复杂但精准度更高的定位跟踪算法，降低卫星传输接收信号强度较弱等诸多不利因素的影响，从而可以大大提高定位精度和灵敏度。定位平台将地球地理经纬度信息通过无线的方式，送到实际应用服务平台，或者通过无线通信网络送回终端，从而满足定位感知的应用。

GPSOne 工作的基本原理如下。

在实际的工程应用中，网络基站小区的位置坐标信息，是可以通过基于地面的定位技术或基于 GPS 的定位技术来获取的。其中，基于地面的定位技术一般包括：上行链路中使用的移动台发送给基站的导频信号相位，下行链路中使用基站发送给移动台的传输信号到达时间参数。一般情况下，常用的地面定位技术有 AOA 和 TOA 及 TDOA 等方式。其利用网络实现移动台定位的要求主要有：①TOA 测量值；②对 3 个及以上的源信息传送站进行三角法测量，获得 TOA 值；③接收传输信号清晰，在视距范围内无障碍物产生阻挡。GPS 和移动通信技术的飞速发展，使得将 GPS 功能模块集成到移动平台，在此基础上提供移动位置服务变得非常容易。GPS 系统一般由三部分组成：卫星空间星座、地面控制部分和 GPS 接收机。GPS 空间部分由 24 颗每 12h 环绕地球一圈的卫星组成。卫星在 26 000km 的轨道上运行，每颗卫星用两个频率发射信号，即 L1（1 575.42 MHz）和 L2（1 227.60MHz）。在 L1 频率上调制有 P（精确码）码和 C/A（粗码）码，在 L2 频率上只有 P 码。每颗卫星都发送唯一的识别代码，以利于 GPS 接收机识别。民用导航 GPS 接收机使用 L1 频率上的 C/A 码进行伪距测量。传统的 GPS 定位要求至少获得 4 颗卫星才能算出伪距，从而推算出被测位置的三维坐标。GPSOne 系统方案中使用的基于地面的定位技术主要有：①行程往返延迟 RTD，主要是基站采用；②导频相位测量，主要是移动台采用。下面针对具体技术分别进行介绍。

1. 行程往返延迟（Roun Trip Delay，RTD）

CDMA 系统中，基站各个扇区的上行链路导频信号由 GPS 时钟定时进行同步。移动台的天线将检测到的同步时间作为移动台的参考时钟，这是对最早到达且有效的多径信号进行解调而获得的重要参数。下行链路信号的发送时间通过移动台参考时钟来估算。如图7－5所示。来自工作基站的参考时钟将被移动台作为接受作为本身的参考时钟。由于硬件和软件延迟同时存在，设移动台发送传送信号给工作基站的时间为 t，假定上、下行链路的传输延迟特性相同，则信号返回的延迟为 $2t$。移动台信号往返时间对应的几何距离是基站到移动台实际距离的两倍。

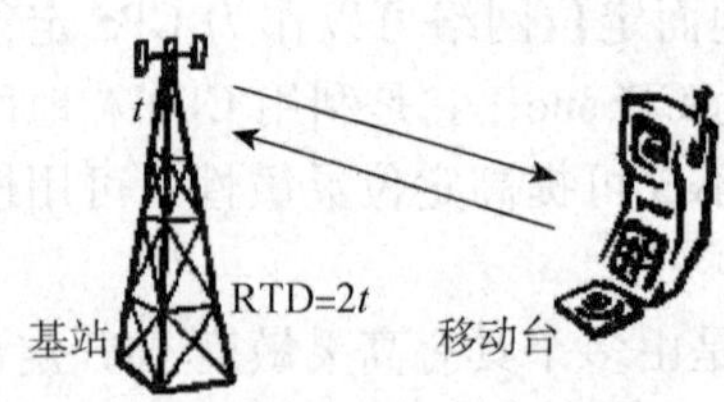

图 7－5　行程往返延迟 RTD

2. 导频相位差测量

通常在 CDMA 系统中，移动台从开机后就持续在搜索活跃的、相邻小区之间的导频信号，用来确定基站切换的最优选择对象。在此过程中，移动台有能力测量来自基站的每一个导频与参考导频（最先到达的导频）之间的相位差。其导频相位差即为两个基站发出的导频信号 TDOA，原理如图 4－6 所示。

图 7－6　导频相位差测量

3. 混合定位方式

GPSone 存在着两种工作模式：①移动台通过接收地面辅助定位网络和 GPS 的位置信息，将这些信息传送给位置解算服务器，服务器结合由基站发送的 RTD 测量值解算出精确的位置坐标信息；②移动台直接计算位置信息，移动台通过对每个接收卫星进行若干次 GPS 测量，后用其测量值解算位置坐标信息。

1）未知目标三维坐标由三颗卫星计算获得

如图 7－7 所示，移动台的 CDMA 信号由基站获得，由此可获得系统时钟。系统时钟与移动台参考时钟的时间差即为移动台与工作基站间的信号传输时间 t。移动台在接入系统或在业务信道上传输数据时，就可以估算传输时延 f = RTD/2。这个估算值可用来修正移动台参考时钟与 GPS 时钟的时钟差。假设用这个修正后的时钟来测量 GPS 伪距信息，则计算未知目标三维坐标使用三颗可见卫星即可。因此，该方式可以极大地减少用以计算三维坐标的卫星数目。需要指出的是，由于移动台时钟、GPS 时钟的钟差估算值与信号传播途径无关，因此在移动台和基站间的链路上，多径干扰不会对上、下行信息传播时间造成不良影响。

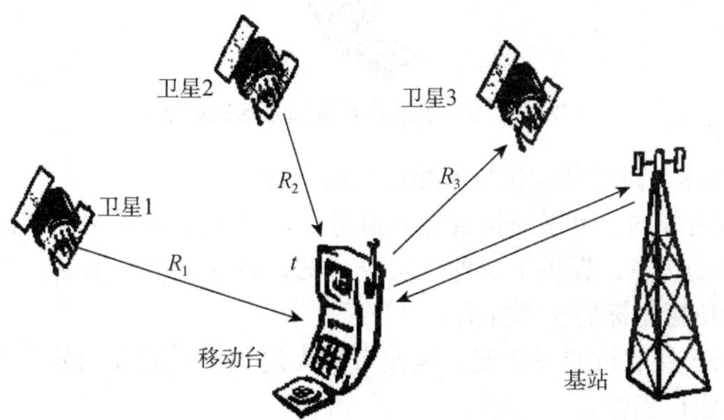

图 7－7　三颗卫星计算未知目标三维坐标

2）未知目标三维坐标由两颗卫星计算获得

如图 7－8 所示，基站除了能够使用 RTD 来提供钟差修正系数，同时还可用来测量移动台到工作基站的距离参数值。移动台到工作基站的距离可表示为 $R = ct$（其中 c 是光速）。多径干扰可能在此时会影响定位精度，尤其在某些特定条件的场景下，可能会得到两个不确定的定位结果。这种不确定性的解决方法是通过小区划分或从上行链路传送信息来处理。例如，邻居小区间导频的导频伪码相位差可以用来解决这种结果存在的不确定性。

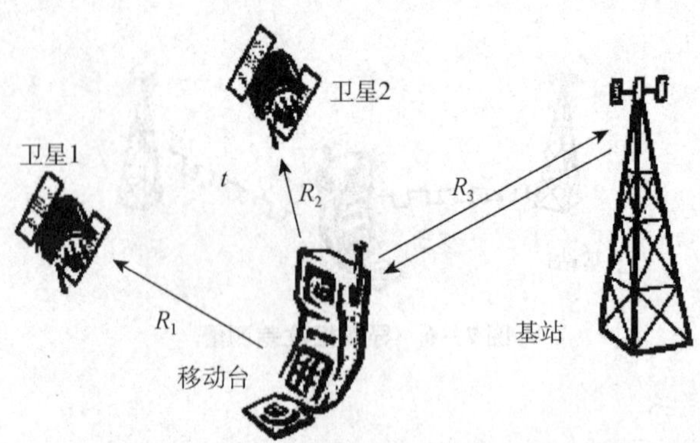

图 7－8　两颗卫星计算未知目标三维坐标

3）未知目标三维坐标由一颗卫星计算获得

这种方案中需要借助无线网络作为辅助测量的测量手段。如图 7－9 所示，辅助测量指的是使用第二个基站的 RTD 测量，测量的参量是上行链路上的某个导频信号相位差。移动台一般取最早到达的导频信号为参考导频以此减少计算位置信息时的多径干扰。

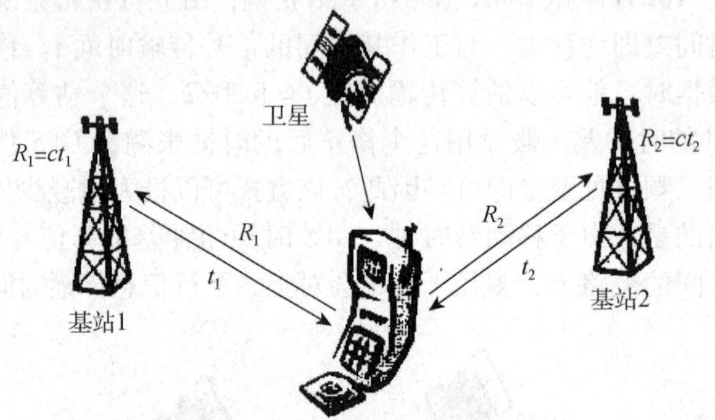

图 7－9　单一卫星计算未知目标三维坐标

GPSOne 定位技术与现有的定位技术相比有以下优点。

（1）能够提供更好的、可用的位置感知服务。较好地结合了地面基站网络覆盖范围广阔和 GPS 定位精确的优点，提供了一种现实可行的、在接收卫星数目少于 4 颗的情况下仍能准确计算移动台位置坐标的技术方法。

（2）可提高 GPS 接收机的灵敏度。在城市高大建筑物或者高山峡谷等使用环境下，仍可正常地持续进行定位工作。

（3）减少了在码相位域中的搜索空间范围，大大提高搜索效率，减少了定位系统锁定 GPS 信号的时间，加快了对定位服务申请的响应速度。

（4）减少了安装在移动台内 GPS 相关器的数量，降低移动台的天线子系统、GPS 接收机部分的成本和复杂度。

（5）可利用 CDMA 移动台中已有的相关器和跟踪软件。

（6）迅速锁定 GPS 信号，延长移动台电池的寿命。

（7）减少对 CDMA 信道的干扰，降低对语音质量、掉线率和呼叫传送率的影响。

（8）因为 CDMA 移动台始终在跟踪基站频率，所以，缩小了对移动台在频域内的搜索空间。

（9）混和定位技术在确定初始位置后，仍可对移动台进行跟踪，在必要时，用GPS测量值对移动台的位置信息进行更新。

综上所述，GPSOne不仅在移动位置服务领域中具有无法取代的技术优势，而且也在美、日、韩等国取得了实际应用的效果。因此，它也必将是中国移动位置业务发展的选择之一。

卫星导航文件是由卫星传送到地面，包含与卫星位置相关所有信息的数据报文；卫星观测文件是由接收机观测接收并作相应处理的观测文件，主要包含伪距信息和观测站自身的信息。通过对卫星导航文件和观测文件的解算，可以得出卫星的位置。有了卫星位置信息之后，再联合伪距信息就可以通过各种接收机定位算法。解算出地面上接收机的位置。需要将可探测到的卫星的位置带入解算方程。因此，在解算接收机位置前需要根据卫星发出的导航文件和接收机的观测文件计算出卫星位置。在解算出卫星位置之后，就需要利用卫星坐标及其他信息对接收机位置进行解算，也就是对用户进行定位。当得出卫星坐标后，就可以根据卫星坐标计算出接收机位置。其基本原理是，空间中两个球面可交汇出一根空间曲线，三个球面可交汇出一点，它的坐标即是待定点在空间的三维位置。在接收机定位解算中，可分为静态定位和动态定位、单点定位和相对（多点）定位等。①单点定位解算。单点定位通常是指利用接收机，直接确定某个观测站在协议地球坐标系中的位置坐标。由于三维位置坐标是相对于坐标系原点（地球质心）的绝对坐标，故又称单点定位"绝对定位"。②双差定位解算。差分定位，也就是相对定位。这种定位方法，采用两台或多台接收机分别安置在基线两端，同步观测卫星。这样，利用两个或多个观测站同步观测同一组卫星（共视卫星）的情况下，卫星的轨道误差、卫星钟差、接收机钟差及电离层和对流层的折射误差对于有关观测值的影响相同或者相近。利用这种相关性，可按测站、卫星、历元三种要素来求差。迭代最小二乘法（Iterative Least Square，ILS）是GPS/GPSONE实时定位解算中使用最为广泛的方法，基本方法如下。

设信标节点的坐标为（x_1，y_1），（x_2，y_2），…，（x_n，y_n），未知节点的坐标为，则

$$\begin{cases}(x-x_1)^2+(y-y_1)^2=d_1^2\\(x-x_2)^2+(y-y_2)^2=d_2^2\\\quad\vdots\\(x-x_n)^2+(y-y_n)^2=d_n^2\end{cases}\tag{7-4}$$

根据最小二乘法估计原理可解算得：

$$\boldsymbol{X}=(\boldsymbol{A}^{\mathrm{T}}\boldsymbol{A})^{-1}\boldsymbol{A}^{\mathrm{T}}\boldsymbol{B}\tag{7-5}$$

其中，

$$\boldsymbol{A}=2\begin{pmatrix}(x_1-x_2) & (y_1-y_2)\\(x_1-x_3) & (y_1-y_3)\\\vdots & \vdots\\(x_1-x_n) & (y_1-y_n)\end{pmatrix}\qquad \boldsymbol{B}=\begin{pmatrix}\tilde{d}_2^2-\tilde{d}_1^2-(x_2^2+y_2^2)+(x_1^2+y_1^2)\\\tilde{d}_3^2-\tilde{d}_1^2-(x_3^2+y_3^2)+(x_1^2+y_1^2)\\\vdots\\\tilde{d}_n^2-\tilde{d}_1^2-(x_n^2+y_n^2)+(x_1^2+y_1^2)\end{pmatrix}$$

7.1.2.2 局部区域定位

基于局部区域的传感器网定位是各国科技工作者者目前重点关注的研究领域。这一新兴技术在诸如现代城市环境监测、交通运输导航追踪定位、商业物流配送管理、智能化社区服

务乃至战场情报信息收集和公共安全等诸多领域得到了广泛应用，受到了高度关注。实时定位系统（Real Time Location Systems，RTLS）是一种典型的局部区域定位技术。它利用RFID技术，实时定位并且识别带有电子标签的移动目标对象，并根据感知得到的位置信息等数据作相关的信息信号处理。RTLS 定位技术充分融合了射频识别技术和实时定位解算方法，RTLS 系统由 RTLS 标签、RTLS 读写器、RTLS 服务器和 RTLS 应用系统组成。RTLS 的应用领域非常广泛。

1. 医疗卫生防疫系统

在医院等医疗机构的工作环境中，对医疗仪器设备和重要的医院机构单位资产进行实时精确定位，这一技术对相关的卫生诊疗服务起着非常重要的作用。以医院仪器设备使用和供应为工作重点的管理部门为例，日常工作中都会遇到如下问题：哪里存放有需要的设备且距离最近，用过的仪器设备上一次在什么地点使用，其使用记录、型号情况，某医疗办公楼存放有哪些资产，等等。实际的医院工作中，一旦出现和发生抢救诊治这样的紧急情况，必须能够快速获知最近在什么地点可以找到轮椅病床、手术包、输液泵、牵引器等抢救用医疗仪器和设备。通常情况下，为了方便能快速找到适合的设备，医院通常会储备大量同类的物资或者临时从其他处租赁设备，这将带来设备利用效率较低的问题。同时，因为人为的误放、不可预测的失窃等因素，每年这样的可移动医疗辅助设备损失比较严重。这些情况可以定义为重要资产的“低可见度”，对医院工作的时间和资源造成了比较严重的浪费，甚至在一定情况下会造成无法估量和弥补的后果。然而，对固定或移动资产进行实时定位完全可以解决这些问题。

2. 制造业商品生产和供应链管理

在工业化时代背景下的生产制造业，许多用于生产的设施、工具及其他设备是相对分散的，在这种情况下，在制造过程中往往难以较快地找到所需设备。实时定位系统的特性可以较好地解决这类问题，并能够很好地优化改进生产流程、降低生产产品的次品及缺陷率并且可以缩短产品的制造生产周期，提高整个工厂的工作效率，增加机器的开机时间，保障生产线运行运转顺利，从而达到降低生产成本的目的。适用于室内的实时定位系统技术，还可以应用于高速发展的物流业，如在仓储库房和配送货物中心，可以实现对相关工具、存储货物和发送的设备进行追踪。根据软件运行模式，可设置为当附有电子标签的资产有任何物理位置的移动时，可以很快地向监控管理部门发送报警系统信号，这一措施将大大降低偷盗等不良行为的发生，也能在很大程度上防止由于设备、货物误摆放引起的种种意外情况发生。采用定位跟踪技术管理资产设置，能在很大程度上提高资产使用效率，同时，准确知道产品的实时位置将大大加速物流过程。

3. 重化工及危险品行业

在重化工行业和危险品生产存放领域，安全是需要考虑的第一位因素。因此，要求员工穿戴安装有实时定位系统电子标签的工作服装，如果发生误入危险区域的突发事件，监控系统就会自动发出警告，及时通知安全管理部门马上采取紧急措施，以防止重大意外险情的发生。一旦发生紧急情况，需要立即疏散人员时，就能够准确地实施对建筑物环境中带有电子标签的人员进行定位追踪，以此就可以及时派遣辅助人员协助进行危险撤离。因此，使用实时定位系统技术，能够为行业员工带来更具保障力的安全防护手段，同时能够为企业管理带来更大的利益和更高的效率。

4. 能源和采矿业

实时定位系统可实现井下人员和资产实时定位等功能，为采矿企业的安全生产和经营管理水平的提升带来了实质性的帮助。通过精确掌握井下人员在矿井的实时位置分布，一旦发生各类事故，即使定位设备被完全摧毁，也能精确快速地识别井下人员的具体地点和位置，并能立即查出被困人数和身份等详细信息，便于抢险救灾和安全救护工作的迅速高效开展。系统还可实时追踪定位井上和井下的资产（如机车等），提高了资产的使用率，并可防止资产的误置或丢失，以减少不必要的找寻时间。

5. 国家政府机关和军队武警系统

将实时定位系统技术应用于政府行政机构尤其是特殊敏感机关，可以大大提高对重要核心人员（保证人身安全）和重大贵重机密资产（国家绝密机密文件、重大科技创新发明成果技术及贵重物品物资等）的实时跟踪监管效果和力度，极大地加强和确保国家政府机关的安全保卫工作。实时定位系统技术如果能够在作战部队中得到广泛应用，就可以实现对武器装备、车辆设备、军事机密文件物品、前线部队的军需后勤补给品及相关军事机构访问人员的权限范围和行走路径场所进行良好的控制和监管。

6. 公安司法及监狱管理系统

随着公安、司法机关打击刑事犯罪任务的日益艰巨，各种监管场所的拘留、收教、强制戒毒等违法犯罪人员数量持续不减，如何在新形式下以科技创新手段来提高监狱的管理模式，正成为司法部门的当务之急。实时跟踪定位系统的应用，可以大大提升监狱的现代化管理水平，提高监狱的安全性与自我保护能力。定位系统可以在整个监狱空间内不论室内、室外或是不同的楼层，对犯人进行无需人为的24小时自动监控与识别，并记录下每个犯人的历史活动轨迹，实现精确管理。当犯人发生破坏腕带（包括使用任何方法摘下腕带）、越界、不在其应该所在的区域、两名犯人长时间近距离接触和过分接近狱警等行为时，系统都会自动报警。定位系统基于上述特性，可以极大地满足国内监狱无法解决的难题，当犯人意识到自己24小时的行为完全暴露在政府的控制之下时，在心理上也将对他们产生强大的威慑作用。

RTLS是一种基于信号的无线定位手段，可以采用主动式，或者被动感应式。其中主动式分为AOA（到达角度定位）和TDOA（到达时间差定位）、RSSI（信号强弱），如UWB定位；这种技术手段的特点是定位精度高，不易受干扰；被动感应式采用基于信号强度的方法进行位置解算，如WIFI，RFID，Zigbee等。这种定位方式容易受到水、金属物等障碍物的影响，从而出现偏差。目前实时定位标准主要是以美国的标准制定的，我国的标准也是刚刚起步。目前国际上提出的实时定位系统的结构主要是采用一些阅读器，这是挂在物体上的一些小的定位标签，阅读器的接口是国际标准的范围，规定这些标签和阅读器之间的通信协议及一些规范，定位服务器和应用之间的应用程序接口，这个接口也是为了第三方应用服务提供的。美国的RTLS标准在2003年就被美国的ANSI采纳了，NASN 371标准包括三个部分，第一规定了2.45GHz频段的空中接口，第二规定了433MHz频段的空中接口，这个频段比较有特点，在有些场景上能够传输得更远。我们人的身体大部分都是水，水的供电频率在定位的时候信号衰减比较严重，而433MHz这个频段就没有问题。第三是应用接口，规定了定位范围2.45GHz频段通信范围是300m，这个用普通的阅读器定位范围可能不够，要加大功率。433MHz频段的定位精度是10m，通信范围是100m。国际标准是ANSI提交的，包括对

ANSI 进行扩展，定位接口基本上采用的是 ANSI 371.1，基本上都是采用的美国的专利。433MHz 和全球定位系统因为没有获得支持，所以这两个国际标准目前处于停滞阶段。德国公司提供的设备精度比较高，而且今年 4 月份它们的标准文档已经在 ANSI 标准当中了。超宽带标准目前正处在提案阶段。目前国际上不同频段各自的特性是不一样的，目前就 13.56 这个频段来讲，因为传播距离比较近，并不能实时定位。而 433MHz 和 800MHz，还有超高频的 RFID 距离相对比较远一点，也做了不少的方案。因为定位的场景往往希望在比较大的范围里面可以实现定位，所以有源标签是一个发展的方向。目前来讲，包括 800MHz、900MHz、2.4GHz 这些定位标签基本上都是采用有源的方式。

我国的实时定位标准目前由中国电子技术标准化研究所牵头，工作包括由计算所提案，设备性能测试、实时定位系统等。目前美国已经推出了兼容标准的一些产品，在芯片方面，都推出了嵌入式的方案，在国内来讲目前也做了一些工作。我们国家无线技术推广应用初期市场前景比较广阔，但是缺乏核心技术产权，需要进行深入研究。

一般实时定位系统的架构如图 7－10 所示。

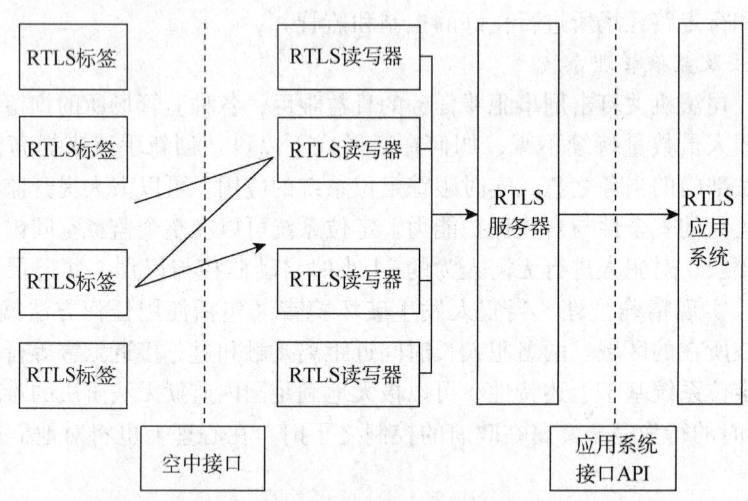

图 7－10　RTLS 系统结构示意图

室内定位技术的关键在于获取距离参数，在这一问题的研究过程中运用 RSSI 信号获得距离参数一直是比较通行的方法。基于接收信号指示强度（Received Signal Strength Indication，RSSI）的定位技术是根据节点发射和接收信号的强度值来测量距离，然后在获得目标与信标节点的距离的情况下选择定位算法，通过数学方法解算，实现目标节点定位的技术。该技术无需基础设施的参与，也无需添加额外的硬件测量专用设备，并且节点能量消耗小，因此，基于 RSSI 的定位技术适合在无线传感器网络室内场景中进行应用。目前，这种方法和技术也是无线传感器网络领域研究的热点之一。因为室内环境较为复杂，如果用单一固定参数的模型来描述 RSSI 与距离的关系，将会产生较大的误差。例如根据常用的路径衰减对数正态阴影模型，其物理模型可以表示为

$$\mathrm{Pl}(d)=\mathrm{Pl}(d_0)+10\times n\times \lg[d/d_0]+\mathrm{FAF}+\alpha d \tag{7-6}$$

式中：d——传播距离；

$\mathrm{Pl}(d_0)$——经过参考距离 d_0 的能量路径损耗；

d_0—— 一般取 1m；

n——特定场景下的环境衰减因子；

FAF（Floor Attenuation Factor）——障碍物衰减因子；

α——信道的衰减常数。

由于室内环境较为复杂，受到多径及障碍物遮挡效应的影响，固定节点接收到的信号强度是一个高斯变量，受环境噪声的影响较为明显，如图7－11所示。若直接使用测量所得的原始数据会产生较大的测距误差。因此必须对信号测量值进行平滑预处理，消除噪声。采用标量卡尔曼平滑滤波对RSSI测量值进行滤波求精。卡尔曼滤波的优点是只需用前一个估计值和最近的一个观测数据值来对当前的信号进行估计。

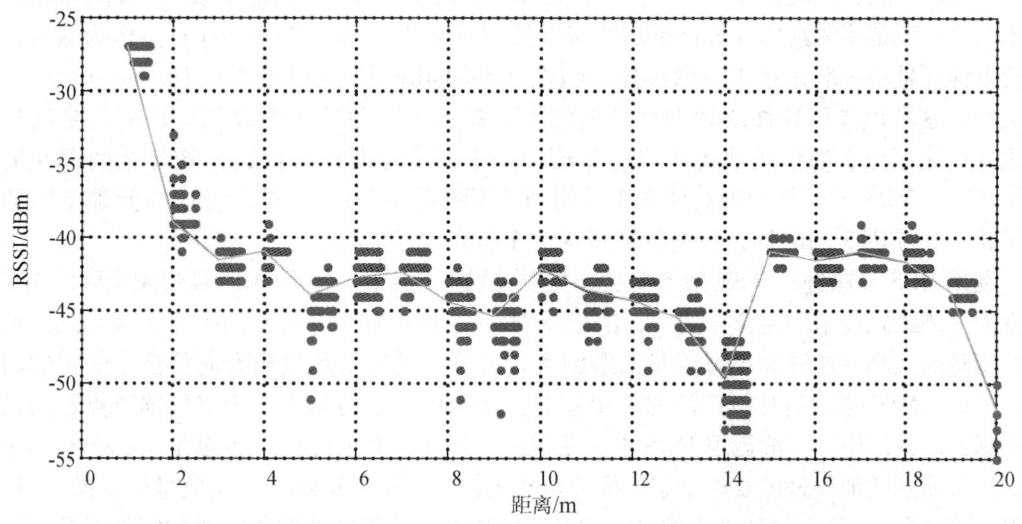

图7－11　有障碍情况下室内区域无线信号衰落曲线

具体算法实现流程为

$$\hat{x}_0 = E[x_0] = \bar{x}_0 \tag{7-7}$$

$$P_0 = E[(x_0 - \hat{x}_0)(x_0 - \hat{x}_0)^T] = P_{x_0} \tag{7-8}$$

时间更新

$$P_{k|k-1} = \varphi_{k,k-1} \mathrm{P}_{k-1} \varphi_{k,k-1}^T + \mathrm{R}_{wk-1} \tag{7-9}$$

$$\hat{x}_{k+1|k} = \varphi_{k+1,k} \hat{x}_k \tag{7-10}$$

测量更新

$$\hat{x}_k = \varphi_{k,k-1}\hat{x}_{k-1} + K_k(y_k - \varphi_{k,k-1}\hat{x}_{k-1}) \tag{7-11}$$

$$K_k = P_{k|k-1}(P_{k|k-1} + R_{vk})^{-1} \tag{7-12}$$

$$P_k = (I - K_k)P_{k|k-1} \tag{7-13}$$

根据分段拟合曲线所得的完整曲线图，通过选取固定节点接收到的RSSI值可对应得到其与移动节点的距离值。

7.1.3 按运行方式分类

7.1.3.1 集中式定位法

1. 多维标度技术定位算法

多维标度技术（Multidimensional Scaling，MDS）原则上主要用于挖掘和分析若干数据背后的隐藏和包含的几何结构，在工程实际应用领域、心理科学以致社会科学等方面，都有广泛而深入的应用。本节所指的 MDS 方法，其本质是一个方法族，其中包含了很多不同的算法及其变种，这些变种主要可以划分为：计量多维标度技术（Metric Multidimensional Scaling），非计量多维标度技术（Nonnletric Multidimensional Scaling）这两个大类。Shang yi 等研究者将 MDS 方法引入到 WSN 的定位问题处理算法设计中取得了较好的效果。采用多维标度技术时，一般是用激励体（Stimuli）的接近性度量（Proximity Measurement）作为输入，所谓接近性度量，一般是指表示激励体相似性（Similarity）或者相异性（Dissimilarity）的数值大小，这种出现相异性或者相似性的情形，在定位问题处理中表现出来的就是通信节点之间的距离或者通信跳数的相应度量值。如果在处理时就根据这些物体之间存在的相似性度量，MDS 可以将相关物体映射为低维空间中存在的一个点，当这个低维空间的维数转化为 2 或者 3 的时候，该情景就成为一个节点定位问题。

利用 MDS 算法进行 WSN 节点定位，主要有如下几个优点。①MDS 算法完全可以应用于各种采用测距式技术的定位算法中，由于在 MDS 运算矩阵中，关注的是通信节点之间的相似性度量的大小，这种大小可以是测距距离，也可以是通信跳数或者通信信号的传输时间等，因此，MDS 算法有比较广泛的应用基础。②MDS 算法能够应用于定位锚节点较为稀疏的传感器网网络中，一般运用 MDS 算法获得的结果矩阵和实际的节点参量坐标会有一定差别，这种差别的消除是需要根据定位锚节点的坐标，对结果矩阵进行相应坐标变换（旋转、反射、缩放等），从而得到最终的目标位置定位结果，处理这种变化需要的定位锚节点个数实质上并不多。③MDS 算法是可以应用于非凸区域的定位问题解算的。具体来说，对于一个非凸的区域，可以近似认为该非凸区域是由一系列的凸区域组合而成，对于每个凸区域都分别运用 MDS 算法得到节点相应的定位结果，然后再将这些分离的凸区域重新黏合成完整图形，就可以得到一个完整的非凸区域的节点定位结果。MDS 算法的缺点也是比较明显的，对于一个规模较大的 WSN，其内部节点众多，节点之间的测量距离数据量也将非常多。这样得到的测量矩阵会变得非常庞大，需要占据巨大的存储空间，与此同时，对于该测量矩阵进行特征值分解运算，也将带来巨大的计算复杂度，存在的这些问题，对于存储空间和计算能力都非常有限的传感节点来说，都将是巨大的考验。同时，对于一个大规模的 WSN，要收集大量的测量距离数据来组成测量矩阵，其所需要的通信复杂度也将非常可观，这两点存在的问题，将会非常明显地影响到 MDS 算法在很多目标追踪定位系统中的应用前景。

2. 半定规划定位算法

国外学者 Doherty 等人，将半定规划（Semi-definite Programming，SDP）的方法原理创新应用于 WSN 的节点定位问题的处理中，取得了不错的成果。分析该算法的结构可以看出，每个定位节点所面临的几何约束关系，都能够被表示为线性矩阵不等式形式（Linear Matrix Lnequality，LMI），而线性矩阵不等式可以利用半定规划的原理和方法进行相应的简单求解计算，最后求解所得的结果，即为每个定位节点的约束区域范围。

半定规划的方法在形式上非常简洁而且结构比较优美，但是它自身也存在一些固有的缺点及不足。①并非所有的约束都能够适合采用线性矩阵不等式来进行表示，只有当约束区域是凸区域的情况下，才能用线性矩阵不等式来表示。如图7－12中的圆形、圆弧形、梯形等都满足凸区域的条件。与此同时，精度较高的距离信息是无法用线性矩阵不等式来表示的，这是半定规划存在的一个重大缺陷。②半定规划的方法形式上属于集中式，这样的结构本身对于一个存在若干个约束条件的无线传感器网络（WSN）来说，如果采用基于 AOA 技术的约束条件，半定规划的复杂度较高，而对于通信跳数之类的约束条件，则时间复杂度更高。因此，对于一个规模较大的通信网络来说，其约束条件个数将会可能变得非常巨大，以此角度来看，半定规划的巨大时间复杂度将会成为其一个很大的缺点。从目前的研究来看，解决这个问题的有效办法是将整个网络进行层次结构的分拆，从计算量开支上减少每个子网络的负担。③对于一个大规模通信网络，收集和整理分析如此多的约束条件必然会带来需要极大的通信开销，同时这些约束条件最后需要汇集整理到一个统一的中心节点进行定位计算，那么该中心节点四周邻居节点必将承担巨大的消息中继任务，这样的情况可能会使得这些邻居节点成为网络无法克服的瓶颈。

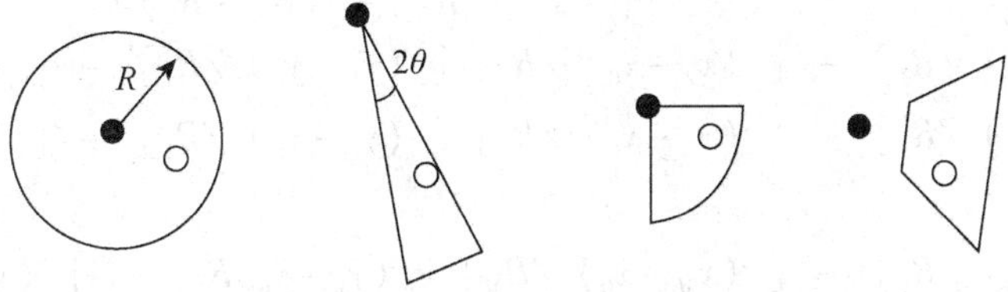

图7－12 算法原理示意图

3. *泰勒级数展开算法*

泰勒级数展开算法是需要初始估计位置的递归算法，在每一次递归中通过求解 TDOA 测量误差的局部最小二乘解来改进估计位置。泰勒序列展开法能得到精确的计算结果，但需要一个与实际位置接近的初始估计位置以确保算法收敛，对于不收敛的情况不能事先判断，除此以外，泰勒序列展开法还需有关 TDOA 测量值的先验信息以确定 $\boldsymbol{Q}$ 矩阵，计算量也较大。泰勒级数展开算法是一种递归的算法，需要提供初始的位置信息。它利用上一次的结果作为本次的初始值，通过最小二乘（LS）求解出测量误差的局部解，得到本次运算的迭代值。如此不断地修正待定位物体的位置，当误差小于预先设定的门限值时，结束运算。

在无线定位系统中，特征信号与基站的关系函数为 $f_i(x, y, x_i, y_i)$，其中 (x, y) 为待定位物体的位置，(x_i, y_i) 为定位基站 BS_i 的坐标。函数的测量值为 M_i，真实值为 M_i^0，e_i 为测量误差，$M_i = M_i^0 + e_i$。若初始值为 (x_0, y_0)，且 $x = x_0 + \Delta x$，$y = y_0 + \Delta y$，则目标函数 $f_i(x, y, x_i, y_i)$ 在 (x_0, y_0) 处的泰勒级数展开为：

$$f_i(x, y, x_i, y_i) = f_i(x_0, y_0, x_i, y_i) + \left(\Delta x \frac{\partial}{\partial x} + \Delta y \frac{\partial}{\partial y}\right) f_i(x_0, y_0, x_i, y_i) + \frac{1}{2!}\left(\Delta x \frac{\partial}{\partial x} + \Delta y \frac{\partial}{\partial y}\right)^2 f_i(x_0, y_0, x_i, y_i) + \cdots +$$

$$\frac{1}{n!}\left(\Delta x\frac{\partial}{\partial x}+\Delta y\frac{\partial}{\partial y}\right)^{n}f_i\ (x_0,\ y_0,\ x_i,\ y_i)\ +$$
$$\frac{1}{(n+1)!}\left(\Delta x\frac{\partial}{\partial x}+\Delta y\frac{\partial}{\partial y}\right)^{n+!}f_i\ (x_0+\xi\Delta x_0,\ y_0+\xi\Delta y,\ x_i,\ y_i),\ (0<\xi<1) \tag{7-14}$$

忽略二次以上的项，简化上式为：

$$f_i\ (x,\ y,\ x_i,\ y_i)\ =f_i\ (x_0,\ y_0,\ x_i,\ y_i)\ +\left(\Delta x\frac{\partial}{\partial x}+\Delta y\frac{\partial}{\partial y}\right)f_i\ (x_0,\ y_0,\ x_i,\ y_i) \tag{7-15}$$

在 TDOA 定位方法中，则误差矢量为：

$$\boldsymbol{\psi}=\boldsymbol{h}_1-\boldsymbol{G}_1\boldsymbol{\delta} \tag{7-16}$$

其中，

$$\boldsymbol{\delta}=\begin{bmatrix}\Delta x\\ \Delta y\end{bmatrix}\qquad \boldsymbol{h}_1=\begin{bmatrix}R_{2,1}-(R_2-R_1)\\ R_{3,1}-(R_3-R_1)\\ \vdots\\ R_{M,1}-(R_M-R_1)\end{bmatrix}$$

$$\boldsymbol{G}_1=\begin{bmatrix}[(x_1-x_0)/R_1]-[(x_2-x_0)/R_2] & [(y_1-y_0)/R_1]-[(y_2-y_0)/R_2]\\ [(x_1-x_0)/R_1]-[(x_3-x_0)/R_3] & [(y_1-y_0)/R_1]-[(y_3-y_0)/R_3]\\ \vdots & \vdots\\ [(x_1-x_0)/R_1]-[(x_M-x_0)/R_M] & [(y_1-y_0/R_1]-[(y_M-y_0)/R_M]\end{bmatrix}$$

上式的加权最小二乘解为：

$$\boldsymbol{\delta}=\begin{bmatrix}\Delta x\\ \Delta y\end{bmatrix}=(\boldsymbol{G}_1^{\mathrm{T}}\boldsymbol{Q}^{-1}\boldsymbol{G}_1)^{-1}\boldsymbol{G}_1^{\mathrm{T}}\boldsymbol{Q}^{-1}h_1 \tag{7-17}$$

其中，$\boldsymbol{Q}$ 为 TDOA 的协方差矩阵，R_i，($i=1,\ 2,\ 3,\ \cdots,\ M$)。然后令：

$$x'_0=x_0+\Delta x,\ y'_0=y_0+\Delta y \tag{7-18}$$

重复以上过程，直到 Δx，Δy 足够小，满足预先设定的门限值：

$$|\Delta x|+|\Delta y|\leqslant\varepsilon \tag{7-19}$$

此时求得的值即为物体的最终位置坐标，泰勒级数展开算法适用于含有三个及三个以上基站的定位系统。且需要保证该定位是收敛的。泰勒级数展开法需要预先设定一个初始值，且该算法比较依赖于初始值的选取：若选取的初始值接近真实值，则使得定位结果误差较小；反之则定位精度较低。泰勒级数展开算法计算复杂度较高，但它在非视距环境下能提供比较接近真实值的定位结果。

4. Chan 定位算法

Chan 定位算法的基本思路是：首先将非线性 TDOA 方程组转化为线性方程组，然后采用加权最小二乘（WLS）算法得到一初始解，再利用第一次得到的估计位置坐标及附加变量等已知约束条件进行第二次 WLS 估计，得到改进的估计值。设在二维平面上分布着 M 个固定基站，第一个基站的位置为已知，待定位的信源位置为，由测得的信源与基站和基站 1（此处假定为主站）之间的信号到达时间差，可由 TDOA 双曲线方程组算得。当只有三个基站参与定位时，首先假设 R_1 为已知，利用两组 TDOA 测量值计算待定位物体的位置，此时移动台位置（x，y）可以按下式求得：

$$\begin{bmatrix} x \\ y \end{bmatrix} = -\begin{bmatrix} x_{2,1} & y_{2,1} \\ x_{3,1} & y_{3,1} \end{bmatrix}^{-1} \times \left\{ \begin{bmatrix} R_{2,1} \\ R_{3,1} \end{bmatrix} + \frac{1}{2} \begin{bmatrix} R_{2,1}^2 - K_2 + K_1 \\ R_{3,1}^2 - K_2 + K_1 \end{bmatrix} \right\} \quad (7-20)$$

式中：

$$\begin{aligned} K_1 &= x_1^2 + y_1^2 \\ K_2 &= x_2^2 + y_2^2 \\ K_3 &= x_3^2 + y_3^2 \end{aligned} \quad (7-21)$$

将公式代入 $R_1 = \sqrt{(x_1 - x^2 + (y_1 - y)^2}$ 中，求解关于 R_1 的二次方程，剔除负数结果，把正根代回公式（7-20）中。此时得到的结果即为该移动台的位置坐标。

与泰勒级数展开算法相比，Chan定位算法无论在多差的环境下都能给出一个确定的解。Chan定位算法的特点是计算量小，在噪声服从高斯分布的环境下，定位精度高，但在非视距环境下，Chan定位算法的定位精度显著下降。

7.1.3.2 分布式定位法

1. SBL节点定位算法（Sequence-Based Localization）

实现给定所研究的定位空间范围中的一组定位锚节点坐标，就可以根据一定规则对该空间进行块状区域分割，其中划分得到的每个单独区域都唯一对应一组离散点到这些锚节点的距离排序。如图7-13所示，显示分别为两个锚节点和四个锚节点的时候，对定位空间进行区域划分的实例。通过对通信信号传输模型的分析和研究可以知道，在设定比较理想的情况下，通信传输信号强度的大小和传输距离之间存在着较为严格意义上的单调递减的关系。SBL算法的原理就是基于以上两点基本原则提出的，其原理如图7-13所示。

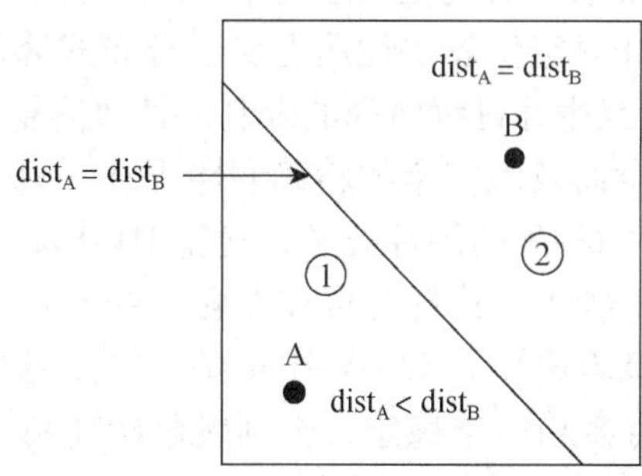

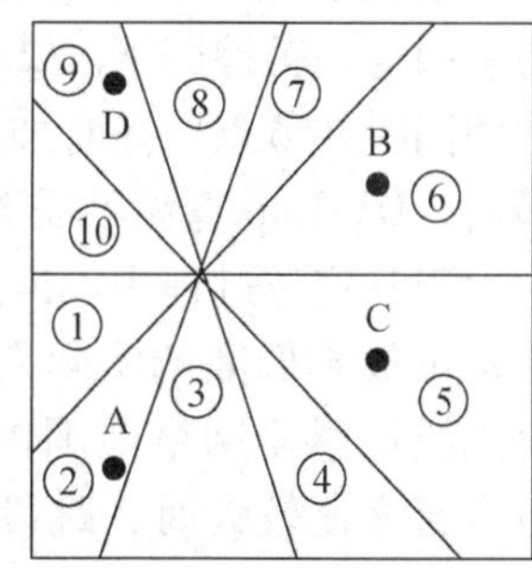

图7-13 算法原理示意图

SBL算法分为以下三个步骤。

（1）根据所有定位空间中所有锚节点的存在坐标，对空间区域进行分割和划分，按照得到的所有区域分块和与其对应的定位锚节点距离进行排序，并将该排序的结果保存在一个位置顺序表中（Location Sequence Table）。空间范围内所有的定位锚节点都必须能够保存有该位置顺序表中。

（2）待定位的目标节点通过向定位锚节点发送一个定位请求（Localization）包，从而要求发起定位进程，一旦接收到Localization包，定位锚节点就可以给该待定位节点发送位置顺序表。待定位的目标节点通过和定位锚节点之间进行包数据交换，可以获得所有通信范围内的锚节点的信号强度数据，根据这样的数据关系，就可以知道目标节点自身到这些定位锚节点的一个距离排序（出于方便比较的目的可以假设所有锚节点的发射能量是相同的）。

（3）待定位的目标节点通过针对位置顺序表的搜索，可以从中找出与自身距离排列顺序最为接近的区域进行相应的数据匹配，同时将该区域的质心（centroid）输出作为待定位的目标节点的定位完成结果。

2. Dv-Hop 定位算法

DV-Hop 定位算法是由 Niculescu 等学者提出的一种基于通信跳数进行定位的方法。DV-Hop 定位算法的提出主要有以下两点背景：①在一个大规模的通信网络中，待定位目标节点在一定情况下可能无法与足够多的（≥3）锚节点进行直接通信。与此同时，锚节点的通信能力可能不足以覆盖整个通信网络，这是因为这样运作的节点，能量消耗将会很大，而且必然会对其他节点的通信产生某种巨大的干扰。②DV-Hop 算法应用的一般场景通常是这样的：利用空中直接洒抛的方式，对某些无人监管的区域和范围进行监控，如果是在这种情况下，很难在固定坐标点位置上设置定位锚节点，往往是在锚节点上安置定位系统 GPS 装置使其能够拥有进行确定自身位置的能力，其他等待定位的节点则通过中间节点进行中继的方式和定位锚节点进行通信。其算法的定位原理如图 7－14 所示。

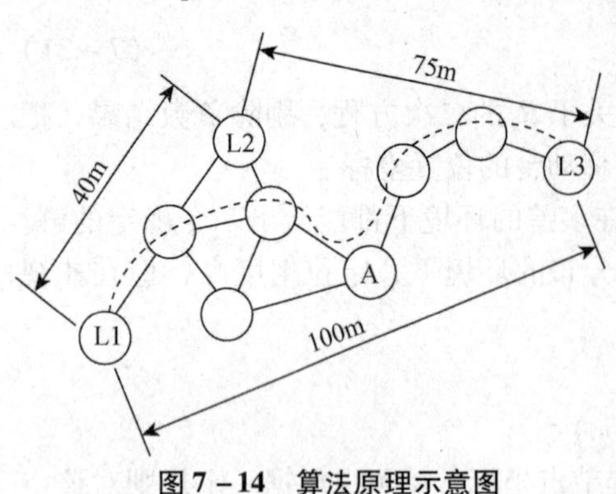

图 7－14　算法原理示意图

DV-Hop 定位算法具有比较多的优点。①DV-Hop 定位算法结构比较简单，在节点上进行运算实现非常的容易，其计算量也相对较小，功能上完全符合无线传感器网络（WSN）节点的计算能力有限这一关键因素。②DV-Hop 定位算法性质上属于分布式算法，拥有姣好的可扩展性，即使同时在节点广播时加入节点生存延续时间的限制，其通信复杂度也是完全可以控制的。最后，DV-Hop 算法不需要复杂而较难实施的精确测距方式，只需要简单易获得的跳数信息。由于其定位过程中不需要增添额外的硬件设备，使得 DV-Hop 算法可以达到无线传感器网络定位成本低廉的实际需求。然而，其自身也存在着一些不足亟待改进和完善。第一，整个无线传感器网络范围内的节点密度，对 DV-Hop 算法的性能存在着较大影响，当网络的节点密度比较大时，跳段距离会趋向于稳定，否则跳段距离将会存在较大波动，从而会影响 DV-Hop 定位算法对锚节点和待定位的目标节点之间的距离测量精准度。第二，DV-Hop 定位算法并不适用于非凸区域的定位问题解决，当区域中存在障碍物或者空洞的情形时，节点在进行中继时出现“走远路”的概率极大。此时的通信跳数就不能准确地反映节点之间正确的欧几里德距离。第三，锚节点在网络中、分布的情况不同，也会影响到 DV-Hop 定位算法的定位精度。一般来说，锚节点如果能安全分布在整个监测区域的外侧位置，将会有比较好的定位精度。

3. AFL（Anchor-Free Localization）定位算法

Nissanka 等人提出的 AFL 定位算法是一种分布式的节点定位算法。整个 AFL 定位算法的提出主要基于以下两点假设：网络中没有锚节点；网络中的节点都拥有测距的能力。AFL 定位算法主要分为两个步骤：①利用一个启发式的方法得到所有待定位节点位置的粗略估计，这样就可以得到一个和原图结构相似的非折叠图（Fold-free Graph）。②基于质量—弹簧模型（Mass-Spring Model）对第一步得到的图进行迭代优化，减少并且平衡整个网络所有节点的定位误差。

AFL定位算法的主要优点有两个：无需锚节点和分布式。它的不足主要表现在以下几个方面：①算法第二阶段需要节点拥有测距能力，由于拥有测距能力的节点通常价格昂贵，这会限制AFL算法的应用范围。②利用质量—弹簧模型对网络进行迭代收敛的过程中，会遇到的一个很大的问题是网络只能收敛到一个局部最优点，而无法达到全局最优点，这是很多搜索和迭代算法面临的一个共同问题，目前没有很好的解决办法。而且在收敛的过程中也很难判断何时终止，如果根据整个网络的能量是否下降来判断，要收集整个网络的能量就会破坏算法的分布式特点。③迭代算法对估算坐标进行更新时的经验值方法也值得商榷，因为在迭代的过程中会出现节点合力很小而能量很大的情况，此时该节点的坐标估计效果很差，所以应该用能量大小来判断节点坐标估算的好坏而非合力，因此用节点蕴含的能量来决定下一步坐标更新的步长更为合适。

4. Fang定位算法

利用三个基站对移动基站（MS）进行二维位置定位。首先将三个基站置于以下坐标系统：基站1，基站2，基站3。Fang算法利用三个基站实现对待定位物体的定位。为了计算方便，可设服务基站1的位置坐标为（0，0），基站2为（x_2，0），基站3为（x_2，y_3），此时定位系统中的一些公式可做如下简化：

$$R_1=\sqrt{(x_1-x)^2+(y_1-y)^2}=\sqrt{x^2+y^2}$$
$$x_{i,1}=x_i-x_1=x_i$$
$$y_{i,1}=y_i-y_1=y_i \tag{7-22}$$

代入式可简化为：

$$\begin{aligned}-2R_{2,1}R_1&=R_{2,1}^2-x_2^2+2x_2x\\-2R_{3,1}R_1&=R_{3,1}^2-(x_3^2+y_3^2)+2x_3x+2y_3y\end{aligned} \tag{7-23}$$

将上两式进行相减，消去R_1，可简化为：

$$y=g\times x+h \tag{7-24}$$

式中：

$$\begin{aligned}g&=\{(R_{3,1}X_2)/R_{2,1}-X_3\}/Y_3\\h&=\{X_3^2+Y_3^2-R_{3,1}^2+R_{3,1}\times R_{2,1}(1-(X_2/R_{2,1})^2)\}/2Y_3\end{aligned} \tag{7-25}$$

根据$R_1=\sqrt{x^2+y^2}$可得：

$$d\times x^2+e\times x+f=0 \tag{7-26}$$

式中，

$$\begin{aligned}d&=-\{1-(x_2/R_{2,1})^2+g^2\}\\e&=x_2\times\{(1-(x_2/R_{2,1})^2)\}-2g\times h\\f&=(R_{2,1}^2/4)\times\{(1-(x_2/R_{2,1})^2)\}^2-h^2\end{aligned} \tag{7-27}$$

解上述方程得：

$$x=\frac{-e\pm\sqrt{e^2-4df}}{2d} \tag{7-28}$$

在实际应用中，由先验信息可以剔除掉一个解，从而去除模糊解。具体做法为：将得到的两个解代入公式中，求出待定位物体的位置，在通常情况下，$x=\frac{-e+\sqrt{e^2-4df}}{2d}$求出的待定位物体位置会超出基站的覆盖范围，所以解为：

$$x=\frac{-e-\sqrt{e^2-4df}}{2d} \tag{7-29}$$

即可得到MS的估计位置（x，y）。

Fang定位算法相对其他算法要简单得多，运算速度快，但它并没有充分利用其他基站的测量数据。当三个基站中含有较大的误差时，会导致定位精度过低的情况。Fang定位算法无需提供TDOA测量值误差的先验信息，算法计算过程简单明确，但该算法只能利用与未知坐标数目相同数量的TDOA值，因此，如果某个TDOA测量误差很大，将导致很大的定位结果误差。

5. 质心算法和加权质心算法

质心算法是南加州大学的NirupamaBulusu等提出的一种仅基于网络连通性的定位算法。该算法的核心思想是：锚节点每隔一段时间，向邻居节点广播一个信标信号，信号中包含自身ID和位置信息。当未知节点接收到来自不同锚节点的信标信号数量超过某一个预设门限或接收一定时间后，该节点就确定自身位置为这些锚节点所组成的多边形的质心。仿真显示，大约有90%未知节点定位精度低于锚节点间距的1/3。普通质心算法，没有反映出信标节点对节点位置的影响力的大小，影响了定位精度。为提高定位精度，设计了加权质心算法，它的基本思想是：在质心算法中，通过加权因子来体现信标节点对质心坐标决定权的大小，利用加权因子体现各信标节点对质心位置的影响程度，反映它们之间的内在关系。

而近年来扩展卡尔曼滤波（Extended Kalman Filter，EKF）和无迹卡尔曼滤波（Unscented Kalman Filter，UKF）也在定位解算中逐步得到应用，取得了较好的定位精度提升效果。

习题

1. 简述物联网定位技术的定义及内涵。
2. 物联网定位技术的解算方法有哪些？其解算原理是什么？
3. 基于测距的定位算法有哪些？其基本原理是什么？
4. 基于连通性的定位方法有哪些？各自具有什么样的特点？
5. GPSOne工作的基本原理是什么？
6. TOA和TDOA定位方法的有什么联系与区别？其各自的优缺点是什么？

第四部分

物联网通信技术典型应用

应用是物联网通信技术的主要目的。物联网把新一代 IT 技术充分应用于各行各业中，如电网、隧道、铁路、桥梁、供水系统等，实现科学技术与人类社会的结合。其中，WSN 技术和 M2M 技术利用物联网的关键技术为人类提供了各种形式的服务。本章将重点介绍 WSN 和 M2M 利用各种形式的物联网通信技术是如何满足不同的通信需求，最终达到不断改善和提高人们生产、生活方式和工作效率的目的。

第8章　WSN

无线传感器网络（Wireless Sensor Network，WSN）是集数据采集、传输和处理为一身的综合智能信息系统，拥有非常广阔的应用前景，同时也是通信领域非常活跃的部分。目前，新技术的发展已经使人们能够生产智能、能量高效且可以大面积使用的传感器，在一定地理范围内实现自组织和自愈网络，随着 WSN 技术及其相关技术的发展，WSN 将不断成熟，并且极有可能长期而显著地改变人类的生活方式。

WSN 技术是一门跨学科的新技术，本章首先介绍传感器网络的概念、特点以、面临的挑战及 WSN 的基本体系结构，然后重点介绍 WSN 在物理层、MAC 层、网络层、传输层和应用层的具体通信协议，对典型协议进行详细的介绍，最后总结了一些与 WSN 相关的关键技术及 WSN 的主要应用领域。

8.1　WSN 概述

物联网在感知领域的另外一个术语就是传感器网，它将各类集成化的微型传感器协作地实时监测、感知和采集各种环境或监测对象的信息，通过嵌入式系统对信息进行处理，并通过自组织无线网络通信，实现对物理世界的动态协同感知。可见，传感器网是以感知为目的的物物互联网络。无线传感器网络技术是传感器网中最核心的技术之一。

无线传感器网络（WSN）综合了传感器技术、嵌入式计算机技术、分布式信息处理技术和无线通信技术。它由布署在监测区域内大量低成本、资源受限的传感节点组成，通过无线通信方式形成的一个多跳的自组织的网络系统，目的是协作地感知、采集和处理网络覆盖区域中感知对象的信息，并将感知对象的数据发送给观察者。传感器、感知对象和观察者是构成传感器网络的三个要素。

8.1.1　无线传感器的特点

无线传感器网络除了具有 Ad-hoc 网络的移动性、断接性等共同特征以外，还具有其他鲜明的特点。

8.1.1.1　网络规模大

为了获取精确信息，在监测区域通常布署大量传感器节点，传感器节点规模比传统自组织网络大几个数量级。单个传感器节点功能有限，完成一项任务需要多个节点协同工作，同时，为了保证网络的正常运行，需要布署一定量的冗余节点。传感器网络的大规模性包含两方面的意义：一方面是传感器节点分布在很大的地理区域内，如在原始大森林采用传感器网络进行森林防火和环境监测，需要布署大量的传感器节点；另一方面是传感器节点布署很密集，在一个面积不大的空间里密集布署了大量的传感器节点。WSN 的大规模性具有很多优势：

- 通过不同空间视角获得的信息具有更大的信噪比；
- 大量节点能够增大覆盖的监测区域，减少“洞穴”或者盲区；
- 大量冗余节点的存在使系统具有很强的容错性；
- 通过分布式处理海量信息能够提高检测精确度，降低单个节点的精度要求。

8.1.1.2 网络具有自组织能力

传感器节点通常情况下被放置在没有基础结构的地方。传感器节点的位置预先不能精确设定，预先也不知道节点之间的相互邻居关系，如通过飞机播撒大量传感器节点到面积广阔的原始森林中，或随意放置到人不可到达或危险的区域。这样就要求传感器节点具有能够自动进行配置和管理的自组织能力，通过拓扑控制机制和网络协议自动形成转发监测数据的多跳无线网络系统。在传感器网络使用过程中，部分传感器节点由于能量耗尽或环境因素造成失效，也有一些节点为了弥补失效节点、增加监测精度而补充到网络中，这样在传感器网络中的节点个数就动态地增加或减少，从而使网络的拓扑结构随之动态地变化。传感器网络的自组织性要能够适应这种网络拓扑结构的动态变化。

8.1.1.3 网络具有动态性

传感器节点失效、大量移动节点的存在及周围环境对无线信道的干扰，使得无线传感器网络的拓扑变化程度远远超过传统的自组织网络。下列因素都可能改变传感器网络的拓扑结构：①环境因素或电能耗尽造成的传感器节点出现故障或失效；②环境条件变化可能造成无线通信链路带宽变化，甚至时断时通；③传感器网络的传感器、感知对象和观察者这三要素都可能具有移动性；④新节点的加入。这就要求传感器网络系统要能够适应这种变化，具有动态的系统可重构性。

8.1.1.4 多跳路由

网络中节点通信距离有限，一般在几十米到几百米范围内，节点只能与它的邻居节点直接通信。如果希望与其射频覆盖范围之外的节点进行通信，则需要通过中间节点进行路由。固定网络的多跳路由通过使用网关和路由器来实现，而无线传感器网络中没有专门的路由设备，多跳路由也是由普通网络节点完成的，每个节点既是信息的发起者，也是信息的转发者。

8.1.1.5 网络具有可靠性

传感器网络适合应用在人类不宜到达或恶劣环境的区域，传感器节点可能工作在露天环境中，遭受大自然甚至无关人员或动物的破坏。传感器节点往往采用随机布署，如通过飞机撒播或发射炮弹到指定区域进行布署。这些都要求传感器节点非常坚固，不易损坏，适应各种恶劣环境条件。

由于监测区域环境的限制及传感器节点数目巨大，不可能人工“照顾”每个传感器节点，网络的维护十分困难甚至不可维护。传感器网络要防止监测数据被盗取和获取伪造的监测信息，因此 WSN 通信的保密性和安全性也十分重要。传感器网络的软硬件必须具有鲁棒性和容错性。

8.1.1.6 网络与应用相关

传感器网络常常用于感知客观物理世界，获取物理世界的信息量。客观世界的物理量多种多样，不可穷尽，不同的传感器网络应用关心不同的物理量，因此对传感器的应用系统也有多种多样的要求。

不同的应用背景对传感器网络的要求不同，其硬件平台、软件系统和网络协议必然会有很大差别。所以传感器网络不能像 Internet 一样，有统一的通信协议平台。对于不同的传感器网络应用虽然存在一些共性问题，但在开发传感器网络应用中，更关心传感器网络的差异。只有让系统更贴近应用，才能做出最高效的目标系统。针对每一个具体应用来研究传感器网络技术，这是传感器网络设计不同于传统网络的显著特征。

8.1.1.7　网络以数据为中心

无线传感器网络并不关心数据是从哪里采集来的，它只关心数据本身的属性，如事件和区域范围等。为了保证获得有关对象的全面数据，同时某些节点的失效不会影响网络的性能，无线传感器网络通常会配备一些冗余节点，这样节点之间可以进行相互通信和数据资源共享。

这些特点使得已有的无线网络协议不能适应无线传感器网络的要求，需要设计专用协议，以满足无线传感器网络的独特需求。

8.1.2　无线传感器网络面临的挑战

WSN 虽然与无线自组网有相似之处，但是还是存在很大差别的。WSN 集成了监测、控制及无线通信的网络系统，节点数目更是庞大，而且分布十分密集；由于环境影响和能量耗尽，节点更容易出现故障；环境干扰和节点故障易造成网络拓扑结构的变化；通常情况下，大多数传感器节点是固定不动的。

而且，传统无线网络的首要设计目标是提供高服务质量和高效带宽利用，其次才考虑节约能源；而传感器节点具有的能量、处理能力、存储能力和通信能力等都十分有限，WSN 的首要设计目标是能源的高效使用，这也是 WSN 和传统无线网络最重要的区别之一。正是因为无线传感器节点资源有限的特征，所以无线传感器节点在实现各种网络协议和应用系统时，要充分考虑其资源有限的约束。

8.1.2.1　电源能量有限

传感器节点体积微小，通常携带电池进行供电，但是电池的容量一般不是很大。由于传感器节点数量庞大、成本要求低廉、分布区域广，而且布署区域环境复杂，有些区域甚至人员不能到达，所以传感器特殊的应用领域决定了在使用过程中，不能给电池充电或者更换电池，一旦电池能量用完，这个节点也就失去了作用。因此，在传感器网络设计过程中，任何技术和协议的使用都要以节能为前提。

传感器节点的能量消耗主要包括三个模块：传感器模块、处理器模块和无线通信模块。随着集成电路工艺的进步，处理器和传感器模块的功耗变得很低，绝大部分能量消耗在无线通信模块上。无线通信模块有发送、接收、空闲和睡眠四种状态，在空闲状态一直监听无线信道，检查是否有发送给自己的数据，而在睡眠状态则关闭通信模块。无线通信模块在睡眠状态的能量消耗最少，在发送状态的能量消耗最大，在空闲状态和接收状态的能耗接近，比发送状态的能量消耗略少。如何减少不必要的转发和接收，不需要通信时节点如何尽快进入睡眠状态，高效使用能量来最大化网络生命周期是传感器网络面临的首要挑战。

8.1.2.2　硬件资源有限

由于节点受价格、体积和功耗的限制，其计算能力、程序空间和内存空间比普通的计算机功能要弱化很多。

随着节点之间通信距离的增加，通信消耗的能量也将急剧增加。因此，在保证连通度的前提下尽量减少单跳通信的距离是在进行网络拓扑设计的过程中要考虑的重要问题。一般而言，100m 以内是传感器节点比较合适的无线通信半径。考虑到传感器节点的能量限制和网络覆盖区域较大，传感器网络采用多跳路由的传输机制。传感器节点通常仅有几百 kbps 的速率，无线通信带宽十分有限。由于节点能量的变化，受高山、建筑物、障碍物等地势地貌及风雨雷电等自然环境的影响，无线通信性能可能经常变化，频繁出现通信中断。在这样的通信环境和节点有限通信能力的条件下，如何设计网络通信机制以满足传感器网络的通信需求是传感器网络面临的挑战之一。

传感器节点的处理能力、存储能力和通信能力相对较弱。每个传感器节点都要具备传统网络终端和路由器的双重功能。汇聚节点的处理能力、存储能力和通信能力相对较强。它连接传感器网络和外部网络，实现两种协议栈之间的通信协议转换，同时发布管理节点的监测任务，并把收集到的数据转发到外部网络上。用户通过管理节点对传感器网络进行配置和管理，发布监测任务及收集监测数据。如何利用网络有限的计算和存储资源完成诸多协同任务成为传感器网络设计面临的挑战之一。

8.1.2.3 安全性问题

无线传感器的应用范围非常广泛，涉及军事应用、工业监控与控制、环境监测、医疗监护、智能家居/建筑、仓储/物流管理、交通控制管理、精细农业、消费电子、太空探索、反恐、救灾等诸多领域。各种基于 WSN 应用系统相对安全性提出了很高的要求。但是无线信道、有限的能量、分布式控制都使无线传感器网络更容易受到攻击。被动窃听、主动入侵、拒绝服务则是这些攻击的常见方式。此外，还包括数据包的完整性鉴定、新鲜性确认等问题，因此，安全机制的设计和布署，以实现 WSN 的安全通信在网络的设计中至关重要。

无线传感器网络作为当今信息领域新的研究热点，涉及许多学科交叉的研究领域，要解决的关键技术很多，如网络拓扑控制、网络协议、网络安全、时间同步、定位技术、数据融合、数据管理、无线通信技术等方面，同时还要考虑传感器的电源和节能等问题。

8.2 WSN 体系结构

无线传感器网络结构如图 8－1 所示，该体系包括传感器节点、目标观测节点和感知现场，另外，还需定义外部网络、远程任务管理单元和用户来完成对整个系统的应用刻画。研究人员把大量的传感器节点随机分布在所需监测的区域内，传感器节点自组成网。传感器节点所监测到的数据通过附近的邻居节点依照一定的数据融合协议逐跳地传送到汇聚节点，然后通过互联网等手段将数据传输到任务管理单元，用户也可以通过任务管理单元对传感器节点进行配置管理，发布所需要监测的数据类型等任务并收集处理监测到的数据。

目标是网络感兴趣的对象及其属性，有时特指某类信号源。传感器节点通过目标的热、红外、声纳、雷达或震动等信号，获取目标温度、光强度、噪声、压力、运动方向或速度等属性。传感器节点对感兴趣目标的信息获取范围称为该节点的感知视场，网络中所有节点视场的集合称为该网络的感知视场。检测到的目标信息超过设定阈值，需提交给观测节点的节点，称为有效节点。

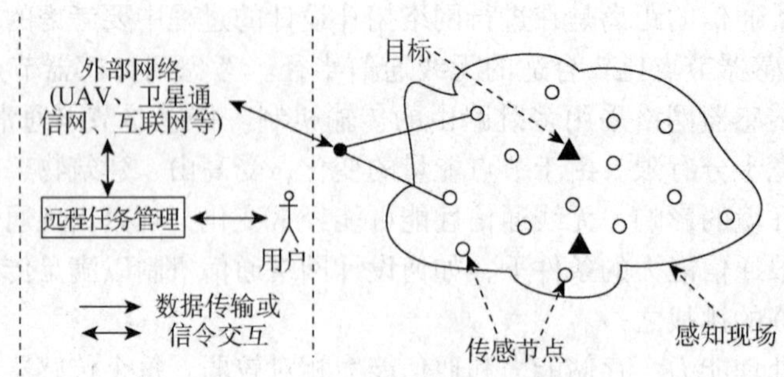

图 8－1　无线传感器网络体系结构

观测节点具有双重身份。一方面，面向网外作为中继和网关完成传感器网络与外部网络间信令和数据的转换，是连接传感器网络与其他网络的桥梁；另一方面，在网内作为接收者和控制者，被授权监听和处理网络的事件消息和数据，可向传感器网络发布查询请求或派发任务。通常假设观测节点能力较强，资源充分或可补充。观测节点有被动触发和主动查询两种工作模式，前者被动地由传感节点发出的感兴趣事件或消息触发，后者则周期性地扫描网络和查询传感节点。

尽管传统通信技术网络中已成熟的解决方案可以借鉴到传感器网技术中来，但由于传感器网是能量受限制的自组织网络，加上其工作环境和条件与传统网络有非常大的不同，所以设计网络时要考虑更多的对传感器网有影响的因素，尤其是传感器网的协议体系结构、拓扑结构和协议标准。

8.2.1　传感器网络节点功能结构

在不同的应用中，无线传感器节点的组成不尽相同。一般地，无线传感器网络节点的硬件包括处理器、无线收发器、传感器、电源部分及其他扩展部分，如定位系统等，如图8－2所示。

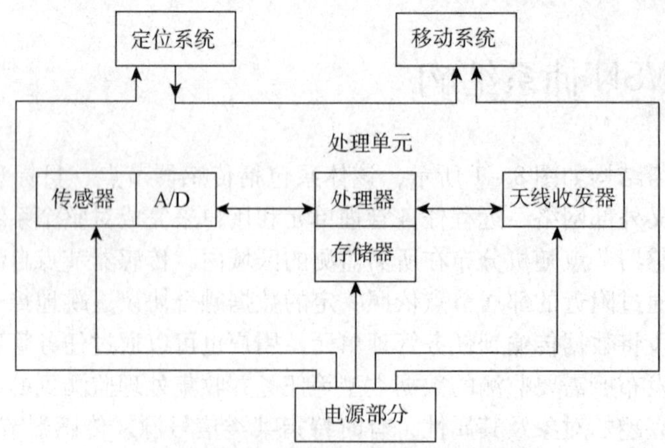

图 8－2　无线传感器节点功能结构图

无线传感器网络节点的处理器负责控制传感器节点的操作及管理、存储和处理本身采集的数据及其他节点发来的数据。目前支持现有微设备如手持计算机和PDA的操作系统都不太适合传感器节点，这是因为为传感器节点设计的微处理器的处理能力更低，只能做一些简单的数据处理，如滤波和数据融合等。因此针对传感器节点的微操作系统应尽可能小且满足能量有效性这一特点。目前，加利福尼亚大学伯克利分校开发的TinyOS操作系统已经成为无线传感器事实上的标准。

传感器负责监测区域内信息的采集；收发器负责节点间的无线通信和信息交互，比如收发监测数据及交换控制信息等；电源部分负责为节点供电。传感器网络网关节点功能更多，除包含上述功能单元之外，还包含与后台监控通信的接口单元。

根据具体的应用需求，定位系统能够确定传感器节点的位置，移动单元可以监控传感器在特定区域内的移动情况，此外，某些传感器节点可能会用在深海、环境污染较严重的水域或者其他条件恶劣的工作领域，这就需要在传感器节点上采用一些特殊的防护措施。

8.2.2 传感器网络软件体系结构

由于无线传感器网络节点的硬件资源及电源容量有限等特点，无线传感器节点运行的操作系统和应用程序不应超过系统资源的承受能力，应该高度模块化和以网络功能为中心。但是，从现有的无线传感器网络软件来看，目前大部分是针对特定的硬件，并偏重于试验平台软件，应用软件的开发在一定程度上比较复杂，不利于推动无线传感器在更多领域的应用，而且，在进行基于无线传感器网络的应用程序的开发中，安全问题是必须要考虑的问题之一，因为很多无线传感器网络传输的数据都是敏感数据。采用无线传感器网络中间件和平台软件不仅能为无线传感器网络的研究、应用与开发构建一个高效节能的、安全的、扩展性强及轻量级的平台，更能促进无线传感器网络相关技术的进一步研究和应用。

在一般无线传感器网络的应用系统中，信息安全和管理纵向贯穿各个层次的技术架构，无线传感器网络基础设施层位于最底层，向上依次是应用支撑层、应用业务层和具体的应用领域，比如商业、环境、军事及健康等。

无线传感器网络中间件和平台软件由无线传感器网络应用支撑层、无线传感器网络基础设施和基于无线传感器网络应用业务层的一部分共性功能及其他安全信息等部分组成，其基本含义是：应用支撑层支持应用业务层为各个应用领域服务，提供所需的各种通用服务，如资源共享、信息交换服务、业务访问、业务集成、安全可信和可管理等通用性的服务。在这一层中，中间件软件是核心；管理和信息安全是贯穿各个层次的保障。

无线传感器网络中间件和平台软件体系结构如图8－3所示，主要分为四个层次：网络适配层、基础软件层、应用开发层和应用业务适配层，其中，网络适配层和基础软件层组成无线传感器网络节点嵌入式软件（布署在无线传感器网络节点中）的体系结构，应用开发层和基础软件层组成无线传感器网络应用支撑结构（支持应用业务的开发与实现）。

（1）在网络适配层中，网络适配器负责对无线传感器网络底层（无线传感器网络基础设施、无线传感器操作系统）进行封装。

（2）基础软件层包含无线传感器网络各种中间件，这些中间件构成无线传感器网络平台软件的公共基础，并提供了高度的灵活性、模块性和可移植性。

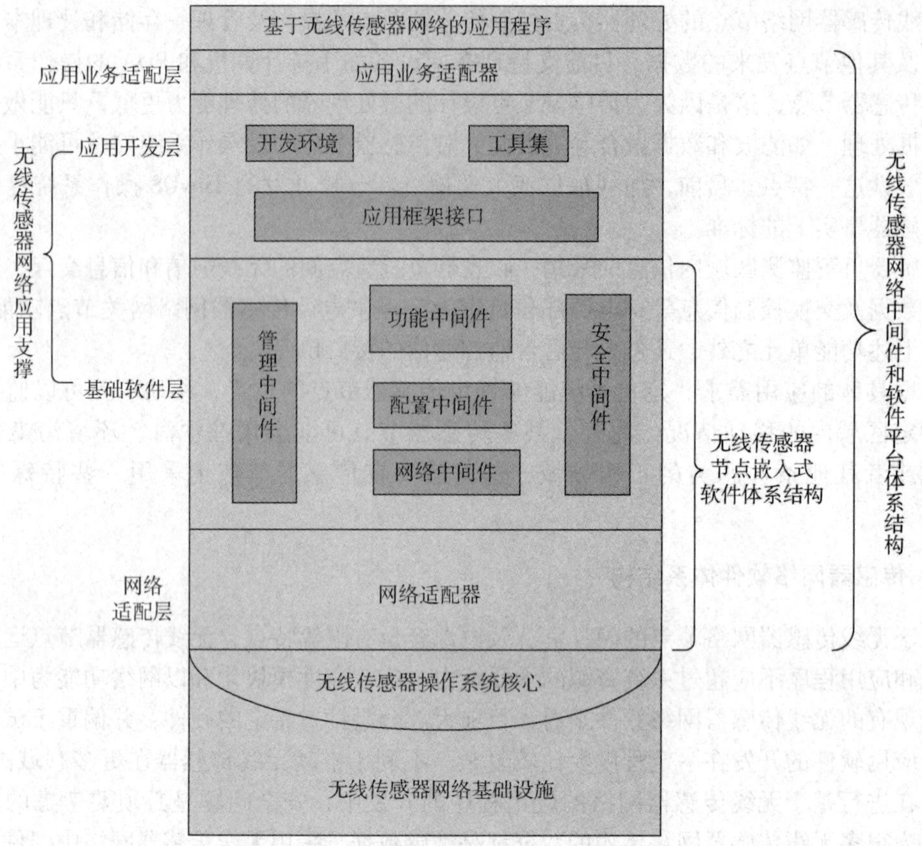

图 8-3　无线传感器节点的软件体系结构

网络中间件完成无线传感器网络接入服务、网络生成服务、网络自愈合服务、网络连通性服务等；配置中间件负责无线传感器网络的各种配置工作，如路由配置、拓扑结构的调整等；功能中间件提供无线传感器网络各种应用业务的共性功能，提供各种功能框架接口；管理中间件为无线传感器网络应用业务实现各种管理功能，如目录服务、资源管理、能量管理、生命周期管理；安全中间件为无线传感器网络应用业务实现各种安全功能，如安全管理、安全监控、安全审计。无线传感器网络通常布署在环境、军事监测等敏感应用中，并且通信方式容易遭受监听、截取、恶意代码注入等威胁，可使用安全中间件进行安全管理。

(3) 应用开发层。

① 应用框架接口。提供无线传感器网络的各种功能描述和定义，具体的实现是由基础软件层提供的。

② 开发环境。是无线传感器网络各种应用的图形化开发平台，建立在应用框架接口的基础上，为各种应用业务提供更高层次的应用编程接口和设计模式。

③ 工具集。提供各种特制的开发工具，辅助无线传感器网络各种应用业务的开发与实现。

(4) 在应用业务适配层中，应用业务适配器是对各种应用业务的封装，用来解决基础软件层的变化和接口不一致性问题。

无线传感器网络应用开发环境能够减少基于无线传感器网络应用开发的复杂性，屏蔽无线传感器网络底层操作系统的复杂性。在通常的基于无线传感器网络应用软件开发中，开发者不得不直接面临操作系统、网络协议和数据库这些无线传感器网络底层复杂的东西。在开发的过程中，不得不解决许多很棘手的问题，如操作系统的多样性，繁杂的网络程序设计、管理，复杂多变的网络环境，数据分散处理带来的不一致性问题、性能和效率、安全等。无线传感器网络中间件和平台软件强调对用户的直接价值，能够将在不同操作系统上、不同时期开发的应用软件集成起来协调工作，是新层次的基础软件。对于无线传感器网络应用开发者而言，无线传感器网络中间件和平台软件意味着无线传感器网络的业务需求的一些共性功能已经部分地实现在软件平台中，应用的开发可以基于现有软件平台定制，需要新开发的只是一部分应用程序。对于无线传感器网络的用户而言，无线传感器网络中间件和平台软件意味着基础功能、快速建立和适应变化，从一开始就具有基本的业务功能，可以快速地建立基于无线传感器网络的业务应用。

8.2.3 传感器网络通信体系结构

WSN 的网络通信体系协议结构是网络的协议分层及网络协议的集合，是对网络及其部件所应完成功能的定义和描述。对传感器网来说，其网络体系结构不同于传统的计算机网络和通信网络，WSN 的通信协议栈不仅包括物理层、数据链路层、网络层、传输层和应用层（这与互联网协议栈的五层协议相对应），还包括能量管理平台、移动管理平台和任务管理平台。

8.2.3.1 物理层

物理层解决简单而又健壮的调制、发送、接收等技术问题，包括信道的区分和选择，无线信号的监测、调制/解调，信号的发送与接收及数据的加密等。该层直接影响电路的复杂度和能耗，主要任务是以相对较低的成本和功耗，克服无线传输媒体的传输损伤为基础，给出能够获得较大链路容量的传感器节点网络。

无线传感器网络采用的传输媒体主要是红外、无线或者光介质等。例如，使用红外技术的传感器网络需要在收发双方之间存在视距传输通路。在微尘项目中，使用了光介质进行通信。大量的传感器网络节点是基于射频电路的，无线传感器网络推荐使用免许可证频段(ISM)。在物理层技术设计的关键问题是环境的信号传播特性、物理层技术的能耗。传感器网络的典型信道属于近地面信道，其传播损耗因子较大，并且天线高度距离地面越近，其损耗因子就越大，这是传感器网络物理层设计的不利因素。然而无线传感器网络的某些内在特征也有利于设计的方面，例如，高密度布署的无线传感器网络具有分集特性，可以用来克服阴影效应和路径损耗。目前低功率传感器网络物理层的设计仍然有许多未知领域有待深入探讨。

8.2.3.2 数据链路层

数据链路层用于解决信道的多路传输问题，工作集中在数据流的多路技术、数据帧检测、介质的访问和错误控制，保证 WSN 中点到点或一点到多点的可靠连接。该层又可细分为媒体访问控制（MAC）子层和逻辑链路控制（LLC）子层。其中，媒体访问控制（MAC）层协议主要负责两个职能。一个是为传感器节点有效合理地分配资源，规定不同的用户如何共享可用的信道资源，即控制节点可公平、有效地访问无线信道。另一个是建立网络结构，因为成千上万个传感器节点高密度地分布于待测地域，MAC 层机制需要为数据传输提供有效的通信链路，并为无线通信的多跳传输和网络的自组织特性提供网络组织结构。LLC 子层负责向网络提供统一的服务接口，采用不同的 MAC 方法屏蔽底层，具体包括数据流的复用、数据帧的检测、分组的转发/确认、优先级排队、差错控制和流量控制等。

8.2.3.3 网络层

网络层关心的是对传输层提供的数据进行路由来供传感器节点之间、传感器节点和汇聚节点之间进行通信使用，包括路由的生成与选择、网络互联、拥塞控制等。

在传感器网络节点和接收器节点之间需要特殊的多跳无线路由协议。传统的 Ad hoc 网络多基于点对点的通信，在传感器节点多数使用广播式通信，这是为了增加路由可达度，并考虑到传感器网络的节点不是很稳定。此外，相比于传统的 Ad hoc 网络路由技术，无线传感器网络的路由算法在设计时需要特别考虑能耗的问题。以数据为中心也是传感器网络的网络层设计的设计特色。在传感器网络中用户进行数据查询时，网络只需报告该事件即可，并不需要报告发现事件的节点信息。而传统网络传送的数据是和节点的物理地址紧密联系起来的，以数据为中心的特点使传感器网络的数据传输思想更接近于自然语言交流的习惯，同时要求其能够脱离传统网络的寻址过程，快速有效地组织起各个节点的信息并融合提取有用信息直接传送给用户。

8.2.3.4 传输层

传输层用于传感器网络中数据流的传输控制，帮助维护传感器网应用所需的数据流，提供可靠的、开销合理的数据传输服务，是保证通信服务质量的重要部分。当传感器网络需要与其他类型的网络连接时，例如汇聚节点与任务管理节点之间的连接就可以采用传统的 TCP 或 UDP 协议，但是传感器网络的计算资源和存储资源都十分有限，通常数据传输量不是很大，涉及是否需要传输层的问题。TCP 协议是基于全局地址的端到端传输协议，其基于属性的命名机制对于传感器网络毫无意义，而且数据确认机制也需要消耗大量的存储器和能量，因此类似于 UDP 协议的代价较小的传输层协议更适合于无线传感器网络。

8.2.3.5 应用层

应用层协议基于检测任务，包括节点布署、动态管理、信息处理等，根据不同应用的具体要求，不同的应用程序可以添加到应用层中，包括一系列基于监测任务的应用软件。

无线传感器网络的管理平台包括能量管理平台、移动管理平台和任务管理平台三部分。能量管理平台在传感器节点中不可缺少，因为它控制着传感器节点的能量供给，它必须清楚电池的电压变化情况从而动态地适应系统的性能，当更换或者增加能源时，能量管理部件还会用来管理新能源的性能。移动管理平台可以用来进行移动节点的跟踪记录。任务管理平台用来平衡和规划某个监测区域的感知任务，传感器节点的能量是有限的，有些时候并不需要所有的节点都参与到监测任务当中去。为了使能量尽量均衡，剩余能量较高的节点通常会承担较多的感知任务，这时就需要任务管理平台来进行各个节点的任务的协调和分配。在这些管理平台的帮助下，节点可以以较低的能耗进行工作，可以利用移动节点转发数据，可以在节点之间共享资源。总之，这些管理平台同样起着不可替代的作用。

8.3 WSN 通信协议

8.3.1 WSN 物理层协议

物理层为设备之间的数据通信提供传输媒体及互连设备，为数据传输提供可靠的环境。

物理层的媒体包括平衡电缆、光纤、无线信道等。通信用的互连设备指 DTE 和 DCE 间的互连设备。DTE 即数据终端设备，又称物理设备，如计算机、终端等都包括在内。而 DCE 则是数据通信设备或电路连接设备，如调制解调器等。数据传输通常是经过 DTE-DCE，再经过 DCE-DTE 路径。

无线传感器网络物理层主要负责数据的调制、发送与接收，是决定 WSN 的节点体积、成本及能耗的关键环节，也是 WSN 的研究重点之一。

Zigbee 是一种低速短距离传输的无线网络协议。Zigbee 协议从下到上分别为物理层（PHY）、媒体访问控制层（MAC）、传输层（TL）、网络层（NWK）、应用层（APL）等。其中物理层和媒体访问控制层遵循 IEEE 802. 15. 4 标准的规定。

Zigbee 网络的主要特点是低功耗、低成本、低速率、支持大量节点、支持多种网络拓扑、低复杂度、快速、可靠、安全。与此同时，中国物联网校企联盟认为：Zigbee 作为一种短距离无线通信技术，由于其网络可以便捷地为用户提供无线数据传输功能，因此在物联网领域具有非常强的可应用性。国家和地区 Zigbee 频率工作范围如表 8－1 所示。

表 8－1 国家和地区 Zigbee 频率工作范围

工作频率范围/MH^2	频段类型	国家和地区
868—868. 6	ISM	欧洲
902—928	ISM	北美
2400—24835	ISM	全球

从协议栈的角度看，物理层协议涉及传输媒体选择、频段选择和调制编码方式等，目前，传感器网络常用的传输媒体包括光、红外线和无线电等。

8. 3. 1. 1 光通信

优点：花费能量少、安全、无需天线。缺点：节点间必须满足视线无遮挡、对空气条件敏感、通信必须定向等条件。例如，微尘项目中，使用了光介质进行通信，智能微尘是自主的传感、计算、通信系统，有两种传输方式。被动方式使用角立方体回射器，主动方式使用激光二极管和导向镜。

8. 3. 1. 2 红外通信

优点：无需天线、无需申请频谱、不受电器设备干扰。红外收发器简单、便宜。PDA 和无线电话提供红外通信接口。缺点：要求发射器和接收器间视线无遮挡、传输必须定向、传输距离短。

8. 3. 1. 3 无线电通信

无线电波具有传输距离较远，容易穿透建筑物，在通信方面没有特殊的限制等方面的优势，非常适合 WSN 在无人领域的自主通信需求，是目前 WSN 的主流传输方式。

无线电传输可以使用 ISM（工业、科学、医学）频段，其中某些部分已经用于无绳电话和无线局域网（WLAN），由于传感器网络对尺寸、价格、功耗的限制及天线效率和功耗的折中，使得频率只能选择在超高频（UHF）频段。在欧洲推荐使用 433MHz ISM 频带，在北美推荐使用 915MHz ISM 频段。ISM 频带使用自由，频带宽，便于实现节能。

无线传感器网络的物理层可采用的通信技术很多，如基于 RFID、Zigbee 和蓝牙等的传输模块，WSN 物理层协议的实现可以基于 IEEE 的两个标准：IEEE 802.15.4 和 IEEE 802.15.3a。

IEEE 于 2001 年开始研究制定低速无线个人局域网（WPAN）标准 – 802.15.4。802.15.4 主要是物理层和 MAC 层的标准，该工作组正在考虑以此为基础实现传感器网络。IEEE 802.15.4 标准主要有如下特性。

（1）工作于 2.4GHz ISM 频段的 16 个信道，数据传输速率为 250kbps，适合较高的数据吞吐量和低延时的场合；工作于 915MHz 频段的 10 个信道，数据传输率为 40kbps，工作于 868MHz 频段的 1 个信道，数据传输率为 20kbps，适合家底速率换取较高灵敏度和较大覆盖面积的场合。

（2）2.4GHz 物理层采用基于 DSSS 方法的准正交调制技术，868/915MHz 物理层使用简单 DSSS 方法，每个数据位被扩展为长度为 15 的 CHIP 序列，然后使用二进制相移键控调制技术。

（3）采用 CSMA/CA 信道接入技术及两种寻址方式—短 16 位和 64 位寻址。

（4）保证低功耗的电源管理。

IEEE 802.15.3a 标准工作组将超宽带（UWB）作为一个可行的高速率 WPAN 的主要推动者，WSN 就是潜在的典型应用。IEEE 802.15.3 物理层主要采用了多带正交频分复用（MB-OFDM）UWB 和直扩码分多址（DS-CDMA）UWB 两种技术。协议允许 245 个无线用户设备以最高 55Mbps 的速率同时在几厘米到 100m 的范围内接入网络。IEEE 802.15.3 工作在 2.4GHz 频段上，规定了 5 个原始的数据传输速率为 11Mbps、22Mbps、33Mbps、44Mbps 和 55Mbps。同时该标准包含了可靠 QoS 所需的所有元素，使用时分多址（TDMA）技术分配设备间的信道，有效避免了数据通信时的冲突。

物理层各种传输媒体的比较见表 8 – 2。

表 8 – 2　物理层各种传输媒体的比较

传输媒体	速率	传输距离	性能（抗干扰性）	价格	应用
双绞线	10 ~ 1000Mbps	几十 km	可以	低	模拟/数字传输
50Ω 同轴电缆	10Mbps	3km 内	较好	略高于双绞线	基带数字信号
75Ω 同轴电缆	300 ~ 450MHz	10km	较好	较高	模拟传输电视、数据及音频
光纤	几十 Gbps	30km	很好	较高	远距离传输
短波	<50MHz	全球	较差	较低	远程低速通信
地面微波接力	4 ~ 6GHz	几百 km	好	中等	远程通信
卫星	500MHz	18 000km	很好	与距离无关	远程通信

8.3.2　WSN MAC 层协议

无线传感器网络除了需要传输层机制实现高等级误差和拥塞控制之外，还需要数据链路层功能。数据链路层主要负责多路数据流、数据结构探测、媒体访问和误差控制，从而确保通信网络中可靠的点对点与点对多点的连接。另外，网络节能也由 MAC 层实现。

根据不同的传感器网络的应用，目前研究人员从不同方面提出了多个 MAC 协议，常见的分类方法如下：第一，采用分布式还是集中式控制；第二，使用单一共享信道还是多个信道；第三，采用分配信道方式还是随机访问信道方式。采用第三种分类方法可以将 MAC 层协议分为以下几种。

（1）采用无线信道的随机竞争方式，节点在需要发送数据时随机使用无线信道，重点考虑尽量减少节点间的干扰。

（2）采用无线信道的时分复用方式（Time Division Multiple Access，TDMA），给每个节点分配固定的无线通信信道使用时段，从而避免节点间的相互干扰。

（3）混合 MAC 协议。包括一些采用频分复用或码分复用方式，实现节点间无冲突的无线信道分配的 MAC 协议。

8.3.2.1 基于竞争的 MAC 协议

竞争类型的协议采用分布式控制，节点有数据等待发送时，通过竞争的方式访问信道。冲突解决机制用于解决由于竞争信道产生的传输冲突，重发数据，直到数据发送成功或者丢弃数据为止。代表性的协议有 IEEE 802.11MAC 协议、Sensor-MAC（S-MAC）、Timeout-MAC（T-MAC）等。

1. IEEE 802.11MAC 协议

802.11MAC 协议支持两种操作模式：单点协调功能（Point Coordination Function，PCF）和分散协调功能（Distributed Coordination Function，DCF）。PCF 提供了可避免竞争的接入方式，而 DCF 则对基于接入的竞争采取带有冲突避免的载波检测多路访问（CSMA/CA）机制。上述两种模式可在时间上交替使用，即一个 PCF 的无竞争周期后紧跟一个 DCF 的竞争周期。

PCF 工作方式是基于优先级的无竞争访问，是一种可选的控制方式。它通过访问接入点（Access Point，AP）协调节点的数据收发，通过轮询方式查询当前有数据发送请求的节点，并在必要的时候给予其数据发送权。在 DCF 工作方式下，无线信道的状态是通过物理载波的侦听和虚拟载波侦听确定的。物理层提供物理载波侦听，而 MAC 层提供虚拟载波侦听。如图 8-4 所示，节点 *A* 希望向节点 *B* 发送数据，节点 *C* 在 *A* 的无线通信范围内，节点 *D* 在 *B* 的无线通信范围内，但不在节点 *A* 的无线通信范围内。节点 *A* 向节点 *B* 发送数据帧之前，先向 B 发送一个请求发送帧（Request To Send，RTS），并在 RTS 帧中说明将要发送的数据帧长度，B 收到 RTS 帧后，就向 A 响应一个允许发送帧（Clear To Send，CTS），在 CTS 帧中也附上 A 与发送的数据帧长度。A 收到 CTS 帧后就可以发送其数据帧了。

802.11MAC 协议定义了 5 类时序间隔，其中两类是由物理层决定的基本类型：短帧空间（SIFS）和时隙（slot time）。其余 3 类时序间隔则基于以上两种基本的时序间隔：优先级帧间空间（PIFS）、分散帧间空间（DIFS）和扩展帧间空间（EIFS）。SIFS 是最短的时序间隔，其次为时隙。时隙可视为 MAC 协议操作的时间单元，尽管 802.11 信道就整体而言并不工作于时隙级时序间隔上。对于 802.11b 网络（即具有 DSSS 物理层的网络），SIFS 和时隙分别为 10μs 和 20μs。考虑到信号的传播和处理延迟，通常将时隙选择为 20μs。PIFS 等于 SIFS 加 1 个时隙，而 DIFS 等于 SIFS 加 2 个时隙。EIFS 比上述 4 类时序间隔都长得多，通常

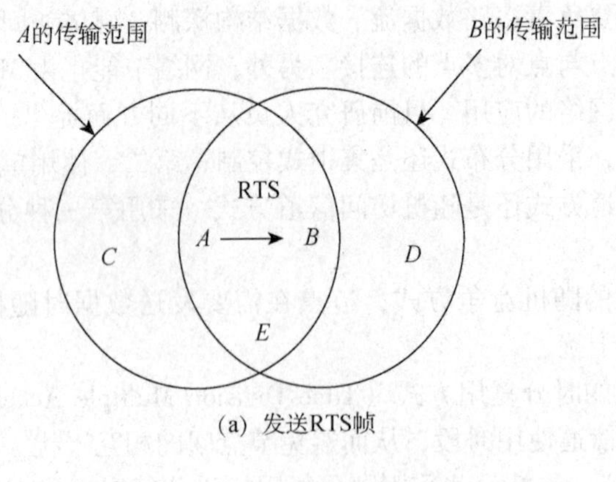

(a) 发送RTS帧

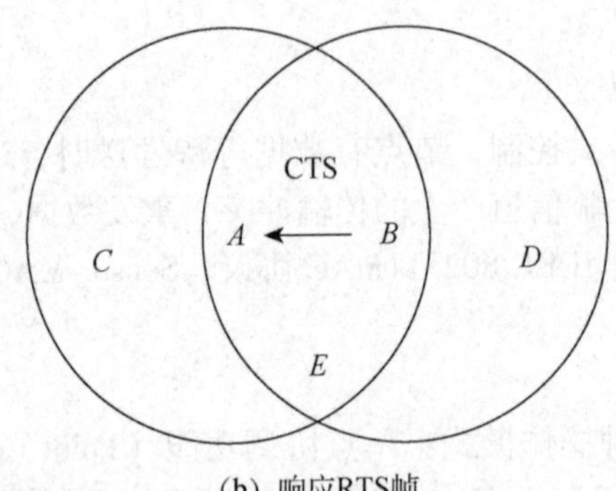

(b) 响应RTS帧

图 8-4 CSMA/CA 协议中的 RTS 帧和 CTS 帧

在收到的数据帧出现错误时才使用。

在退避期间，如果在一个时隙中检测到信道繁忙，那么退避间隔将保持不变，并且只有当检测到在 DIFS 间隔及其下一时隙内信道持续保持空闲时，才重新开始减少退避间隔值。当退避间隔为 0 时，将再次传送分组数据。退避机制有助于避免冲突，因为信道可在最近时刻被检测为繁忙。更进一步，为了避免信道被捕获，在两次连续的新分组数据传送之间，移动站还必须等待一个退避间隔，尽管在 DIFS 间隔中检测到信道空闲。

DCF 的退避机制具有指数特征。对于每次分组传送，退避时间以时隙为单位（即是时隙的整数倍），统一地在 0 至 $n-1$ 之间进行选取，n 表示分组数据传送失败的数目。在第一次传送中，n 取值为 $CW_{min}=32$，即所谓的最小竞争窗（minimum contention window）。每次不成功的传送后，n 将加倍，直至达到最大值 $CW_{max}=1024$。

对于每个成功接收的分组数据，802.11 规范要求向接收方发送 ACK 消息。而且为了简化协议头，ACK 消息将不包含序列号，并可用来确认收到了最近发送的分组数据。也就是说，移动站根据间断停起（stop-and-go）协议进行数据交换。一旦分组数据传送结束，发送移动站将在 10μs SIFS 间隔内收到 ACK。如果 ACK 不在指定的 ACK timeout 周期内到达发送移动站，或者检测到信道上正在传送不同的分组数据，最初的传送将被认为是失败的，并将采用退避机制进行重传。

除了物理信道检测，802.11MAC 协议还实现了网络向量分配（NAV），NAV 的值向每个移动站指示了信道重新空闲所需的时间。所有的分组数据均包含一个持续时间字段，而且

NAV 将对传送的每个分组数据的持续时间字段进行更新。因此，NAV 实际上表示了一种虚拟的载波检测机制。MAC 协议采用物理检测和虚拟检测的组合以避免冲突。

2. S-MAC 协议

S-MAC 协议是在 IEEE 802. 11 的基础上，针对传感器网络能量高效性需求而设计的。从数据冲突、空闲侦听、串扰和控制开销等 4 个方面减少能量浪费。S-MAC 主要采用了以下机制。

S-MAC 协议采用周期性侦听/睡眠的低占空比工作方式，减少空闲侦听时间。每一帧都包括一个工作阶段和一个休眠阶段。工作阶段分为同步阶段和数据收发阶段。如图 8 – 5 所示。

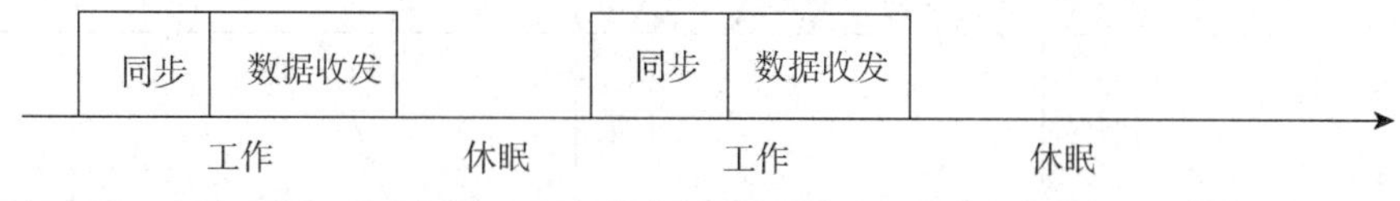

图 8 – 5　节点周期性工作和休眠

邻居节点通过协商的一致性睡眠调度机制形成虚拟簇，减少节点的空闲侦听时间。

通过流量自适应的侦听机制，减少消息在网络中的传输延迟。节点在窃听到 RTS 或者是 CTS 之后，可以确定当前传输的持续时间。当本次传输结束后，再次侦听信道一段时间，确定是否能够实现数据的连续传输。

通过消息分割和突发传递机制来减少控制消息的开销和消息的传输延迟，与 IEEE 802. 11 的处理方式相似，S-MAC 协议将长消息分成若干个短消息进行发送，但是S-MAC进行信道预约时预约的是整个长消息的传送时间，而不是每个短消息的传送时间。采用这种处理方式可以尽量延长其他节点的休眠时间，有效降低碰撞概率。同时，对于无线信道，传输差错与报文长度成正比，短报文成功传输的概率要大于长报文，消息分割技术采用一次 RTS/CTS 握手，集中连续发送全部短报文，可以提高发送成功率。

3. T-MAC 协议（Timeout-MAC）

T-MAC 协议与 S-MAC 协议的工作方式大致相同，也将时间分为帧，但是 T-MAC 协议在 S-MAC 协议的基础之上引入了适应性占空比，来应对不同时间和位置上的负载变化。T-MAC 协议通过设定细微的超时间隔来动态选择占空比，减少了现实监听的能量消耗。

T-MAC 定义了 5 个激活事件：①周期地打开帧定时器；②利用收发器接收其他节点的数据；③感知网络上的通信状况，如发生冲突；④传送数据结束，等待对方发送确认信息；⑤监听网络上的 RTS 和 CTS 数据包，与相邻节点进行数据交换。如果节点在 TA 时间内没有收到上述 5 类事件中的一种，就结束活动状态，转入休眠状态。故 TA 的长度决定了每帧的最小空闲监听时间，TA 的选择可以有效地避免串音干扰。

节点之间采用 RTS/CTS/DATA/ACK 机制发送数据，即当某节点要向目的节点发送数据时，会首先向目的节点发送一个 RTS 请求，表示自己有数据要向目的节点发送。目的节点会以广播的形式发送一个 CTS 数据包，表示已经有节点要向自己发送数据，其他的相邻节点将不会再与该节点通信。如果没有在规定的时间内收到目的节点的 CTS 回复，节点将重新发送 RTS；如果仍没有收到 CTS，则放弃数据发送。当某个节点的相邻节点之间正在相互通信时，该节点将不能休眠，必须等待一个时间段以接收可能从其他节点收到的 RTS 或

CTS。TA 时间间隔必须满足以下条件：

$$T_{A} > C + R + T \tag{8-1}$$

式中：C——竞争时间间隔的长度；

R——RTS 数据包的长度；

T——回转时间（介于 RTS 发送结束到 CTS 接收到所需要的一个时间段）。

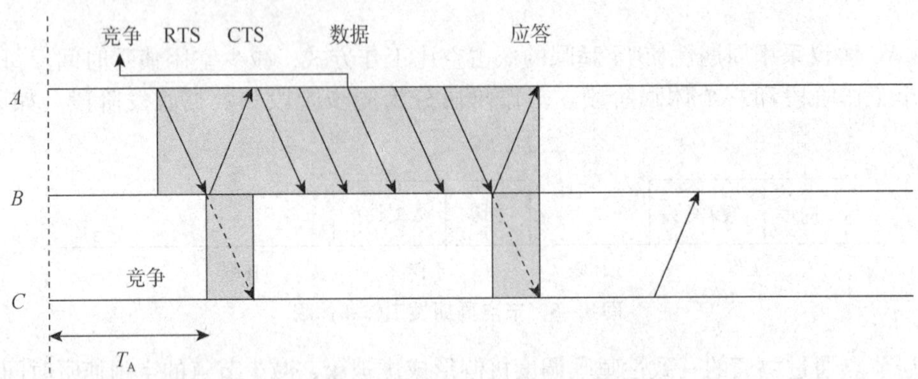

图 8－6　T-MAC 协议数据交换过程

T-MAC 协议中引入休眠状态，提前结束节点活动周期带来了“早睡”问题。在单向通信的时候，假设数据的传输方向是 $A \rightarrow B \rightarrow C \rightarrow D$。当节点 A 通过竞争首先获得信道的占用权，发送 RTS 分组给节点 B，节点 B 反馈 CTS 分组。节点 C 收到节点 B 发出的 CTS 分组后关闭发射模块保持静默。此时，节点 D 可能不知道节点 A 和节点 B 正在通信，在节点 A 和节点 B 的通信结束后已处于睡眠状态，节点 C 只有等到下一个周期才能传输数据到节点 D，这样由于节点 D 的早睡就造成了通信延时，如图 8－7 所示。

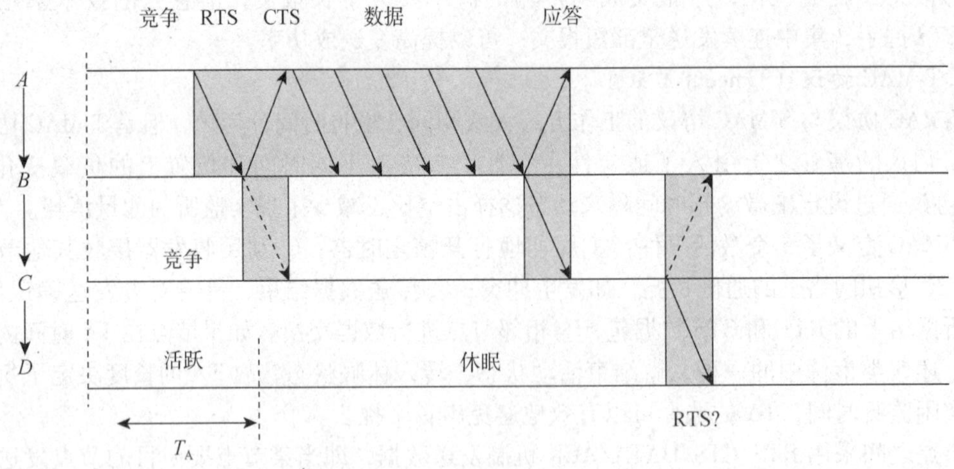

图 8－7　T-MAC 节点“早睡”问题

T-MAC 协议提出了两种方法来解决早睡问题。第一种方法称为未来请求发送（Future Request-To-Send，FRTS），如图 8－8 所示。当节点 C 收到 B 发送给 A 的 CTS 分组后，立刻向下一跳的接收节点 D 发出 FRTS 分组。FRTS 分组包括节点 D 接收数据前需要等待的时间长度，节点 D 要在休眠相应长度的时间后醒来接收数据。由于节点 C 发送的 FRTS 分组可能干扰节点 A 发送的数据，所以节点 A 需要推迟发送数据的时间。节点 A 通过在接收到 CTS 分组后发送一个与 FRTS 分组长度相同的 DS（Data-Send）分组实现对信道的占用。DS 分组不包括有用信息。节点 A 在 DS 分组之后开始发送正常的数据信息。FRTS 方法提高了网络吞吐率，但是 FRTS 分组和 DS 分组也带来了额外的通信开销。第 2 种方法称作满缓冲区优先（Full Buffer Priority），如图 8－9 所示。当节点的缓冲区接近占满时，不是对收到的 RTS 作应答，而是立即向目标接受者发送 RTS 消息，并向目标节点传输数据。这个方法的优点是从根本上减小了早睡发生的可能性，而且能够控制网络的流量，缺点就是很大程度上会产生冲突。T-MAC 协议为了解决早睡问题提出了许多方法，但都不是很理想。

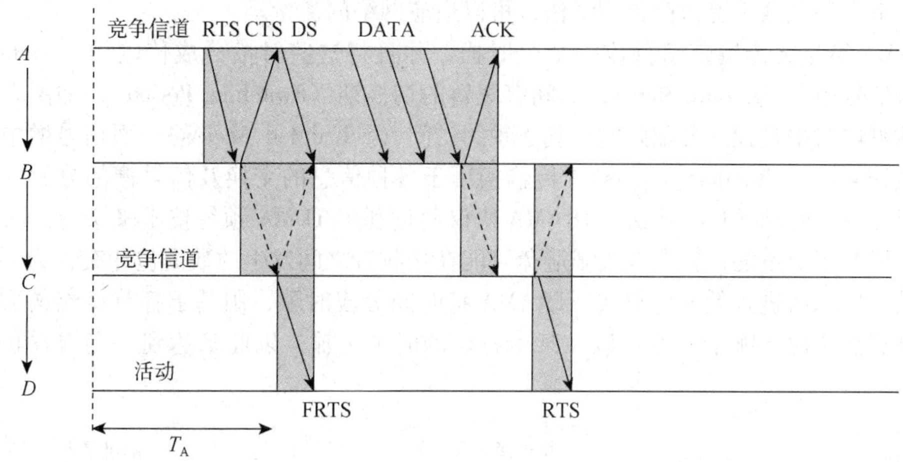

图 8－8　T-MAC 未来请求发送

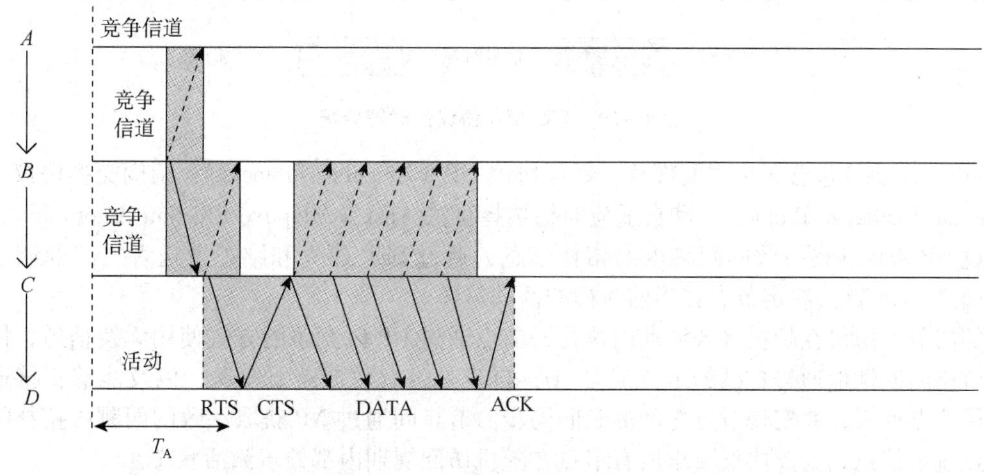

图 8－9　T-MAC 满缓冲区优先

8.3.2.2 分配类的 MAC 协议

分配类的 MAC 协议节点通过同步机制，按照统一的调度策略工作，其工作方式包括频分多址接入（Frequency Division Multiple Access，FDMA）、时分多址复用（TDMA）、码分多

址复用（Code Division Multiple Access，CDMA）三种。其中，TDMA 型的协议对于节点性能要求最低，非常适合无线传感器节点功能受限的特点。TDMA 为每个节点分配独立的用于数据发送或接收的时槽，而节点在其他空闲时隙内转入睡眠，TDMA 机制没有竞争机制的碰撞重传问题；数据传输时不需要过多的控制信息。这样可以满足传感器网络节约能量的要求，但是，它要求节点之间严格的时间同步。许多研究人员结合传感器网络的具体应用，提出许多分配类的传感器网络的 MAC 协议，下面将概括几种典型协议。

1. TRAMA 协议

TRAMA（Traffic Adaptive Medium Access）协议，即流量自适应介质访问协议，是一种能源高效、无收发冲突的无线传感器基于时槽的媒体访问控制层协议。其特别之处在于该算法根据各个节点的负载情况协商预约时槽，可以适应网络的流量。

TRAMA 算法将传输信道分成一个个时槽，并且将这些时槽分成传输槽（Transmission Slots）和信号槽（Signaling Slots），其间有短暂的切换期（Switching Period），如图 8－10 所示。传输槽内时槽是预先分配好的，基于预约访问（Scheduled Access）；而信号槽中的时槽则是随机访问的（ Random Access）。传输槽用于各种信息的交换及信号槽的分配，其核心是一套节点使用时槽的选举算法。TRAMA 协议通过利用 TDMA 预约技术来避免接收者之间的碰撞，用基于流量的传输调度表来避免可能在接收者之间发生的数据包冲突；为了使节点在无线接收要求时进入低能耗模式，TRAMA 将时间分成时隙，用基于各节点流量信息的分布式选举算法来决定哪个节点可以在某个特定的时隙传输，以此来达到一定的吞吐量和公平性。

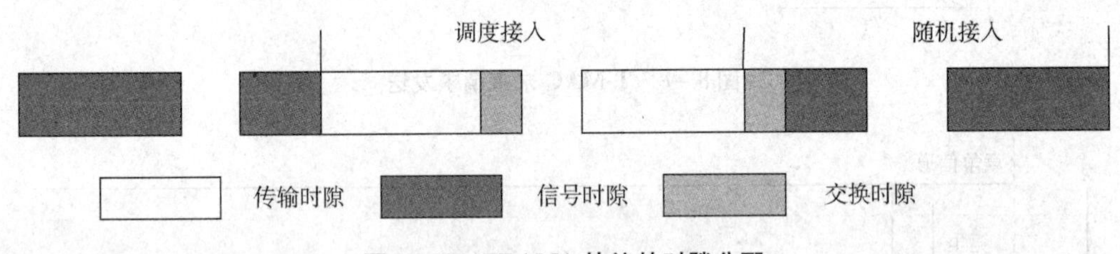

图 8－10　TRAMA 协议的时隙分配

TRAMA 协议包含 3 个主要部分：邻居协议 NP（Neighbor Protocol）、调度交换协议 SEP（Schedule Exchange Protocol）和自适应时槽选择算法 AEA（Adaptive Election Algorithm），节点通过 NP 协议获得一致的两跳内的拓扑信息，通过 SEP 建立和维护发送者之间的调度信息，通过 AEA 算法决定节点在当前时槽的活动策略。

邻居节点协议在随机接入周期内执行，节点通过 NP 以竞争的方式使用无线信道，协议要求节点周期性地通告自己的节点编号 ID，自身是否有数据需要发送，以及能够直接通信的邻居节点列表，并实现节点之间的时间同步。节点间通过 NP 获取一致的两跳内拓扑结构和节点流量信息，为此协议要求所有节点在随机访问周期内都处于激活状态。

调度交换协议 SEP 用来建立和维护发送者和接收者的调度信息。在调度访问周期内，节点周期广播其调度信息，比如在节点优先级最高的时隙，发送数据的接收者或者放弃该最高优先级时隙的调度信息。其基本调度过程如下：节点根据应用层产生分组的速率，先计算出它的调度间隔 Tinterval（表示一次调度对应的时隙个数），然后计算在［t，t + Tinterval］内具有最高优先级的时隙，最后在最高优先级时隙发送数据，并通过调度消息告诉对应接收方。如节点无足够多数据发送，应当及时通告放弃该最高优先级时隙以便其他节点使用。值得注意的是，在每个调度间隔内，为防止调度信息的不一致和发送调度分组时产生冲突，最后一个最高优先级时隙预留给节点广播其下一个调度间隔的调度信息。

在 TRAMA 协议中，调度访问周期内节点状态分为三种：发送、接收和睡眠。发送状态是指当且仅当节点有数据发送时的状态，且在竞争中具有最高优先级；接收状态是指它是当前发送节点指定的接收方；其他情况节点处于睡眠状态。自适应时隙选择算法 AEA 就是根据当前两跳邻居节点内的节点优先级和一跳邻居调度信息，决定节点在当前时隙的状态策略：接收、发送或睡眠。节点在调度周期的每个时隙上都需要运行 AEA 算法。

TRAMA 协议通过分布式协商保证节点无冲突发送数据，在接收能耗的同时保证网络具有较高的数据传输率。相比基于 CSMA 机制的传感器网络 MAC 协议，TRAMA 通过位图实现了更高的睡眠时间百分比和更低的数据发送冲突概率。此外，相比其他协议的组播和广播模式，TRAMA 协议的通信开销也更少些。但是也存在一些不足：该协议要求有较大存储空间保存两跳内的拓扑信息和邻居调度信息；对于任何一个时隙都需计算两跳内所有邻居节点的优先级和运行 AEA 算法；对于每个时隙可能会发生重复计算，因为计算参数会随时间变化；由于传输时隙设置为 7 倍的随机访问周期，而随机访问期间要求节点要么处于发送状态，要么处于接收激活状态，这意味着如果不考虑传输和接收的话，工作周期至少不低于 12. 5%，这仍是一个相当高的比例值。鉴于上面综合分析，TRAMA 协议比较适合于周期性数据采集和监测无线传感器网络方面的应用。

TRAMA 协议通过分布式协商保证节点无冲突地发送数据，无数据收发的节点处于休眠状态；同时，避免把时槽分配给没有信息发送的节点。在节省能量消耗的同时，保证网络的高数据传输率。TRAMA 算法避免了无消息发送的节点占用时槽，而根据具体节点的网络负载情况，安排节点的监听或休眠状态，有效地使用了节点能源。并且，该算法可以保证公平性，接收节点不会碰到收发冲突的情况。仿真显示，由于节点最多可以睡眠 87%，所以 TRAMA 节能效果明显。在与基于竞争类的协议比较时，TRAMA 也达到了更高的吞吐量（比 S-MAC 和 CSMA 高 40% 左右，比 IEEE 802. 11 高 20% 左右），因为它有效地避免了隐藏终端引起的竞争。

2. DEANA 协议

DEANA 协议全称是分布式能量感知节点活动（Distributed Energy-Aware Node Activation）协议，DEANA 协议采用 TDMA 机制，为 WSN 中的每个节点分配固定的时隙用于数据的传输。同时，DEANA 协议特地做出了一些改进，它在每个节点的数据传输时隙前加入了简短的控制时隙，控制时隙被用于节点之间相互通知是否有数据需要接收，如果没有数据需要接收，节点就进入休眠状态。只有接收数据的节点才会在整个传输时隙内保持活动状态，如图 8 - 11 所示。DEANA 协议将时间帧分为周期性的调度访问阶段和随机访问阶段。调度访问阶段由多个连续的数据传输时槽组成，某个时槽分配给特定节点用来发送数据。除相应的接收节点外，其他节点在此时槽处于休眠状态。随机访问阶段由多个连续的信令交换时槽组成，用于处理节点的添加、删除和时间同步等。

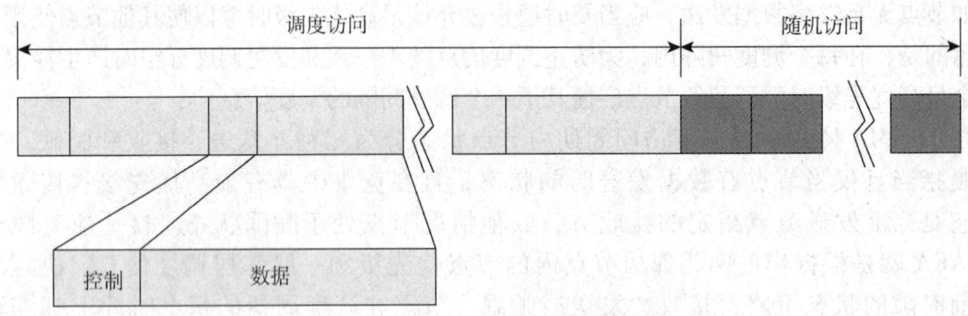

图 8－11　DEANA 协议的时间帧分配

调度访问部分中的时槽又可以进一步分为两个时槽，即控制时槽和数据传输时槽。数据传输时槽要比控制时槽相对长得多，如果节点有数据需要发送，而且刚好处在分配的时槽里，则在控制时槽内发出控制消息，消息中带有接收数据的节点消息。控制时槽过后就进入数据传送时槽，进入发送数据状态。在控制时槽内，网内所有的节点都处于接收状态，用以发现可能属于自己的数据。当发现本节点不是数据的接收者时，则节点立即就进入睡眠状态，进一步达到节省能量的目的。

DEANA 协议的核心思想是让节点交换能量信息。它执行一个本地选举程序来选择能量最低的节点为“赢者”，使得这个“赢者”比其邻节点具有更多的睡眠时间，以此在节点间平衡能量，延长网络的生命周期。且这个选举程序与 TDMA 时隙分配集成到一起，从而不影响系统的吞吐量。每个节点一般都会有两个状态，正常操作阶段（Normal Operation Phase）和选举阶段（Voting Phase）。正常操作阶段发送数据包（Data Packet），而在投票阶段主要发送控制包（Control Packet），包括投票包（Vote Packe）和无线能级模式包（Radio-Power-Mode Packet）。Radio-power-mode 为 TRUE 的节点将占用两个时槽，为 FALSE 的节点占用一个时槽。各个节点为每个邻居节点维持一个表明其无线收发装置能量状态的变量，当某一节点 I 比原来的“赢者”能量值低时，它进入选举阶段。

节点 I 的处理过程如下。

（1）发送当前的能量值给所有邻居节点。

（2）收集所有邻居投票（Vote），如所有投票和为正，则设置 Radio-power-mode 为 TRUE；否则为 FALSE。

（3）发送 Radio-power-mode 和能级信息给所有邻居节点。

节点 I 的邻居节点 J 处理过程如下。

（4）检查接收到的能量值是否小于自己的能量值。

（5）是，则投正票（Positive Vote）；否，则投负票（Negative Vote）。

（6）如果接收到节点 I 的 Radio-power-mode 为 TRUE，则设置本身节点 J 的 Radio-power-mode 也为 TRUE。

（7）发送 Radio-power-mode 包给所有节点 J 的邻居节点。

DEANA 协议继承了 TDMA 类协议的优点，包括无冲突丢包及无竞争机制及其额外的开销。此外，该协议通过对节点能源细粒度的控制，节省关键路径上节点的能源，从而延长了整个网络的生命周期。协议的缺点是传感器节点只在自己占有时隙且无传输时，才能进入睡眠；而在其邻节点占有的时隙里，就算没有数据传输，它也必须醒着，这样就带来较大的能量开销。而且，额外的区域选举程序就算不增加网络负载，但发包与收包也会消耗节点能量。

3. D-MAC 协议

D-MAC（Data-gathering MAC）协议针对 S-MAC 和 T-MAC 协议中存在的数据转发中断问题，提出了摆动唤醒机制（Staggered Wakeup Schedule）解决该问题。从传感器感知节点（Sensors）到汇聚节点（Sink）形成一棵数据汇聚树，树中数据流向是单向的，由子节点流向父节点。节点采用工作和睡眠阶段切换，其中工作阶段又分为发送和接收两部分。摆动唤醒机制负责调整树中每层节点的工作周期，使子节点的发送时间和父节点的接收时间一致，在理想情况下，数据转发会持续下去，没有任何延迟。

8.3.2.3　混合类的 MAC 协议

1. 漏斗 MAC 协议

相对于传统的自组织网络，WSN 的一个重要特点就是其表现出了独特的漏斗效应。WSN 的流量模式是一点对多点的，所有产生事件的节点都通过单跳或者多跳传至中心节点。如图 8-12 所示，这种汇聚式的传输方式自然会产生 WSN 的阻塞点。事件漏斗导致事件不断朝汇聚节点发送数据，发送流量和传输时延也不断增大，最终就会导致严重的分组碰撞、拥塞及分组丢失等问题，最差的结果就是 WSN 的拥塞崩溃，而最好的结果是中心节点有限的应用逼真度。同时，事件漏斗还存在着一些其他的不足。离中心节点越近的传感器节点丢失的分组就会越多，并且丢失的分组呈现不均匀的分布状态，我们将离中心节点最近的节点分布区称为强度区，强度区内的节点耗能巨大，这会导致整个网络的提前瘫痪，因此，如何减轻漏斗效应是 WSN 网络优化面临的一个重要挑战，也是本小节重点探讨的问题。

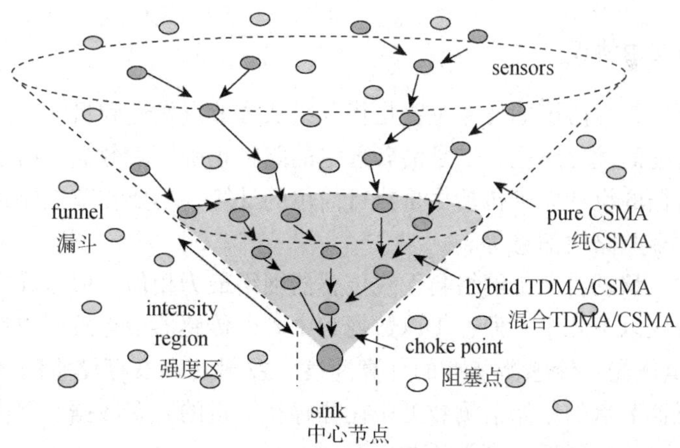

图 8-12　WSM 的漏斗效应

目前研究人员已经提出的算法很多，如网络分层设计技术、数据累计技术和分布式拥塞控制算法等，但是没有一项技术能够有效控制源或汇聚节点的流量速率来匹配中心节点的瓶颈状况，因此很难有效解决漏斗效应问题。针对漏斗效应的特点，如果能够在距离汇聚节点几跳或者更远范围内采取措施进行控制，将会在性能方面实现很大的跨越，解决漏斗效应。

漏斗-MAC 协议（Funneling-MAC）是一种本地化的面向中心节点的协议。漏斗-MAC

协议主要用于事件漏斗的强度区内，是TDMA（分配类）和CSMA/CA（竞争类）相结合的一种混合类协议。漏斗－MAC协议通过只在强度区内采用本地TDMA传输时间安排来减轻漏斗效应。越接近中心节点的节点就会接受到越高机会的传输时间安排，同时这些节点承载的流量也比远离中心节点的节点多得多。漏斗－MAC协议是面向中心节点的MAC协议，这是因为在协议中由中心节点来承担和完成将强度区内传感器事件的TDMA传输时间管理任务安排。漏斗－MAC协议又是一个本地化的MAC协议，这是由于没有在整个传感场中而只在接近中心节点的强度区内采用TDMA。中心节点承担和完成强度区深度的计算与维护。中心节点可能比简单传感器节点有较强的计算能力和较多的储能，但是漏斗－MAC协议的有效操作并不依赖于这一点。通过本地化方法采用TDMA及将较多的管理任务交由中心节点来承担和完成，在WSN中采用TDMA提供了一种可扩展解决方法。

2. Z-MAC协议

Z-MAC协议结合了CSMA和TDMA的优点，是由RHEE在2005年提出的混合MAC机制。

Z-MAC的基本机制是CSMA，当与其他节点发送信息发生冲突时，每个时隙的占有者拥有数据发送的优先权，其退避时间较短，从而达到真正获得时隙的信道使用权的目的。Z-MAC的CSMA和TDMA是通过竞争状态标识来转换的，当节点在碰撞频繁或者ACK不断丢失的情况下，就会由低竞争状态进入高竞争状态，由CSMA转换到TDMA。简而言之，Z-MAC在低网络负载时，利用CSMA机制，在高竞争的信道情况下，采用TDMA机制。

Z-MAC有着较好的网络扩展性和信道利用率，并且不需要精确的时间同步技术。但是，当网络负载状况出现频繁变化时，TDMA和CSMA的频繁转换就会带来大量的能耗和网络延迟。

8.3.3 WSN网络路由协议

无线传感器网络路由协议的任务主要是将分组从源节点发送到目的节点，主要实现两大功能：一是选择合适的优化路径，二是沿着选定的路径正确转发数据。由于传感器网资源受限，路由协议要遵循的设计原则包括尽量执行简单的计算、不要在节点保存太多状态信息和节点间不能交换太多的路由信息等。

在已有网络中，移动自组织网络与无线传感器网络最为相似，但差异也较大，无线传感器的特点主要体现在以下几个方面：①以数据为中心，传感器节点按照数据属性寻址，而不是IP寻址；②能量优先：传感器节点的计算速度、发射功率及存储空间等十分有限，需要节约资源；③传感器节点的原始监测数据中往往存在大量的冗余数据，路由协议可以进行数据聚合，减少冗余，从而降低带宽消耗和发射功耗。

根据传感器网络的结构，可以将路由协议分为基于平面结构、基于分级结构和基于地理位置三大类。

8.3.3.1 基于平面结构的路由协议

基于平面结构的路由协议是最简单的路由形式，不存在特殊节点，路由协议的鲁棒性较好，数据流量平均分散在网络中，缺点是缺乏可扩展性。最有代表性的平面路由算法有洪泛算法、闲聊算法、SPIN算法和DD算法等。

1. 洪泛算法

洪泛算法是一种传统的无线通信路由技术。该算法规定，每个节点接受来自其他节点的信息，并以广播的形式发送给其他邻居节点。如此继续下去，最后将信息数据发送给目的节点。该算法不用维护网络拓扑结构和路由计算，实现简单，但也会带来一些问题，如容易引起信息的“内爆”（Implosion）和“重叠”（Overlap），造成资源的浪费。如图8-13和8-14所示。在图8-13中，节点O通过广播将数据发送给自己的邻居节点A、B和C，A、B和C又将同样的数据包发送给同一个节点P，所谓“内爆”就是像这样将一个相同的数据包多次转发给同一个节点的现象。重叠现象是传感器特有的，如图8-14所示，节点A和B感知范围发生了重叠，重叠区域的事件被相邻的两个节点探测到，那么同一事件被传给它们共同的邻居节点C多次，这种现象也能浪费能量，重叠现象甚至比内爆问题更难解决。

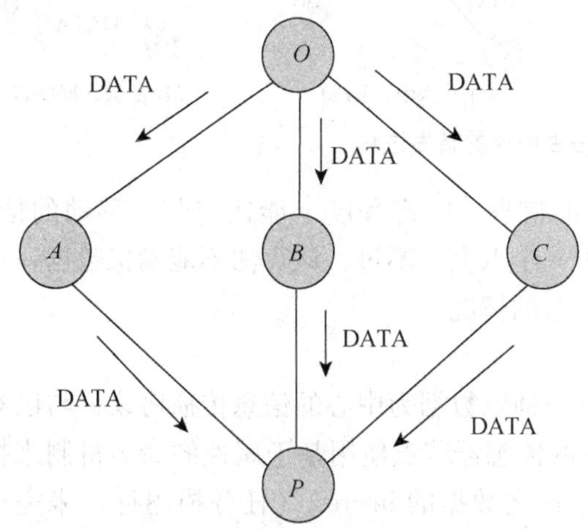

图8-13 洪泛算法的内爆现象

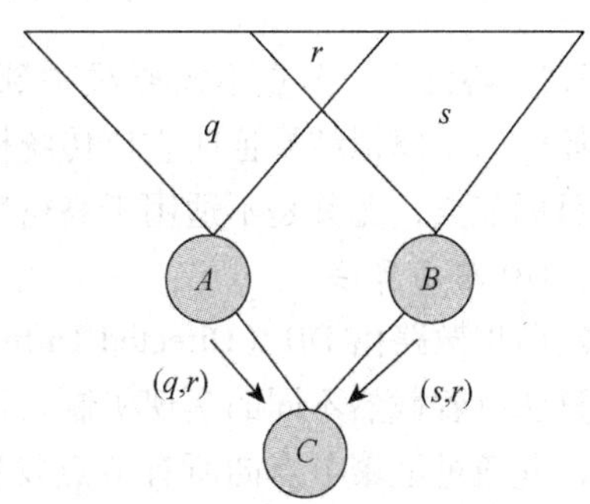

图8-14 洪泛算法的重叠现象

因此在洪泛协议的基础上，提出了闲聊协议。

闲聊协议是在洪泛协议的基础上进行改进而提出的。它传播信息的途径是通过随机地选择一个邻居节点，获得信息的邻居节点以同样的方式随机地选择下一个节点进行信息的传递。这种方式避免了以广播形式进行信息传播的能量消耗，但其代价是延长了信息的传递时间。虽然闲聊协议在一定程度上解决了信息的内爆问题，但是仍然存在信息重叠现象。

2. SPIN协议

SPIN（Sensor Protocol for Information via Negotiation）协议是一种以数据为中心的自适应路由协议。SPIN协议的目的是：通过节点之间的协商，解决洪泛协议和闲聊协议的内爆和重叠问题。

SPIN协议提出了元数据的概念，元数据是原始感知数据的一个映射，可以用来描述原始感知数据，而且元数据所需的数据位比原始感知数据小，采用这种变相的数据压缩策略可以进一步减少通信过程中的能耗。

SPIN协议采用三次握手来实现数据的交互。SPIN协议有三种类型的消息，即ADV、REQ和DATA。ADV用于数据的广播，当某一个节点有数据可以共享时，可以用其进行数据信息广播。REQ用于请求发送数据，当某一个节点希望接受DATA数据包时，发送REQ数据包。DATA为传感器采集的数据包。

SPIN 协议的路由建立和数据传输过程如图 8－15 所示，可分为四个阶段，首先，0 号节点向 1 号节点发送传感数据。当 1 号节点接收到数据后，向其周边邻居节点广播 ADV 数据包，通知邻居节点自己有传感数据需要转发。当 1 号节点的邻居节点接收到 ADV 数据包后根据自己的情况，自主选择接收数据 DATA 与否，节点 3 与节点 5 选择接收数据 DATA，因此其向 1 号节点发送 REQ 数据包。当 1 号节点接收到节点 3、5 发送的 REQ 时，立刻将 DATA发送至这两个节点。

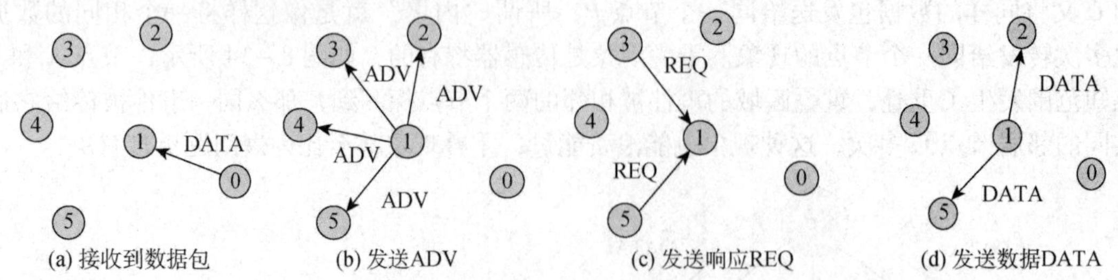

图 8－15　SPIN 路由协议的转发过程

SPIN 协议下，节点不需要维护邻居节点的信息，一定程度上能适应节点移动的情况。在能耗方面，模拟结果证明它比传统模式减少一半以上。不过，该算法不能确保数据一定能到达目标节点，尤其是不适用于高密度节点分布的情况。

3. DD 路由算法

定向扩散路由 DD（Directed Diffusion）是一种以数据为中心的信息传播协议，与已有的路由算法有着截然不同的实现机制。运行 DD 的传感器节点使用基于属性的命名机制来描述数据，并通过汇聚节点向所有节点发送对某个命名数据的 interest（任务描述符）来完成数据收集（如图 8－16（a）所示），这个过程叫做兴趣扩散阶段。在传播 interest 的过程中，指定范围内的节点利用缓存机制动态维护接收数据的属性及指向信息源的梯度矢量等信息（如图 8－16（b）所示），同时激活传感器来采集与该 interest 相匹配的信息。当网络中的传感器节点采集到相关的匹配数据之后，向所有的感兴趣的邻居节点转发这个数据，收到该数据的邻居节点，如果不是汇聚节点，采取同样的方法转发这些数据，这样，汇聚节点就会收到从不同路径传送过来的数据，在收到这些数据以后，汇聚节点选择一条最优的路径作为强化路径，后续的数据沿着这条路径传输（如图 8－16（c）所示）。该算法具有很好的节能和可扩展特性。

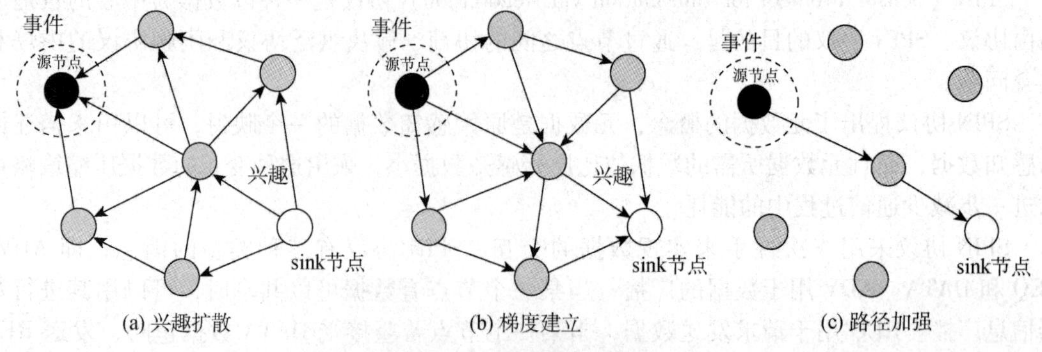

图 8－16　DD 算法示意图

在 Directed Diffusion 中，可以对路径进行修复。在建立多条数据源到 sink 节点的路径之后，sink 节点可以选择增强其中的一条路径用于数据的传输，而同时保持另外一条低速数据传输路径。当高速路径，也就是经过增强的路径出现故障时，sink 节点可以增强低速路径，保证源节点到 sink 节点的数据传输。虽然保持低速路径的过程需要消耗一些能量，但是在故障时，可以节省很多能量开销。对于故障比较频繁的网络，保持一条低速路径是很有好处的。DD 与 SPIN 的最大区别：DD 采用基于需求的数据查询机制。在 DD 中，由 Sink 节点发出数据查询请求，而在 SPIN 中，节点广播自己的数据，以允许其他节点来查询。

DD 路由协议的优点如下：

（1）采用多路径，健壮性好；

（2）节点只需和邻居节点通信，因而不需要全局的地址机制，使用查询驱动机制按需建立路由，避免了保存全网信息；

（3）每个节点都可以进行数据融合操作，能减少数据通信量，节省能量消耗；

（4）sink 点根据实际情况采取增强或减弱方式能有效利用能量；

（5）节点不需要维护网络的拓扑结构，数据的发送是基于需求的，因此它是一个非常节能的路由协议。

DD 路由协议的缺点如下：

（1）基于查询驱动模型的，不适用于环境监测的 WSN；

（2）Gradient 的建立开销很大，不适合多 sink 点网络；

（3）数据聚合过程采用时间同步技术，会带来较大开销和时延；

（4）不同的应用中需要定义不同的命名方案，也就是 <属性，值> 对，从而限制了它的应用。

8.3.3.2　基于分级结构的路由协议

分级路由协议中，网络通常被划分为簇（cluster），每个簇由多个簇成员（cluster member）和一个簇首（cluster head）组成，这些簇首形成高一级的网络，高一级网络又可以分簇，直至最高级。分级结构中，簇首节点不仅负责所管辖簇内信息的收集和融合处理，还负责簇间数据的转发。分簇路由协议中每个簇的形成通常是基于传感器节点的保留能量和与簇首的接近程度，同时为了延长整个网络的生存期，簇首节点的选择需要周期更新。分簇路由的优点是适合大规模的传感器网络环境，可扩展性较好．缺点是簇首节点的可靠性和稳定性对全网性能影响较大，信息的采集和处理也会消耗簇首大量的能量。

分簇路由协议具有以下五大优点。

（1）簇首在融合了成员节点的所有数据之后再进行传递，减少了数据传播量，再次节约了网络能量。

（2）成员节点多数时间处在休眠模式，关闭通信模块，由簇首构成的一个更高一层的连通网络来完成数据的远距离路由传播。这样设计既确保了原有覆盖范围内的数据传递，也在很大程度上节约了网络能量。

（3）分簇拓扑结构易于管理，为分布式算法的应用提供了良好的基础，且其可以对系统变化做出及时反应，具有良好的可扩展性，适合大规模网络。

（4）成员节点的功能比较单一，无需了解复杂的路由信息。这有效地减少了网络中的路由控制数据的数量，减少了数据传播量。

(5) 相对于平面路由，分簇路由在克服传感器节点移动上具有突出的贡献。

1. LEACH

LEACH (Low-Energy Adaptive Clustering Hierarchy) 是一种基于多簇结构的路由协议. 它通过随机循环地选择簇首节点将整个网络的能量负载平均分配到每个传感器节点中，从而达到降低网络能源消耗、提高网络整体生存时间的目的。LEACH 在运行过程中不断地循环执行簇重构过程。每个重构过程分成两个阶段：簇的建立阶段和传输数据的稳定阶段。为了节省资源开销，稳定阶段的持续时间要长于建立阶段的持续时间. 与一般的基于平面结构的路由协议和静态的基于多簇结构的路由协议相比，LEACH 可以将网络整体生存时间延长 15%。

LEACH 的执行过程是周期性的。簇建立阶段负责簇的形成和簇头的选举，每个节点选取一个介于 0 和 1 之间的随机数，如果这个数小于某个阈值，该节点发布自己成为簇头的广播消息。在每轮循环中，如果节点已经当选为簇头，则把阈值设置为 0，这样该节点就不会再次当选为簇头。对于未当选过簇头的节点，则将以阈值的概率当选。随着当选簇头节点数据的增加，剩余节点当选簇头的阈值随之增大，节点产生小于阈值的概率也随之增大，所以节点当选簇头的概率增大。当有且只有一个节点未当选时，阈值为 1，此时该节点一定当选为簇头。节点相邻节点根据接收到广播信号的强弱来决定加入哪个簇，并给该簇簇头发送回复信息。在数据传输阶段，簇内的所有节点按照 TDMA 时隙向簇头发送数据。簇头将数据融合之后把结果发给汇聚点。在持续工作一段时间之后，网络重新进行下一轮的簇头选取工作并重新建立簇。LEACH 协议是完全分布式的，分层有利于网络的扩展性，数据融合能够减少通信量，其数据传输延迟也很小，然而因为 LEACH 假设所有节点能与汇聚节点单跳通信，因此它不适合大规模节点的场合。

正如 LEACH 的优点，其缺点亦显而易见。

(1) 由于每轮先固定簇首再建立簇类，所以簇首能量消耗较大，同时簇首选择机制是随机选举，极有可能当选的簇首处在网络的边缘或者几个簇首距离较近，让部分节点不得不与簇首进行远距离通信，这就导致了网络整体能耗的增加。簇首选举随机且没有依据节点的剩余能量以及位置等因素优化考虑注定无法做到最佳。

(2) LEACH 并不适合大型网络应用，LEACH 规定节点与节点之间及节点与基站之间均可以直接数据传播。无线传感器网络的能量消耗集中在功放能量消耗和电路能量消耗。在大型网络中，对离簇首较远的传感器节点和离汇聚节点较远的簇首而言，节点能量消耗集中在功放能量消耗，参照空间信道模型，节点能耗主要取决于数据传输的距离。所以通信所消耗的能量将会随着数据传输距离的增大而大大增加。同时簇内节点能耗也存在类似的情况。这样就造成首节点能量消耗分布不均衡，导致部分节点快速死亡。

2. PEGASIS 路由协议

PEGASIS (Power-Efficient Gathering Sensor Information System) 协议是基于 LEACH 协议的改进协议。它的典型特点是基于链状结构的路由协议。并且要求网络中的每个节点都知道该网络的全局拓扑信息。其核心思想是利用贪婪算法（Greedy Algorithm），每个传感器节点都选择离自己距离最近的节点作为传输数据的下一跳，从而生成一条包含所有节点的单链，链上的非簇首节点只与自己的邻居节点进行通信。

PEGASIS 算法也包括两个阶段，成链阶段和稳定传输阶段，其具体执行过程为：首先网络中每个节点通过硬件装置或者定位算法找到自己的下一跳节点，传感器节点发送随距离渐远而递减的能量测试信号，通过侦测应答来确定离自己最近的邻居节点，从而了解其他传感器节点的位置；然后从离基站最远的节点处开始建链，每个传感器节点都选择离自己最近且还未入链的节点作为下一跳，由此下去，网络中所有节点形成了一条整链。接着，随机选取链中的一个节点作为链头，整个单链只有一个链头，并采用令牌控制机制进行数据传输。首先链头发布两个令牌，分别向两个方向传递下去直到两端，然后数据开始从两端朝着链头方向进行相邻节点之间的数据传输，每传输到下一个节点，该节点就会将自己的数据和从上一节点接收到的数据进行数据融合处理，然后再把融合后的数据传送到自己的下一节点，以此类推，最终链头分别将从两端收到整条链融合处理后的数据，然后经链头最终处理后发送给基站。每一轮之后会重新跟换链头，保证负载均衡。

与 LEACH 算法相比，PEGASIS 算法有以下几点优势可以更有效地节能。

(1) 非链头节点只与离自己最近的邻居节点进行通信，大大缩短了通信距离，并且链首最多只接收两个消息，所以在非接收时隙时，链头一般处于休眠状态，减少能量消耗，且每一轮只有一个链首与远距离的基站通信，延长了离基站较远的节点的使用寿命，在布署密度较大的应用中比 LEACH 算法更节约能量。

(2) 在节点布署密集的情况下，一般采集到的信息会产生很多的冗余，而在 PEGASIS 算法中链上每个节点在传输数据之前都会进行数据融合处理，这样可以很有效地减少业务流量，从而节约带宽，使整个网络的功耗减小。

但是 PEGASIS 算法同样也存在不足。

(1) 使用贪心算法产生的链，容易使相邻节点之间产生长链。

(2) 由于是链式的拓扑结构，使得数据传输会产生一定的时间延迟。

(3) 由于每一轮只有一个链首与远距离的基站通信且承担了大量传输数据的任务，使之能量消耗变大，易死亡；而频繁更换链头又会增加更换时的能量消耗。

3. TEEN 协议

TEEN (Threshold sensitive energy efficient sensor network protocol) 算法应用于响应型传感器网络的算法，它是基于能量效率的阈值敏感传感器网络算法。该算法采用了跟 LEACH 相同的分簇方式，即节点首先分簇，随后簇头再形成层次结构。聚簇完成以后，sink 节点通过簇头向全网节点通告两个阈值来过滤数据发送。

TEEN 的主要特点是设定了阈值，包括硬阈值（hard threshold）和软阈值（soft threshold)，只有当检测到的值超过阈值之后，才会触发数据传输。首先当聚簇完成以后，基站节点通过簇首向全网节点通告硬阈值和软阈值，簇内节点首次检测到的数据达到硬阈值后，节点就开始将数据传输给该簇簇首，并将该检测值存入节点内的检测值中，此时新的硬阈值就是节点内检测值，并将此消息在下一时隙发布给簇内节点。在后续运行过程中，节点再次向簇首进行数据传输时需要同时满足以下条件：当前的监测值要大于更新后的硬阈值，以及当前的监测值减去节点内检测值的绝对值所得的结果要不小于软阈值。只要节点传输数据，节点内检测值便成为当前的监测值。可以在监测精度和系统能耗之间取得合理的平衡。此举能够大大减少数据传输的次数，更有效地使用能量。适用在实时应用系统中，可以及时发现突发事件，常用于报警系统中。

4. TTDD 协议

协议面向多 sink 节点及 sink 节点移动的网络。当多个节点探测到事件发生时，选择一个节点作为发送数据的源节点，源节点以自身作为格状网（grid）的一个交叉点构造一个格状网。其过程是，源节点先计算出相邻交叉点位置，利用贪心算法请求最接近该位置的节点成为新交叉点，新交叉点继续该过程直至请求过期或者到达网络边缘。交叉点保存了事件和源节点信息。进行数据查询时，sink 节点本地洪泛查询请求到最近的交叉节点，此后查询请求在交叉点间传播，最终源节点收到查询请求，数据反向传送到 sink 节点。sink 节点在等待数据时可继续移动，并且采用代理（Agent）机制保证数据可靠传输。

8.3.3.3　基于地理位置的路由协议

无线传感器网络是与应用相关的网络，很多应用都是和节点的位置信息相关的，甚至节点的位置信息是这些应用必须要知道的关键信息，如水源监测、煤矿安全事故等。地理位置的路由假设的前提是节点知道自己的位置信息，也知道目的节点和目的监测区域的地理位置。地理位置信息既可用于寻找到达基站或汇聚节点的最短路径，又可用于形成虚拟的网络，一次只有少量的节点处于激活工作状态。节点的位置确定有三种方法：使用全球定位系统（GPS）；使用超声波系统利用三边测量技术；使用信标。节点的地理位置确定的精度和代价紧密相关，根据不同的应用需求选择合适精度的位置信息来实现数据转发。常见的地理位置路由有以下几种。

1. GAF 协议

地理自适应保真（Geographical Adaptive Fidelity，GAF）路由协议不仅可以应用于移动 Ad Hoc 网络，也可以用在传感器网络中。在此协议中，监测区域会被划分成多个虚拟单元格，节点按照位置信息被划入相应的单元格；在每个单元格中定期选举产生一个簇头节点，其他节点进入睡眠状态，只有簇头节点保持活动，这样，节点轮流从睡眠状态变到工作状态，达到网络负载均衡。为了处理节点的移动性，节点会估计并通知相邻节自己离开网格的时间点，因而睡眠节点可以相应调整睡眠时间，以便在工作节点离开本网格之前醒来接替工作，GAF 路由协议关掉的均为不必要的节点，并不影响路由的保真度。

网络中每个节点凭借 GPS 接收卡指示的位置，将自身与虚拟网格中某个点关联起来，同一个点关联映射的网络节点对于分组路由的代价是等价的，因此，利用这种等价性可使得某个定网络区域的节点保持睡眠状态，这样，GAF 随着网络节点数目的增加可以极大提高网络的寿命。

GAF 的优点是节点数量增加可大大提高网络寿命，同时它解决了节点的移动性问题。但是 GAF 也有缺陷，即在节点稀疏的情况下节能效果不好，网格簇头的选择是随机的，没有考虑节点剩余能量，并且簇头不做任何数据汇聚或融合工作。

2. GEAR 协议

能量感知（Geographical and Energy Aware Routing，GEAR）路由协议在数据查询过程中，汇聚节点需将查询消息发送到事件区域内的所有节点，即通过洪泛方式将查询命令消息传播到整个网络，建立基站或汇聚节点到事件区域内的传播路径，这种路由建立过程开销较大。

GEAR 假设已知的信息由：事件区域的位置信息，每个节点自己的位置信息和剩余能量信息。节点通过一个简单的 Hello 消息交换机制知道所有邻居节点的位置信息和剩余能量信息。将数据分组传送到目标域中所有的节点分两个阶段：目标域数据传送和域内数据传送。在目标域数据传送阶段，当节点接收到数据分组，它将邻居节点同目标域的代价和自己与目标域的代价相比较，选择最小代价的邻居节点作为下一跳节点；若不存在更小代价，则认为存在路由空洞"hole"，节点将根据邻居的最小代价来选择下一跳节点。在域内数据传送阶段，可通过域内直接洪泛和迭代的目标域数据传送这两种方式让数据在域内扩散直到目标域剩下唯一的节点。

GEAR 的优点是：它将网络中扩散的信息限制到适当的位置区域，减少中间节点的数量，从而降低了路由建立和数据传送的能源开销，进而更有效地提高了网络的生命周期。其缺点是 GEAR 协议必须依赖节点的 GPS 定位信息，成本较高。

此外还有一些基于 QoS 的路由协议，在此也做一些简单的介绍。

（1）SAR 协议。有序分配路由策略（Sequential Assignment Routing，SAR）是首先将 QoS 考虑进路由判决中去的 WSNs 路由协议。SAR 在每个节点与 sink 节点间都维护多条路径，维护多个树结构，每个树以落在 sink 的有效传输半径内的节点为根向外生长，树干的选择需要满足一定的 QoS 要求。这样使大多数节点可能同时属于多个树，可任选某一采集树回到 sink。为了适应由于一些节点的死亡而导致网络拓扑结构的变化，sink 会定期发起路径重建命令来保证网络的连通性。同时，SAR 使用本地路径恢复机制的握手过程及增强路由表中每条路径上下行数据流的连通性来恢复错误。

SAR 突出的优点是能够结合路径能耗和数据报文优先级，提供 QoS 度量，综合考虑了能效和 QoS。缺点是虽然节点到 sink 的多条路径增强了 SAR 的容错和恢复能力，但也增加了维护路由表及每个节点的状态表的开销，尤其在节点数目较大的时候。

（2）SPEED 协议。SPEED 协议是一个实时路由协议。SPEED 中的每个节点记录所有邻居节点的位置信息和转发速度，并设定一个速度阈值，当节点接收到一个数据包时，根据这个数据包的目的位置把相邻节点中距离目的位置比该节点近的所有节点划分为转发节点候选集合，然后根据 SNGF（Stateless Non-Deterministic Geographic Forwarding）把转发节点候选集合中转发速度高于速度阈值的节点划分为转发节点集合，在这个集合中转发速度越高的节点被选为转发节点的概率越大。如果没有节点属于这个集合，则利用邻居反馈机制（Neighborhood Feedback Loop，NFL）重新路由。同时，SPEED 还通过反向压力路由变更机制来避免拥塞和路由空洞，使节点重新选择合适的下一跳路由。由于整个网络只能设置一个全局传输速率阈值，不能提供多种业务流的实时需求。

该协议的优点是：在一定程度上实现了端到端的传输速率保证、网络拥塞控制及负载平衡机制。其缺点是：路由的过程没有考虑在多条路径上传输以提高平均寿命，传输的报文没有优先级机制。

8.3.4　WSN 网络传输层协议

传感器网络的传输协议提供拥塞控制和可靠性保证两项服务。拥塞控制用于探测网络状态，避免发生拥塞，在拥塞发生以后从中恢复过来。可靠性保证用于解决数据包丢失问题，使接收端可以完整地接收数据包。

TCP 和 UDP 是 IP 网络使用的传输层协议，分别提供面向连接的可靠传输服务和无连接服务。但是，UDP 没有拥塞控制机制，当网络发生拥塞后造成大量丢包，不适合无线传感器。TCP 利用滑动窗口等机制进行拥塞控制，利用重传机制进行差错控制，能够提供可靠的传输保证，但是 TCP 并不适合无线传感器网络，这是因为 TCP 协议不是无线传感器网络的数据融合，对于融合后的数据包，TCP 视为丢包而引发重传；无线传感器网络拓扑变化较大，会给 TCP 连接的建立和维护带来困难；无线传感器网络无需单一节点与 sink 节点间提供端到端的可靠性，TCP 保证每个数据包都能正确传输，不适合无线传感器网络的特性等。

下面介绍无线传感器网络常见的传输层协议。

8.3.4.1 PSFQ

PSFQ（Pump Slowly, Fetch Quickly）采用逐跳、无确认的机制。在传输期间，节点以一个相对较低的速度转移（发布）数据报文，一旦检测到有数据丢失，该丢失数据节点就试图快速从邻居节点恢复（索取）丢失的数据。

PSFQ 使用一个多重的基于 NACK 的方案来达到通信的可靠性，有以下三种工作模式。

1. 发布（Pump）操作

在 PSFQ 协议中，每个节点用 Pump 操作向下一跳节点发布数据。每一个数据报文包含一个当前报文序号、文件末尾所在报文序号、剩余条数 TTL（Time To Live）和报告位等。每个节点收到数据报文后，如果已经缓存该报文，则丢弃该报文；否则将该报文的 TTL 值减 1 后缓存该报文。如果最近缓存的新报文紧接在以前缓存的报文之后，而且 TTL 大于零，则节点延迟一段时间后把新报文广播到下一跳节点。在延时时间内，如果连续 4 次接收到与新报文序列号相同的其他报文，则放弃广播新报文，以避免重复广播和浪费能量。

2. 索取（Fetch）操作

在 PSFQ 协议中，每个节点用 Fetch 操作向邻近节点索取丢失数据，即每隔一定时间向邻近节点发送 NACK 报文，直到收到所有丢失报文或发送 NACK 报文的次数超过上限值。NACK 报文包含了信号最强的上一跳节点的标识号及需要接收的所有数据报文序号。如果在发送 NACK 报文之前节点已经收到来自其他节点的相同的 NACK 报文，则节点取消发送。有两种情况采取 Fetch 操作：一种是最近缓存的新报文并非紧接在以前缓存的报文之后，而且新报文是由信号最强的上一跳节点发送；另一种是节点在一个特定时间以内未收到任何数据报文，而且并未收到文件末尾所在的报文。

3. 报告操作

该模式为反馈数据传递的状态信息，对安全性分析有很大的影响。PSFQ 不处理全部信息丢失的问题，特别是在使用包含较少数据报文的相对较短信息的 WSN 应用中，这是 PSFQ 的一个重大缺陷。该协议的另一个普遍问题是不恰当的 TTL 值处理，在转发方法中采用随机的转移时延，一个从信源发出的报文拷贝可能在经历较远传播路径时先于经历较短传播路径的到达目的节点，被安排转发的是 TTL 值较小的节点，而其后到达的拥有较高 TTL 值的报文将被抛弃。此外，敌手可以注入一个给定报文序号、消息长度且 TTL 值低至 1 的包，这个报文可能会阻止其他合法报文的恰当传播，并导致持久的报文丢失。还有一个问题是，对于一个特定的报文，当节点窃听到其邻居节点传输该报文超过 4 次时，将取消安排对该报文的传输，这就意味着敌手可以发送足够多的具有不同序号的伪造报文达到强制取消传输该报文的目的。尽管目的节点检测到报文的丢失并广播一个 NACK，敌手也可以借此通过及时注入一个伪 NACK 来强制取消该报文的重传。因此，在 PSFQ 协议中，敌手可以从系统中持久地删除任意的消息，能量消耗攻击对 PSFQ 协议来说也是不可避免的。

8.3.4.2 DTC

DTC（Distributed TCP Caching）是专为 WSN 设计的修正的 TCP 协议，它通过逐跳恢复的方式提供上、下行通信的可靠性。DTC 应用一个特殊的基于 SACK 的算法。其中，SACK 包内含一个包含有按序接收的最后一个报文序号的 ACK，且有一个包含无序接收的附加报文序号的 SACK，由于这个 SACK 含蓄地列出了所有丢失的报文，所以它也充当一个多重 NACK。DTC 认为每一个位于源节点和目的节点之间的中间节点仅能存储一个报文。目的节点周期性地发送一个 SACK 包给源节点。在通往源节点的传播路径中，每一个中间节点 I 检查 SACK，如果被告知存储的报文已收到，则将其从缓存中删除；如果 SACK 发送一个否定的应答，那么节点将重传丢失的报文并将该报文的序列号插入 SACK 域，并将 SACK 包按照源节点的方向进行传送；如果一个中间节点能重传包含在 SACK 包中的所有丢失的报文，那么它将丢弃这个 SACK。DTC 协议的缺陷：基于 ACK 的协议不需要任何更深层次扩展而达到完全的通信可靠性，当敌手向系统中注入 ACK 时，并不会因此产生附加的流量。然而，注入的 ACK 包能带来严重的安全隐患，使用 ACK 的协议认为任意一个被明确或含蓄应答的报文在到达目的节点后都将被从系统中删除，因为敌手可以伪造并注入本已丢失报文的虚假 ACK，这将导致持久性的报文丢失。一个 SACK 包含多重已丢失的报文，敌手可以伪造并注入另一个对所有丢失报文应答的 SACK，这样一个包可以引起多重的报文的丢失。除上述攻击的可能性外，能量消耗也可对 DTC 产生攻击，这是因为 SACK 也充当一个多重的 NACK 来使用，注入一个含有很大丢失窗的 SACK 会因重传报文而产生很大的流量。另外，由于注入系统的伪 SACK 包，要求每一个已经到达目的节点的报文进行重传并为每一个丢失的报文发送应答，所以上述两种攻击可以很容易地结合起来，产生不可小觑的能耗攻击。

8.3.4.3 PBC

RBC（Reliable Bursty Converge-cast）采用了一种可以用于逐跳恢复的更少窗口的应答方案。在 RBC 协议中，中间节点为每个接收到的报文做缓存处理，如果接收到一个报文的成功接收应答，则将该报文从缓存中删除，否则重复 n 次该操作。RBC 协议应用的特殊缓存排队模型能应对突发通信并有效传送无序报文，而且该协议使用多重的 ACK 机制。RBC 也有自己的缺陷：与其他对丢失报文可以恢复的方案相反，这里的 ACK 将只能任由报文的丢失，而不可能采取任何补救的措施。此外，因为 RBC 支持多重的 ACK，所以它可以使用一个 ACK 对存储在节点中的每一个报文做出应答，一旦收到此应答，节点就会清空其缓存，极有可能导致报文的永久丢失。

8.3.5 WSN 网络应用层协议

传感器网络的应用是多种多样的，为了适应不同的应用环境，研究人员提出了很多应用层协议。代表性的协议有任务安排和数据分发协议（Task Assignment and Data Advertisement Protocol，TADAP）、传感器查询和数据分发协议（Sensor Query and Data Dissemination Protocol，SQDDP）等。

8.4 WSN的关键技术

8.4.1 网络拓扑控制

WSN拓扑结构具有稠密布署的特点，在拓扑控制之前，所有节点以最大发送功率工作。这样，一方面会造成网络中每个节点的无线信号覆盖的节点数目过多，使无线信号冲突频繁，直接影响到传感器节点的无线通信质量，降低整个网络的吞吐率；另一方面，节点有限的能量将被无线通信模块快速消耗，降低了网络的寿命；同时，在生成的网络拓扑中将存在大量的边，从而导致网络拓扑信息量过大，路由计算复杂，浪费宝贵的计算资源。因此，在保证网络强连通和覆盖的前提下通过一定的拓扑控制降低节点的发送功率，避免节点之间无线信道的频繁冲突，减少网络拓扑信息，从而降低节点能耗、提高网络吞吐量，有效地延长了网络寿命。目前，围绕拓扑机制进行的相关研究大致分为两类：①通过控制节点睡眠或活动状态来控制活动节点数量；②通过控制某些链路的使用状态来减少通信链路的数量。从路由的方面考虑，网络拓扑应保持全局连通，使任意两个传感器节点间存在可通信链路。为了实现数据转发过程中节点或区域的能量平衡，网络中能量相对充足的节点间的链路在路由时被优先选择。从MAC协议效率角度来看，网络拓扑的连通冗余度过高，节点的信号覆盖范围可能过大，会造成隐藏或暴露终端问题，从而引发数据通信碰撞，继而导致数据重传或串扰及其带来的不必要的能耗。具体来说，拓扑控制机制分为平面网络、支配集和分簇的网络结构三方面，如图8－17所示。

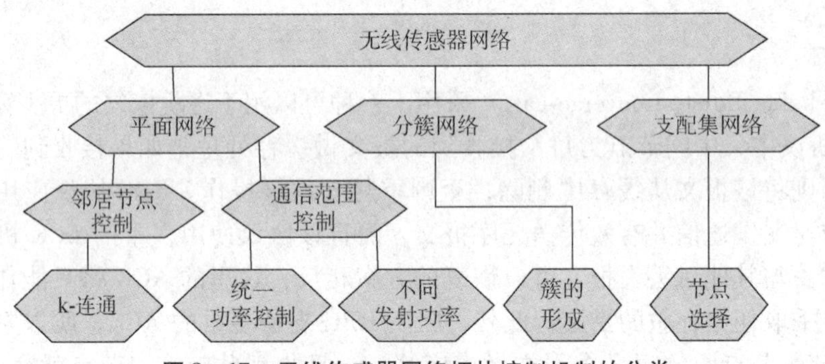

图8－17 无线传感器网络拓扑控制机制的分类

8.4.2 网络安全技术

无线传感器网络是一种大规模的分布式网络，常布署于无人维护、条件恶劣的环境中，并且无线传感器网络在布署之前无法预知其拓扑结构，节点在网络中的角色也是经常变化，因此研究人员无法对传感器网络进行完全配置，对节点进行预配置的范围也是有限的，因此，相比于传统网络，无线传感器节点有一些特有的安全需求。

（1）数据完整性。确保数据在传输过程中没有被篡改，目的节点收到的数据与发送节点发送的数据相同。

（2）数据机密性。包括节点中的数据、密钥分发不泄露给任何未授权的节点或者用户。

（3）数据时效性。确保数据在其时效范围内被传送给用户。

（4）数据认证。确保参与通信的节点都是已声称的节点，攻击者无法修改数据包，也不能插入其修改的数据。

在研究无线传感器网络的安全技术之前，首先要对攻击形式进行分析研究。目前常见的攻击类型如表8－3所示。

表8－3　攻击分类表

协议层	攻击方法	防御手段
物理层	物理破坏	破坏证明、节点伪装和隐藏
	拥塞攻击	跳频、优先级消息、低占空比、区域映射、模式转换
数据链路层	碰撞攻击	纠错码
	耗尽攻击	设置竞争阈值
	非公平竞争	使用短帧策略和非优先级策略
网络层	黑洞攻击	认证、监视、冗余机制
	HELLO 洪泛攻击	
	告知欺骗	
	方向误导攻击	认证、监视机制；出口过滤
	虚假路由信息	
	选择性重发	
	女巫攻击	
	丢弃和贪婪破坏	使用探测机制和冗余路径
	汇聚节点攻击	使用加密和逐跳认证机制
传输层	失步攻击	认证
	洪泛攻击	客户端谜题

由上表可见，WSN的安全体系主要包括四个部分：认证及安全路由；安全数据融合及安全定位；加密算法及密码分析；密钥管理及访问控制。WSN具有自身很明显的特点，这就使得其与传统的无线网络有着很大的不同。就目前的研究状况而言，WSN的网络安全研究主要集中在安全路由研究、密钥管理研究等。

8.4.2.1　安全路由研究

目前针对传感器网络的安全路由研究成果不多，主要有入侵容忍路由INTRSN、INSENS、TRANS、SLEACH等，这些安全路由协议大多采用链路层加密和认证、多路径路由、身份认证、双向连接认证和认证广播等安全机制来有效抵御攻击。

SLEACH（Secure Low-Energy Adaptive Clustering Hierarchy Protocol）协议是在 LEACH 路由协议的基础上发展而来的。SLEACH 协议从数据加密、完整性及认证等方面保证了 LEACH 协议的安全性，它是将修改后的 SPINS 的安全协议框架应用到 LEACH 路由协议中。其安全机制样具有过分依赖基站的问题。

基于信任的路由 TRANS（Trust Routing for Location-Aware Sensor Networks）是建立在基于位置信息路由协议之上的一种安全机制，是为解决无线传感器网络路由过程中隔离恶意节点和建立信任路由提出的一种方案。TRANS 的主要思想是通过探测机制，使用信任的概念来找出可疑节点的位置，通过避免在不安全的位置上传输数据来达到安全路由的目的。该协议的大部分操作是在基站进行的，这样可以减轻传感器节点的负担。它主要由两个模块组成：信任路由模块 TRM（Trust Routing Module）和不安全位置避免模块 ILAM（Insecure Location Avoidance Module）。TRANS 协议为基于位置信息的路由协议提供了安全保障，使像 GPSR 这样的路由协议具有一定的安全性。但是该协议的探测机制和不安全避免都是在基站上执行的，对基站的依赖性很强。探测机制容易受到干扰而使正常节点也加入黑名单。并且 TRANS 协议只提出了节点是如何加入黑名单的，并没有考虑如何将正常节点排除黑名单。随着黑名单的扩大，网络可用性下降，数据包头因为包含黑名单也会过长，不能抵御选择性转发和告知收到欺骗攻击。

传感器网络安全协议 SPINS（Security Protocols for Sensor networks）协议是一种为 WSN 设计的安全框架，它包括两部分协议：传感器网络加密协议 SNEP（Secure Network Encryption Protocol）和基于时间的高效容忍丢包的流认证协议 MTESLA（Micro Timed Efficient Streaming Loss-tolerant Authentication Protocol）。SNEP 是一个通信开销低的安全通信协议，它提供了数据的机密性、完整性、及时性和发送双方的数据认证。SNEP 采用预共享密钥的安全引导模型，每个节点都与基站共享一对主密钥，用于产生其他通信密钥。MTESLA 用于提供广播安全认证。SPINS 协议存在一定的不足。SNEP 协议完全依赖于基站，每个节点只与基站之间存在共享密钥可以安全通信。节点到节点之间需要通信的话也需要通过基站进行协商密钥。这样，基站成为网络的一个瓶颈，也容易受到攻击使网络陷入瘫痪。

8.4.2.2 密钥管理研究

无线传感器网络安全服务的基础就是密钥管理，其目的是保证需要相互交换信息的节点之间建立共享密钥。根据所使用的密码体制不同，密钥管理方案可以分为对称密钥管理和非对称密钥管理方案。由于传感器网络节点处理能力的限制，公钥加密措施的使用受到了限制，多数密钥管理方案采用对称加密措施。

对称密钥管理方案的重点在于如何使两个传感器节点建立起对称密钥。预分配密钥管理措施是最主要使用的对称密钥管理方式，分为三种：①预安装模型；②随机预分配模型；③确定预分配模型。

最简单的预安装方式是给整个网络中的所有节点分配一个全局密钥，这种方式的优点是所有节点之间都可以建立起安全通信、网络规模不受限制、网络连通度为 1，但是如果有一个节点被捕获，整个网络的通信都可被敌手监控，安全性不高。

由于无线传感器网络中存在一个与外部通信的基站，这个基站的通信能力及能量都不受限制，可以让基站充当密钥分配中心（Key Distribution Center，KDC）。初始状态时，每个传感器节点都与基站有一个共享密钥，如果两个节点间要进行安全通信，可以让基站生成一个密钥并且通过安全信道分发给需要建立安全通信的节点。这种方式的安全通信需要普通节点与基站进行握手，通信能力有限的普通节点与超出它通信范围的基站可能无法建立起通信，而且基站可能成为整个网络的瓶颈。为了保证网络中每一对节点之间都可以建立起安全通信，可以在节点布置前让每个节点都存储与其他节点的通信密钥，建网以后，不需要基站的参与，所有的节点都可以直接建立起安全通信。为了保证一个具有 N 个节点的网络中任意两个节点可建立安全通信，每个节点都需要存储与其他 $N-1$ 个节点的共享密钥，这样整个传感器网络中所需要的存储量为：$N（N-1）/2$，这是一个呈 $O（h）$ 复杂度的量，整个网络的存储量随着网络规模的增大呈平方增长。本方案的优点是，任意两个节点的通信密钥被捕获不会对整个网络后续的通信量造成影响，安全性比较高，但是所需网络存储量比较大，不适用于大规模的网络，而且如果有新的节点加入也不能直接与原网络中的节点建立起安全通信。

8.4.3　时间同步技术

时间同步技术是分布式系统研究的重要基础。无线传感器网络时间同步技术更被认为是无线传感器网络研究的一项基础支撑技术。无线传感器网络中节点定位、数据融合、TDMA 调度、协同睡眠等应用都需要以各传感器节点精准的时间同步为基础。在无线传感器网络的研究领域内，已经提出了多个时间同步机制，其中，RBS、TPSN 和 DMTS 就是三个基本的同步机制。

8.4.3.1　RBS 算法

RBS（Reference Broadcast Synchronization）算法是无线传感器网络时间同步机制中第一个具有代表性的经典时间同步算法。RBS 是基于接收者—接收者模型的时间同步算法，接收端通过记录接收到发送端广播的消息的时间进行交换来进行同步。它是第一个比较系统的无线传感器网时间同步方法，为今后的研究开辟了思路。

RBS 时间同步机制的基本原理如图 8－18 所示，由三个节点组成单跳网络，发送端发出时间同步参考报文，在广播域中的两个接收节点接收到该报文后，分别根据自己的本地时间记录下报文到达的时间。然后相互交换它们记录的时间并计算差值，相当于两个接收节点之间的时间差值。根据这个差值修改其中一个接收节点的本地时间，以实现两个接收节点时间同步。

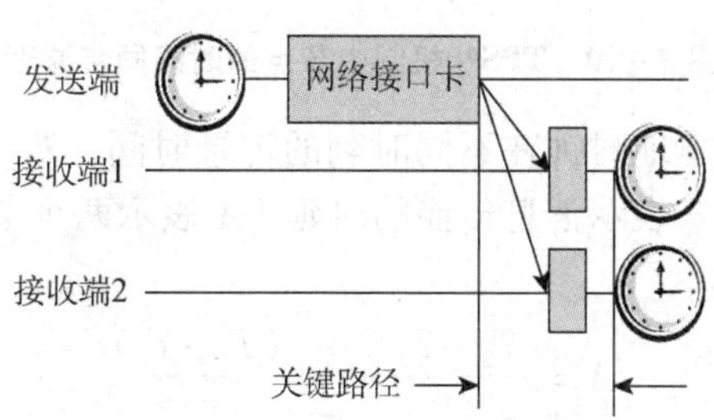

图 8－18　RBS 时间同步机制的基本原理

RBS 算法利用不同广播域相交区域内的节点起时间转换作用，以实现多跳时间同步。实验表明，在 Mica 系列节点之上，用 30 个参照广播同步的平均误差为 11μs。RBS 算法开创性地提出了接收者—接收者模型，其关键路径大为缩短，完全排除了 Sendtime 和 Access time 的影响。误差的来源主要是传输时间和接收时间所带来的不确定性，所以可以获得较好的时间同步精度。而且根据实际情况，可以假设忽略传播时间，这样在分析同步精度时只需考虑接收时间误差即可。

8.4.3.2 TPSN 算法

TPSN（Timing-Sync Protocol for Sensor Networks）算法是 UCLA 的 NESL 实验室的 Ganeriwal 等人提出的无线传感器网络时间同步算法。他们认为传统的发送者—接收者同步协议精度因为单向报文交换的传播延迟不够精确，因此采用双向成对同步算法。该算法采用层次型网络结构，设定一根节点作为整个网络的时钟源。首先所有节点按照层次结构进行分级，然后各节点逐次与上层节点进行同步，最终达到整网时间同步。下面简单介绍下 TPSN 算法的时间同步过程。

1. *层次发现阶段*

根节点广播分组层次发现报文，报文中包含发送节点的 ID 和 level 值。根节点的邻居节点收到根节点发送的报文后，将自己的 level 值加 1。节点收到第 i 级节点的广播报文后，记录下报文中的 level 值，并将自己的级别设置为（$i+1$），以此进行操作后，所有节点都将被分配一个 level 值。

2. *同步阶段*

层次建立后，根节点就会发出时间同步报文。其邻居节点在收到时间同步报文后开始双向同步报文交换，开始与根节点进行时间同步。各节点根据自身记录的 level 值，与上层节点进行时间同步。依次进行，直到网内所有节点与根节点同步。

TPSN 为了提高同步精度，基于报文传输的对称性，采用双向报文交换。如图 8－19 所示。

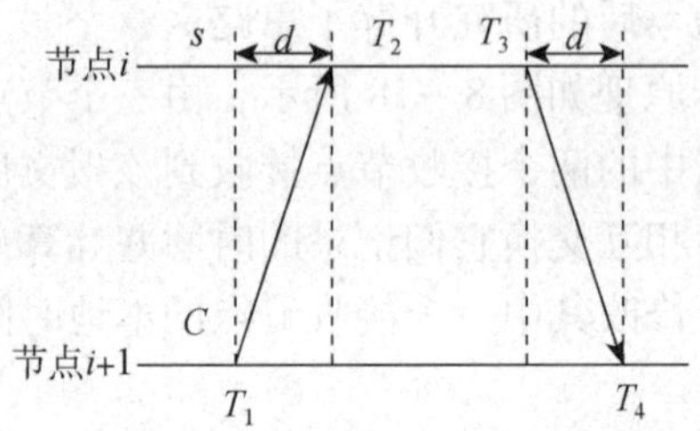

图 8－19　TPSN 机制中节点的时间同步原理

T_1 和 T_4 表示 C 节点的本地时钟在不同时刻的记录时间，T_2 和 T_3 表示 S 节点的本地时钟在不同时刻的记录时间，d 表示消息传播的时延，Δ 表示两个节点之间的时间偏差。假设报文的传输延迟相同

$$\Delta = \frac{(T_2 - T_1) - (T_4 - T_3)}{2} \tag{8-2}$$

$$\Delta = \frac{(T_2 - T_1) + (T_4 - T_3)}{2} \tag{8-3}$$

这样当在 T_4 时刻，节点 C 在本地时间上加上计算得到的 Δ，就可将它的本地时间调整同步到 S。

8.4.3.3 DMTS 算法

DMTS（Delay Measurement Time Synchronization）是英特尔在 2003 年提出的单向同步算法。它的研究思路是根据无线传感器网络的自身特点，为了较低的计算复杂度和能耗，牺牲一部分同步精度。

DMTS 协议同步的基本原理如图 8－20 所示，发送方在侦测到信道空闲之时，给时间同步报文加上时间戳 t_0，这样可以排除发送时间和访问时间的影响。报文发送前必须先发送一定数量的前导码和同步字，设总长度为 n 比特，根据发送率可知单个比特位需要的发送时间 t，估计前导码和起始字符的发送时间为 nt 。接收节点在前导码和同步字接收完毕后记录本地时间 t，并在调整自己的时钟前再记录时间 nt，接收端的接收处理延迟为 (t_2-t_1)。接收者将自己的时间调整为 $t_0+nt+(t_2-t_1)$，这样即可达到两节点的时间同步。

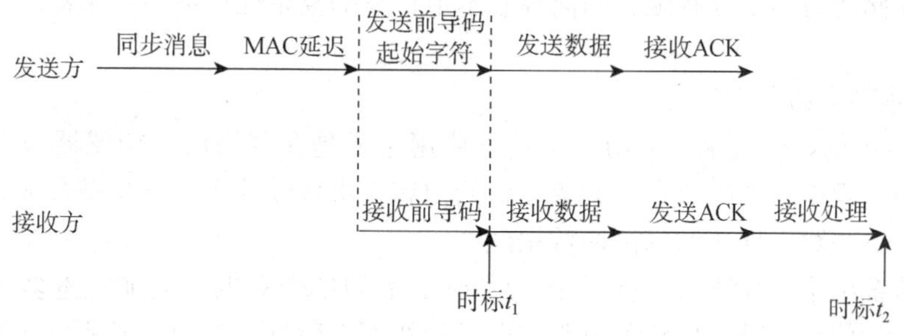

图 8－20 DMTS 同步的基本原理

DMTS 同步算法没有考虑传播延迟和编解码延迟，而且没有对时漂进行补偿，但正因为计算简单有效，在保证一定的同步精度的情况下获得了较低的计算复杂度和能耗，因此也是一种非常著名的同步协议。

8.4.4 数据融合

WSN 网络是以数据为中心的，所有的消息仍旧要传送到所有的汇聚节点，数据所消耗的能量主要用在数据传输过程中对数据的操作上，利用数据融合技术在数据传输过程对数据进行高效的融合和压缩，对数据传输能耗的降低具有很大的优势。数据融合主要研究以下几个问题。①数据相关。对各节点获得的数据进行关联处理，克服感知节点测量的不准确性和干扰等引起的相关二义性，同时也要控制和降低相关计算的复杂度。②数据识别。多感知节点提供的数据在属性上可以是同类的也可以是异类的，异类节点提供的数据具有更强的多样性和互补性，对异类数据的融合处理更加困难。③数据库。数据库不仅要及时存储当前各节点感知的数据，还要将其及时融合处理。数据库应存储融合推理的中间结果、最终态势和决策分析结果等。它要解决的难题是容量大、搜索快、开放互联性好。④准确度。最重要的衡量标准可以是准确度，即汇聚节点收到的值与真实值之差。⑤信息开销。数据融合的最主要的优点就会减少信息开销，从而提高能量效率和延长网络的生存期。融合协议通常都会慎重地在准确度、信息开销和等待时间之间进行折中，而且它只能提供对实际融合值的估计。

目前，传感器网数据融合研究主要集中在应用层与网络层。在应用层开发面向应用的数据融合接口，在网络层开发与路由相结合的数据融合技术，这两者均属于依赖于应用的数据融合。在现有的协议层之外，还研究了独立于应用的数据融合技术，形成了网络层与应用层之间的数据融合层。

8.4.4.1 应用层中的数据融合

应用层数据融合技术研究大多是基于查询模式下的数据融合技术，它的数据融合思想是将 WSN 视为一个分布式数据库，数据收集的过程采用分布式数据库技术，应用层接口也采用了类似 SQL 的风格。

在基于分布式数据库的聚集操作中，用户使用描述性的语言向网络发送查询请求，查询请求在网络中以分布式的方式进行处理，查询结果通过多跳路由返回用户，处理查询请求和返回查询结果的过程实质上就是进行数据融合的过程。在应用层中，数据融合与应用数据之间没有语义间隔，数据融合技术实现起来比较容易，并可以达到较高的融合度，但同时也会损失一定的数据收集率。由于数据收集的过程采用的是分布式数据库技术，而传感器节点的计算能力和存储能力均十分有限，如何控制本地计算的复杂性也会给传感器网络实现增加了难度。

8.4.4.2 网络层中的数据融合

WSN 中，数据融合技术和路由技术结合使用主要是在网络层，传感器节点采集的数据在逐次转发的过程中，中间节点查看数据包的内容，将接收的入口报文融合成数目更少的出口报文转发给下一跳，即所谓的网内数据融合。

不同于传统网络，WSN 不关心具体的传感器上的单个数据，更加注重多节点协作采集到的信息，这就使得在数据传输的过程中既要加快冗余数据的收敛，又要以多跳的方式选择能量的有效路由，减小数据传输冲突，提高收集效率。目前，针对 WSN 网络层数据融合的路由协议主要是以数据为中心的路由，即节点根据数据的内容对来自多个数据源的数据进行融合操作，然后，转发数据。这种方法的优点在于将数据融合技术在路由过程中实现，可以有效减少传输时延，但网络层中的数据融合需要跨协议层理解应用层数据的含义，一定程度上增加了融合的计算量，实际应用中，需要根据具体情况将这些路由算法与数据融合技术相结合，实现对数据的优化。

8.4.4.3 独立的数据融合层

由于数据融合技术在网络层或应用层中实现会破坏各网络协议层的完整性，同时也会导致较多的信息丢失，因此，有相关研究人员提出构建一个能够适应网络负载变化，独立于应用的数据融合（Application Independent Data Aggregation，AIDA）协议层。

数据融合协议层把数据融合作为独立的层次实现，直接对数据链路层的数据包进行融合，不需要了解应用层数据的语义，只是进行多个数据单元的合并，通过减少数据封装头部的开销和 MAC 层的发送冲突达到节省能量的效果。但是，单独的数据融合协议层并不能将网络的生存时间最大化，只能利用数据融合技术来减轻 MAC 层拥塞冲突，以此方式降低能量的消耗，所以，其应用不如网络层的数据融合那么广泛。

数据融合技术涉及复杂的融合算法，就多传感器数据融合而言，虽然还未形成完整的理论体系和有效的融合算法，但已经有不少应用领域根据各自的具体应用背景提出了很多成熟有效的融合算法。按照通信网络拓扑结构的不同，比较典型的数据融合路由协议有：基于数据融合树的路由协议、基于分簇的路由协议和基于节点链的路由协议。

定向扩散算法 DD 就是一种典型的以数据为中心的基于融合树的数据融合算法。数据融合包含三个阶段：兴趣扩散、兴趣梯度建立和数据发送。当汇聚节点需要收集数据时，首先向网络内的传感器节点广播兴趣信息，兴趣信息描述了汇聚节点所感兴趣的数据类型及数据采集方式等信息，节点在接收到兴趣信息后，同样会向邻近节点广播兴趣信息。节点根据接收到的信息建立兴趣梯度，兴趣梯度包含了节点用于转发数据的下一跳节点信息，兴趣梯度的值将根据消息发送节点的能量、通信能力及位置等因素进行调整。当兴趣扩散过程结束时，每个节点会根据兴趣梯度值选择一条“增强路径”作为数据传输的路径。当节点采集到与兴趣相匹配的数据时，沿增强路径将数据发送到下一跳节点。接收节点通过缓存机制减少数据冗余，当数据接收节点发现收到的数据与保存在缓存中的已转发数据重复时，将不予转发。定向扩散算法的优点在于无需通过洪泛的方式获得网络拓扑信息，但是需要周期性更新数据融合树，以适应网络拓扑的变化。

LEACH 算法是基于簇的数据融合路由算法的典型代表，其每一轮数据都是由分簇阶段和稳定阶段构成。①分簇阶段。LEACH 算法按照指定的分布式算法随机选择一个感知节点作为簇头节点，簇头节点随后向邻居节点发送公告，邻近的其他传感器节点根据簇头的位置等因素选择要加入的簇。②稳定阶段。簇内的节点以时分复用的方式将接收到的数发送给簇头节点，由簇头节点进行融合处理，发送给汇聚节点。这种算法降低了节点发送功率，减少了不必要的链路及节点间的干扰。但是需频繁更换簇头，不适用于大规模网络。

PEGASIS 是在 LEACH 算法基础上发展来的，这是一种基于链状结构的路由协议。节点链的构造从距离汇聚节点最远的感知节点开始，采用贪婪算法将所有节点连接成一条链，并随机选择一个节点作为链头节点。当开始采集数据时，链头节点向节点链的两端发送数据收集消息，数据从节点链的两端向链头节点汇聚，最后由链头节点将数据融合结果发送给汇聚节点。PEGASIS 可以降低传输能量的消耗，能耗均衡。

8.5 WSN 应用

无线传感器网络最早来源于军事应用，随着相关技术的发展和社会各个方面的需求，WSN 已经越来越多地应用其他民用领域，从传统的环境、应急应用、监控等领域到日新月异发展的交通控制、企业管理及家庭应用等。

8.5.1 军事应用

军事应用是无线传感器网络技术的主要应用领域，由于其特有的无需架设网络设施、抗毁性强等特点，WSN 是军队在敌对区域中获取情报的重要技术手段，也是数字战场无线数据通信的首选技术。

无线传感器网络在战场上的应用主要有信息搜集、跟踪敌人、战场监测、目标分类。无线传感器网络非常适合应用于恶劣的战场环境中，美国 DARPA（Defense Advanced Research Projects Agency）的 Sens IT（Sensor Information Technology）计划就是 WSN 在军事中的典型应用。在和平年代，主要应用于国土安全、边境监视等，例如在保护国土时，完全可以利用大规模的传感器节点替代传统的地雷埋设，以减少对自身的威胁，还可以利用传感器对声音和图像的分析探测是否有敌方进行入侵。

8.5.2 环境监测应用

随着人们对环境关注度的日益提高，环境科学涉及的范围也在不断延伸，利用原始方法来采集数据已经无法满足科学数据的要求，无线传感器网络为环境数据的采集提供了方便。

无线传感器网络具有自组织的特点，可以借助其特点通过航天器布撒的传感器节点对星球表面进行长时间的监测。除了空间工作站，目前空间探索特殊的环境需要极高的自动化。无线传感器网络还具有节点分布广泛的特点，在农业方面也具有相当广泛的应用，可以监测土壤状态、降雨量、河水水位及土壤成分，预测暴发山洪的可能性，以及进行森林火灾、天气预报的预测。

8.5.3 医疗应用

无线传感器网络在医疗方面也日渐发挥重要的作用。传感器节点小，如果在住院病人佩戴一些血压、脉搏、体温等微型传感器，医生就可以随时了解被监护病人的病情，以便于进行有效的抢救。通过传感器网关，医生还可以从医院里远程监视这些病人的健康状况，对一些高危人群进行 24 小时的病情监测，同时又不影响病人的正常生活。通过在人体器官中植入一些卫星传感器或者吞服的方式让传感器进入人体，随时进行器官状态的监测，以防止器官的功能恶化。

8.5.4 其他方面的应用

除以上应用之外，无线传感器网络还可以应用于生活的各个方面。例如，利用传感器对建筑物状态进行监测，在建筑物内布置图像、声音、气体检测等传感器，及时发现异常事件，自动启动应急措施；对复杂机械进行维护以降低人工开销。尤其是目前数据处理和无线收发硬件的成熟，可以使用无线技术避免昂贵的线缆连接，采用专家系统自动实现数据的采集和分析。

习题

1. 简述无线传感器网的定义。无线传感器网络的组成部分有哪些？传感器节点由哪几部分组成？传感器网络有哪些特点？
2. 列举传感器网技术在实际生活中的应用案例。
3. 传感器网的协议体系结构包含哪几部分，分别实现哪些基本功能？
4. 传感器网的关键技术有哪些？哪些是需要解决的关键问题？
5. 传感器网的 MAC 协议有哪些？需解决的关键问题是什么？
6. 基于竞争的 MAC 协议有哪些特点？
7. 传感器网的路由协议有哪些？同传统的 ad hoc 路由协议有何不同？

第 9 章　M2M

M2M 是一种通信理念，是通过机器之间建立连接并使得信息交流扩展到日常生活的各个方面的重要趋势。截止到目前，除了极少量的一部分工具，很多普通的机器设备不具备网络互连与信息交互的功能，而 M2M 技术的核心目标就是使日常生活中所有的机器都具备通信的功能。与此同时，M2M 还具有远程控制功能，用户不但可以接受远端发来的信息，还可以进行反馈并对远端进行控制。M2M 技术不是一种新的技术，而是近年来在现有技术的基础上提出的新的概念，很多远程的测绘技术与 GPS 等都已存在很多年，并被加上了 M2M 的名称。

9.1　M2M 概述

9.1.1　M2M 技术的概念

M2M 技术是一个广泛的概念，有时甚至是整个行业（如遥测，远程信息处理，工业控制和自动化）都可以被视为 M2M 的一部分。这里给出一个一般意义上的概念：M2M 技术，广义上指人与人（Man to Man）、人与机器（Man to Machine）、机器与机器（Machine to Machine）之间的互联与互操作，狭义上指机器与机器（Machine to Machine）之间通过相互通信与控制达到相互间的协同运行与最佳适配的技术。

现代通信工具的发展促使人们生活的社会飞速前进，处理器的低功耗使得工业和家用机械的嵌入能力日益强大，互联网的发展成为全球分布式网络的基础，无线通信的普及和使用价格的下降，这三者的相互融合带来的可能性使得 M2M 技术已经深入到现代生活的各个方面。M2M 技术使得交流与沟通不仅存在于人与人之间，更是实现机器网络的的通信手段与工具，也是实现多种物联网应用的基础。M2M 应用在将来将大大超过人和人之间通信的总和，并且逐步替代人力操作，使得企业可以降低成本、提高效率、节约时间及提高竞争力，从家庭应用到工业生产，具有非常巨大的潜力。

据爱立信提供的数据显示，2006 年全球 M2M 应用市场规模已经达到了 200 亿欧元，预计到 2010 年应用规模将达到 2 200 亿欧元。很多电信运营商，设备制造商，服务提供商都已经从 M2M 业务中受益，M2M 已经成为电信产业新的增长点，其中电信运营商因为语音市场的饱和而格外关注 M2M 领域。据 OVUM 预测，到 2010 年，M2M 应用带来的收入占电信运营商收入的 20%，因此，M2M 领域已经成为各大运营商的必争之地，被公认为是最有希望的一个发展方向。

像许多其他电子技术在发展的早期阶段一样，添加 M2M 功能最常见的方式是通过嵌入第二处理器实现所需要的通信协议，通过在机器内部实现无线接入模块，M2M 实现机器间的自动通信，一个典型的 M2M 系统主要由三个部分组成，如图 9－1 所示。

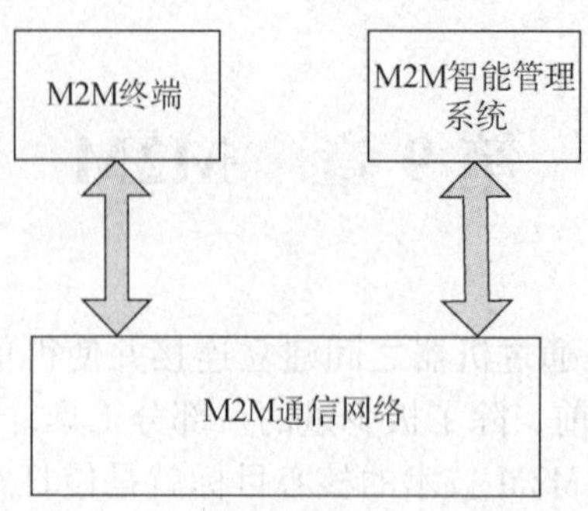

图 9－1　M2M 系统的三个部分

（1）M2M 终端：主要完成数据的采集与转换等功能。

（2）M2M 通信网络：提供 M2M 设备之间的互联互通功能。

（3）M2M 智能管理系统：提供后台的智能化分析管理功能。

M2M 技术将综合网络和通信技术，将人们日常生活中间各种设备互连成网络，使这些设备能通过自主通信完成“智能化”，为实现物联网打下基础。

未来的世界将会被 M2M 技术所改变。尽管世界各地已经进行了很多 M2M 的研究项目，但是 M2M 技术的发展潜力仍然是巨大的，这是因为这些试验性的项目大多存在于一些孤立的国家或行业内，缺少系统之间的兼容性和世界范围内的统一标准，所以未来当这些项目达到临界的质量点之后，M2M 技术将会发挥巨大的作用。与此同时，中国可以借此机会通过庞大的人口基数和市场潜力来引导整个世界范围内的 M2M 技术相关标准。

9.1.2　M2M 系统在物联网中的作用

M2M 系统是一种以机器终端之间进行通信为核心的、网络化与智能化的服务与应用。它的具体实现方式是将无线通信模块嵌入机器内部，以无线或有线通信等为接入手段，为用户提供应用、通信、信息采集、管理、控制等整套解决方案，以满足用户对信息收集、安全监测、自动控制的需求。它是一种经济可靠的组网方式。

近年来，在互联网、物联网、电信网等网络技术的共同发展下，社会化的泛在网也逐渐形成。物联网通俗地说就是物与物的网络，如同互联网发展的最初的单个局域网一样，现有的 M2M 网络也是构成物联网的基础，就如同人体的各个系统的不同功能一样，不同的 M2M 系统会负责不同的事物处理，通过智能管理系统的协同运作，最终形成智能化的社会网络。

从定义上看，M2M 的意思是 Machine to Machine，即在机器中加入通信的功能，使得机器终端可以进行以智能交互为核心的、网络化的服务与应用；而物联网的意思是 Things to Things，即将信息交互、感知、智能处理等功能赋予物体，使得物体具有检测信息、可靠交互、智能处理等特征并组成连接整个世界的网络。因此物联网定义的物与物之间的通信比仅仅指机器通信的 M2M 定义的范围广，物联网扩大了通信的范畴，物联网包含 M2M。

从内涵上看，物联网强调获取信息的完整性、传送信息的可靠性、信息处理的智能性，是通过信息技术对物质世界的呈现与反馈，是物与物之间的连接，而 M2M 强调的仅是机器与机器之间的通信。因此物联网在内涵上是指机器之间的以通信为核心的服务发展到物质世界中以信息技术为核心的服务。

从信息采集的角度看，多数M2M系统是通过M2M终端连接外部器件，来获取RFID、辨识条码、各种传感器、视频与图片提取等功能，但是这些功能往往受到M2M终端体积、能耗和M2M网络覆盖等影响，只能实现有限范围内的感知；而物联网不仅包含M2M系统，还有多种感知网络与庞大的通信网络作为对物质世界的真实呈现与智能反馈，由于其拥有完整的功能，可以更全面地感知物质世界，实现智能的社会网络。

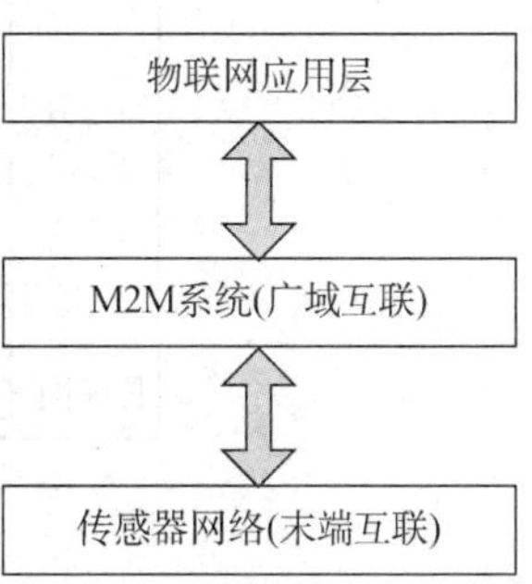

图9-2 物联网的扩展

综上所述，一个完整的物联网应由最底层的传感器网络进行信息的收集，传递给物联网的应用层，而M2M系统的作用恰恰代替了物联网的感知层和应用层，具有将感知层的信息经处理后传输到物联网应用层的的功能，如图9-2所示。所以说物联网包含M2M系统的功能并以其作为承上启下、融会贯通的平台，而M2M技术对物联网的各个方面进行了扩展，同时也是物联网现阶段的主要表现形式之一。

在物联网的初期发展阶段，需要进行M2M系统的建设与推广，同时加大传感器网络等关键技术的研究，为建立和完善物联网的标准体系架构、产业链、运营和管理模式、市场和政策环境积累宝贵经验，为过渡到物联网高级阶段创造条件。

9.1.3 ETSI系统结构图

为提供承载M2M通信的新的网络能力，欧洲电信标准化协会（European Telecommunications Standards Institute，ETSI）提出在接入网、传输网和核心网层面进行改造，提供一些服务能力来支撑机器通信业务，并在M2M功能结构中进行了相应阐述，如图9-3所示。

ETSI的M2M功能结构主要是利用IP承载的基础网络即包括电信和互联网融合业务及高级网络协议（Telecommunications and Internet Converged Services and Protocols for Advanced Networking，TISPAN）、3GPP（The 3rd Generation Partnership Project，第三代合作伙伴计划）和3GPP2（3rd Generation Partnership Project 2，第三代合作伙伴计划2）的系统），同时M2M功能结构也支持特定的非IP服务，包括CSD（Circuit Switch Data，电路交换数据业务）和SMS（Short Message Service，短信服务）等。M2M功能结构包括M2M应用域与网络域和M2M终端域。

M2M应用域与网络域由以下几部分组成。

1. 接入网

接入网允许M2M终端与核心网进行交互。核心网可以是WiMax、W-LAN、EUTRAN（Evolved Universal Terrestrial Radio Access Network）、GERAN（GSM EDGE Radio Access Network）、Satallite、PLC（Power Line Communication，电力线通信）、HFC（Hybrid Fiber-Coaxial，混合光纤同轴电缆网）、xDSL等。

2. 传输网

传输网在接入网络和应用层之间进行数据传输的网络。

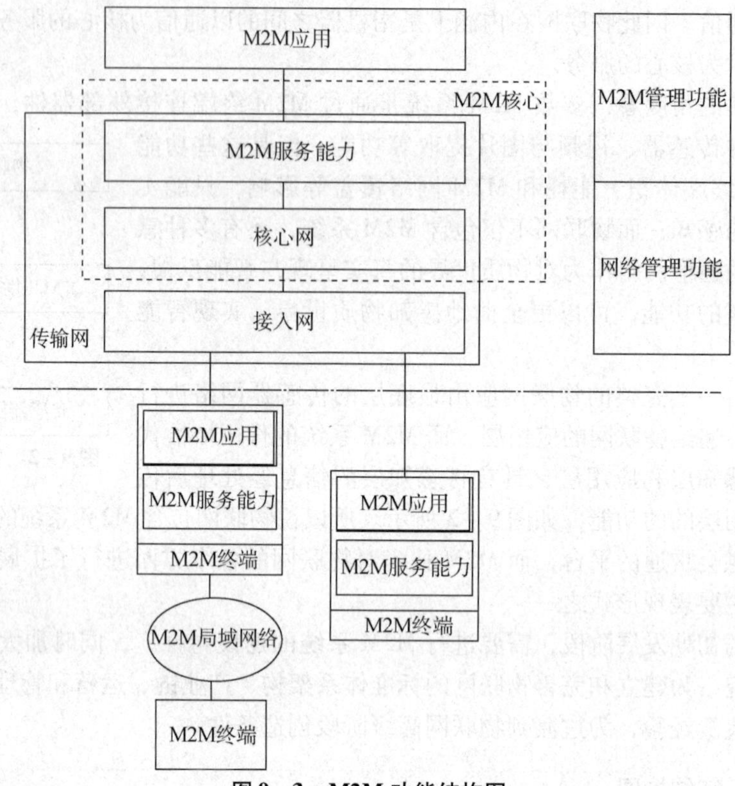

图 9-3　M2M 功能结构图

3. 核心网

核心网由服务能力和核心网组成。

(1) 服务能力。

- 提供 M2M 功能函数，这些函数可以被不同的应用共享。
- 提供一些具有开放功能的接口。
- 提供应用核心网的功能。

(2) 核心网。

- 与其他网络互连的能力。
- 网络控制与服务功能。
- 漫游。
- 以最低限度和其他潜在的连接方式进行 IP 连接。

不同的核心网可以提供不同的服务能力集合。

9.1.4　M2M 业务运营碰到的主要问题

M2M 作为物联网在实际生活中最普遍的应用形式，已经被全球多个地区和国家应用于物流、建筑、贸易、能源、金融、交通等各个方面，从目前全球的 M2M 业务的发展数据来看，欧洲已出现了产业链较成熟、较完整的 M2M 市场，其主要业务为机械服务、汽车信息服务、安全监测服务、公共交通系统、自动售货机、城市信息化、车队管理服务、工业流程自动化等。日本与韩国的市场应用较好，日本实行 U-Japan 的泛在网络计划，重点发展汽车信息通信系统及智能家居，此外还有远程医疗和远程办公等；韩国政府则实行 U-Korea 的泛在网络战略，重点包含智能家居、智能交通和安全监测等。而从国内来看，用于车辆调度管理、跟踪监控等含 GPS 的 M2M 应用已经比较成熟，电子支付、城市管理信息化等环节也在考虑更多地采用 M2M 通信技术以提高效率，并且已开始带动其他行业的应用。M2M 无疑从传统工业领域，已经慢慢扩展到与人息息相关的领域，这也是 M2M 的发展趋势，它最终将会改变人们的生活。然而，在 M2M 领域被广泛关注的同时，它的一些业务运营碰到的实际问题也渐渐凸显出来。

首先，目前市场上存在的 M2M 终端制造商没有统一的生产规范和行业标准，终端从软件到硬件能力甚至通信协议等环节上存在着各种各样的实现方案，开发周期长，且在使用的过程之中，一旦发现故障，需要维修的成本很高。以上原因使得 M2M 应用的实施门槛过高，终端难以大规模生产，模块接口复杂，一般的家庭用户和小型企业无法支付高昂的费用。M2M 应用仅集中在电力和交通运输等几大行业，使得 M2M 技术发展缓慢。所以我们迫切需要制定统一的行业标准（即使各运营商正在制定的 M2M 标准也不相同），只有在标准化的基础上，才能进行规模化生产，模块和终端的成本才会降低，才有可能产生配套的产业格局。

其次，缺乏成熟的商业模式。M2M 是一项复杂的应用，涉及与人们息息相关的各个方面，要想真正有效地实现 M2M 的价值，需终端制造商、系统集成商、电信运营商、应用开发商和最终用户等各个环节共同协作。目前电信运营商提供的通道服务仅实现了数据通道通信的功能，附加值低，同质化竞争严重，而对行业应用者的诸多痛点（如：终端、SIM 卡上流量信息、终端通信质量信息、终端故障时位置信息的获取，终端群发导致基站拥塞、通信链路长期占用的处理，终端/高额流量主动告警及 SIM 卡被非法转移用途等）问题并没得到很好解决，未发挥其在产业链中的主导地位。应用开发商数量众多，规模小，针对具体业务的开发系统各不相同需要。系统集成商仅对某个行业进行系统提供，多个行业和系统很难进行互联互通。如何实现 M2M 产业链中（见图 9－4）各方的共赢模式还有待探索。

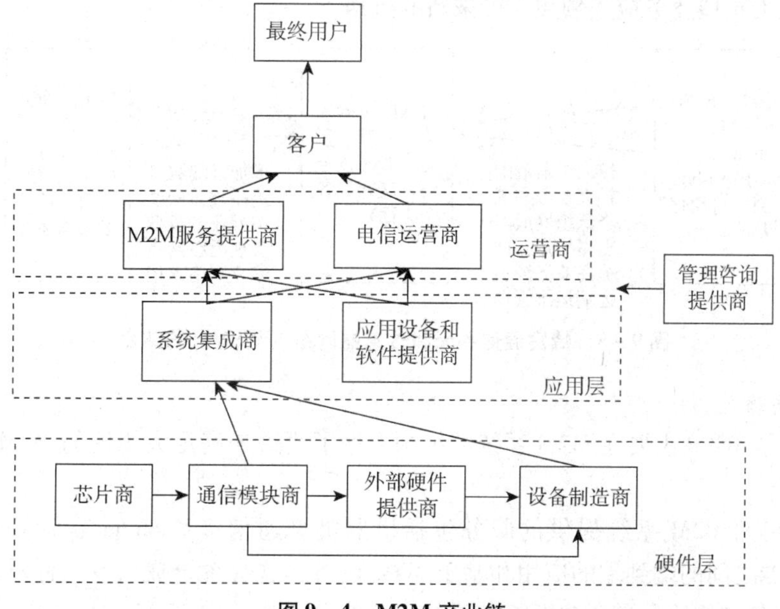

图 9－4　M2M 产业链

再次，关键技术不够成熟。低功耗技术、传感器技术、终端技术、可靠的无线接入技术，网络数据的实时传输等均是 M2M 技术所面临的重大问题。

最后，行业融合的难度大。许多行业还存在着的行业壁垒，行业内部利益相关机构对于信息化服务提供商进入行业具有天然的抵触。应用 M2M 新技术影响到企业生产过程的改变，风险较大，对企业来讲是重大决策。还有一些政策环境有待完善。

综上所述，M2M 有着广阔的前景，但如果不解决标准化和商业模式等关键性问题，就无法实现成本降低，无法扩大业务规模，无法正常有序地推行 M2M 业务，并最终形成一个真正意义上的“物联网”。

9.1.5 M2M 对蜂窝系统的优化需求

随着机器与机器（M2M）通信业务的飞速发展，传统的以传感器网络为基础的 M2M 系统面临越来越多的局限性，所以将蜂窝通信网络和传感器网络相结合（对于蜂窝通信网络来说，既可以与传感器网关相连，也可以直接连接传感器本身），发挥蜂窝通信覆盖广、传输延迟小、可靠性高等特点，形成分层的 M2M 网络成为 M2M 发展的趋势。

但是，与 M2M 的业务特征不同，传统的蜂窝通信技术是为人与人（H2H）之间的通信设计的，并针对人与人之间的习惯与需求进行了相应的优化，比如 HTTP、VoIP、TCP、FTP 和流媒体等；其次 M2M 与 H2H 对 QoS 的要求也不相同，比如低数据速率，低占空比，不同的延时要求；再次 M2M 终端使用场景和分布与 H2H 终端的分布和密度有明显差异，比如传感器网使用的地域更广，M2M 终端的密度要比 H2H 终端大等。因此完全采用传统的专为人与人之间的通信设计的系统，会使得 M2M 系统的效率降低、成本增高，无法达到最优的适用性。

蜂窝通信和无线传感器网络（WSN）的结合，既是无线传感业务发展的需要，也是传统蜂窝通信产业进行扩充的需要，如图 9－5 所示，这种结合可以同时解决两个产业的诸多发展瓶颈，大大扩展业务应用领域，带来新的机遇。

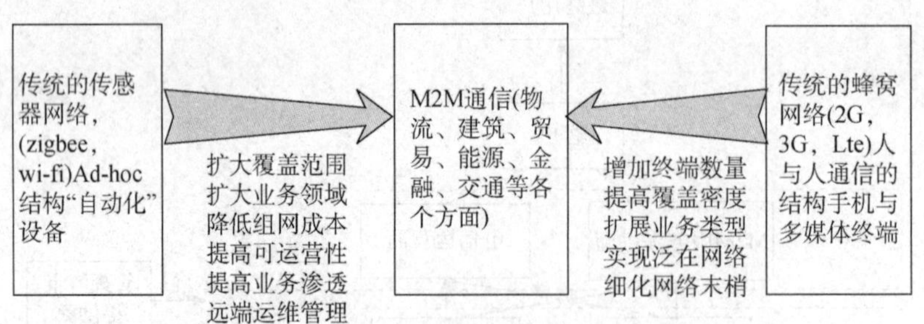

图 9－5　蜂窝通信和无线传感器网络（WSN）的结合

1. 增强网络能力

在网络层，3GPP 主要在 M2M 系统的结构上做了改进来满足大规模的 M2M 设备布署服务需求。

3GPP 提出的 M2M 系统提供的服务包括机器类型通信（Machine Type Communication，MTC）、服务器之间的端到端的应用和基于 MTC 设备。这套系统提供专门针对 M2M 通信的优化的通信服务和传输通道，包括短信系统、多媒体系统（IP Multimedia Subsystem，IMS）、

3GPP 承载服务等。如图9－6 所示，M2M 系统设备通过 MTCu 接口连接到网络，如 GERAN、UTRAN（UMTS Terrestrial Radio Access Network）、E-UTRAN 等。M2M 设备通过由 PLMN（Public Land Mobile Network）提供的 IMS、3GPP 承载服务、SMS 与其他 M2M 设备或 M2M 服务器进行交互。MTC 服务器是一个功能实体，它通过 MTCsms/MTCi 接口连接到 3GPP 的网络，然后与外部设备进行通信。

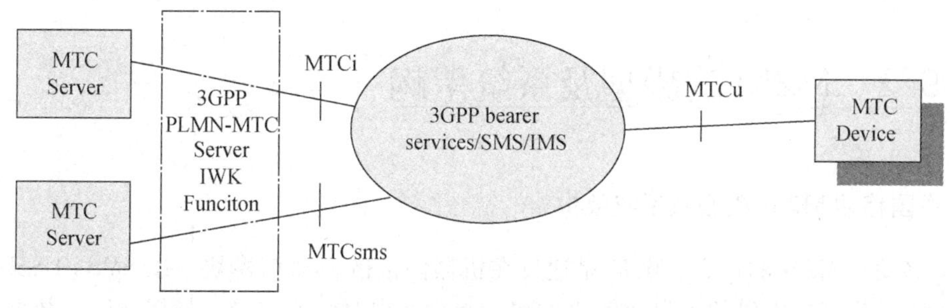

图9－6 3GPP 的 M2M 系统

其中，MTCsms 和 MTCi 是 MTC 服务器接入 3GPP 网络的接口并通过特定的服务与 M2M 设备进行通信，MTCu 是 M2M 设备接入 3GPP 网络的接口。

2. 增强接入能力

（1）M2M 终端类型，功耗降低的优化。传统的无线通信终端需要周期性接受系统广播，支持切换和移动性管理，需要进行大量的测量和反馈，睡眠时间短，耗电量高。而 M2M 终端仅周期性地发送单一数据模型的数据接收，无需切换和移动性管理，不会像目前无线通信系统的终端一样耗电量高。M2M 系统需要的是低耗电、低成本的海量终端，因此 M2M 终端只需支持更小的带宽处理能力、更少的射频频带、更灵活的吞吐量能力和缓存能力、更简单的多天线处理能力、更简单的移动性等。

（2）M2M 覆盖扩展、时间控制、低数据率和容量扩展的优化。因为 M2M 终端很可能放置在比 H2H 终端环境更恶劣的位置，因此 M2M 系统需要采用新型网络拓扑拉近终端和基站的距离，采用增益更高的射频器件和鲁棒性更高的链路，提高覆盖性。传统的无线通信系统按照 H2H 业务的要求来考虑，对时间延迟容忍度低，非实时业务的时延要求为分钟量级，而实时业务的时延要求为秒量级，而 M2M 业务对时间延迟的范围要求更高，表现在某些 M2M 业务对时间延迟的容忍度很大，可以达到小时量级，但某些 M2M 业务又对延迟要求很高，可能达到毫秒量级，因此需要对 M2M 系统业务进行时间控制。传统的 H2H 系统资源分配粒度过大，MAC、RLC 和 RRC 层协议的处理能力不足，而 M2M 终端的数量很可能超过 H2H 终端，且从成本上考虑，应尽可能不挤占 H2H 终端的容量，所以需要进行容量的扩展，除此之外，目前的无线通信系统大都考虑的是 VoIP 或语音业务，但是很多 M2M 终端的最小数据率比 H2H 终端低很多，为了保持有吸引力的资费，需要大大降低每线成本，降低每线占用的无线资源，在原有单位资源中容纳更多的终端并行传输。

（3）M2M 低移动性，防盗/防破坏的优化。M2M 终端几乎不需要移动性，可以对移动性管理功能进行大幅简化，与此同时，由于 M2M 终端经常处于无人看守的情况，因此防破坏和防盗窃的要求很高，为了满足这些要求，M2M 终端应具备自动位置上报和自动状态上报能力。

（4）3GPP 拥塞解决方案，包括随机接入拥塞解决方案和针对核心网拥塞的无线侧解决方案。在 3GPP 的会议中，首先统一了 UMTS 及 LTE 系统的随机接入拥塞的仿真评估，另外，还针对地震监测类 M2M 应用、智能抄表类 M2M 应用、车队管理类 M2M 应用的随机接入方案进行了分析。3GPP 建议拒绝或释放掉那些对时延容忍度比较高的连接，控制核心网不处于拥塞状态。

9.2 M2M 的模型及系统架构

9.2.1 中国移动 M2M 模型及系统架构

中国移动对 M2M 的定义：M2M 是通过在机器内部嵌入通信模块，以 SMS /USSD/GPRS 等接入手段，为客户提供的信息化解决方案，满足客户对生产监控、指挥调度、数据采集和测量等方面的信息化需求。

1. 中国移动的 M2M 系统结构图

M2M 系统分为三层，为 M2M 终端层、M2M 网络层和 M2M 应用层，如图 9 -7 所示。

（1）M2M 应用层。M2M 应用层通过中间件与网络层相连，提供包括数据存储、用户界面、业务分析等功能。中间件包含数据集成部件和 M2M 网关，主要完成数据的加工与处理和通信协议的转换，呈现给上层的管理者。

（2）M2M 网络层。M2M 网络层用来进行数据交互的通信网络，包括计算机网、公众电话网、卫星网络、移动通信网和其他自组网等。

（3）M2M 终端层。M2M 终端层包含控制系统和通信模块等。终端主要通过在机器内部嵌入通信模块，以无线通信等为接入手段，为个人、家庭和行业客户提供综合的信息化应用和解决方案，以满足客户对数据采集和测量、监控、娱乐、指挥调度等方面的信息化需求。

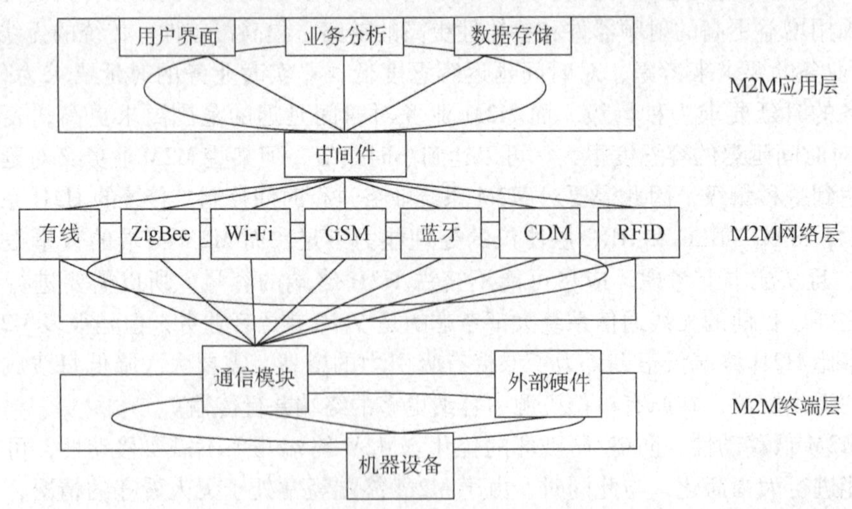

图 9 -7 中国移动的 M2M 系统的结构图

2. 中国移动的业务系统结构

业务系统结构图如图9－8所示，包含M2M终端设备、M2M系统和用户三大部分组成。

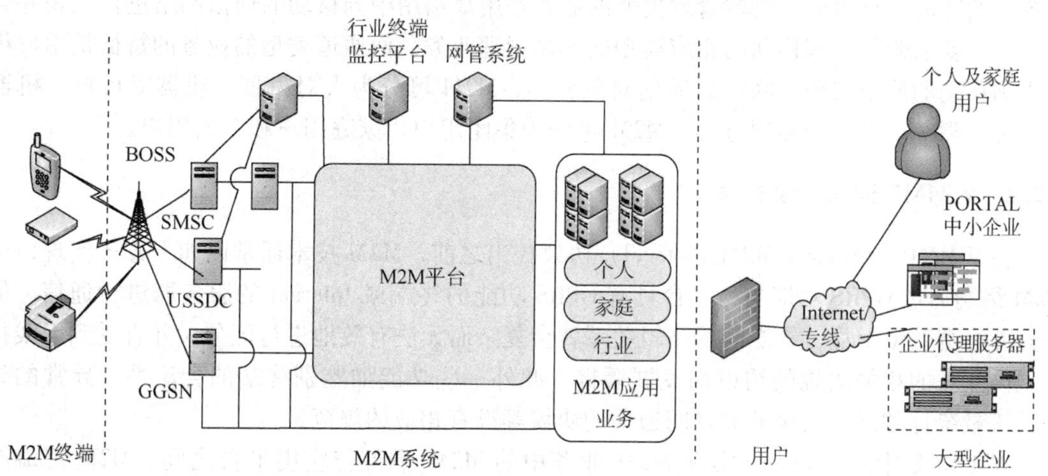

图9－8　中国移动的业务系统结构

下面分别对各个组件进行介绍。

（1）M2M终端。终端设备由各种具有信息采集和处理的设备构成。基于WMMP协议的M2M终端具有以下功能：数据通信、接收远程M2M平台激活指令、数据统计、本地故障告警、端到端通信交互功能及远程升级。

（2）M2M应用业务。提供各类M2M服务与应用业务给客户，主要由个人、家庭、行业三大类M2M服务平台构成。

（3）M2M平台。向使用M2M功能的客户提供统一的M2M终端设备鉴权，终端管理、鉴权短信网的接入方式。提供监控、数据路由、计费、用户鉴权等管理功能。支持不同的网络接入，提供标准化的数据传输接口。

（4）GGSN。负责建立M2M平台与M2M终端之间的GPRS通信，提供数据路由、地址分配及各种安全机制。

（5）USSDC。负责建立M2M终端与M2M平台之间的USSD通信。

（6）SMSC。是由梦网网关、行业应用网关等组成，与各种业务网关或者业务中心相连接，提供互联的能力。

（7）BOSS。具有业务受理、计费结算、收费功能与客户管理。

（8）行业终端监控平台。M2M平台提供FTP目录，并在此目录中存放每月的统计文件，以便行业应用终端的监控平台进行下载，以保持M2M平台的终端等的管理数据一致。

（9）网管系统。负责平台的网络管理模块和网管系统之间通信，完成故障管理、配置管理、安全管理、自身管理和性能管理系统等功能。

3. 中国移动M2M业务及其分类

中国移动对不同的M2M业务进行了划分，典型的有按服务类型、用户归属、通信对象、服务范围、通信方式、用户类型分类和按平台定位等多种方式分类。

以服务类型分类，可划分为应用类型的业务、终端管理类型的业务和通道类型的业务。对于大规模的行业型业务，中国移动提供具体的应用功能解决方案，满足客户的需求，并提供统一的终端管路服务。终端管理类型的业务是用户租用中国移动的通信网络进行互联并且按照自身要求购买中国移动的相应类型的终端管理业务，而通道类型的业务的特征是用户租用中国移动的网络实现互联。以通信对象分类，M2M 可分为人对机器、机器对机器、机器对人三大类等；以用户类型分类，M2M 可分为集团用户、家庭用户和个人用户。

9.2.2 WMMP 通信协议概述

在 WMMP（Wireless M2M Protocol）协议提出之前，M2M 技术通常以如下方式实现，即 M2M 终端通过 GPRS 功能与另一台具有 GPRS 功能的终端或 Internet 的服务器进行通信。但是只要终端数量增加，终端间的逻辑关系就会复杂而无法有效地进行区分，并且受到无线接入网内互联的相关法规的约束而发展缓慢。此外一些功能如鉴别终端的合法性、异常的处理、流量统计和终端与服务器之间通信的协议等没有相应的规范。

WMMP 是中国移动为了实现 M2M 业务中的 M2M 平台与应用平台之间、M2M 终端与 M2M 平台之间、M2M 终端之间的通信互联而有针对性地设计的应用层通信协议的泛称。

WMMP 协议由两部分组成：M2M 平台与 M2M 终端的接口协议（ WMMP-T）和 M2M 平台与 M2M 应用的接口协议（ WMMP-A）。WMMP 体系如图 9 –9 所示。

其中 WMMP-A 协议的功能是 M2M 平台与 M2M 应用之间的通信互联、M2M 应用和终端之间借助 M2M 平台进行转发实现的各种类型的终端与终端之间的通信，而 WMMP-T 协议完成 M2M 终端和平台之间的数据通信，M2M 终端和 M2M 终端之间通过 M2M 平台转发实现各种类型的数据通信。

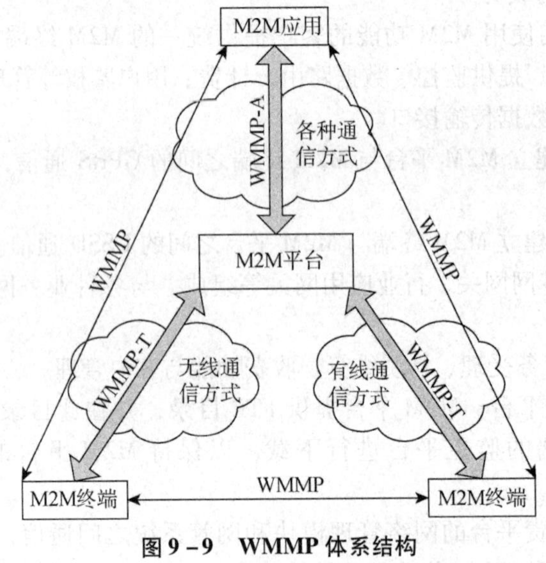

图 9 –9　WMMP 体系结构

WMMP 的功能架构如图 9 – 10 所示。WMMP 的核心是其可扩展的协议栈及保温结构，而在其外层是由 WMMP 核心衍生的与通信机制无关的接入方式和安全机制。在此基础上，由外向内依次为 WMMP 的 M2M 应用扩展功能和 WMMP 的 M2M 终端管理功能。

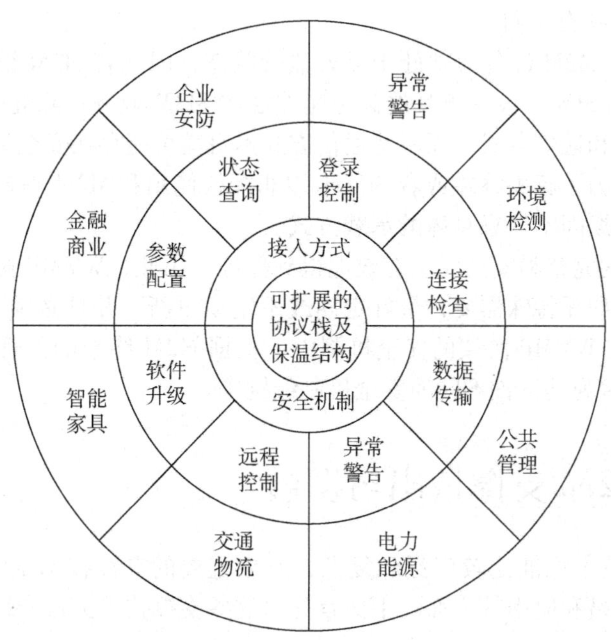

图9-10 WMMP的功能架构

在图9-10中WMMP的终端管理功能包括异常警告、软件升级、连接检查、登录控制、参数配置、数据传输、状态查询、远程控制。WMMP应用包括智能家居、企业安防、交通物流、金融商业、环境监测、公共管理、制造加工、电力能源等。

WMMP对用户的价值体现在以下几方面。

满足无人值守机器终端的基本管理需求，提供电信级的终端管理功能。

通过扩展协议的方式满足行业用户差异化的需求，提供Web Service接口，降低应用开发难度。

提供短通信的服务保障能力，有效地提高了业务质量。

提供业务快速开发和规模级运营的基础，降低了用户的业务成本。

基本功能：提供端到端电信级机器通信、终端管理、业务安全等基本功能。

扩展功能：屏蔽了不同行业之间的差异，通过扩展协议即可满足行业用户差异化需求。

1. WMMP协议栈结构

WMMP协议如图9-11所示，WMMP协议建立在TCP/IP或UDP/IP协议、USSD和SMS之上的应用层。

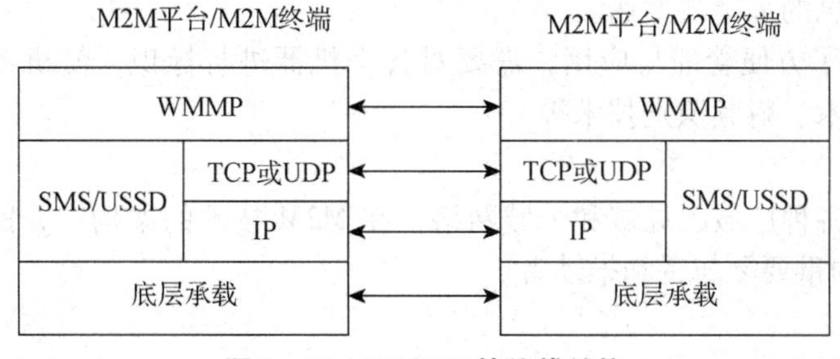

图9-11 WMMP协议栈结构

2. WMMP 协议的安全机制

在 M2M 应用中，M2M 设备通常处于无人监管状态，因此若 M2M 设备遗失，就会造成 M2M 设备或者其中的 SIM 卡被用于其他甚至是非法的 M2M 业务；除此之外，因为 M2M 系统通常支持多种网络和通信方式，而一些通信方式本身就可能存在安全风险。所以，WMMP 协议中的安全机制是为了解决终端或者 SIM 卡被非授权使用和 M2M 平台与终端之间安全地进行数据的交互等，期间不依靠具体的承载方式。

因为 M2M 设备的完整和安全无法有效地得到保证，因此，WMMP 协议中安全机制所使用的各种密钥、密码如无特殊需要，最好定期或不定期更新，并且必须由 M2M 平台下发给 M2M 设备。此外，在 WMMP 协议的安全机制中，根据 M2M 终端的处理能力和业务类型的需要，可由 M2M 平台为其设置不同的安全机制级别等。

9.3 M2M 支撑技术与发展

M2M 所需要的技术标准比较广泛和复杂，其中主要的支撑技术都涉及 M2M 硬件、机器、中间件、通信网络和应用等方面。下面首先对这些支撑技术进行介绍。

9.3.1 M2M 支撑技术

1. 机器

M2M 系统中的机器需要具有信息感知、通信互联和信息处理能力。

2. M2M 硬件

机器之间实现通信一般有两种形式：一是生产设备时就对机器加入 M2M 硬件；二是对现有的机器进行升级和改造，使机器具备通信技术。M2M 硬件就是使机器获得通信和互联的基础，现在的 M2M 硬件可以分为如下五种。

(1) 可组装的硬件。现有的工业机器中，大部分的设备仪器都不具有 M2M 通信和互联的能力，可组装的硬件可以对这些已有的机器进行升级使其获得这种能力。可组装的硬件有多种形式，包括采集数据、发送数据等功能。

(2) 嵌入式的硬件。嵌入到机器中使其具备通信和互联的能力，包括支持 GSM/GPRS 等蜂窝通信的嵌入式数据模块。

(3) 调制解调器。如果要将数据通过以太网或者公用的电话网发送出去，就需要相应的调制解调技术对数据进行发送。

(4) 传感器。这里主要指具有感知能力和通信能力的传感器。传感器可以使机器构成各种网络，进行信息的采集与发送。

(5) 标识。为了方便管理与应用，需要对各个机器进行标识，使机器可以进行区分和识别，包括条码技术、射频识别技术等。

3. 通信网络

通信网络包括各种广域、局域和个域网络，在 M2M 技术的架构中，网络运营商和网络集成商都是 M2M 的重要参与者和推动者。

4. 中间件

中间件主要包括 M2M 网关和数据收集/集成部件两个部分。其中网关主要负责协议的转换，而数据收集与集成部件主要对原始数据进行提取和处理以供观察者和决策者利用。

5. 应用

M2M的应用主要是通过将感知和传输技术结合实现智能化的功能。

9.3.2 M2M 技术标准进展

M2M行业中，目前还没有一个统一的技术标准，这已经成为制约物联网发展的瓶颈。而在国际化标准方面，与M2M相关的标准化组织主要有IEEE、ETSI、3GPP、ITU及CCSA（China Communications Standards Association，中国通信标准化协会），这些组织主要针对蜂窝通信系统和其他的M2M网络承载方式，包括2G、3G、卫星通信、蓝牙、ZigBee等。

1. 3GPP的进展

对于M2M通信技术，3GPP主要研究MTC终端通过移动通信网络与MTC服务器进行通信的应用场景，而对MTC终端不与MTC服务器进行交互而直接相互通信的场景不予考虑。

3GPP SA1工作组（TSGSA（Service and System Aspects）中第1工作组负责定义M2M业务需求及特性（Stage 1)。SA1为了能够使3GPP系统有效支持M2M业务及应用，已经在物流跟踪、健康监护、远程管理/控制、电子支付、无线抄表等方面对移动通信网络在支持机器类通信服务方面提出了新的需求。并更加深入地分析M2M通信方式以及M2M业务行为特征对移动通信网络提出的优化需求，从而使传统面向H2H通信而设计的3GPP网络能够以较低成本为机器类通信应用提供服务。

基于SA1提出的需求，SA2工作组负责设计M2M网络优化的总体技术方案，包括网络基本架构、主要功能和基本处理流程等（Stage 2)。SA2向3GPP各成员单位广泛征集对于MTC一般服务需求及特定服务需求的系统优化方案，并将其写入研究报告3GPP TR 23.888。由于3GPPTS 22.368研究报告中所定义的MTC特性众多，SA2很难在短时间内对所有特性进行全面细致的研究。因此，SA第47次全会给出了Rel－10阶段MTC需求研究的优先级。Rel－10阶段需要研究的几点高优先级的MTC需求包括：过载控制、标识、寻址、签约控制及安全。

SA3工作组关注整个3GPP系统的安全，负责分析M2M通信潜在的安全威胁及安全需求并提出可行的解决方案。SA3启动了SI项目Security Aspects of Remote Provisioning and Change of Subscription for M2M Equipment，从安全角度出发研究远程管理M2M终端USIM应用的可行性并建立远程管理信任模型。同时，该项目还负责分析在引入远程管理USIM应用之后带来的安全威胁及安全。

2. ETSI的进展

ETSI是国际上较早系统展开M2M相关研究的标准化组织，2009年年初成立了专门的TC来负责统筹M2M的各种研究，目的是制订一个面面俱到的端到端的解决方案参考标准。

ETSI研究的M2M相关标准有十多个，具体内容如下。

（1）M2M业务需求，该项目主要研究支持M2M通信服务的、端到端系统能力的需求。

（2）M2M功能体系架构，重点研究为M2M应用提供M2M服务的网络功能体系结构，包括定义新的功能实体，与ETSI其他TB或其他标准化组织标准间的标准访问点和概要级的呼叫流程。

(3) M2M 术语和定义。

(4) Smart Metering 的 M2M 应用实例研究，并将其作为智能抄表业务需求定义的基础。

(5) eHealth 的 M2M 应用实例研究，该项目通过对智能医疗这一重点物联网应用进行研究。

(6) 用户互联的 M2M 应用研究。

(7) 城市自动化的 M2M 应用实例研究。

(8) 基于汽车应用的 M2M 应用。

(9) ETSI 关于 M/441 的工作计划和输出总结，这一研究属于欧盟 Smart Meter 项目 (EU Mandate M/441) 的组成部分，本课题将向 EU Mandate M/441 提交研究报告，报告包括支撑 Smart Meter 应用的规划和其他技术委员会输出成果。

(10) 智能电网对 M2M 平台的影响，该项目基于 ETSI 定义的 M2M 的体系结构框架，研究 M2M 平台针对智能电网的适用性。

(11) M2M 接口，该项目在网络体系结构研究的基础上，主要完成数据模型、协议/API 和编码等工作。

3. CCSA 的进展

M2M 相关的标准化工作在中国通信标准化协会中主要在泛在网技术工作委员会 (TC10) 和移动通信工作委员会 (TC5) 中进行。主要工作内容如下。

(1) TC5 WG7 完成了移动 M2M 业务研究报告，描述了 M2M 的典型应用、分析了 M2M 的商业模式、业务特征及流量模型，给出了 M2M 业务标准化的建议。

(2) TC5 WG9 于 2010 年立项的支持 M2M 通信的移动网络技术研究，任务是跟踪 3GPP 的研究进展，结合国内需求，研究 M2M 通信对 RAN 和核心网络的影响及其优化方案等。

(3) TC10 WG2 M2M 业务总体技术要求，定义 M2M 业务概念、描述 M2M 场景和业务需求、系统架构、接口及计费认证等要求。

(4) TC10 WG2 M2M 通信应用协议技术要求，规定 M2M 通信系统中端到端的协议技术要求。

习题

1. 简述什么是 M2M。
2. 简述 M2M 在物联网中的作用。
3. 简述 M2M 在物联网中的作用。
4. 简述 M2M 所面临的问题与解决办法。
5. 简述 M2M 与 H2H 的不同。
6. 简述中国移动 M2M 的体系架构。
7. 请简述一种 M2M 的具体应用。

第五部分

物联网通信技术展望

物联网概念的问世，打破了人们对传统网络模式的认识，物联网将是推动全球网络服务发展的一个重要动力。目前，物联网的发展逐步成熟，各领域的研究应用如火如荼。物联网未来的发展包括网络规模的发展与其他网络的融合互通等问题。“泛在”或者“无所不在”的通信理念，多网融合等将是物联网发展的趋势。而云计算对物联网未来的发展提供了技术支持，使得物联网更好地提升数据的存储和处理能力。对于物联网通信技术未来的展望，本章从泛在网、异构网及云计算三个方面，简单介绍物联网未来的发展趋势，管中窥豹，略见一斑。

第10章 泛在网

随着信息通信技术日新月异地发展，信息社会逐步走向现实，一种强调“无所不在”或“泛在”的通信理念正日渐清晰，“泛在”将是信息社会重要的特征，泛在网将成为信息社会的重要载体并已经成为信息通信业的普遍共识。

物联网、泛在网概念的出发点和侧重点不完全一致，但其目标都是突破人与人通信的模式，建立物与物、物与人之间的通信。未来物联网将以泛在网作为支撑实现更加广泛的通信和信息的交流。本章主要介绍泛在网的概念、特点及发展前景，并对泛在网的关键技术做出简要总结。

10.1 泛在网概述

10.1.1 泛在网络的概念

泛在计算的概念最早由施乐公司首席科学家 Mark Weiser 在 1991 年提出，在他发表在《科学美国人》杂志的文章“21 世纪的计算机”中，Mark 认为下一代的计算模式就是泛在计算，泛在计算的目的就是使计算机隐性化且可获得性强，让人们把注意力着重放到任务本身。严格来说，泛在网络并不是一个具体的物理网络，而是指一个 IT 环境。泛在网络能够随时提供在线的无缝宽带接入，不论接入模式是固定或是移动的、是有线的或是无线的。

尔后，日韩两国在这一基础上提出了构建“泛在网络”的想法，该网络的通信可以在任何时间、地点进行，包含任何人或物，用户可以非常自主地享受通信便利性。美国、欧洲等地也陆续制订了类似“泛在网”计划，如欧盟提出了环境感知智能等。对于所谓的“泛在网络”来说，虽然概念的描述不尽相同，但核心目标是一致的，即建立一个通信环境以融合所有的人或物。

泛在网是利用现有和全新的网络技术来实现实现人与人、人与物、物与物之间按个人或社会需求进行的信息服务。这种网络有着非常灵敏的环境感知、内容感知能力，且智能性也很高。泛在网反映了信息社会发展的未来，具有比“物联网”更广泛的内涵。

10.1.2 泛在网的特点

泛在网，意在构建一个广泛覆盖的网络，以实现任何人、任何物在任何时间、任何地点都可以连接到网络上并获取信息和服务。ITU-T 指出，泛在网具备“在已预订服务的情况下，个人和/或设备在无论何时、何地、何种方式以最少的技术限制接入到服务和通信的能力”，并勾勒了 5C +5Any 的远景。

5C +5Any 是泛在网络的关键特征。5C 指融合（Convergence）、内容（Contents）、计算（Computing）、通信（Communication）和连接（Connectivity）。5Any 指任何时间（Any Time）、任何地点（Any Where）、任何服务（Any Service）、任何网络（Any Network）和任何对象（Any Object）。通过底层连通的、可靠的、智能的人与物品的无缝互连网络，以及IT 技术和生物技术、纳米技术的融合，将通信服务扩展到人类社会的健康、生活、教育、物流、灾害预警、安全和建筑等方方面面。

无线环境感知泛在网络强调以用户为中心，使任何用户，无论何时，身处何地，都可以获得所期望的、统一的、高质量的业务体验和信息服务，实现无处不在的网络覆盖，无所不包的应用。

无线感知泛在网络具有如下特征。

（1）环境感知性。未来的生活中将出现一种智慧型接口，它们的作用是把网络感知到的信息数据准确快速地传输给用户。

（2）自组织、自愈性。节点接入网络是动态的、智能的，网络的抗干扰性与抗故障性能很高。值得一提的是网络和节点具备自我修复能力，这是一大优势。

（3）泛在性、异构性。多种接入方式和多种承载方式使得可以实现无缝接入；任何对象都能随时获得永久在线的宽带服务以获得信息。

（4）开放性、透明性。该网络技术中，业务与用户的体验是绝对透明的。

（5）宽带性、移动性。泛在网络的环境基础是高带宽接入，基于铜缆与光纤的上下行数据的对称宽带接入，基于 OFDM 及 802.1x 的固定高速数据的无线接入，基于 3G/4G 的移动高速数据接入也将被广泛采用。

（6）多媒体、协同性。数字化、多媒体化的信息服务令生活更加方便，提升工作和娱乐的效率。泛在服务的核心是信息的整合和协同服务。

（7）对称性、融合性。用户既可接受服务又可主动地为他人服务；网络作为泛在网络的基础构架，向众多的行业提供信息与通信服务，实现对信息的综合利用。

10.1.3 无线传感器网络、物联网和泛在网的关系

无线传感器网、物联网和泛在网是三个不同的概念。

传感器网可以看成是由“传感模块和组网模块”构成。传感器仅能感知信息，并不能标识物体。例如温度传感器只可以感知到人群的温度，但并不一定标识具体个人。

与传感器网相比，物联网的概念要大一些。这主要是因为人感知物、标识物的手段，除了有传感器网，还可以有二维码/一维码/RFID 等。物联网就可以使用到除传感器之外的其他手段。

从泛在的内涵来看，首先关注的是人与周边的和谐交互，各种感知设备与无线网络不过是手段。最终的泛在网形态上，既有互联网的部分，也有物联网的部分，同时还有一部分属于智能系统（推理、情境建模、上下文处理、业务触发）范畴。由于涵盖了物与人的关系，因此泛在网似乎更大一些，从某种意义上说，物联网与泛在网概念最为接近。它们的关系可用图 10 -1 表示。

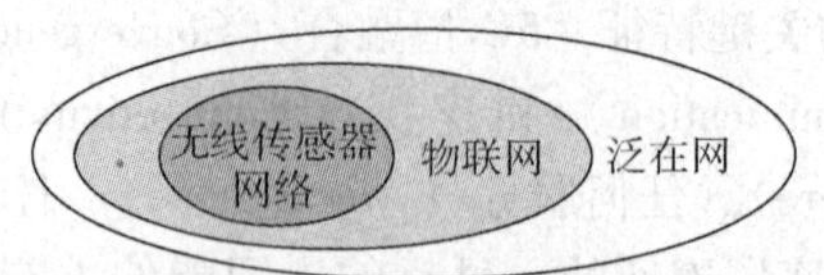

图 10 - 1　传感器网、物联网和泛在网的关系

传感器网和物联网、泛在网具体区别如表 10 - 1 所示。

表 10 - 1　传感器网、物联网、泛在网具体区别

	末端网、终端	基础网络	通信对象
传感器网络（传感器网）	传感器 + 近距离无线通信（低速、低动耗）	不包括	物—物
物联网	传感器 + 近距离无线通信 RFID、二维码 近距离中高速通信 内置移动通信模块各种终端	一个或几个网络 初期：传输 后期：融合、协同	物—物 人—物
泛在网	传感器网 + 近距离无线通信 RFID、二维码 近距离中高速通信 内置移动通信模块各种终端 通信终端：手机、上网卡等	多网络、多技术 异构协同通信 跨技术、跨网络、跨行业、跨应用	物—物 人—物 人—人

10.1.4　泛在网的发展

图 10 - 2 从联网对象的多样性与协作性角度，描述了泛在网发展的三个基本历程。图中左下角为传统的计算机网络，连网对象仅为服务器、台式机和笔记本电脑。第二阶段仍以 PSP 即“计算机—服务器—计算机”为构架，但主网上的连接终端设备朝小型化发展，并扩展到上网本、移动电话、个人数字助理（PDA）等。同时，大量传感器、无线电子标签和其他智能设备也连接上网，使入网物体呈现高角度多样化。第三阶段代表所有物品均可入网互联，协同运行，实现泛在计算的境地。

可见，泛在网是从网络范围与计算角度对物联网的另一种描述，强调的是物联网存在的普遍性、功能的广泛性和计算的深入性。

泛在网在未来信息通信领域的的发展是必然的，那么它的研究方向主要有以下两个：一是人们的实际生活需求，比方说对于生活环境安全性的需求、对生活照顾和医疗机构高效性的需求等；二是社会的实际问题，包括使用网络技术、安全认证、软件应用、配置技术等。

泛在网的发展不是产生全新的网络，而是不断融合新的网络，使其成为泛在网的一个子网络，如此源源不断地注入新的业务和应用，直至“无所不包、无所不能”。各种异构网络之间，在基础性网络搭建的公共通信平台之上，对于共性的融合与个性的协同，就成为泛在

网络发展的主要策略。这也使得泛在网的发展面临许多挑战。

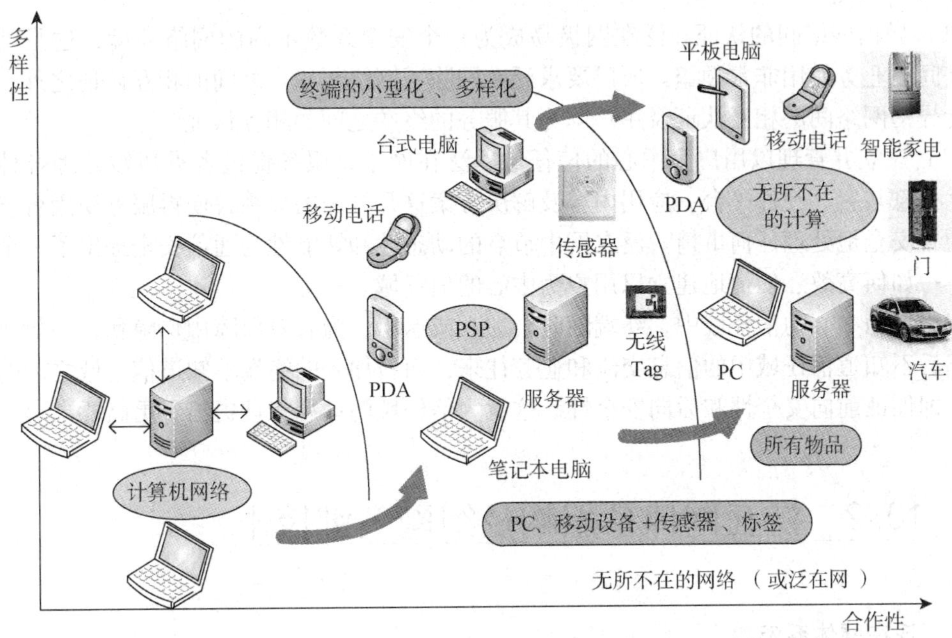

图10－2 泛在网发展历程

1. 互联互通问题

泛在网的基本特征是范围很广，要求在固定网络、移动网络和有线电视网络等基础网络上实现互连。这种互联互通的实现涉及一系列问题，如接口标准定义、系统改造、整体架构布署等，对于目前所有运营商都是一个非常棘手的挑战。因此最先面临的问题就是解决在多种制式的网络之间进行互联互通的难题。

2. 资源问题

泛在网络中的终端数量会比以往任何一个网络中的终端数量高出几个数量级。原有标志终端的方法常采用一串码号进行，如果在现有的技术体制内展开泛在网应用，必须提供充足的码号资源来标志泛在网内的终端，现有码号资源将会变得非常贫乏，这对现有码号长度、分配原则及回收方法都提出了挑战。

移动泛在网中一个无线信号发生器的覆盖范围内终端数量是人员数量的上百倍，原有的频率分配不能够保证每个移动终端都有充足的频率资源来进行通信，这对原有的基站布局、网络优化都提出了挑战。同时，泛在网的多媒体特性及宽带特性也对频率资源提出了比较高的要求。

3. 标准问题

目前泛在网标准缺失，业界缺乏对泛在网发展的统一认识。泛在网的架构、各组成部分的关系、如何定义接口等都没有统一的标准，因此在建设布署泛在网方面无章可循。

泛在网业务主要是跨行业、跨领域的应用，各行业应用特点和用户需求不同。没有统一的标准和规范，终端厂商、应用开发商、网络运营商、服务提供商及行业用户都将面临诸多不便。

4. 安全问题

（1）异构网络间的认证。泛在网极易成为一个安全系数不高的网络环境，这是因为不同网络间的业务使用非常频繁。所以要求泛在网除了网络与用户之间的相互认证之外，还必须进行异构网络间的相互认证及用户与为其服务的终端之间的相互认证。

（2）建立并管理以用户为中心的信任域。泛在网中，服务提供者需巧妙处理各种网络信息、信息装置、硬件平台、应用内容及解决方案这几方面的关系，使得服务使用者能够非常方便且安全地处理任何事情。泛在网中节点的动态性和智能性为通信安全提出了一个新的问题——如何高效、便捷地建立以用户为中心的信任域。

以用户为中心的信任域中，终端随时会加入或退出。为有效保障用户隐私，一般要求终端退出后不知道信任域中的信息交流和业务往来，而新加入的终端不知道信任域之前的任何信息，即保证前向安全性和后向安全性。这就为信任域的动态管理提出了更高要求。

10.2 泛在网体系架构及组网关键技术

10.2.1 泛在网体系架构

依据 ITU-T 的建议，泛在网的网络架构由感知/延伸层、网络层和应用层组成。泛在网的网络架构如图 10－3 所示。

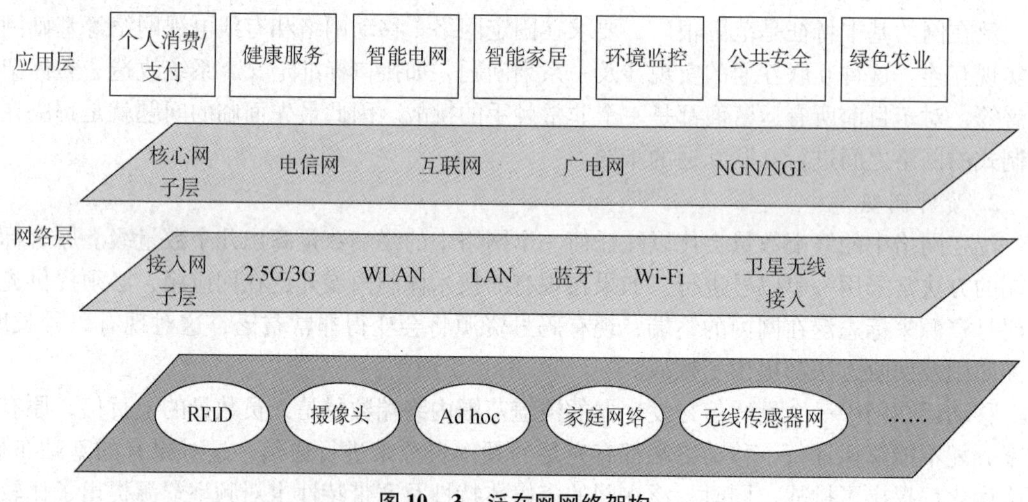

图 10－3 泛在网网络架构

1. 泛在网的感知/延伸层

与传统电信网架构不同的是，泛在网多出了感知延伸层，处于泛在网的最底层。该层的主要功能是实现信息采集、捕获、物体识别。感知延伸层使用到的通信关键技术有传感器、RFID、自组织网络、近距离无线通信、低功耗路由等。在感知延伸层的终端设备是泛在网中数量最多的，所以要建立更智能、更全面的感知能力则必须解决低功耗、低成本和小型化的问题。

2. 泛在网的网络层

网络层包括接入网子层和核心网子层。

接入网子层包括近距离通信网络、无线宽带接入、2.5G/3G 移动接入、有线宽带接入和卫星至地面无线接入等各种异构接入技术，以及网关技术。

核心网子层是泛在网的信息主干道，主要由运营商提供的各种广域 IP 通信网络组成，包括现有的电信网、互联网、广电网和 NGN/NGI 下一代网络。

网络层要根据感知延伸层的业务特征，优化网络特性，更好地支持物与物、物与人之间的通信，完成多种异构接入网络的协同融合和数据传输。

目前核心网技术已经比较成熟，但是接入网在支持异构网络接入及业务融合等方面还需进一步的技术完善和标准统一。

3. 泛在网中的应用层

应用层分为应用支撑子层和应用服务子层，为各种具体应用提供公共服务支撑环境，实现在应用层通用技术层面的端到端的可靠服务。

应用支撑子层为跨系统、跨行业、跨应用的数据互通共享提供支撑平台；应用服务子层根据社会生产、生活的需求，提供应用服务。应用层最终面向各类业务和应用，实现信息的处理、协同、共享、决策。从服务主体出发，泛在网应用分为：行业专用服务、行业公众服务、公众服务；从应用场景看，包含工业、农业、电力、医疗、家居、个人服务等人们可以预见的各种场景。各种业务和应用涉及了海量信息的信息发现、智能处理、分布式计算等多种技术。

10.2.2 泛在网关键技术

10.2.2.1 泛在网环境下用户的环境感知性

无线泛在网支持用户环境感知是指无线泛在网络需根据用户需求，主动、动态地感知、分发、利用、管理用户环境信息，并根据用户所处的环境自动进行业务调用和适配，达到实现增强用户体验、最大限度地减少用户介入和干预、异构网络无缝融合等目标，使得用户无论何时何地都可无缝使用多样的个性化通信业务。

用户环境感知与上下文感知的概念基本一致，二者都是感知环境中相关实体信息的信息网络。相比而言，前者更突出了以用户为中心的思想。在基于用户环境感知的网络中，系统首先搜集用户周边环境中的业务应用上下文、设备终端上下文、网络上下文及用户个人上下文，继而对信息进行建模、存储、交互、推理和利用。根据所感知到的用户个性化需求，动态地调整业务提供方式。换言之，用户环境感知实际上就是在无线泛在网络架构中，以用户为中心的上下文感知。

1. 上下文分类

（1）用户相关类。有关用户标识、身份、用户位置、归属域及在线信息的用户常用信息；有关口令、使用历史记录、个人计费信息、用户业务授权和订购信息的用户专用信息(需认证)；有关个人偏好、个性化业务自动配置参数的用户个性化业务信息；有关用户优先级的信息等。

（2）移动及位置相关类。物理位置坐标、速度、移动方向、周围环境（室内、户外及温度湿度等）。

（3）网络及终端特性。有关网络标识、接入类型、接入优先级、覆盖范围、IP 地址、带宽及所支持的业务的网络接入信息；有关拥塞程度、时延、时延抖动、错误率及可靠性的网络性能信息。

有关终端标识、终端类型、终端能力、操作系统与应用软件、编/解码、终端应用属性及终端应用状态的终端常用信息；有关用户活跃度的终端感应信息。

（4）非用户相关的信息。内容相关的偏好（比如显示格式，编码格式等）；有关业务标识、业务类型、业务配置参数及业务 QoS 需求的业务描述信息；有关用户对业务执行的操作、业务状态及业务热度的业务处理信息。

2. 上下文感知计算

在泛在网环境中，人会持续地与不同的设备进行隐性信息交互而获得相应的服务，这种功能的实现需要系统能感知在当时的情景中与交互的任务有关的上下文。“上下文感知计算”已经成为泛在网络研究的一个重要方向。

“上下文感知计算”，具体来说是指感知系统能够发现并有效地利用上下文的信息（如用户的地理位置、所在地时间、周围环境参数、附近的设备和人员、用户其他活动等）来进行计算的一种计算方式。“上下文感知计算”主要包括四个方面的内容：上下文的获取、上下文的建模、上下文的存储与管理和上下文推理。

3. 上下文获取

目前，上下文信息的获取可以通过以下几种方式：传感器，如温度、压力、光线、声音、图像等；已有的信息，其中包括日期、日程表、天气预报等；用户直接设定等。传感器获得的上下文属于低层，利用低层上下文可通过推理得到高层上下文。

总的来说，关于上下文信息获取的技术主要有两大类，包括物理信息获取和虚拟信息获取。物理信息获取是通过传感器或其他设备直接感知和采集的物理上下文，如位置、温度、速度、湿度、噪声、光照等。虚拟信息获取是通过信息世界内部直接感知的虚拟上下文，如带宽、内存大小、日程、用户配置等。

4. 上下文建模

对于各种上下文，由于它们的特性不同，所以就有各种不同的表达和模型。当前几乎所有的系统都采用自己的方法来建立上下文信息的模型，主要有以下几种模型，如表 10－2 所示。

表 10－2　上下文建模模型列表

模　型	特　点	例　子
键值对模型	上下文建模技术中最简单的一种数据结构，易于管理，但对复杂的结构没有有效的检索算法	CAPEUS
标记语言模型	使用具有层次结构的标记语言描述上下文信息的类型和数据结构，但很难定义上下文之间的关系	CC/PP 扩展

续表

模 型	特 点	例 子
面向对象模型	利用面对对象的封装性和可重用性，去解决普适环境中有上下文的动态性引起的部分问题	TEA 项目 GUIDE 项目
基于逻辑模型	上下文信息表达成一系列事实、表达式和规则，共同特性是高度形势化	Formalizing Context 系统
基于本体模型	本体论是定义概念和相互关系的一种有前途的工具，易于知识共享具有更强的表达能力，便于知识重用	ASC 模型
图形模型	容易导出一个 ER 模型，作为关系数据库的结构化工具十分有用	ORM 扩展

5. 上下文推理

系统中的所有上下文信息构成上下文知识库。传感器获取的上下文信息只能反映用户物理或其他更低层次的计算状态，而不能反映于对于系统上层应用。由于获取上下文的方式多种多样，所以这些信息很有可能重复甚至相互冲突，同时由于传感器本身可能会出现误差，那么通过上下文信息的推理得出高层上下文信息才是可取之道。

当前上下文感知系统采用的推理技术主要有两种：基于规则的逻辑推理和基于机器学习的推理。

6. 上下文存储与管理

上下文存储与管理技术是为了解决存储用户的上下文信息并且为上下文推理提供依据的一种关键性技术，其目标是提供一种与应用无关并且依据上下文改变和使用频率等原则，通用、高效、透明地存储上下文的策略。

目前，关于用户上下文信息的存储技术主要包括集中式和分布式两种，典型的研究共有3 种，包括 GAIA 中的 Context File System，Context toolkit 和 3GPP GUP。

根据泛在网络的特点及上下文信息的特点，在泛在网架构中可以采用不同的存储方案：基于频度的存储方案、基于网络环境的存储方案、基于业务类型的存储方案、基于信息来源的存储方案。

10.2.2.2 中间件技术

在系统中，中间件是不可或缺的，这是因为泛在网的业务支撑能力要求泛在感知网络的结构可以分为各种分布式应用以提供重要的信息参考，而系统本身也需要同时处理来自各种不同传感器的信息。中间件就好比是一座桥梁，联系着泛在感知网的信息和应用。并且接入的各种设备和网络的异构性、支持的设备和硬件的广泛性要求中间件设备具备多种协议和语言识别能力。

信息整合和服务协同是泛在服务的核心。泛在感知网络不仅仅是基础的网络架构，同时也能向其他行业提供信息通信服务，实现对信息的综合利用，提升个人、企业、家庭的生活品质及工作效率。因而泛在感知网络要求中间件具有更高效的算法进行数据的挖掘和处理，并且有更高效的工具进行中间件的管理。

10.2.2.3 自然的人机交互模式

泛在网将人们生活的物理空间与网络、信息空间融合为一个整体，这就迫切需要一种轻松自然的人机交互方式，所谓的轻松自然即指利用人的日常技能进行交互，具有意图感知能力。这种交互模式更注重人机关系的和谐性、交互方式的自然性、感知通道的多样性及交互途径的隐含性。

人类信息主要由图像、文字、语言组成。这就使得视觉交互、纸笔交互及语音模式的人机交互变为最有潜力的自然人机交互模式。笔式交互可帮助人们进行自然、快速的信息交流与沟通，而在日常生活中，更多的是视觉信息与听觉信息，它们使人们获得更加强烈的真实感和存在感。

10.3 物联网中的泛在网

泛在网是指基于个人和社会的需求，利用现有的和新的网络技术，实现人与人、人与物、物与物之间按需进行的信息获取、传递、存储、认知、决策、使用等服务。泛在网网络具备超强的环境感知、内容感知及智能性，为个人和社会提供泛在的、无所不含的信息服务和应用。

未来的网络发展会实现由信息通信技术达到信息化发展的蓝图。无处不在的网络基础设施的发展，能够帮助人类实现任何时间、任何地点、任何人、任何物都能顺畅通信。新的通信技术会改变我们传统的生产方式、工作方式、生活方式，并深入到生活、工作的各个方面，包括知识结构、社会关系、经济和商业生活、教育、医疗和娱乐等。要实现上述蓝图，物联网将从最初的一个个单独的网络应用，发展并融入到一个大的网络环境中，而这个大的网络环境就是泛在网。

未来物联网将包含 M2M（机器对机器）、机器与人（M2P）、人与人（P2P）、人与机器（P2M）之间广泛的通信和信息的交流。这时物联网中的机器（M）可以定义成网上可获取的各类物联信息所采用的终端，可以是传感器、RFID、手机、PC、摄像头、电子望远镜、人工智能终端等。这些终端都将联系到泛在网上，泛在网将这些终端和人联系在一起，构成一个任何时间、任何地点都可以去的任何服务的物联网。

也就是说，未来物联网是基于智慧和泛在网的网络，可以利用感知技术与智能装置对物理世界进行感知认识，通过互联网、电信网、广电网为主的泛在网互联进行智能计算、信息处理和知识挖掘，实现人与物、物与物的信息无缝链接与交互，实现对物理世界的实时控制、管理和决策。

习题

1. 什么是泛在网？泛在网有哪些特点？
2. 传感器网、物联网和泛在网的区别与联系。
3. 泛在网的关键技术有哪些？

4. 概述泛在网的发展历程？
5. 泛在网面临哪些挑战？
6. 举例说明物联网。

第11章　异构网

异构网络作为多种类型网络和无线接入技术融合后的结果，是物联网未来发展的基础。为了适应不同类型网络各自特性的需求，异构网络有其独特的移动性管理、无线资源管理、数据管理等技术。同时为了实现异构网络的共存与协同，跨层设计思想也引入到异构网络中。本章首先介绍异构无线网络的基本概念，接着重点介绍异构网的关键技术，最后分析物联网中异构网的特点。

11.1　异构网概述

无线异构网络是指在传统的宏蜂窝移动基站覆盖区域内再布署若干个小功率传输节点，形成的同覆盖的不同节点类型的异构系统。按照小区覆盖范围的大小，可以将小区分成宏小区、微微蜂窝小区、毫微微蜂窝小区，以及用于信号中继的中继站。异构网不同范围小区相互重叠覆盖，形成异构分层无线网络。

目前，已有大约25种无线异构网络投入商用，为用户提供无线通信业务，包括DECT、蓝牙、RFID、UWB、DVB-T、DVB-H、T-DMB、GPRS、GSM、UMTS、EDGE、HSDPA、CDMA 2000、IEEE 802.11a/b/g/n、WiMAX以及其他技术等。除此之外，还有许多无线通信系统在不远的未来将进入商用，如802.20、802.16m、LTE、LTE-A、无线传感器网络等。

无线异构网络的发展如图11－1所示，这些无线异构网络面向不同的应用场景，在全球不同地区有着广泛的应用，尤其是GPRS/GSM/EDGE、CDMA2000、UMTS、WLAN、WiMAX等无线网络，已给全球的网络用户带来了丰富多彩的通信体验。

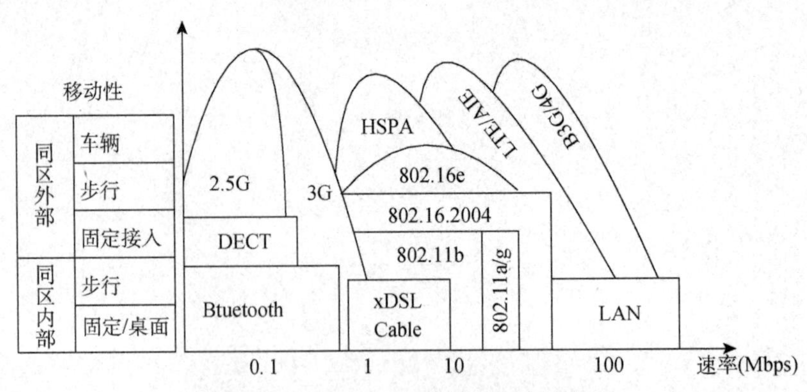

图11－1　各种无线异构网络的发展示意

物联网可分为三个层次：首先是物联网的感知层，感知层采用各种设备将信息收集到物联子网中；物联子网收集到信息后，需要有一个物联网的网络层，将信息传送到 Internet 上去，信息的传递过程即是通过 GPRS、3G、未来 4G、蓝牙、Wi-Fi 等可以实现上传的异构网络；上层连接之后可以支持远程交通、智能医疗、智能农业等各种各样的应用。未来的移动异构网络是物联网的基础，移动性管理是决定物联网成功与否的一项关键因素。

不同标准组织制定了无线接入技术，并存多种异构接入网络，通常在接入速率、覆盖范围、容量、移动性等方面有着较大差异，其适用场景有不同侧重，彼此较难替代。因此，无线异构接入技术的融合与共存，必将成为未来泛在、异构无线网络的重要特征。异构无线网络以融合为发展方向，因而，移动性管理技术也将增加新的特性以适应网络发展的趋势。

未来的发展是希望任何终端节点在物联网中都应能实现泛在互联。由节点组成的网络末端网络，如传感器网、RFID、家居网、个域网、局域网、体域网等，连接到物联网的异构融合网络上，形成一个广泛互联的网络，物联网在核心层可以考虑 NGN/IMS 融合，在接入层则需要考虑多种无线异构网络的共存和协同。

作为物联网通信技术在未来的一个发展方向，本章对无线异构接入网络及其关键技术进行介绍，从异构网的角度说明物联网在未来的发展。

11.2　异构网体系架构及关键技术

多种网络融合的异构物联网与其他异构网类似。本章广泛地从异构网关键技术的角度出发，对物联网异构中的关键技术进行介绍。

11.2.1　异构网体系架构

未来通信系统的特征是多种接入方式共存，异构网络融合是必然趋势。用户需要能通过任何无线终端（移动台、PDA 等）通过任意方式接入网络（GSM、GPRS、WLAN 等）。用户对通信量和带宽的需求不平衡并呈多样化的特点，使得各种无线网络技术都有其生存和发展的空间，各种异构网将通过互补融合实现共同发展，而不是相互终结或彼此取代。

研究各种异构网的融合必须解决核心网、接入网和移动终端三个方面融合的技术问题。

1. 核心网的融合

目前，基于全 IP 的核心网架构迅猛发展，从现状和业界标准来看，在核心网层面，以 IP 网络作为下一代网络（NGN）采用的基础架构，实现以 IP 网络为统一承载网络的融合。未来传感器网络、WLAN 、蜂窝网、数字音视频广播等异构无线接入网络在核心网上，基于软交换和 IP 分组技术实现融合。

2. 无线接入网的融合

基于异构网络的不同业务模型，各种无线接入网都会设计不同的空中接口，每一种无线通信系统的物理层（PHY）数据处理技术和介质访问层（MAC）的接入技术都完全不同。融合网络的接入网结构应该能够支持不同网络的空中接口标准，同时，还需要考虑接入网之间的协议与信令的转换等问题。不同网络的移动性的管理机制与无线资源的管理机制也完全不同，这就需要协调机制，完成网络间的切换，以实现无线资源的有效利用。在后面的章节中将重点介绍异构无线接入网络融合的关键技术。

3. 无线终端的融合

无线终端直接影响用户对网络的接受。用户不会接受一个需要同时拥有几个终端的融合网络，因此无线终端的融合是必须的。

无线终端的融合有两种类型。一种是简单的多模移动终端，可以支持多种网络的接入，同时提供统一鉴权、认证和计费机制。一种是可进行重配置的智能移动终端，其功能包括三个层次：应用层、系统层和物理层。应用层承载业务应用程序，允许向第三方开放，并由用户自由地下载；系统层包括呼叫控制、移动性管理、无线资源管理等软件，可以有控制地下载；物理层指无线电路硬件，直接控制信号调制、频率和功率的输出、天线增益等无线接口操作。通过软件无线电技术可以建立灵活、多服务、多标准、多频带、可重构、可重编程的无线系统。

11.2.2 异构网关键技术

11.2.2.1 移动性管理

在异构融合网络环境下，网络的异构性和差异性使移动性管理技术已经无法满足终端在异构网络间的无缝切换、位置管理、终端协作等方面的需求，因此必须提供一个开放的、有高度适应性的移动性管理方案，保证用户无缝的业务访问和获得最佳服务体验，包括支持用户跨异构接入网络、跨网络运营商的移动以及终端的多跳协作接入等。

移动性管理技术已不仅仅局限于移动通信技术，而是放在包含各种有线和无线网络、包括固定和移动接入的、泛在、异构、融合的网络环境中进行综合研究。

1. 移动性管理概述

移动性支持是指当移动终端的网络接入点发生变化时，异构网络的系统应该能够提供维持终端接入服务与不间断通信的能力，即移动终端间的通信和业务访问不受位置变化的影响，不受接入技术变化的影响。位置管理与切换管理是移动性管理技术主要研究的两个方面。

位置管理是指移动终端需要向网络注册并及时更新自己的当前网络位置信息，当其他移动终端对该终端进行呼叫或数据传输时，能确保网络正确发现其当前网络接入点。一般位置数据库支撑位置信息的存取。

切换管理指的是对处于通信状态（活跃状态）下的移动终端，控制终端在移动过程中网络接入点的改变，将正在进行的数据传输从原有网络位置切换至当前网络位置，维持网络与移动终端的正常通信连接。作为移动性管理的一部分，切换管理从系统底层对网络提供移动性支持。

通常，位置管理用于处理位置数据库的查询、更新及存储等，其协议独立性较大。切换管理依靠数据传送系统、路由协议、资源管理协议等，因此，与具体网络的协议相关性较大。

异构网中多种无线系统同时存在，各个网络在空间上有可能相互重叠，甚至完全覆盖，采用多个接口或移动节点须满足所有的用户终端在各种不同的网络中能够自由地漫游。当用户发生移动的行为时，即用户离开某个网络的覆盖范围时，用户正在进行的通信应该能够无缝地切换到用户所进入的网络，保证用户的通信能够继续，因而无缝切换技术对于异构网也是非常重要的。

“无缝”包含两层含义：从用户使用的角度来讲，“无缝”将使得用户感受不到网络进行切换带来的影响，例如明显的停顿、延时等；从网络的角度来讲，“无缝”意味着对于高层的应用来讲切换是透明的。

按照切换所涉及的网络接入类型，切换技术可以被分为两种：水平切换和垂直切换。

水平切换也称系统内切换，指在同一类型网络小区内和小区间的切换，以保证同类业务在系统服务区内的不间断性。例如，移动终端节点在 GSM 网络内不同基站间进行切换。

垂直切换也被称为系统间切换，是指用户在不同类型的网络小区之间进行的切换，用来满足在不同的环境下对用户不同业务的需求。例如，移动节点在 UMTS 网络和 GSM 网络之间的切换。

根据垂直切换方向的不同，可将其分为上行切换与下行切换。从覆盖的范围比较小的网络切换到覆盖的范围比较大的网络，称之为上行切换；反之称为下行切换。

异质网络间的垂直切换涉及不同的网络，它们的接入技术、网络结构、性能评价标准等都各不相同。因而，有效的垂直切换是异构网络融合的关键技术。

移动性管理的研究，要求独立于 IP 协议的版本，提供用户终端身份识别机制，支持网络移动性，独立于网络接入技术，控制和传输功能相分离，提供位置管理功能，与基于 IP 的核心网络融合，与网络内其他移动性管理技术有效互通，提供用户特性传输机制，支持无缝业务切换管理功能等。移动性管理有以下几个研究方向。

（1）开放的、通用的移动性管理架构。在异构环境下，实现移动性管理的自适应性、准确性、通用性，并进行开放性、层次化的功能模块设计。

（2）优化的移动性管理解决方案。设计一种优化的移动性管理解决方案，兼顾异构无线接入网的特性，降低信令开销和相应的功耗开销，缩减无缝移动的时延，可引入智能预判等技术。

（3）设计具有高灵活性、低复杂度的网络结构和综合考虑多种异构网络参数的切换算法是当前研究的重点和难点。

2. *移动性管理分类*

根据移动性支持目标、支持程度、涉及接入网络类型、协议传输层次等原则，可对移动性进行划分。

（1）根据移动性支持程度分类。游牧移动性是指当网络接入点发生变化时，当前会话将中断，然后重新开始建立通话。即在移动过程中，没有与网络保持连接，不支持切换。

无缝移动性是指当网络接入点发生变化时，当前的会话能够继续持续。即在移动过程中，能够与网络保持连接，支持切换。

（2）根据移动性支持目标分类。终端移动性是指通信终端设备可在移动过程中接入通信业务，与此同时网络仍可定位识别该终端设备。

个人移动性是指无论用户使用何种终端设备在何地采用何种方式，都能在个人标识下接入通信业务，同时，根据用户的业务属性描述网络可提供的相应服务。

会话移动性指在改变接入点时用户或终端仍可继续保持当前进行的会话。例如，多个终端设备或多模终端设备与外部通信实体间，数据分组传输的移动、转接。

业务移动性是指用户的某一特定业务方式与能力的变化，与用户或终端的位置、能力的变化无关，也即具有业务可携带的特性。

（3）根据控制协议层次分类。链路层的移动性管理技术。网络间的移动一定会涉及链路检测、接入、切换等许多操作。链路层的切换与位置管理也包含在移动性的管理中。但是，从上层通信的角度来看，因为移动性管理技术不能保证端到端的网络连接，链路层的移动性管理只能作为移动性管理方案的一部分，不能够单独构成一个完整的移动性管理方案。

网络层的移动性管理技术。网络层通信的主要功能是为分组数据选择路由，当主机移动时，可等效为网络接入点的不断变化，对于网络层而言，主机的路由不断发生变化对网络层产生的影响是最大的。

传输层的移动性管理技术。传输层是真正意义上的端到端的协议层，层内的所有信息的处理都是从网络中的源端到网络中的目的端。而传输层本身并不能够实施位置管理的功能，同时，通信节点的移动会使得传输层数据的路由信息等产生变化，因此，传输层移动性管理对 IP 地址的动态绑定是必要的。

应用层移动性管理技术。应用层的移动性管理，可有效屏蔽底层网络的差异性，同时能够提供更多的应用，可扩展性强，灵活度高。但是，由于其对底层网络差异的屏蔽，使得上层网络无法及时感知底层的变化，时延较大。

（4）根据涉及接入网类型分类。水平移动性是指同一类型接入网络小区内和小区间的移动。垂直移动性是指在不同类型接入网络小区间的移动。

3. 异构网移动性解决方案

各种不同应用背景、发展方向、覆盖范围、系统结构、链路特性、业务质量级别下的无线接入网络技术及未来可能产生的新型网络接入技术，共同向用户提供泛在的异构接入网络。跨频段的接入技术可以通过使用多模终端来实现，完成多种不同方式的信息交互。为了向用户提供可靠的异构网络的无缝业务，满足不同的用户在移动性能上日益增长的需求，异构网的移动性管理技术将成为下一代全 IP 架构的未来网络面临的难题之一。

随着学者们对于异构网络移动性管理的研究，OSI 体系中的各协议层都相应地提出了异构网移动性的解决方案，如图 11－2 所示。

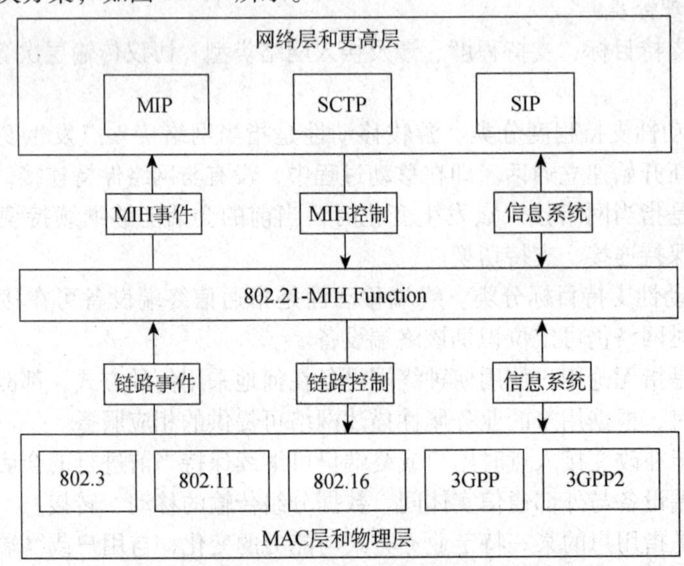

图 11－2　介质独立切换（MIH）的架构示意图

（1）数据链路层的异构网络融合技术。为解决 IEEE 802.11、IEEE 802.16、IEEE 802.3 等 IEEE 802 系列网络间，以及及 IEEE 802 网络与 3GPP/3GPP2 等网络之间的无缝连接切换问题，IEEE 标准组启动了异构网融合在数据链路层的相关研究，并在 2004 年 1 月成立 IEEE 802.21 工作组开始制定相关标准，试图填补 WLAN、WiMAX 与蜂窝网络之间的空隙，实现 WLAN、3G、WiMAX、UWB、RFID、蓝牙等共存的无缝连接切换的混合型网络。

802.21 的核心思想是在 2 层与 3 层之间加入新的功能模块——介质独立切换功能（Media Independent Handover Function，MIHF），它独立于各类标准的 MAC 之上，并将各种不同的 MAC 层统一为一个向上的接口。

MIHF 对称地存在于网络设备与终端中，定义了统一的业务接入点，通过独立接入技术的业务与上层的各种移动性管理协议进行交互。

MIHF 向上层屏蔽了各种异构网络的低层差异，实现协议栈中低层与上层之间的通信，实现跨终端、跨网络的通信，进而实现了对异构接入网络之间进行切换的优化。对底层而言，MIHF 为不同的接入技术定义了不同的业务接入点，以获得对各种介质的访问和控制。

MIH 的目标是在不同类型的接入介质之间，终端设备能够实现网络的无缝切换，并最终实现与接入介质无关的切换。MIH 没有涉及实现切换过程的网络及上层网络间的切换支持协议（如 MIP、SIP、mSCTP 等），而是侧重于切换的初始化阶段与准备阶段，通过向通信网络的上层提供链路层信息及其他与网络相关的信息，使得上层能够更加准确地发现网络、选择网络和网路接口激活，进而实现异构接入网络介质间的优化切换。

MIH 技术的优势在于它直接与数据链路层进行交互，能够更快地收集物理接口参数变化的信息并做出相应反应，从而减小网络切换带来的时延较大的问题。但是，它也有很明显的缺点，例如，其对于上层应用的透明无缝切换，需要靠移动 IP 的配合才能完成；需要在修改目前已经有的网络设备与终端设备的网络通信协议栈之后才能进行推广，甚至需要更换大部分设备，这使得技术更新的成本提高；另外，MIH 技术只能反映网络最后一跳的链路通信质量，无法向应用层提供完整的端到端的传输质量，在以终端应用为主的切换决策的系统中，其实用价值较低。

（2）网络层的移动性解决方案。移动 IP 技术作为网络层移动管理的核心技术，具有与底层接入技术无关、与物理传输介质无关，相对于上层协议透明，能够在保持数据包的正确路由的前提下进行转发，同时与现有协议兼容性良好等特点。移动 IP 协议能够保证移动节点在改变接入点时，无需向通信对端通知其端口地址的变化，仍能实现通信。

独立于物理层传输技术，且与数据链路层切换机制无关，移动 IP 技术网络层进行切换，并且为不同接入技术之间垂直切换的实现做了铺垫。然而，严格的协议层次划分也将屏蔽协议层间信息的交互，进而降低了移动性管理的效率，并且存在着移动节点丢包率高、切换时延长、信令开销大等问题，使得上层应用的性能降低。

（3）应用层的异构网络支持技术。信令控制协议（Session Initiation Protocol，SIP）是典型的应用层对移动性支持技术，最初是作为多媒体会话的应用层控制协议提出的。SIP 协议控制会话的建立与终止、能力的协商等，分别实现会话的建立和描述。SIP 协议及其扩展内容对个人移动性、终端移动性、业务移动性和会话移动性都具有一定的支持能力。

SIP 能够建立一种叫做统一资源标识符（Universal Resource Identifier，URI）的用户公共身份标识，它与当前 IP 地址绑定，通过支持 SIP 的任何终端用户就可以进行注册，这样，

SIP 实现了对用户移动性和发现功能的支持。

在应用层实现切换的优势体现在其对底层网络差异的屏蔽，即对底层网络保持透明，这样可以更好地提供上层移动性及更加丰富多彩的应用，灵活性与可扩展性能均比较良好。其不足之处在于对于底层的变化，应用层的感知会带来更多的时延，对实时切换来说，单纯的应用层切换难以满足需求，同时应用层移动性管理的实现无法被抽象出来移植到其他应用中，因此其推广存在一定的难度。

（4）传输层的异构网络垂直切换解决方案。流控制传输协议（Stream Control Transmission Protocol，SCTP）是支持传输层移动性的典型解决方案。SCTP 协议在对上层应用透明的基础上，能够提供端到端的移动性支持，更重要的是，它不需要额外的基础网络设备的支持，被认为是移动性管理的最理想方案之一，将被作为研究移动性管理技术的一个方向。

11.2.2.2 协同无线资源管理

不同接入网的宏小区、微小区、皮小区相互重叠覆盖，形成异构分层无线网络。但是，异构网基于不同的业务模型设计空中接口，物理层调制解调技术完全不同，无线资源管理机制也有很大差别，缺乏有效的协调，使得系统间的干扰增大，网络资源利用率降低。在无线频谱资源稀缺的情况下，为了有效地利用无线资源，需要在不同的无线接入网络间进行无线资源的共同管理。多系统协同无线资源管理（Multi-Radio Resource Management，MRRM）技术的提出就是为了解决这一问题。

作为异构无线接入网协同的关键技术之一，协同无线资源管理主要完成网络间无线资源的协调管理。它的目标功能是扩展业务容量及覆盖范围，最大化系统容量，最优化无线资源的利用率，支持智能的联合会话及接入控制，不同无线接入技术间的切换和同步，进而完成异构系统中无线资源的分配。未来物联网中多种网络异构融合，网络间无线资源的协同管理也会影响网络性能。

协同无线资源管理的程度，与实现方式有关。集中式协同无线资源管理统一管理资源，这种模式最容易实现最优化分配全局资源和最大化系统收益的目标，但这种模式的灵活性较差。分布式协同无线资源管理能够较好的解决扩展性问题，尽管可以通过增加信息交互的代价换取系统总体的高性能，但缺点是难以实现资源的最优分配。为实现资源的最优化使用，需考虑众多参数，包括网络容量、网络拓扑、链路条件、用户要求、业务 QoS、运营策略等。协同无线资源管理从功能上包含多接入选择、动态频谱控制、负载均衡等。

1. 多接入选择

多接入选择是异构无线网络中充分利用异构性获取多接入增益的一个关键点。在异构网络中，对支持多种模式的用户终端来说，能够选择接入多个不同无线网络。但是接入选择不仅直接影响用户的服务质量，同时还对网络侧的资源最优化利用与负载均衡有一定的影响。根据决策点（用户、网络）的不同，可设计不同的多接入选择机制。

2. 动态频谱控制

无线通信发展中面临的最大瓶颈是频谱资源的缺乏。事实上，几乎所有的无线通信网络都面临着负载的时间变化、区域性变化等问题，也就是说，对于不同的业务模式，带宽需求的峰值出现在不同时刻或不同地区，采用固定的频谱分配方法，可能无法满足峰值时间或某些地区对通信质量的需求。传统方案是预留满足峰值流量的频谱，已分配的频谱在大多数业务需求较少的时段或地区将被空闲，进而使得闲时频谱资源浪费严重。然而，当存在网络相互协作时，动态频谱资源的分配方案可解决这个问题。两个相互协作的网络，可将业务稀薄网络的剩余频谱资源随时随地分配至业务稠密的网络之中，有效减少固定分配方式下带来的空闲频谱浪费，能够更好地利用有限的频谱资源。一般来说，动态频谱分配可以分为基于时间和基于空间的动态分配方案。动态频谱资源的分配，能带来较大的频谱增益。

3. 负载均衡

所谓负载均衡，是指两个网络或者两个系统中负载较重的一方将部分负载转移到另一方中去，达到一种负载均匀分布的状态。负载均衡可以提高整体网络无线资源的利用率，扩大系统容量，为用户提供多样化的服务及更好的服务质量。负载均衡机制可以分为分布式和集中式两种模式。

在集中式的负载均衡的系统内，系统或网络的全部负载信息集中在同一个中央节点，其余节点则将负载信息传送至中央节点，然后由中央节点根据收集到的负载信息为其余节点制订相应的负载均衡的方案。集中式负载均衡的方案的主要缺陷是可靠性相对比较小，一旦中央节点瘫痪，整个负载均衡策略将无法执行。

在分布式负载均衡系统内，不同的节点都各自执行负载均衡算法，灵活性较高。但由于节点间需要交互大量的负载信息，因而需要更大的开销。

11.2.2.3 数据管理技术

1. NID（Networked ID）管理

无线通信网络中，用户的真实身份、当前位置及其运动模式是身份重要的信息。异构网络利用标签来表示用户的身份信息和位置信息。

标签技术本身已经存在了相当长的一段时间，并广泛应用于生产、物流等领域。二维码及射频识别（RFID），是一种应用范围较广的技术。电信网广泛的覆盖网络和种类繁多的业务类型，已渗入人们生活与工作的各个方面。标签技术与电信网络的结合已经成为近年来的研究热点，二者的结合将使得信息的获取更加便捷、信息的传递更加迅速、信息的应用更加丰富。

RFID 与电信网的结合诞生了基于通信网络的 ID 技术及其应用，ITU-T 称之为 NID。

NID 是 RFID 等短距离无线通信技术的扩展，各种读卡器与各个应用系统之间的内部网络将被扩展成为公众电信网，ID 的 B2B 应用将扩展到 B2C、B2B2C 的应用。其中，ID 的形式可以是条码、二维码或者 RFID；公众电信网的载体可以是移动网络、互联网甚至下一代基于无线、IP 技术的多种网络；B2B 是商家之间进行通信的应用，通常应用在供应链领域与物流领域；B2C、B2B2C 是商家与客户之间的应用，如基于位置信息的服务公告、运动休闲、产品产地查询、广告和信息查询、名片交换、公交路线查询等。

对于 NID，ITU-T 给出了如图 11－3 所示的通用模型。从模型中可以看到，NID 的核心是运用公共通信网将 ID 上携带的信息数据传递给各类业务和应用。

NID 具有以下特征。

（1）ID 应用对象广泛化。在 NID 中，ID 可以用于各类真实和虚拟的对象，包括产品、数字内容、位置、动物、人等。

（2）ID 标签普遍化。任何标识均能够存储在一维/二维条码、智能卡或 RFID 等设备中。存储的标识通过照相机、RF、光学扫描仪等传输至 ID 读卡器或应用系统中。

（3）网络开放的全球化。基于网络的 RFID 使得其通信范围扩展至全球开放的网络和全

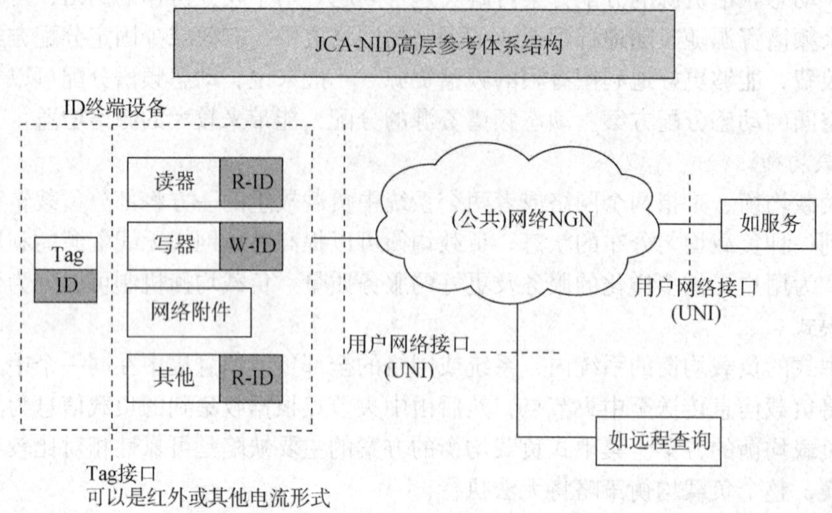

图 11－3　ITU-T NID 通用模型

球分布的应用系统。

手机二维码是一种成功应用 NID 的典型案例。通过扫描或输入二维码，手机用户可以下载网络中的音乐、视频、图文，参与抽奖，获取优惠券，了解企业产品信息等；也能够便捷地获取公共服务（如天气预报），进行电子地图查询定位、手机阅读等。与手机终端、移动网络相结合的二维码，从 2004 年出现至今，已在全球广泛应用，并且仍在不断地扩展，目前已经渗透到各个领域。

作为 NID 的经典应用，标签与移动网络之间的结合通常有两种方式，一是通信终端内嵌 ID 芯片，这属于 ID 与终端通信系统的物理结合，作为 ID 的载体，通信终端将与各类读卡器进行交互，如公交刷卡、手机支付等。另外 种应用是作为 RFID 的阅读器，通信终端识别并获得 ID 信息后，通过公众通信网络将信息传递至各类 ID 应用。公众通信网络的传输方式可以是短消息、数据等，典型的应用包括信息检索、数据传输、电子导游、根据照片拨号、环境感知等。

目前，作为电子信息技术与通信技术的结合点，NID 仍在标准化的进程之中。NID 的核心技术是 ID 技术和公共通信网的结合，其主要研究内容是如何将 ID 与公共通信网结合。而各类 ID 本身如条码、二维条码、RFID 等自身的标准化工作并不是 NID 的重点。NID 标准化研究尚处于研究定义、业务需求和应用场景阶段。

NID 最初出处为 ITU-T JCA-NID，是由 ITU-T 发起的协调 NID 相关标准的活动。2006 年成立的 JCA-NID 工作组的第一次会议上决定分步来进行 NID 的标准化工作：首先对不同的商业模型的业务和应用需求进行分析，定义出通用模型，就工作的范围达成共识；然后根据对通用的模型和工作的流程的分析来定义高层需求，规划出 NID 的标准化路线，并且通过对现有的标准去定需要指定的标准的分析。NID 工作组作出两份工作报告，即 JCA-NID 高层参考体系结构和高层需求，作为后续进行标准化工作的基础。

ITU-T SG13，14，17 组分别从 NGN、基于标签触发的多媒体业务、安全的角度进行

NID 的标准化工作。

ITU-T SG13 从 NGN 的角度研究基于网络的 ID，目前有两个相关的建议草案，分别是《基于 ID 的应用和业务的 NGN 业务需求和网络能力》和《NGN 基于 ID 的应用和业务的功能需求和体系架构》。

ITU-T SG16 从基于标签出发的多媒体业务角度研究 NID，相关草案有《基于标签触发的多媒体信息传送业务的业务描述和需求》和《基于标签触发的多媒体信息传送系统的体系架构》。

ITU-T SG17 从安全角度对 NID 展开研究，主要研究了 Networked ID 业务环境下的隐私保护需求，基于 Profile 的隐私保护框架，包括业务场景、业务实体及基于 Profile 的隐私保护业务的功能。

2. Profile 管理

无线泛在网环境下用户是移动的，网络节点之间的连接经常发生动态改变，而且网络结构也不是固定不变的。在移动环境中进行信息处理需要考虑到低带宽、频繁断接、带宽易变、安全性差、位置的快速变动性、资源有限等因素，因此移动环境的数据管理有更高的要求。

（1）移动数据管理。移动数据管理包括全局数据管理和部分数据管理两个方面。全局数据管理主要是对网络层问题的处理，具体包括：定位、寻址、复制和广播等。局部数据管理是对用户层问题的处理，包括有效的查询处理、数据访问、断接管理等。

在移动环境中，移动用户的位置可以看做随用户移动而发生变化的数据项，位置数据管理内容主要包括移动用户当前位置的确定及位置信息的管理、存储、更新。

泛在网络使用分布式的位置数据库来维护移动用户当前的位置信息，当移动用户位置发生改变时，位置数据库及其复本数据库中对应位置信息更新。目前代表性的研究工作主要有基于本地位置寄存器的局部位置管理策略，基于层次分布的位置数据库的全局位置管理策略等。

（2）缓存一致性。移动环境中，对访问较频繁的数据进行缓存，以降低由于用户移动带来的断接对系统可用性及性能的限制，并减轻数据访问对低带宽的激烈争夺，提高查询处理效率。

通常通过服务器定期广播各种信息来实现缓存一致性。广播的信息包括实际数据信息、数据更新信息、锁表和日志等控制信息等。广播不需要服务器指导移动用户的当前状态，移动用户也无需建立与服务器的上行链路，移动用户无需发送数据请求，而且无需额外的广播开销信息就能够被多个移动用户接收。

实际应用的是一种分布式文件系统，当发生断接时，移动用户就直接对自己的缓存进行数据访问；当恢复连接后，系统将发布更新信息，更新用户的缓存。

（3）业务信息库。在泛在网环境中，一个用户同时拥有多个设备、同时扮演多个角色，多种应用同时使用单个传感器网络采集的数据，由于不同应用的要求不同，所以要能对同一批传感数据根据要求进行不同的处理。泛在网络中数据管理就是一种支持不同特性和需求的传感数据的管理方式，由泛在网应用的信息单元组成业务信息库，其中存储业务标识、数据类型、业务提供者、位置信息等，同时采用一种标准的业务描述信息和描述语言，提高业务注册和发现的效率。

（4）分布式移动代理。复杂的泛在网会收集大量的数据，如何对这些数据进行管理是泛在网面临的一大难题。为此，采用一种基于分布式移动代理的数据管理方式。

代理是自主的，可以重复激活，并具有学习、协作的能力。移动代理可以在不同的位置间移动，在执行时可以在各个节点间迁移并收集、处理需要的数据，这样可以减少网络中的信息传输，提高紧急情况发生时的快速反应能力。

3. 内容管理

（1）数字媒体资产管理。数字媒体资产管理（Digital Media Assets Management），一般被定义为存储、访问、管理数字媒体内容的相关技术手段，是管理数字媒体资产的硬件与软件的结合。DMAM 基于数字视频压缩技术、存储技术、流媒体技术、数据库技术、计算机网络技术等，满足视频音频拥有者查找、收集、保存、发布信息的需求，使得视频音频的使用者能够简单快捷地访问资产，高效地利用和保存视音频资产，大幅度提高媒体资产价值。

数字媒体资产包括：媒体内容和元数据。其中媒体内容是以数字化形式保存的各种信息本身，例如图片、视频、音频文件等内容。在现代信息社会中，数字媒体内容可以有各种格式，它们具有一定的信息价值。数字媒体资产中包含用于描述媒体对象的元数据。所谓的元数据，通俗的说，就是“描述数据的数据”，例如媒体节目的创建日期、片长时间、演员名字、导演名字、字幕语言等。

数字媒体资产管理系统主要由信息处理、内容管理、内容存储和应用 4 个子系统组成，形成了一个集采集、存储、编目、检索、浏览、下载于一身的媒体资产管理系统。

信息处理子系统。包含信息采集、量化、编码、转码、生成简单索引等相关工作。可用数字式采集卡对不同素材进行采集，同时生成两个不同的码流的版本。低码流（MPEG-4，基于内容的多媒体数据压缩编码国际标准）版本用于素材的编目、查询、进行网上发布等；高码流（MPEG-2，通用视频图像压缩编码标准）版本直接进入数据流磁带库，供读者下载、编辑、制作等。

内容管理子系统。用于管理和控制所有系统存储的内容，是数字媒体资产管理系统与其他各种应用子系统的接口，具有内容编辑、检索、资源调度等重要功能。

内容存储子系统。存储数字媒体资产的具体内容（数据）。此系统可采用分布式智能存储软件，提供不同级别的存储模式，利用数据迁移软件将大量数据按照数据类型、使用频率等进行灵活迁移。存储模块是一个虚拟的存储系统，对于用户来说，它是一个全自动的存储内容仓库，不需要用户干预其中存储内容的方式或存放位置等，有良好的互动性。

应用子系统。实现对数字媒体资产内容进行各种处理和不同方式的发布，如流媒体信息发布、资源下载等。采用智能适应流传输技术，通过 Web 服务器进行网络信息发布，用户通过网页检索实现实时下载。

（2）数字版权管理。随着网络技术的发现和完善，多媒体的数字化传播越来越广泛，信息传播及发布的方式更加丰富和多样化，随之出现的问题是通过网络传播的数字化形式的文件和作品经常会被未经授权擅自使用，甚至大规模复制和传播有版权的信息和内容，如何有效保护数字产品版权已成为一个关键问题。

数字版权管理（Digital Rights Management，DRM）作为一种内容保护的核心技术，是保护知识产权的一个利器，广泛应用于音乐下载和点播、互联网流媒体、电子图书等专业领域。

数字版权管理是一种采用包含信息安全技术在内的系统级解决方案，其同时保护有权限且合法的用户对数字媒体音视频、图像等的正常使用及数字媒体的创作者与拥有者所拥有的版权，根据版权获得合法的收益，并期望能够鉴别搬迁信息的真假，即在版权受到伤害时能够及时鉴别数字信息的版权归属权问题。

数字版权保护不仅仅是密码技术的简单运用，因为这个过程不仅仅是将受保护的内容从服务器传递到客户端并用某种方式限制其使用的简单机制，而是加密、密钥、验证、存取控制、权限描述等许多技术的组合体。

11.2.2.4 跨层优化技术

1. 跨层设计的必要性

在无线网络中，无线通信环境本身有许多不确定的因素，因而导致无线信道表现出时变的特性。传统的分层设计方案难以保证网络资源的最佳利用及用户业务的 QoS 需求。为改善无线网络性能，适应其下层特性的变化，需要 MAC 层、路由协议层和传输协议层，甚至应用层能够与其下各层进行有效的信息交互，即需要跨层设计网络协议。

异构无线融合网络对带宽、时延、丢包率等参数的要求各不相同，如何提供可靠的端到端多级 QoS 保证成为一个难点，现有的 OSI 分层模型相对独立静态的协议结构不能很好地适配异构无线网络融合，需要打破原有分层结构的协议设计，实现跨层设计。

2. 跨层设计的基本思想

跨层设计要求打破传统的 OSI 参考模型中严格分层的束缚，网络各层能够与其他层次共享相关信息。在整体框架内，针对各层相关协议、模块的不同状态与需求，利用各层之间的相互依赖性，综合设计网络协议，使得网络性能和服务质量得以提高。

针对不同的网络协议和系统的不同性能需求，有不同的跨层设计实现方法，但其基本思想是一致的。跨层设计的结构如图 11－4 所示，其主要思想包括以下几个方面。

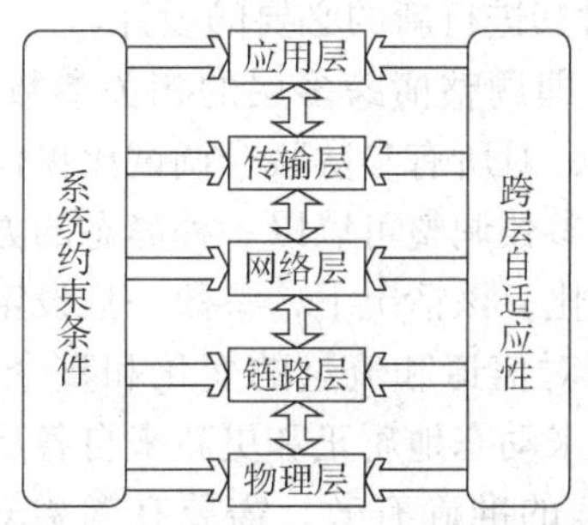

图 11－4 跨层设计的基本理论结构示意

（1）网络的每一层，会生成影响其他协议层工作的信息，并将这些信息直接或间接地传递给相应各层。比如物理层、MAC 层感知信道环境的信息，应用层对某些应用的 QoS 要求等。

（2）网络中的每一层分析其他层传递来的信息，然后对本层的通信方式及策略进行相应调整。通常会结合相应各层的自适应功能，随时进行自适应调节来满足特定应用的要求，使网络更加灵活。例如，网络层根据当前网络的状况、业务量的状况及链路层提供的链路状态信息，能够自适应地实施路由协议，以实现最小的分组时延、最小的阻塞概率及最大的吞吐量。

(3) 对于影响多个协议层的参数，结合相应的性能需求，对各层进行综合考虑，调整相关性能参数。信号的发射功率大小决定了接收端信号的质量，影响物理层的性能参数，并决定了信号对其他接收机的干扰情况，即影响了 MAC 层的接入控制。同时，发射功率决定信号的传输距离，影响网络层的路由选择；另外，它的大小还决定通信网络的拥塞情况，影响传输层的传输控制。因此，在进行功率控制时，需综合考虑对其他各层性能的影响，要在系统功耗、吞吐量、误码率、时延等方面进行折中。

3. *跨层优化设计方法*

跨层优化设计并不是完全否定了传统无线网络的分层模式，而是模糊了严格的层间界限，打破传统的通信系统分层框架，将分散在网络各个子层的特性参数协调融合，实现跨层设计，如定义新的层间接口，重新定义各层边界，设计层间的耦合，联合各层的参数调整等。

(1) 定义新的层间接口。在层与层之间提供新的接口，从而使层与层之间实现信息的共享。根据接口中信息流动方向的不同，可以分为自下而上的信息反馈、自上而下的信息反馈和往复式信息反馈。

(2) 合并相邻层。为了充分实现层与层之间信息的交互与共享，把相邻的两层或多层合并为一个复合层，该复合层可以提供各个总和层所提供的所有服务，这也就可以省去在协议栈之间创造新的接口。从结构上来说，复合层通过原有的层与层之间的接口，把各层之间紧密地联系在一起。

(3) 设计层间的耦合。为避免设计运行时额外的信息共享接口，减少设计的复杂性，设计两层或多层间的耦合。由于没有新创建接口，系统结构上的开销主要是在修改一个层时，同时需要在其他的层做出相应的修改。

例如，多数据包接收指的是物理层能在同一时刻接收多个数据包，这种能力必然改变 MAC 层的相关作用，因而需要对其进行新的必要的设计。

(4) 联合各层的参数调整。即调整横跨多层的相关参数。从应用层所看到的系统的性能是其下层各个参数的综合作用，对所有参数联合调试比仅仅在一个层内调整单个参数所取得的效果要好得多。联合各层的参数调整可以以一种静态的方式来完成，意味着设定某些参数时，已经对这些参数进行了优化，该情况下，参数一旦设定就不需要再进行变动。当然参数也可以在运行时动态完成，即对信道和流量的变化和整个网络的状况做出反应的动态机制，该情况下需要采用相关机制来动态地矫正和更新来自各层的参数，同时可能带来系统的额外开销。为了保证协议栈状态的准确有效，需要在参数矫正和更新时加上严格的限制条件。

11.3 物联网的异构网

在前面已经对物联网体系架构进行了介绍，物联网主要由三个部分组成：感知层、网络层和应用层。

感知层解决数据获取的问题，通过传感器、数码相机等采集到的数据需要通过 RFID、条码、蓝牙、红外、工业现场总线等异构有线和无线短距离传输技术传递。不同技术的传输机制不同、覆盖的范围不同、可以获得的传输速率不同、提供的 QoS 不同、面向的业务和应用也不同。其中无线传输技术还存在频谱资源异构的问题，采用不同频段传输其传输特性及适用技术也有很大不同，频谱规划方式也有很大区别。

网络层解决感知层所获得的数据在一定范围内，通常是长距离的传输问题，这些数据可以通过移动通信网、国际互联网、企业内部网、各类专网、小型局域网等网络传输。这些网络的组网方式存在很大的异构性，除了经由基站接入的单跳式无线网络以外，还有多跳式的无线自组织网和网状网；它们的网络控制方式也有不同，有的依赖于基础设施的集中控制，也有的依赖灵活的分布式协同控制。

由于物联网中各种异构网络相对独立自治，相互间缺乏有效地协同机制，造成系统间干扰、频谱资源浪费、业务的无缝切换等问题无法解决。面对日益复杂的异构无线环境，为使用户更加便捷地享用网络服务，异构网络融合成为物联网的一大发展潮流。

异构网络融合的实现分为两个阶段：连通阶段和融合阶段。在连通阶段，多种传感器网络互通互联，感知信息和业务信息传送到网络另一端的应用服务器进行处理以支持应用服务。融合阶段，在各种网络连接的网络平台上分布式布署若干信息处理的功能单元，根据应用需求对网络中传递的信息进行收集、融合、处理，从而使基于感知的智能服务更为精确地实现。最终将物联网的网络层建立成为一个共性平台，上连应用层，下连感应层，实现尽可能的协同网络层各种异构接入网络的差异。

习题

1. 什么是无线异构网？
2. 概述无线异构网的发展历程。
3. 概述异构网的体系架构。
4. 异构网的关键技术有哪些？
5. 物联网的异构网面临哪些挑战？
6. 举例说明物联网中的异构网。

第 12 章　云计算与大数据

物联网的发展借助云计算技术的支持，则能更好地提升数据的存储和处理能力，从而为大量物联信息的处理和整合提供平台条件，云计算的集中数据处理和管理能力将有效地解决大量物联信息的存储和处理问题。物联网如果失去了云计算的支持，就没有那么大的意义而言，因为小范围传感信息的处理和数据整合是已经很成熟的技术，没有广泛整合的传感系统是不能被确切地称为物联网的，所以云计算技术在物联网技术的发展中起着决定性的作用，如果失去云计算的支持，物联网的工作性能会大大降低，和其他传统的技术相比，它的意义也会大打折扣。所以说物联网对云计算有着很强的依赖性。

本章从云计算概述、系统架构及关键技术和云计算在物联网中的应用三个方面阐述了云计算。

12.1　云计算概述

云计算被提出来的时候，有一种常见的说法来解释“云计算”：在互联网兴起的时候，人们习惯用一朵云来表示互联网，因此，在选择一个名词来表示这种新一代计算方式的时候就选择了“云计算”这个名词，如图 12－1 所示。虽然这个解释非常有趣，但是却容易让人们陷入不解。那么究竟什么是云计算呢？

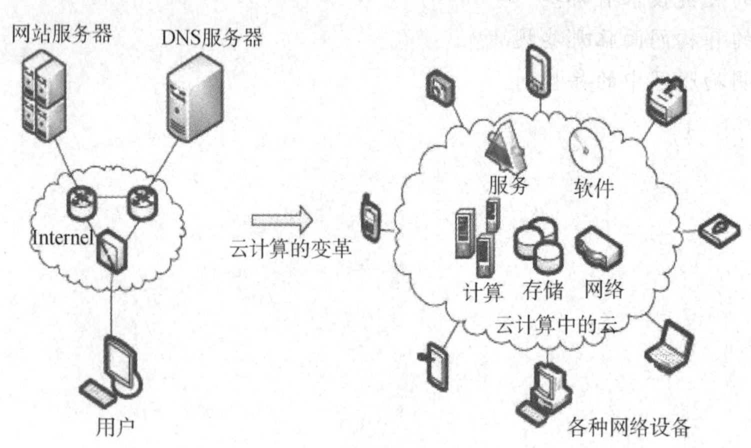

图 12－1　云计算中的“云”

12.1.1　云计算概念

“云计算”，相对于“分布式计算”或“网络计算”等技术类名词的确显得更加有趣，甚至很难让人们从这个词本身推断出它确切的范畴。事实上，不但第一次听说云计算的普通技术工作者会感到不知所云，就连众多的行业精英和学术专家们也很难对云计算给出确切的定义。

云计算概念是由谷歌提出来的，关于云计算的定义说法不一，美国国家标准与技术研究院（National Institute of Standards and Technology，NIST）定义：云计算是一种按使用量付费的模式，这种模式提供可用的、便捷的、按需的网络访问，进入可配置的计算资源共享池（资源包括网络，服务器，存储，应用软件，服务），这些资源能够被快速提供，只需投入很少的管理工作，或与服务供应商进行很少的交互。太阳公司（Sun Microsystems）的联合创始人 Scott McNealy 认为“云计算就是服务器”。而针对云计算，解放军理工大学刘鹏教授给出如下定义：云计算是一种新兴的商业计算模型，它将计算任务分布在大量计算机构成的资源池上，使各种应用系统能够根据需要获取计算力、存储空间和各种软件服务。大体来说，云计算的定义可以分为狭义和广义两种，狭义上，对云计算的理解是信息系统基础设施的支付和使用模式，指通过网络，以按需、易扩展的方式获取所需的资源（硬件、软件、平台）。提供资源的网路称为“云”，“云”中的资源对使用者而言是可以无限扩展的，并且可以随时获取。按需使用，随时扩展，按使用付费。这种特性经常被称为像使用水电一样使用 IT 基础设施。

广义上，云计算是服务的交付和使用模式，指通过网络以按需、易扩展的方式获得所需的服务。这种服务可以是 IT 和软件、互联网相关的，也可以是任意其他的服务，它具有超大规模、虚拟化、可靠安全等独特功效。

“云计算”概念被大量运用到生产环境中，国内的“阿里云”与云谷公司的 XenSystem，以及在国外已经非常成熟的 Intel 和 IBM，各种“云计算”的应用服务范围也正逐渐扩大，影响力无可估量。

12.1.2　云计算特点

通过使计算分布在大量的分布式计算机上，而非本地计算机或远程服务器中，数据中心的运行将与互联网更相似。这使得资源很容易切换到需要的应用上，用户可以根据需求访问计算机和存储系统。

云计算具有以下几个主要特征。

1. 资源配置动态化

根据用户的需求动态划分或释放不同的物理和虚拟资源，当需求增加时，可通过增加可用的资源进行匹配，提供快速弹性的资源；如果这部分资源不再被使用，就被释放掉。云计算为用户提供的这种能力是无限的，实现了 IT 资源利用的可扩展性。

2. 需求服务自助化

云计算向用户提供自助的资源服务，用户不需要和提供商交互就能获得自助的计算资源。同时云系统为用户提供一定的应用服务目录，用户可以依照自身的需求采用自助方式选择服务项目及服务内容。

3. 网络访问便捷化

用户利用不同的终端设备，通过标准的应用来访问网络，使得应用无处不在。

4. 服务可计量化

在提供云服务过程中，根据用户的不同服务类型，通过计量的方法来自动控制并且优化资源配置。

5. 资源的虚拟化

借助虚拟化技术，将分布在不同地点的计算资源整合起来，达到共享基础设施资源的目的。

12.1.3 云计算种类

以上分析了云计算的概念和特点。在云计算中，硬件和软件都被抽象为资源并被封装成服务并向用户提供；用户以互联网为接入方式，获取云提供的服务。下面分别从云计算提供的服务类型和服务方式的角度对云计算进行分类。

12.1.3.1 按服务类型分类

所谓云计算的服务类型，就是指为用户提供什么类型的服务；通过这种类型的服务，用户可以获得什么类型的资源，以及用户该如何去使用这样的服务。目前业界普遍认为，云计算按照服务类型可以分为以下三类。

1. 基础设施云（Infrastructure Cloud，IC）

基础设施云向用户提供直接操作硬件资源的服务接口。通过调用这些接口，用户可以直接获得计算资源、存储资源和网络资源，而且非常自由灵活。但是也存在一定的问题，用户在设计和实现自己的应用时需要进行大量的工作，因为基础设施云除了为用户提供计算和存储等基本功能外，不做进一步任何应用类型的假设。

2. 平台云（Platform Cloud，PC）

平台云为用户提供托管平台，用户将开发和运营的应用托管到云平台上。但是，该平台的规则会限制应用的开发和布署，如语言风格、编程框架、数据存储模型等。通常，能够在该平台上运行的应用类型也会受到一定的制约。但是，一旦用户的应用被开发和布署完成，所涉及的其他管理工作，如动态资源调整等，都将由该平台来负责。

3. 应用云（Application Cloud，AC）

应用云提供直接的应用，这些应用一般是基于浏览器的，针对某一功能。应用云最容易被使用，因为它们都是开发完成的软件，只需要定制就可以交付。然而，它们也是灵活性最差的，因为一种应用云只针对一种功能。

表 12－1 按照服务类型划分云计算

分类	服务类型	运用的灵活性	运用的难易程度
基础设施云	接近原始的计算存储能力	高	难
平台云	应用的托管环境	中	中
应用云	特定功能的应用	低	易

表 12－1 总结了从服务类型的角度来划分的云计算的类型。实际上，正如我们所熟悉的软件架构范式，自底向上依次为计算机硬件—操作系统—中间件—应用一样，这种云计算的分类也暗含了相似的层次关系。

12.1.3.2　按服务方式分类

根据云计算服务的布署方式和服务对象的范围，可以将云分为三类：公共云、私有云和混合云。

1. 公共云

（1）公共云定义。所谓的公共云指云按服务方式提供给用户。公共云由云提供商运行，为用户提供各种 IT 资源。云提供商可以提供从应用服务、软件运行环境，到物理基础设施等方面的 IT 资源的安装、管理、布署和维护。用户通过共享的 IT 资源实现自己的目的，并且只需为其使用的资源付费，通过这种方式获取需要的资源服务。

在公共云中，用户不知与其共享资源的用户及具体的资源底层的实现，甚至无法控制物理基础设施。所以云服务提供商必须保证所提供资源的安全性和可靠性等非功能性需求，云服务提供商的服务级别也因这些非功能性服务的不同而不同。特别是需要严格按照安全性和法规遵从性的云服务要求来提供的服务，也需要更高层次、更成熟的服务质量保证。

（2）公共云的应用。这种类型的云服务遍布整个互联网，能够服务于几乎不限数量的、拥有相同基本机构的用户。

具体的应用有：公司管理日程安排；管理联系人列表；管理项目；在报告上协作；在营销材料上协作；在开支报告上协作；在预算上协作；在财务报表上协作；在演示文稿上协作；在路上发表演讲；在路上访问文档等。

2. 私有云

（1）私有云的定义。私有云，或称专属云，是商业企业和其他社团组织不对公众发放，为本企业或社团组织云服务（IT 资源）的数据中心。不同于传统的数据中心，云数据中心支持动态灵活的基础设施，为自动化布署提供策略驱动的服务水平管理，使 IT 资源更容易满足各种业务需求。相对于公共云，私有云的用户完全拥有整个云中心设施（如中间件、服务器、网络和磁盘），可以控制应用程序的运行，并且可以决定哪些用户可以使用云服务。由于私有云的服务提供对象是针对企业或社团内部，私有云的服务可以更少地受到公共云中诸多限制，例如带宽、安全和法规遵从性等。而且，通过用户范围的控制和网络限制等手段，私有云可以提供更多的安全和私密性等专属性的保证。

（2）私有云的应用。这种类型的云主要针对单个机构特别定制，例如金融机构或政府机构。一般地，这类机构都会采用一些虚拟化操作系统和网络技术，因此能够降低使用服务器和网络设备的数量，或者至少能够使这些设备的管理更加明晰。

具体的应用：以电子邮件通信为中心；在日程安排上协作；在购物新、清单上协作；在待办事项上协作；在家庭预算上协作；在通信列表上协作；在学校项目上协作；共享家庭照片。

3. 混合云

（1）混合云定义。混合云是把“公共云”和“私有云”结合到一起的方式，如图 12－2 所示。用户可以通过某种可控的方式部分拥有，部分与他人共享，企业可以利用公共云的成本优势，将非关键的应用部分运行在公共云上；同时将安全性要求更高、关键性更强的主要应用通过内部的私有云提供服务。然而，由于私有和公共服务组件间的交互和布署会带来更多的网络和安全方面的要求，这会相应带来较高的设计和实施难度。

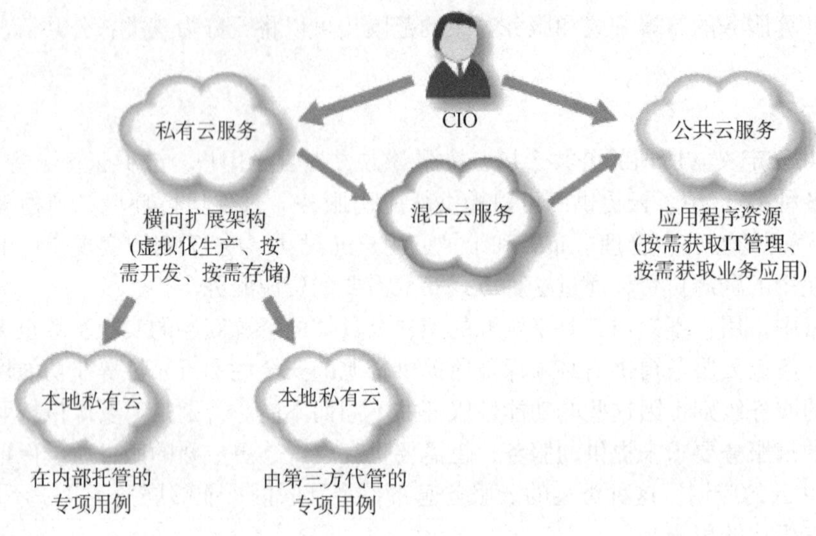

图 12－2　混合云

（2）混合云的应用。混合云为公共云和私有云配置的组合，数个云以某种方式整合在一起，为一些商业计划提供支持。有时用户可能需要用一套单独的证书访问多个云，有时数据可能需要在多个云之间流动，或者某个私有云的应用可能需要临时使用公共云的资源。

具体的应用：跨地区通信；在日程安排上协作；在群组项目和活动上协作。

12.1.4　云计算服务形式

云计算可以认为包括以下几个层次的服务：基础设施即服务（Infrastructure As A Service，IaaS），平台即服务（Platform As A Service，PaaS）和软件即服务（Software as a Service，SaaS），如图 12－3 所示。

1. IaaS

消费者通过 Internet 可以从完善的计算机基础设施获得服务。

Iaas 通过网络向用户提供计算机（物理机和虚拟机）、存储空间、网络连接、负载均衡和防火墙等基本计算资源；用户在此基础上布署和运行各种软件，包括操作系统和应用程序。

2. PaaS

PaaS 是指将软件研发的平台作为一种服务，以 SaaS 的模式提交给用户。因此，PaaS 也是 SaaS 模式的一种应用。但是，PaaS 的出现可以加快 SaaS 的发展，尤其是加快 SaaS 应用的开发速度。

平台通常包括操作系统、编程语言的运行环境、数据库和 Web 服务器，用户在此平台上布署和运行自己的应用。用户不能管理和控制底层的基础设施，只能控制自己布署的应用。

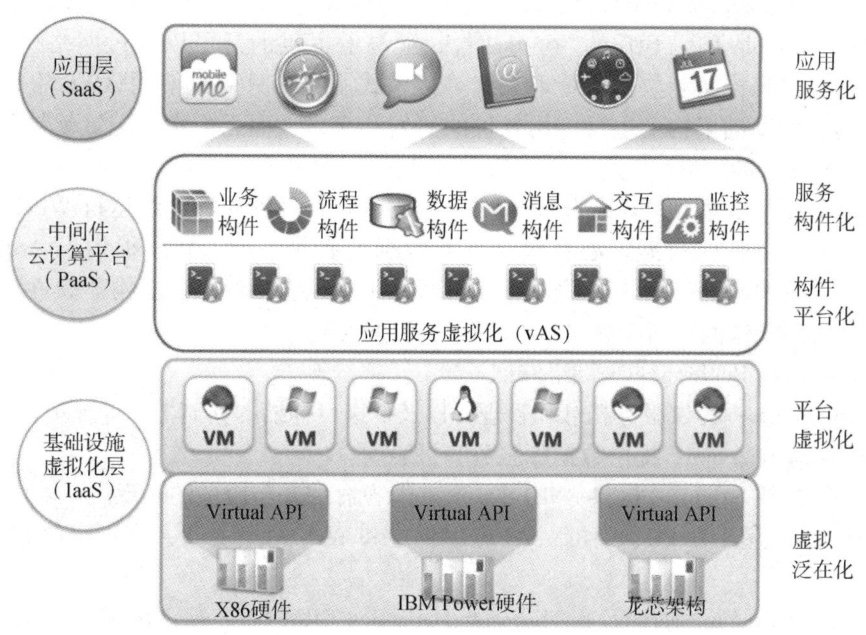

图 12－3　云提供的服务

3. SaaS

SaaS 是一种通过 Internet 提供软件的模式，用户无需购买软件，而是向提供商租用基于 Web 的软件，来管理企业经营活动。

云提供商在云端安装和运行应用软件，云用户通过云客户端（通常是 Web 浏览器）使用软件。云用户不能管理应用软件运行的基础设施和平台，只能做有限的应用程序设置。

12.1.5　云计算平台

云计算已经成为突出的技术趋势之一。随着计算技术行业不断出现的为个人和企业提供随时随地按需的 PaaS 和 SaaS，可利用的云计算平台将不断增加，很多研究单位和工业组织已经开始研究开发云计算的相关技术和基础架构。本节我们将介绍几个典型的云计算平台。

12.1.5.1　IBM

IBM 是一家业务涵盖硬件、软件、咨询和服务的中和信息服务公司，也是云计算的先行者和推动者。IBM 凭借虚拟化、标准化和自动化方面积累的经验和雄厚的技术实力，推出了一系列的解决方案，为不同的用户量身打造适合他们的云环境，也在自由的数据中心里搭建开发测试云等多种云环境，以“服务”的形式销售公有云。

IBM 构建了用于公共云和私有云服务的多种云计算解决方案。IBM 云计算构建的服务包括服务器、存储和网络虚拟化、服务管理解决方案，支持自动化负载管理、用量跟踪与计费，以及各种能够使最终用户信赖的安全和弹性产品。

12.1.5.2　Amazon

亚马逊（Amazon tom）的云计算称之为亚马逊网络服务（Amazon Web Services，AWS），它主要由四块核心服务组成：简单存储服务（Simple Storage Service，SSS）、弹性计算云（Elastic Compute Cloud，EC2）、简单排列服务（Simple Queuing Services，SOS）和简单数据库（Simple DB，SDB）。换句话说，亚马逊提供的是可以通过网络访问的存储、计算机处理、信息排队和数据库管理系统等接入式服务。只要是使用AWS的研发人员都可以在亚马逊的基础架构上进行应用软件的研发和交付，而无需实现配置软件和服务器。

12.1.5.3　Microsoft

Microsoft云计算解决方案称为Windwos Azure，它是一种允许组织运行Windows应用程序并且使用Microsoft的数据中心存储文件和数据的操作系统。它还提供了Azure Services Platform，包含一些服务，允许开发人员在Microsoft的在线计算平台上构建软件程序时建立用户身份，管理工作流，同步数据，以及执行其他功能。

Azure Services Platform的关键组件如下。

Windows Azure：提供服务托管和管理，以及低级可伸缩的存储器、计算和联网。

Microsoft SQLService：提供数据库服务和报表。

Microsoft. NET Service：提供 . NET Framework概念的基于服务的实现。

LiveService：用于在PC、手机、PC应用程序和Web站点之间共享、存储和同步文档、图片和文件。

Microsoft SharePoint Service和Microsoft Dynamics CRM Services：用于云中的业务内容、协作和解决方案开发。

12.1.5.4　Google

Google公司拥有目前全球最大规模的搜索引擎，并在海量数据处理方面拥有最先进的技术。2008年Google公司推出了谷歌应用程序引擎（Google App Engine，GAE）Web平台，使客户的业务系统能够运行在Google的全球分布式基础设施之上。GAE与其他Web应用平台的不同之处在于系统的易用性、可伸缩性及成本低廉。

GAE平台主要可分为以下五部分。

（1）应用服务器。主要用于接收来自于外部的Web请求。

（2）Datastore。主要用于对信息进行持久化，并基于Google著名的BigTable技术。

（3）服务。除了必备的应用服务器和Datastore之外，GAE还自带很多服务来帮助开发者，比如Memcache，邮件，网页抓取，任务队列，XMPP等。

（4）管理界面。主要用于管理应用并监控应用的运行状态。

（5）本地开发环境。主要帮助用户在本地开发和调试基于GAE的应用，包括用于安全调试的沙盒、SDK和IDE插件等工具。

12.1.6　云计算发展趋势

云计算正在成为推动不同产业改变原有的模式的动力，IDC和Gartner曾经预测，到2013年年底其市场规模可达140亿美元。可见，云计算的发展规模越来越大。其发展趋势可归纳为以下几方面。

1. 云计算的标准和技术趋向规范化

目前，国内外与云计算技术相关的标准化组织大约有40个，进行云计算产业活动的行业也有很多，但是还没有一个统一的、标准的技术体系结构，如果不同厂家设备之间的硬件互通、互联、互操作等方面出现问题，将会阻碍云计算的发展。只有研究和制定与云计算相关的标准和技术才是云计算大规模占领服务市场的关键问题。

2. 云计算数据趋于安全化

数据的安全包括两个方面：一是数据完整，不会丢失；二是数据不会泄露和被非法访问。云计算的虚拟化、多用户和动态性不仅加重了传统的安全问题，同时也引入了新的安全问题。云计算数据的安全性问题会影响云计算的发展和应用。

3. 网络性能趋向优化

云计算存储、计算和服务远程化，势必会给通信网络带来压力，如果接入网络的带宽较低或网络环境不稳定都会降低云计算的性能，因此，运营商只有优化网络带宽并提高质量才能满足云计算的需求。云计算服务的深入将催生高速、安全和稳定的网络服务。

12.2　云计算体系架构及关键技术

20 世纪 90 年代互联网的在中国的出现及近十年来互联网在全国范围的普及，到如今，互联网成为了人们生活所必需，内容涉及学习、娱乐、投资、购物、求职、医疗等各个方面。互联网的出现改变了人们的生活方式，改变了人们相互沟通的环境，扩大了人们的眼界。然而，随着云计算这种新型计算模式的应用，互联网在传统模式中的角色将发生新的改变。在云计算中，我们关注的焦点将是如何充分地利用互联网上的计算机、服务和应用，以及如何更好地使各个计算设备协同工作，将资源的效用发挥到最大。其基本思想是“把计算机资源联合起来，提供给每一个用户使用”。试想，当人们可以像使用水、电、天然气那样方便地使用云端的计算资源的时候，那将是一个崭新的时代。与互联网的传统模式相比，云计算存在着具有变革意义的新思想。因此，也形成了新的系统构架及技术体系。

12.2.1　系统组成

云计算服务的建立，需要一个计算能力强大的云网络。这个云网络是由一个并行的网格所组成的云计算平台，连接着大量的硬件设备作为底层的支持。利用虚拟化技术，每一个硬件的计算和存储功能得到扩展，并通过云计算平台进行有效的融合，共同创造出超强的计算能力和存储能力。在讨论云计算系统时，可以把整个云计算系统简单地分成两部分：前端和后端。前端指的是用户的客户端，或者说是用户的个人计算机；后端指的是系统中的服务器集群，也就是通常所说的云端。二者一般通过网络互联，进行数据的交互和传输。在前端，用户的计算机应该包括云计算系统的登录程序，不同的云计算系统具有不同的用户界面。例如，以网络为基础的邮件系统一般都是借助 IE 等网络浏览器进行客户端登录。其他云计算系统具有各自不同的登录程序，用户可以运行登录程序接入网络。在后端，运行着各种各样的计算机、服务器和数据存储系统，它们共同组成了云计算系统中的“云”。当然，“前端”和“后端”只是一种简单的描述云计算系统组成的说法，细分的话，还有很多更加详细的系统模型。

如图 12 -4 所示，这是一种比较常见的云计算系统组成模型。数据的处理及存储均通过云端的服务器集群来完成，这些集群由大量普通的工业标准服务器组成，并由一个大型的数据处理中心负责管理，数据中心按用户的需要分配计算资源，以此达到共享计算资源、存储资源、软件资源的效果。

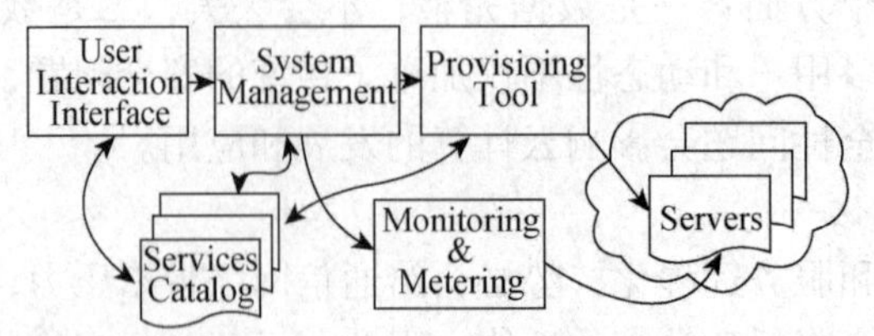

图 12－4　云计算系统组成模型

1. 用户交互界面（User Interaction Interface，UII）

用户交互界面，也就是云客户端，这是用户使用云计算资源的入口。用户可以通过客户端或者 Web 浏览器，进行云端系统的注册和登录，之后就可以向服务云提出请求，定制服务，访问在线应用，与其他用户共享计算资源和存储资源，使用在线应用软件等。

2. 服务目录（Services Catalog，SC）

当云计算机用户通过用户交互界面，获取了相应的权限时，需要根据需求，定制专属于自己的服务列表。而服务目录，是云端可以给用户提供的所有服务的总目录，用户从中选择相应的选项更新自己的服务列表，或者进行服务的退定。

3. 系统管理和布署工具（System Management and Provisioning Tool，SMPT）

系统管理和布署工具，这两部分可以看做一个整体，主要进行用户请求的处理及系统资源的调度与配置，并在用户对资源的占用结束后回收资源。这可以说是整个系统的关键环节。另外，服务目录的更新也由系统管理和布署工具动态地执行。

4. 监控和测度（Monitoring&Metering，M&M）

云计算系统是一个具有极大计算能力的系统，云端存在着大量的硬件资源和软件资源，所以需要完善的监控和测度机制来保证系统的正常运行。这部分会实时监控和测量云计算系统中资源的使用情况，并把测量数据提交给中心服务器进行分析，确保系统的正常运行以及计算资源的合理分配。

5. 服务器（Servers）

服务器，可以是虚拟的，也可以是物理的服务器集合，这是云系统计算和存储的核心。服务器集群会处理高并发的用户请求，并承载大量的计算以及数据存储工作。

用户获取云计算资源的基本过程如图 12－5 所示。首先，用户（User）通过前端用户交互界面登录客户端，根据需求在服务目录（Services Catalog）里选择自己所需服务，生成服务列表。当服务请求发送并通过验证后，由系统管理（System Management）来找到与服务列表相对应的资源，并通过布署工具（Provisioning Tool）进行资源的挖掘和服务或应用的配置。整个过程完成之后，云端就可以为用户提供各种运行于后端的服务或 Web 应用，而用户不必在自己的计算机安装任何多余的软件资源，只需根据实际情况和云端的运行章程支付相应的费用即可。在云端资源的使用过程中，系统也会根据需要对资源进行动态的再配置和解除。

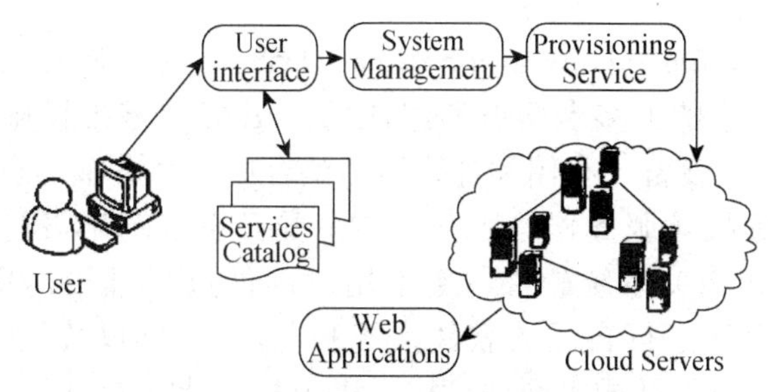

图 12－5　获取云计算资源的过程

12.2.2　服务层次

云计算的兴起不过短短的几年时间，但目前已有庞大的厂商以及研究队伍在开发各种各样的云计算服务系统，如 Google 的搜索服务、Google Apps、百度网盘、腾讯空间在线制作 Flash 图片等。由于在云计算架构中的每一个层都可以为用户提供服务，进而整个云计算系统可以被看作一组有层次的服务集合。因此，形成了被业界广泛认可的云计算服务层次，如图 12－6 所示。整个服务层次可以被划分为硬件即服务、基础设施即服务、平台即服务、软件即服务和云客户端。其中，核心的服务层次是基础设施即服务、平台即服务和软件即服务这三层。基础设施即服务通过互联网提供数据中心、基础架构硬件和软件资源，还可以提供服务器、操作系统、磁盘存储、数据库和信息资源。平台即服务则提供了基础架构，软件开发者可以在这个基础架构之上建设新的应用，或者扩展已有的应用，同时却不必购买开发、质量控制或生产服务器。软件即服务是一种软件分布模式，在这种模式下，应用软件安装在厂商或者服务供应商那里，用户可以通过某个互联网来使用这些软件。

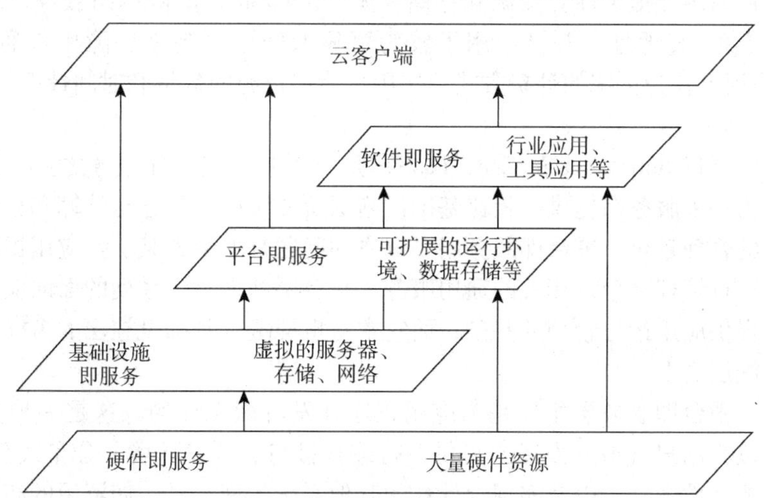

图 12－6　云计算服务层次

12.2.2.1　硬件即服务

硬件即服务（Hardware as a Service，HaaS），这是整个云计算系统服务层次的底层，存在着大量的硬件资源，包括高性能、可扩展硬件设备，是云计算平台的基础。

12.2.2.2　基础设施即服务

基础设施即服务（Infrastructure as a Service，IaaS），这一层交给用户的是基本的基础设施资源。IaaS即把厂商的由多台服务器组成的“云端”基础设施，作为计量服务提供给用户。它将内存、I/O设备、存储和计算能力整合成一个虚拟的资源池为整个业界提供所需要的存储资源和虚拟化服务器等服务。在享受云系统基础设施即服务的资源时，用户无需购买硬件设备和相关系统软件，更不用对硬件进行维护，只需支付相应的费用，就可以在基础设施上直接运行自己的软件系统和应用。很显然，这是一种托管型硬件方式。IaaS的优点是用户只需低成本硬件，按需租用相应计算能力和存储能力，大大降低了用户在硬件上的开销。

简单地说，基础设施即服务层提供的基本服务分为三类：计算服务、存储服务和网络服务。在实际应用中，一项服务可能是这三类中的一种，但更多的是这三类服务的组合。例如，一个对海量数据进行处理的集群、计算、存储及网络资源就是一个也不能少。计算服务是这一层提供的最核心服务。虚拟化技术的出现使得计算资源的复用成为可能。在计算服务中，云端提供给用户的基本单元就是服务器，包括CPU、内存单元、操作系统等。存储服务也是基础设施中不可或缺的部分。存储是数据的载体，面对直线增长的数据量，传统的本地存储模式已经远远不能满足需求。网络存储的出现给数据存储问题提出了一个新思路，但前提是必须保证数据读写操作的可靠性、安全性，并满足响应速率及吞吐量等指标性要求。基础设施提供的存储服务有三种形式：块级别存储、文件级别存储和结构化数据存储。除了计算服务和存储服务，网络服务也是基础设施层的重要一环。如我们所熟悉的IP地址分配就是网络服务的一种。除此之外，还包括域名管理服务、虚拟化的VLAN和VPN服务等。

基础设施即服务的一个典型例子是Amazon EC2。它底层采用Xen虚拟化技术，以虚拟机的形式动态地向用户提供计算资源和存储资源。Amazon EC2的网络服务体现在它可以向虚拟机提供动态的IP地址，并且应用了较为可靠的安全机制来保障用户通信的私密性。Amazon EC2采用了较为传统的计费方式，按用户使用资源的数量和时间计费。

12.2.2.3　平台即服务

平台即服务（Platform as a Service，PaaS）是介于基础设施即服务之上的服务层次，它把开发环境作为一种服务来提供。相比基础设施层所要解决的问题是计算和存储资源的虚拟化和硬件资源的管理整合，平台即服务层要解决的问题是如何为某一类应用提供一致的、易用而且自动的运行管理平台及相关的通用服务。平台层即通过一系列的面向应用需求的基本服务和功能来提供应用运行管理的基础，而它本身也屏蔽了基础设施层的多样性，可运行在不同的基础设施层之上。

不难看出，平台即服务层主要是为应用程序开发者而设计的。这是一种分布式平台服务，云系统可以为用户（或开发者）提供并行编程接口、开发环境、分布式存储管理系统、海量数据分布式文件系统，以及实现云计算的其他系统管理工具，如资源的布署、监控、分配，以及安全管理等。所有的服务可以被简单地看作是一个云计算操作系统。而用户可以在其平台基础上定制开发自己的应用程序并通过其服务器和互联网传递给其他用户。PaaS能够给企业或个人提供研发的中间件平台，提供应用程序开发、数据库、应用服务器、试验、托管及应用服务。

平台即服务，作为整个云计算系统的重要的服务层次之一，相比传统的本地开发和布署环境，有着较为明显的优势。首先，它的开发环境非常友好。在PaaS模式下，用户可以在一个提供软件开发工具包（Software Development Kit，SDK）、文档、测试环境和布署环境等在内的开发平台上非常方便地开发自己所需要的应用。而在开发过程中，用户无需关注操作系统、硬件等资源的运营与维护，这些都由云端的平台来提供。其次，它的服务类型丰富多样。PaaS平台会为上层提供各种各样的API，用户可以根据自己的需求，选择合适的接口与编程模型，进而实现应用程序的开发。再次，PaaS还有一个显著的特点是多租户弹性。多租户是指一个软件系统可以同时被多个实体所使用，每个实体之间是逻辑隔离、互不影响的。一个租户可以是一个应用，也可以是一个组织。弹性是指一个软件系统可以根据自身需求动态地增加、释放其所使用的计算资源。多租户弹性是指租户或者租户的应用可以根据自身需求动态的增加、释放其所使用的计算资源。多租户弹性是PaaS区别于传统应用平台的本质特性，其实现方式也是用来区别各类PaaS的最重要标志。除此之外，平台即服务还有着服务和监控精细、伸缩性强、整合率高等明显优势。

平台即服务的一个典型例子是Force. com。Force. com几乎可以说是业界第一个PaaS。它有着完善的开发环境和强大的基础设施资源，可以为第三方供应商或是企业提供交付可靠的、强健的、并且可伸缩的在线应用。Force. com所采用的多租户架构也使得它成为PaaS的典范。另外，Google App Engine也是一个较为典型的平台即服务系统，它是一个由python应用服务器群、BigTable数据库及GFS组成的平台，为开发者提供一体化主机服务器及可自动升级的在线应用服务。用户编写应用程序并在Google的基础架构上运行就可以为互联网用户提供服务，Google提供应用运行及维护所需要的平台资源。

12.2.2.4 软件即服务

软件即服务（Software as a Service，SaaS），位于基础设施即服务层、平台即服务层之上，是最常见的一种云计算服务，并且是一种不断扩展的软件使用模式。在软件即服务的模式下，云计算提供商将应用软件统一安装并布署在自己的服务器集群上，用户则根据需求，通过互联网向云端订购应用软件服务。用户只需根据软件的类型、使用数量与使用时间等因素，交付一定的费用，就可以以浏览器的方式使用相应的软件。这种服务模式的优势是，由服务提供商维护和管理软件、提供软件运行的硬件设施，用户只需拥有能够接入互联网的终端，即可随时随地使用软件。与传统的本地使用软件的模式相比，在SaaS服务中，用户不再需要花费大量资金在硬件、软件和维护上，只需要通过互联网就可以享受到相应的硬件、软件和维护服务。可以说，这是网络应用最具效益的营运模式。

在软件即服务的模式下，云端的应用程序的集合叫做云应用。每个应用都对应一个业务需求，实现一组特定的业务逻辑，并通过业务接口与用户进行交互。云应用发展至今，种类与产品已经非常丰富，面向个人用户的应用包括：在线文档编辑、表格制作、账务管理、文件管理、照片管理、资源整合、日程表管理、联系人管理等；面向企业用户的应用包括：CRM（用户关系管理）、ERP（企业资源管理）、在线存储管理、网上会议、项目管理、HRM（人力资源管理）、STS（销售管理）、EOA（协调办公系统）、财务管理、在线广告管理等，还有一些针对特定行业和领域的应用服务。

SaaS服务通常基于一套标准软件系统为成百上千的不同用户（又称租户）提供服务。这要求SaaS服务能够支持不同租户之间数据和配置的隔离，从而保证每个租户数据的安全与隐私，以及用户对诸如界面、业务逻辑、数据结构等的个性化需求。由于 SaaS 同时支持多个租户，每个租户又有很多用户，这对支撑软件的基础设施平台的性能、稳定性、扩展性提出很大挑战。现今，成熟的 SaaS 软件开发商多采用一对多的软件交付模式，也就是一套软件多个用户使用。此种方式也称为单软件多重租赁。在数据库的设计上，多重租赁的软件会有三种设计，每个用户公司独享一个数据库，或独享一个数据库中的一个表，或多用户公司共享一个数据库的一个表。几乎所有 SaaS 软件开发商选择后两种方案，也就是说，所有公司共享一个数据库许可证，从而降低了成本。有些 SaaS 软件公司专门为单一企业提供软件服务，也就是一对一的软件交付模式，用户可以要求将软件安装到自己公司内部，也可托管到服务商那里。相比之下，多重租赁大大增强了软件的可靠性和可扩展性，并且同时降低了维护和升级成本。

目前，提供 SaaS 服务的公司或提供商很多，Salesforce. com 是提供这类服务最有名的公司，Google Doc，Google Apps 和 NetSuite 也属于这类服务。

12. 2. 2. 5　云客户端

之前提到过，可以把整个云计算系统简单地分成两部分：前端和后端。如果把前面的几部分看做后端的话，那么云客户端就相当于系统的前端，是用户直接使用的工具。云客户端包括专门提供云服务的计算机硬件和计算机软件终端，以及提供云计算服务的方式，如产品、服务和解决方案等。云客户端的具体实例有智能手机、各种各样的浏览器、在线支付系统、Google 地图等。

在云计算中，整个系统可以看作四个层次，即应用层、平台层、基础设施层和虚拟化层。这四个层次每一层都对应一个子服务集合，如图 12 – 7 所示。

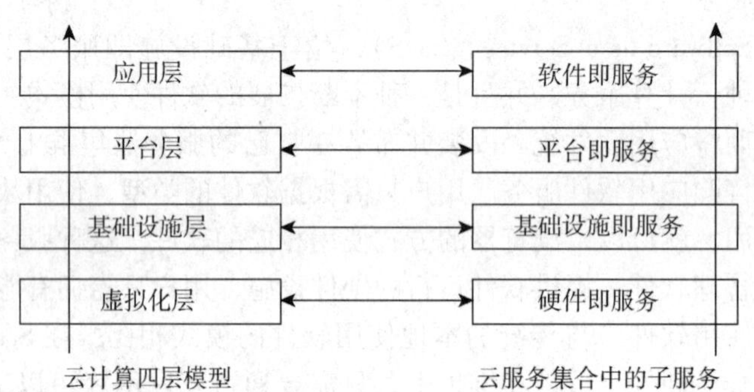

图 12 – 7　云计算系统

云计算的服务层次是根据服务类型即服务集合来划分，与计算机网络体系结构中层次的划分不同。在计算机网络中每个层次都实现一定的功能，层与层之间有一定关联。而云计算体系结构中的层次是可以分割的，即某一层次可以单独完成一项用户的请求而不需要其他层次为其提供必要的服务和支持。

从以上的介绍及图 12 – 6 可以知道，云计算系统的核心服务层次是 IaaS、PaaS 和 SaaS。这三种服务的对比如表 12 – 2 所示。

表 12－2　IaaS、PaaS 和 SaaS 三种服务对比

	服务内容	服务对象	使用方式	关键技术	系统实例
IaaS	提供基础设施布署服务	需要硬件资源的用户	使用者上传数据、程序代码、环境配置	数据中心管理技术、虚拟化技术等	Ama200 EC2 Eucalyptus 等
PaaS	提供应用程序布署与管理服务	程序开发者	使用者上传数据、程序代码	海量数据处理技术、资源管理与调度技术等	Google App Engine、Micp Azure、Hadoop 等
SaaS	提供基于互联网的应用程序服务	企业和需要软件应用的用户	使用者上传数据	Web 服务技术、互联网应用开发技术等	Google Apps、Saleslone CRL

IaaS、PaaS 和 SaaS 之间的关系可从两个角度来看：从用户体验角度而言，它们之间的关系是独立的，因为它们面对不同类型的用户；而从技术角度而言，它们并不是简单的继承关系（SaaS 基于 PaaS，而 PaaS 基于 IaaS），因为首先 SaaS 可以是基于 PaaS 或者直接布署于 IaaS 之上，其次 PaaS 可以构建于 IaaS 之上，也可以直接构建于物理资源之上。IaaS、PaaS 和 SaaS 这三种模式都采用了外包的方式，可以减轻企业负担，降低管理、维护服务器硬件、网络硬件、基础架构软件和应用软件的人力成本。从更高的层次上看，它们都试图去解决同一个商业问题——用尽可能少甚至是为零的资本支出，获得功能、扩展能力、服务和商业价值。

12.2.3　关键技术

云计算，作为一个具有改变网络服务模式潜质的新兴技术，需要很多关键技术作为技术支撑。下面将简要介绍几种关键技术。

12.2.3.1　虚拟化技术

数据中心为云计算提供了大规模资源。为了实现基础设施服务的按需分配，需要研究虚拟化技术。虚拟化是 IaaS 层的重要组成部分，也是云计算的最重要特点。虚拟化的核心理念，是以透明的方式提供抽象了的底层资源，这种抽象方法并不受实现、地理位置或底层资源的物理配置所限。由于虚拟化技术能够灵活地布署多种计算资源，发挥资源聚合的效能，并为用户提供个性化、普适化的资源使用环境，因此被业内人士高度重视并研究。

虚拟化技术有以下特点。

（1）资源分享。通过虚拟机封装用户各自的运行环境，有效实现多用户分享数据中心资源。

（2）资源定制。用户利用虚拟化技术，配置私有的服务器，指定所需的 CPU 数目、内存容量、磁盘空间，实现资源的按需分配。

（3）细粒度资源管理。将物理服务器拆分成若干虚拟机，可以提高服务器的资源利用率，减少浪费，而且有助于服务器的负载均衡和节能。

在虚拟机技术中，被虚拟的实体是各种各样的IT资源。按照这些资源的类型，可以对虚拟化进行分类。

1. 硬件虚拟化

硬件虚拟化就是用软件来虚拟一台标准计算机的硬件配置，如CPU、内存、硬盘、声卡、显卡、光驱等，成为一台虚拟的裸机，然后就可以在上面安装操作系统了。

2. 系统虚拟化

系统虚拟化是被广泛接受并认识、人们接触最多的一种虚拟化技术。系统虚拟化实现了操作系统与物理计算机的分离，使得一台物理计算机上可以同时安装多个虚拟的操作系统。人们所熟知的VMware虚拟机，就是一个最常见的系统虚拟化平台。在虚拟机里，可以安装如Linux、UNIX、OS/2等操作系统，而虚拟机外部可能是基于另外一个系统，如Windows。

3. 网络虚拟化

网络虚拟化是使用基于软件的抽象从物理网络元素中分离网络流量的一种方式。对网络虚拟化来说，抽象隔离了网络中的交换机、网络端口、路由器及其他物理元素的网络流量。

网络虚拟化可以分为两种形式，即局域网络虚拟化和广域网络虚拟化。在局域网络虚拟化中，多个本地网被整合成一个网络，或是一个本地网被分隔成多个逻辑网络。这种网络的典型代表是虚拟局域网（Virtual LAN，VLAN）。对于广域网虚拟化，典型应用就是虚拟专用网（VPN），它属于一种远程访问技术。

4. 存储虚拟化

存储虚拟化是指为物理的存储设备提供一个抽象的逻辑视图，用户可以通过这个视图中的统一逻辑接口来访问被整合的存储资源。磁盘阵列技术是存储虚拟化的一个典型应用。磁盘阵列是由许多台磁盘机或光盘机按一定的规则，如分条、分块、交叉存取等组成一个快速，超大容量的外存储器子系统。它把多个硬盘驱动器连接在一起协同工作，大大提高了速度，同时把硬盘系统的可靠性提高到接近无错的境界。

5. 应用程序的虚拟化

随着虚拟化技术的发展，逐渐从企业往个人、往大众应用的趋势发展，便出现了应用程序虚拟化技术。应用虚拟化的目的也是虚拟操作系统，但只是为保证应用程序正常运行虚拟系统的某些关键部分，如注册表、C盘环境等，所以较为轻量、小巧。应用虚拟化技术的兴起最早也是从企业市场而来。一个软件被打包后，通过局域网很方便地分发到企业的几千台计算机上去，不用安装，直接使用，大大降低了企业的IT成本。它应用到个人领域，可以实现很多非绿色软件的移动使用，如CAD、3ds Max、Office等；可以让软件免去重装烦恼，不怕系统重装，很有绿色软件的优点，但又在应用范围和体验上超越绿色软件。

12.2.3.2 数据存储技术

云计算采用了分布式存储方式和冗余存储方式，这大大提高了数据的可靠性与实用性。在这种存储方式下，云存储中的同一数据往往会有多个副本。在服务过程中，云计算系统需要同时满足大量用户的需求，并行地为大量用户提供服务。因此，云计算的数据存储技术具有高吞吐率和高传输率的特点。云计算的数据存储技术未来的发展将集中在超大规模的数据存储、数据加密和安全性保证及继续提高I/O速率等方面。

云数据存储技术典型实例主要有谷歌的非开源的 Google 文件系统（Google File System，GFS）和 Hadoop 开发团队开发的 GFS 的开源实现 Hadoop 文件系统（Hadoop Distributed File System，HDFS）。

以 GFS 为例，GFS 是一个管理大型分布式数据密集型计算的可扩展的分布式文件系统。它使用廉价的商用硬件搭建系统并向大量用户提供容错的高性能的服务。GFS 和普通的分布式文件系统的区别主要体现在组件失败管理、文件大小、数据写方式及数据流和控制流等方面，如表 12－3 所示。

表 12－3　GFS 和传统分布式文件系统的区别

文件系统	组件失败管理	文件大小	数据写方式	数据流和控制流
GFS	不作为异常处理	少量大文件	在文件末尾附加数据	数据流和控制流分开
传统分布式文件系统	作为异常处理	大量小文件	修改现存数据	数据流和控制流结合

GFS 系统由一个 Master 和大量块服务器构成。所有元数据，包括名字空间、存取控制、文件分块信息、文件块的位置信息等，存放在 Master 文件系统中。GFS 中的文件首先被切分为 64MB 的块，然后再进行存储。在 GFS 文件系统中，采用冗余存储的方式来保证数据的可靠性，一般保存保存三个以上的备份。为了保证数据的一致性，对于数据的所有修改都要在所有的备份上进行，并用版本号的方式来确保所有备份处于一致的状态。GFS 的写操作将写操作控制信号和数据流分开，如图 12－8 所示。

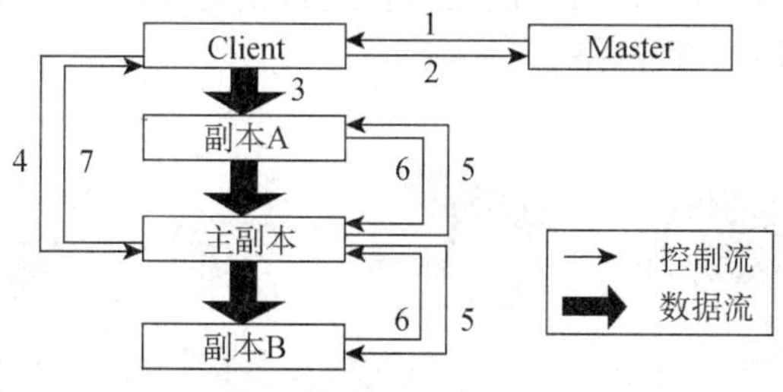

图 12－8　GFS 的写操作

客户端在获取 Master 的写授权后，将数据传输给所有的数据副本，在所有副本都收到修改的数据后，客户端才发出写请求控制信号。在所有的数据副本更新完数据后，由主副本向客户端发出写操作完成控制信号。

12.2.3.3　数据管理技术

数据管理技术也是云计算系统的一项必不可少的关键技术，它是指对大规模数据的计算，分析和处理，如百度、Google 等搜索引擎。云集的高度共享性及高数据量要求系统能够对分布的、海量的数据进行可靠有效的分析和处理。通常情况下，数据管理的规模要达到 TB 甚至是 PB 级别。

由于采用列存储的方式管理数据，必须解决的问题就是如何提高数据的更新速率及进一步提高随机读速率是未来的数据管理技术。最著名的云计算的数据管理技术是谷歌提出的BigTable数据管理技术。BigTable数据管理方式设计者——Gongle给出了如下定义："BigTable是一种为了管理结构化数据而设计的分布式存储系统，这些数据可以扩展到非常大的规模，例如在数千台商用服务器上的达到PB（Petabytes）规模的数据。"

BigTable对数据读操作进行优化，采用列存储的方式，提高数据读取效率。BigTable在执行时需要三个主要的组件：链接到每个客户端的库，一个主服务器，多个记录板服务器。主服务器用于分配记录板到服务器及负载平衡，垃圾回收等；记录板服务器用于管理一组记录板，处理读写请求等。BigTable采用三级层次化的方式来存储位置信息，确保了数据结构的高可扩展性。

除了虚拟化技术、数据存储技术和数据管理技术，云计算系统还依靠着很多其他的关键技术来保障系统的可行性，如访问接口、服务管理、编程模型、资源监控技术等。

12.3 物联网中的云计算

12.3.1 云计算与物联网

物联网，从字面上讲，就是物与物相连成网。这有两层意思：①物联网的核心和基础仍然是互联网，是在互联网基础上的延伸和扩展的网络；②其用户端延伸和扩展到了任何物品与物品之间，进行信息交换和通信，如图12-9所示。它实际上是指通过射频识别（Radio Frequency Identification，RFID）、红外感应器、全球定位系统、激光扫描器等信息传感设备，按约定的协议，把任何物品和互联网连接起来，进行信息交互和通信，以实现智能化识别、定位、跟踪、监控和管理的一种网络。

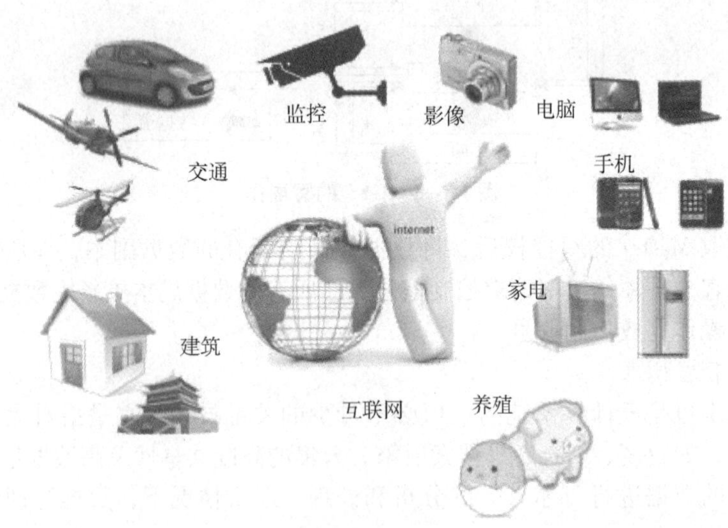

图12-9 物联网

物联网的产业链可以细分为标识、感知、处理和信息传送四个环节，每个环节的关键技术分别为RFID、传感器、智能芯片和电信运营商的无线传输网络。从它的产业链来看，无论是RFID技术、智能芯片技术，还是无线传感器网络技术，其实都早已存在，甚至趋于成熟，开发难度应该不大。那么是什么赋予物联网这样的魅力，能让我们国家如此的重视？

西安优势微电子公司研制的中国芯——“唐芯一号”，其无线网络已基本覆盖整个国家、全球领先的传感器网络技术、全球定位系统的成熟特别是我国研制的北斗导航系统已经开始使用这种芯片，使中国在互联网领域与计算机、互联网产业有所不同，不再受限于外国的芯片、软件，而享有自己的话语权！这在中国IT业是前所未有的壮举，是零的突破、质的飞跃。

芯片技术、无线网络技术、传感器技术、全球导航系统技术等技术的一应俱全，物联网可谓是万事俱备，只欠东风。东风为何？这个问题的答案实质是物联网的价值所在，那物联网的价值到底在什么地方，是物还是网呢？

物联网，有物也有网，物网结合，物离不开网，网也离不开物，那么物网孰轻孰重？一个“联”字道破天机，答案只有一个，那就是互联网，而不是物。传感器是容易的，信息的收集已不难，感知信息的传送也不再是问题，实质上难就难在海量信息如何在互联网上分析和处理，并对物体实施智能化的控制。要解决这个问题，就必须建立一个全国性的乃至全球性的、功能强大的业务管理调度平台，否则再强大的物联网也只不过是一个又小又破的专用网，其结局不言而喻。换句话说，物联网的问题不是别的问题，就是平台的问题。没有平台，只谈物联网，就是一句空话。结局注定没有改变，只能早早以过眼云烟收场。

云计算正是为了解决平台问题而出现的一种全新的完整的体系架构，让世人看到了物联网在互联网基础之上延伸和发展的希望。图12-10展示了物联网和云计算的关系。

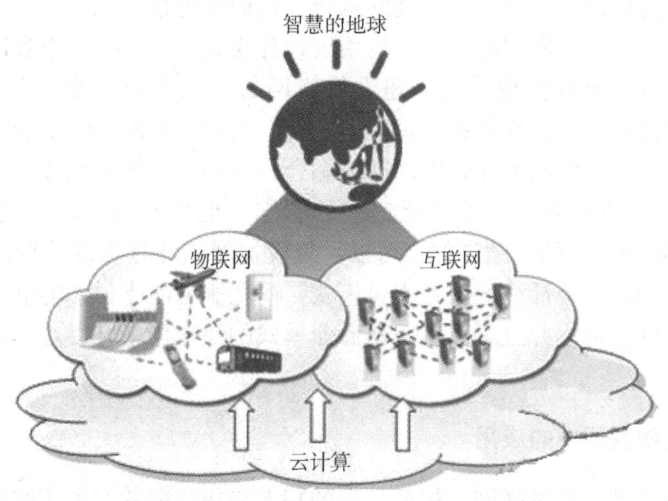

图12-10　物联网和云计算之间的关系

有了云计算也就有了平台；有了平台，物联网就有了稳定的根基；只有有了稳定的根基，物联网才能欣欣向荣。甚至可以说，物联网虽然不因云计算而生，却因云计算而存在，它只是云计算的一种应用。源于物联网中的物，在云计算模式中，不过是带上传感器的云终端，与上网本、手机并没有什么本质上的区别。这也可能就是为什么物联网只有在云计算日渐成熟的今天，才能重新被激活的主要原因。

IBM 的智慧地球可以理解为物联网和互联网融合，把商业系统和社会系统与物理系统融合起来，形成新的、智慧的全面的系统，并且达到运行"智慧"状态，提高资源利用率和生产力水平，改善人和自然的关系。

构建智慧地球，将物联网和互联网进行融合，不是简单地将实物和互联网进行连接，不是简单的"鼠标"加"水泥"的数字化和信息化，而是需要进行更高层次的整合，需要"更透彻的感知，更全面的互联互通，更深入的智能化"。

1. 更透彻的感知

这里的"更透彻的感知"是超越传统传感器、数码相机和 RFID 的一个更为广泛的概念。具体来说，它是随时随地利用任何可以感知、测量、捕获和传递信息的设备、系统或流程。通过使用这些设备，从人的血压到公司财务数据或城市交通状况等任何信息，都可以被快速获取并进行分析，以便于立即采取应对措施和进行长期规划。

2. 更全面的互联互通

互联互通是指通过各种形式的高速的高带宽的通信网路工具，将个人电子设备、组织和政府信息系统中收集和存储的分散的信息及数据连接起来，进行交互和多方共享，从全局的角度分析形势并实时解决问题，使得工作和任务可以通过多方协作来得以远程完成，从而彻底改变整个世界的运作方式。

3. 更深入的智能化

智能化是指深入分析收集到的数据，以获取更加新颖、系统且全面的洞察力来解决特定的问题。

云计算作为一种新兴的计算模式，可以从两方面促进物联网和智慧地球的实现。云计算支持物联网的实现并促进物联网和互联网的融合，从而构建智慧地球。

首先，云计算是实现物联网的核心。运用云计算模式，使物联网中数以兆计的各类物品的实时动态管理，智能分析变得可能。建设物联网的三大基石中第三基石——"高效的、动态的、可以大规模扩展的计算资源处理能力"，正是云计算模式帮助实现的。

其次，云计算促进物联网和互联网的智能融合，从而构建智慧地球。物联网和互联网的融合，需要更高层次的整合，需要"更透彻的感知，更全面的互联互通，更深入的智能化"。这样也需要依靠高效的、动态的、可以大规模扩展的计算资源处理能力，而这正是云计算模式擅长的。同时，云计算的服务支付模式，简化服务的支付，能够促进物联网和互联网之间及内部的互联互通，并且可以实现新商业模式的快速创新，促进物联网和互联网的智能融合。

12.3.2 云计算在物联网中的应用

新的平台必定造就新的物联网，把云计算的特点与物联网的实际相结合，云计算技术将给物联网带来如下深刻的变革。

（1）解决服务器节点不可靠的问题，最大限度地降低服务器的出错率。

（2）低成本的投入换来高收益，让限制访问服务器次数的瓶颈成为历史。

（3）让物联网从局域网走向城域网甚至广域网，在更广的范围内进行信息资源共享。

（4）将云计算与数据挖掘技术相结合，增加物联网的数据处理能力，快速做出商业抉择云计算在物联网中有如下的实际应用。

1. 医疗助手

2010年10月8日，北京IBM和Aetna子公司Active Health Management于近日推出新的云计算和临床决策支持解决方案，帮助医疗机构、医院和国家改变提供医疗保健服务的方式，以更低的成本提供更优质的服务。

IBM和Active Health Management公司通过合作，开发出协同医护解决方案（Collaborative Care Solution），帮助医生和患者获取所需的信息，从而提高整体的医护服务的质量，同时无需新建基础设施。

患者每次就医都要带上病历，而医生要迅速做出医疗决定时经常会找不到需要的信息。协同医护解决方案从多种来源收集患者的健康数据，建立详细的病历，解决了这些问题。

该解决方案利用先进的分析软件，提供一种创新医疗服务方法，医生比较容易获取和自动分析患者的病情。利用Active Health的循环临床决策支持软件Care EngineR整合电子病历记录、患者主诉、用药情况、实验室数据等信息，并通过IBM云计算平台将这些信息提供给医生，医生就能做出更全面、更准确的医疗决策。这样能减少医疗失误和不必要的昂贵治疗。

使用协同医护解决方案，医院和医疗机构可以实现以下目标。

（1）通过健康信息交互平台，或称“保健互联网”，连接、分析和共享大量来自不同系统及来源的临床和管理数据，减少错误、消除效率低下。

（2）利用Active Care Team SM软件，在患者和医疗实践的层面自动测量、跟踪和报告临床服务质量。

（3）通过Active Health Care EngineR的循环临床决策支持功能改善医疗服务。

（4）改变医疗从业结构，协助它们获得NCQA三级“以患者为中心的医疗之家”资质，成为“负责的医疗组织”。

（5）通过使用My Active Health SM患者门户，在医疗团队和患者之间实现安全的电子信息沟通，以便鼓励患者参与治疗。

2. 120导航

随着社会的发展，人们的生活水平的不断提高，对生活质量的要求也不断提高。在发病急和发生意外伤害事件之后，若在从现场到医院的这段时间内得到正确、有效的院前急救，可使疾病及意外伤害得到控制，从而为院内治疗成功获得了宝贵的时间及机会；使患者机体的功能损伤减少到最低程度；最大限度提高人们今后的生活质量，这就是院前急救的重要性所在。因此，院前急救（120）是病人的生命之光。

那么云计算对于120导航有什么应用呢？

首先是一些前期工作，为了便于120急救的时候迅速锁定患者的位置，并立即提供相应医院的信息，接通医院的急救电话。

要通过云计算对居民的居住位置，医院的具体位置进行备案存储，将每个医院的位置标识在地图上，并对医院的专业性和专科医院进行备案存储，如妇产科医院、心脏专科医院等。

这样，当患者或患者家属拨打120电话时，就可以通过云计算锁定患者所在的位置。

其次是根据患者或患者家属意愿进行选择，一种是可以选择最近的医院，相对于紧急情况，如动脉出血、脑血栓、休克、高空坠落等。这些情况需要立即处理，云计算将给出最优的路径选择，提供离患者最近的医院；并接通医院的电话，这样患者或患者家属就不用去寻找最近的医院浪费时间，耽误生命。

另一种是患者或患者的家属可以选择专业相对较近的专业医院，如生产（选择妇产科医院）、骨折（选择专业骨科医院）等相对无需立即处理的情况。这样可以避免送到最近的医院却发现不能处理，在转院浪费时间。这种情况下，专业性相对重要，而时间相对居其次。通过云计算，可根据家属的选择提供相应医院的120报警。

12.4 大数据的概述

12.4.1 大数据的定义

大数据是基于多源异构、跨域关联的海量数据分析所产生的决策流程、商业模式、科学范式、生活方式和关联形态上的颠覆性变化的总和。“大数据”是一个体量特别大，数据类别特别多的数据集，并且这样的数据集不能用传统数据库工具对其内容进行抓取、管理和处理。目前全球比较认可IDC对“大数据”的定义：为了更经济地从高频率获取的、大容量的、不同结构和类型的数据中获得价值而设计的新一代架构和技术。

虽然大数据异常火爆，但很少有人真正理解大数据的核心内容。一个普遍的误解是：大数据等于数据大，即大数据就是量大的数据。事实上，除了数据量大这个字面意义，大数据还有两个更重要的特征。

（1）跨领域数据的交叉融合。相同领域数据量的增加是加法效应，不同领域数据的融合是乘法效应。

（2）数据的流动。数据必须流动，流动产生价值。

12.4.2 大数据的兴起

大数据在2009年逐渐开始在互联网领域内传播。直到2012年美国奥巴马政府高调宣布了其“大数据研究和开发计划”使得大数据概念真正流行起来。美国政府希望利用大数据解决一些政府部门面临的重要的问题，该计划由横跨6个政府部门的84个子课题组成。这标志着大数据真正开始进入主流的传统线下经济。

大数据出现的时间点有着深刻的原因。2009年至2012年这段时间正是电子商务在全球全面繁荣的几年。电子商务是第一个真正将纯互联网经济与传统经济联系在一起的混合模式。准确地说，正是互联网与传统经济的碰撞，才真正催生出了“大数据”。大数据横跨互联网产业与传统产业，而且大数据广阔的应用领域也正是比纯互联网经济大得多的传统产业。

从数据量的角度来看，传统企业的数据仓库中的数据大多数来自于交易型数据，而交易行为处于用户消费决策漏斗的最底部，这决定了交易前的各种浏览、搜索、比较等用户行为产生数据的量都远远超过交易数据。电子商务模式使得企业可以采集到用户的浏览、搜索、比较等行为，这使得企业的数据规模至少提升一个数量级。现在日益流行的移动互联网以及物联网又必将使数据量提高两三个数量级。从这个角度来讲，大数据时代的出现是必然会。

12.4.3　大数据的特点

大数据最重要的特性是它的 4V 特性，即数据体量巨大（Volume），数据类型繁多（Variety），价值密度低（Value）和处理速度快（Velocity）。原来没有价值这个 V，其实价值才是大数据问题解决的最终目标，其它 3V 都是为价值目标服务的。

1. 数据体量巨大（Volume）

截至目前，人类生产的所有印刷材料的数据量是 200PB（$1PB = 2^{10}TB$），而历史上全人类说过的所有的话的数据量大约是 5EB（$1EB = 2^{10}PB$）。当前，典型个人计算机硬盘的容量为 TB 量级，而一些大企业的数据量已经接近 EB 量级。

2. 数据类型繁多（Variety）

类型的多样性把数据分为结构化数据和非结构化数据。相对于以文本为主的结构化数据，非结构化数据越来越多，包括网络日志、音频、视频、图片、地理位置信息等，这些多类型的数据对数据的处理能力提出了更高要求。

3. 价值密度低（Value）

如何通过强大的机器算法更迅速地完成数据的价值"提纯"成为目前大数据背景下亟待解决的问题。

4. 处理速度快（Velocity）

这是大数据区分于传统数据挖掘的最显著特征。根据 IDC 的"数字宇宙"的报告，预计到 2020 年，全球数据使用量将达到 35.2ZB（$1ZB = 2^{10}EB$）。在如此海量的数据面前，处理数据的效率就是企业的生命。

12.4.4　大数据的应用

大数据的起源要归功于互联网与电子商务，但大数据最大的应用前景却在传统产业。一是因为几乎所有传统产业都在互联网化，二是因为传统产业仍然占据了国家 GDP 的绝大部分份额，大数据的应用如图 12 - 11 所示。

图 12 - 11　大数据的应用

至少有三类企业最需要大数据服务：

（1）面临互联网压力之下必须转型的传统企业；

（2）做小而美模式的中长企业；

(3) 对大量消费者提供产品或服务的企业。

第 (1) 类企业主要指遭受来自互联网冲击的传统企业，此类企业需要利用互联网和大数据作为自我进化的工具；第 (2) 类企业需要利用大数据分析精准定位自己的客户群；第 (3) 类企业需要利用大数据精准分析不同消费者的偏好，提高营销和服务的质量。

具体来讲，中国最需要大数据服务的行业就是受互联网冲击最大的产业，首先是线下零售业，其次是金融业。

受电商的冲击，线下零售已经到了不得不变革的危机关头。而金融行业本身就是基于数据的产业，由于国家管制，金融业在前几年享受了非常好的政策红利，内部没有变革的动力。然而目前金融业已经开始放松管制，新兴的金融机构必将利用互联网以及大数据工具向传统金融产业发起猛烈攻击。而传统金融机构在互联网方面的技术积累和数据积累不足，要快速应对挑战，必然需要大数据服务。

传统产业需要的大数据服务主要包括三层：

(1) 基于大数据的行业垂直应用。每个行业都有自己的特点，所以自然会存在行业应用的需求；

(2) 顾客标签与商品标签的整理。每个都需要精细化整理自己顾客的属性标签以及商品属性标签，这些标签必须能够细化到单个顾客和单个商品；

(3) 企业内部和外部数据的整合与管理。要给顾客和商品打标签，首先必须整合企业内部和外部数据，尤其是日益增长的外部数据。

12.4.5 大数据的发展趋势

随着数据逐渐成为企业的一种资产，数据产业会向着供应链模式发展，最终形成“数据供应链”。在“数据供应链”中，存在数据供应、数据整合与挖掘以及数据应用这三大环节。企业在所有三个环节中都需要专业的服务。这里尤其有两个明显的现象。

(1) 外部数据的重要性逐渐超过内部数据。在互联互通的时代，单一企业的内部数据与整个互联网数据比起来只是沧海一粟。

(2) 能提供包括数据供应、数据整合与加工、数据应用等多环节服务的公司会有明显的综合竞争优势。

大数据产业中，从“数据供应链”中的各个环节来分析，在下面几个方面具有突出优势的产业可能有更加广阔的发展前景。

(1) 数据供应。在互联网没有流行的时代，很少有专业的数据供应商。互联网改变了这一局面，将来会有专业的数据供应商。既然是因为互联网的出现导致了数据供应商的出现，那么反过来数据供应商就必须具有很强的互联网基因；

(2) 数据整合与挖掘。互联网时代使得企业的数据量激增、数据类型发生极大变化(不同于传统的来自于单一领域的结构化数据，互联网数据以跨域的非结构化数据为主)，虽然数据挖掘工具供应商在非互联网时代早已存在，但传统的数据挖掘工具供应商的技术和方法已经很难适应。要跟上时代的变化，数据挖掘技术与工具应用商具备互联网公司的海量数据处理和挖掘的能力已经成为必然的趋势；

(3) 数据应用。具体的行业应用与传统行业的业务关系密切，要做好行业应用，最好需要有服务传统行业的经验，了解传统行业的内部运作模式。

12.5　大数据的总体架构和关键技术

12.5.1　大数据的总体架构

大数据的总体架构包括三层，数据存储，数据处理和数据分析。数据先要通过存储层存储下来，然后根据数据需求和目标来建立相应的数据模型和数据分析指标体系对数据进行分析。而中间的时效性又通过中间数据处理层提供的强大的并行计算和分布式计算能力来完成。三层相互配合，让大数据最终产生价值。

12.5.1.1　数据存储层

数据有很多分法，有结构化，半结构化，非结构化；也有元数据，主数据，业务数据；还可以分为GIS，视频，文件，语音，业务交易类各种数据。传统的结构化数据库已经无法满足数据多样性的存储要求，因此在RDBMS基础上增加了两种类型，一种是hdfs可以直接应用于非结构化文件存储，一种是NoSQL类数据库，可以应用于结构化和半结构化数据存储。

存储层的搭建需要关系型数据库，NoSQL数据库和hdfs分布式文件系统三种存储方式。业务应用可以根据实际的情况选择不同的存储模式，但是为了存储和读取方便性，可以对存储层做进一步的封装，形成一个统一的共享存储服务层，以简化操作。用户只关注方便性，通过共享数据存储层可以实现在存储上的应用和存储基础设置的彻底解耦。

12.5.1.2　数据处理层

数据处理层重点解决的问题在于数据存储出现分布式后带来的数据处理上的复杂度，海量存储后带来了数据处理上的时效性要求。

在传统的相关技术架构上，可以将hive，pig和hadoop - mapreduce框架相关的技术内容全部划入到数据处理层。将hive划入到数据分析层能力不合适，因为hive重点还是在真正处理下的复杂查询的拆分，查询结果的重新聚合，而mapreduce本身又实现真正的分布式处理能力。mapreduce只是实现了一个分布式计算的框架和逻辑，而真正的分析需求的拆分，分析结果的汇总和合并还是需要hive层的能力整合。最终的目的很简单，即支持分布式架构下的时效性要求。

12.5.1.3　数据分析层

分析层的重点在于挖掘大数据的价值，而价值的挖掘核心又在于数据分析和挖掘。那么数据分析层的核心仍然在于传统的BI分析的内容，包括数据的维度分析，数据的切片，数据的上钻和下钻，cube等。

12.5.2　大数据的关键技术

大数据本质也是数据，其关键的技术依然离不开：①大数据存储和管理；②大数据检索使用（包括数据挖掘和智能分析）。围绕大数据，新兴的数据挖掘、数据存储、数据处理与分析技术将不断涌现，使处理海量数据更加容易、便宜和迅速，并逐渐成为企业业务经营的好助手，甚至可以改变许多行业的经营方式。

12.5.2.1　大数据的商业模式与架构

大数据处理技术正在改变目前计算机的运行模式，也在改变着这个世界：它能处理几乎各种类型的海量数据；它工作的速度非常快，几乎是实时的；它具有普及性：大数据使用的都是低成本的硬件，而云计算将计算任务分布在大量计算机构成的资源池上，使用户能够按需获取计算力、存储空间和信息服务。云计算及其技术给了人们廉价获取巨量计算和存储的能力，云计算分布式架构能够很好地支持大数据存储和处理需求。这样的低成本硬件 + 低成本软件 + 低成本运维，更加经济和实用，使得大数据处理和利用成为可能。

12.5.2.2　大数据的存储和管理

很多人把 NoSQL 称为云数据库，因为其处理数据的模式完全是分布于各种低成本服务器和存储磁盘，能帮助各种交互性应用迅速处理过程中的海量数据。它采用分布式技术，可以对海量数据进行实时分析，满足大数据环境下一部分业务需求。

但这是远远不够的，无法彻底解决大数据存储管理需求的。云计算对关系型数据库的发展将产生巨大的影响，而绝大多数大型业务系统（如银行、证券交易等）、电子商务系统所使用的数据库还是基于关系型的数据库，随着云计算的大量应用，势必对这些系统的构建产生影响，进而影响整个业务系统及电子商务技术的发展和系统的运行模式。

基于关系型数据库服务的云数据库产品将是云数据库的主要发展方向，云数据库（CloudDB），提供了海量数据的并行处理能力和良好的可伸缩性等特性，提供了同时支持在线分析处理（OLAP）和在线事务处理（OLTP）能力，提供了超强性能的数据库云服务，并成为集群环境和云计算环境的理想平台。

这样的云数据库要能够满足以下条件。

（1）海量数据处理：对类似搜索引擎和电信运营商级的经营分析系统这样大型的应用而言，需要能够处理 PB 级的数据，同时应对百万级的流量。

（2）大规模集群管理：分布式应用可以更加简单地部署、应用和管理。

（3）低延迟读写速度：快速的响应速度能够极大地提高用户的满意度。

（4）建设及运营成本：云计算应用的基本要求是希望在硬件成本、软件成本以及人力成本方面都有大幅度的降低。所以云数据库必须采用一些支撑云环境的相关技术，比如数据节点动态伸缩与热插拔、对所有数据提供多个副本的故障检测与转移机制和容错机制、SN（Share Nothing）体系结构、中心管理、节点对等处理实现连通任一工作节点就是连入了整个云系统、与任务追踪、数据压缩技术以节省磁盘空间同时减少磁盘 IO 时间等。

云数据库路线是基于传统数据库不断升级并向云数据库应用靠拢，更好的适应云计算模式，如自动化资源配置管理、虚拟化支持以及高可扩展性等，才能在未来发挥不可估量的作用。

12.5.2.3　大数据的处理和使用

传统对海量数据的存储处理，需要建立数据中心，建设包括大型数据仓库及其支撑运行的软硬件系统，设备（包括服务器、存储、网络设备等）、数据仓库、OLAP 及 ETL、BI 等平台，而面对数据的增长速度，越来越力不从心，所以基于传统技术的数据中心建设、运营和推广难度越来越大。

另外，一般使用传统的数据库、数据仓库和 BI 工具能够完成的处理和分析挖掘的数据，还不能称为大数据，也谈不上大数据处理技术。面对大数据环境，包括数据挖掘在内的商业智能技术正在发生巨大的变化。

由于云计算模式、分布式技术和云数据库技术的应用，我们不需要建立复杂的模型，不用考虑复杂的计算算法，就能够处理大数据，对于不断增长的业务数据，用户也可以通过添加低成本服务器甚至是 PC 机来处理海量数据记录的扫描、统计、分析、预测。如果商业模式变化了，需要一分为二，那么新商业智能系统也可以很快相应地一分为二，继续强力支撑商业智能的需求。

12.6　物联网中的大数据

12.6.1　大数据与物联网

物联网应用范围十分广泛，遍及智能交通、环境保护、政府工作、公共安全、智慧城市、智能家居、环境监测、工业监测、食品溯源等多个领域。物联网技术的应用遍及到各行各业。具体来说，将传感器装备到电网、铁路、桥梁、家电、食品等物品中，通过网络对各种信息进行整合，由中心控制系统对信息进行实时的处理和反馈，达到更有效地对生产和生活进行管理的目的。

物联网系统有三个层次。一是感知层，即利用 RFID、传感器、二维码等随时随地获取物体的信息；二是网络层，通过各种电信网络与互联网的融合，将物体的信息实时准确地传递出去；三是应用层，把感知层的得到的信息进行处理，实现智能化识别、定位、跟踪、监控和管理等实际应用。

可见，物联网是大数据的重要来源之一（大数据来源主要有三个：物联网、互联网和移动网互联），它的系统性更强、辐射的范围更广。物联网不仅仅是传感器，而是提供支撑智慧地球的一个基础架构，物联网的存在使这种基于大数据的采集以及分析变成了一种可能。

目前网络上产生的数据量远远大于物联网产生的数据量，这主要是受制于物联网设备的普及和技术的进步。物联网已被定义为中国战略性产业，写入了“十二五”规划，随着行业发展的日益深入，传感器数量的增多，其产生的数据量级要远超网络。

可以说物联网就是以“大数据”为驱动的产业，而不是以元器件和设备驱动的。但物联网的核心并不在感知层和网络层，而是在应用层。因此物联网和大数据之间的联手，将产生巨大的市场规模，衍生更有价值的商业模式。

大数据助力物联网，不仅仅是收集传感性的数据，实物跟虚拟物要结合起来。今天北京交通堵塞，但是并不知道堵塞原因，如果政府发布消息和市民微博发布消息结合起来就知道发生什么事，物联网要过滤，过滤要有一定模式。

总之，一句话，物联网促进大数据技术，大数据技术助力物联网的发展。

12.6.2　大数据在物联网中的应用

已经有很多城市在关注大数据，比如上海、重庆、中关村、西安，政府都在出面推动这个发展趋势，这里包括应用，也包括政策，也包括产业配套发展，这是和物联网发展相配套的。

从关注的产业链来讲，产业链非常长，从基础到物联网数据的采集，到各类跟数据相关的行业应用，到大数据处理，特别是现在卖的最好的大数据分析的工具，能够把数据以人能接受的方式展现出来。真正的大数据是把信息非常有规则的统一储存起来，而且不丢任何数据。基于这样的环境，在里面开发人类生活所需要的各类应用，这是大数据本质的含义。

从技术角度来讲，大数据的特征是有非常丰富的数据源、数据类型和数据量。

物联网大数据结合在以城市为背景里面，相信能给企业、人们、政府带来新的生活的智慧，管理的智慧，决策智慧和商业智慧。大数据智慧为城市领导者在交通优化、社交媒体的分析、虚拟世界的网络安全、智能电网以及基础设施、自然灾难的防备、情报系统管理等方面带来方便。

关于大数据，在应用层面分成了六大应用，像行业应用、商业智能应用、媒体应用、虚拟可视化应用，DaaS 应用。平台有数据分析平台、数据操作平台和 LaaS 和结构化数据库。

从平台来讲，支持传统方式、云方式和混合方式，这样一种技术能力一起和各方进行合作。

大数据在物联网中的应用也会随着时代的进步和技术的发展前景越来越广阔。

习题

1. 什么是云计算？
2. 云计算的特点有哪些？
3. 按照服务方式和服务类型，云计算可以分为哪几类？
4. 简述云计算的服务形式。
5. 列举现有的典型云计算的平台，并谈谈你对云计算的发展趋势的看法。
6. 具体描述云计算的系统架构及各个组成部分。
7. 简述云计算的服务层次。
8. 云计算的关键技术有哪些，各个技术在云计算中担当怎样重要的角色？
9. 云计算与物联网的关系如何？
10. 谈谈你对云计算在物联网中的应用的个人的看法以及对于未来应用的构想。

参考文献

[1] 颜军. 物联网概论 [M]. 北京：中国质检出版社，2011.

[2] 刘纪红，潘学俊，梅栴. 物联网技术与应用 [M]. 北京：国防工业出版社，2011.

[3] 杨刚，沈沛意，郑春红. 物联网理论与技术 [M]. 北京：科学出版社，2010.

[4] 孙敏. 移动 RFID 网络与 EPC 网络互通技术的研究 [D]. 南京：南京邮电大学，2008.

[5] 无线龙 . ZigBee 无线网络原理 [M] . 北京：冶金工业出版社，2011.

[6] 瞿磊，刘盛德，胡咸斌 . ZigBee 技术及应用 [M] . 北京：北京航空航天大学出版社，2007.

[7] 钟永锋，刘永俊 . ZigBee 无线传感器网络 [M] . 北京：北京邮电大学出版社，2011.

[8] 蒋昌茂，程小辉 . 无线宽带 IP 通信原理及应用 [M] . 北京：电子工业出版社，2010.

[9] 崔鸿雁，蔡云龙，刘宝玲 . 宽带无线通信技术 [M] . 北京：人民邮电出版社，2008.

[10] 伍新华，陆丽萍 . 物联网工程技术 [M] . 北京：清华大学出版社，2011.

[11] 司鹏搏，胡亚辉 . 无线宽带接入新技术 [M] . 北京：机械工业出版社，2007.

[12] 郭渊博，杨奎武 . ZigBee 技术与应用：CC2430 设计、开发与实践 [M] . 北京：国防工业出版社，2010.

[13] 李文仲，段朝玉 . ZigBee 2006 无线网络与无线定位实战 [M] . 北京：北京航空航天大学出版社，2008.

[14] 郎为民. 射频识别（RFID）技术原理与应用 [M]. 北京：机械工业出版社，2006.

[15] 喻宗泉. 蓝牙技术基础 [M]. 北京：机械工业出版社，2006.

[16] 张新程，付航，李天璞，等. 物联网关键技术 [M]. 北京：人民邮电出版社，2011.

[17] 张鸿涛，徐连明，张一文. 物联网关键技术及系统应用 [M]. 北京：机械工业出版社，2011.

[18] 王保云. 物联网中间件研究综述 [J]. 电子测量与仪器学报，2009，23（12）.

[19] 董健 . 物联网与短距离无线通信技术 [M] . 北京：电子工业出版社，2012.

[20] 曹法利 . WiMAX 通信技术优势及其发展 [J] . 中国新观察，2012，(23)：40 – 41.

[21] 苗忠良，宛斌，张孝林，等 . WiMAX 协议的体系结构研究 [J]. 计算机技术与发展，2007，1（6）：42 – 45.

[22] 李翠然 . 移动通信原理与系统 [M] . 成都：西南交通大学出版社，2010.

[23] 冯建和，王卫东 . cdma2000 网络技术与应用 [M] . 北京：人民邮电出版社，2010.

[24] 孙宇彤 . WCDMA 无线网络设计：原理、工具与实践 [M]. 北京：电子工业出版社，2007.

[25] 李世鹤，杨云年 . TD-SCDMA 第三代移动通信系统 [M]. 北京：人民邮电出版社，2009.

[26] 李怡滨，万晓榆. CDMA2000 1X 网络规划与优化［M］. 北京：人民邮电出版社，2005.
[27] 林曙光. CDMA2000 分组域网络技术［M］. 北京：北京邮电大学出版社，2006.
[28] 刘宝玲，付长东. 3G 移动通信系统概述林曙光［M］. 北京：人民邮电出版社，2008.
[29] 张玉艳，方莉. 第三代移动通信林曙光［M］. 北京：人民邮电出版社，2009.
[30] 段红光，毕敏. TD-SCDMA 第三代移动通信系统协议体系与信令流程［M］. 北京：人民邮电出版社，2007.
[31] 中国电信集团公司，走近物联网［M］. 北京：人民邮电出版社，2010.
[32] Arunabha Ghosh，Jun Zhang. LTE 权威指南［M］. 李莉，译. 北京：人民邮电出版社，2012.
[33] 赵绍刚、李岳梦. LTE-Advanced 宽带移动通信系统［M］. 北京：人民邮电出版社，2012.
[34] 韩滢，程刚，裴斐. LTE 与物联网的融合现状和发展研究［J］. 移动通信期刊论文，2012，36（19）.
[35] 赵然. LTE 关键技术原理及其应用探讨［J］，邮电设计技术，2012（2）.
[36] 林辉，焦慧颖. LTE-Advanced 关键技术详解［M］. 北京：人民邮电出版社，2012.
[37] 田泽. ARM9 嵌入式 Linux 开发实验与实践［M］. 北京：北京航空航天大学出版社，2006.
[38] Raj Kamal. 嵌入式系统：体系结构、编程与设计［M］. 陈曙晖译. 北京：清华大学出版社，2005.
[39] 李善平，刘文峰，王焕龙. Linux 与嵌入式系统［M］. 北京：清华大学出版社，2006.
[40] 陆松年，潘理，翁亮，等. 操作系统教程［M］. 北京：电子工业出版社，2010.
[41] 刘若慧，毛莺池，祈翔. Linux 操作系统［M］. 北京：人民邮电出版社，2008.
[42] 季昱，林俊超，宋飞. ARM 嵌入式应用系统开发典型实例［M］. 北京：中国电力出版社，2005.
[43] 黄智伟，邓月明，王彦. ARM9 嵌入式系统设计基础教程［M］. 北京：北京航天航空大学出版社，2008.
[44] 胡向东，魏琴芳，向敏，等. 物联网安全［M］. 北京：科学出版社，2012.
[45] 刘化君，刘传清. 物联网技术［M］. 北京：电子工业出版社，2010.
[46] 吴成东. 物联网技术与应用［M］. 北京：科学出版社，2012.
[47] 黄玉兰. 物联网概论［M］. 北京：人民邮电出版社，2011.
[48] 徐小涛，杨志红. 物联网信息安全［M］. 北京：人民邮电出版社，2012.
[49] 武奇生，刘盼芝. 物联网技术与应用［M］. 北京：机械工业出版社，2011.
[50] 刘屹. 物联网安全架构研究［J］. 科学致富向导，2012（20）：302－302.
[51] 程海青，王华，王华奎. 无线传感器网络中检测女巫攻击的节点定位方法［J］. 电讯技术，2011（3）.
[52] 胡向东，邹洲，敬海霞，等. 无线传感器网络安全研究综述［J］. 仪器仪表学报，2006（21）：307－311.
[53] 胡向东，余朋琴，魏琴芳. 物联网中选择性转发攻击的发现［J］. 重庆邮电大学学

报：自然科学版，2012，24（2）：148－152.
［54］李宗海，柳少军，王燕，等．无线传感器网络中的虫洞攻击防护机制［J］．计算机工程与应用，2012，48（27）：94－98.
［55］李志军，秦志光，王佳昊．无线传感器网络密钥分配协议研究［J］．计算机科学，2006，33（2）：87－91.
［56］漆昊晟，欧阳群．计算机取证技术的探讨与研究［J］．中国监狱学刊．2012（3）：66－68.
［57］周小林，宋文涛，罗汉文．无线网络定位技术的研究与应用［J］．计算机工程，2003（5）：56－78.
［58］孙利民，李建中，陈渝．无线传感器网络［M］．北京：清华大学出版社，2005.
［59］王殊，阎毓杰，胡富平，等．无线传感器网络的理论及应用［M］．北京：北京航空航天大学出版社，2007.
［60］王福豹，史龙，任丰原．无线传感器网络中的自身定位系统和算法［J］．软件学报，2005，16（5）：857－868.
［61］王新晖，胡福乔．GPSone 混合定位系统展望［J］．计算机测量与控制，2004，12（7）：610－612.
［62］倪磊，罗万可，向军．GPSone 在物联网中的应用探讨［J］．通信技术，2012，3（45）：72－74.
［63］彭宇，王丹．无线传感器网络定位技术综述［J］．电子测量与仪器学报，2012，5（25）：389－399.
［64］王继春．无线传感器网络节点定位若干问题研究［D］．合肥：中国科学技术大学，2009.
［65］李新．无线传感器网络中节点定位算法的研究［D］．合肥：中国科学技术大学，2008.
［66］陈迅，唐红雨，涂时亮，等．无线传感器网络主动分布式节点定位算法［J］．计算机工程与设计，2008，7（29）：1664－1668.
［67］江雪婧．基于 RFID 的室外实时定位算法研究［D］．南昌：南昌大学，2009.
［68］张铎．定位跟踪管理：物联网的基础应用［J］．中国自动识别技术．2011（5）：34－43.
［69］孙佩刚，赵海，罗玎玎，等．智能空间中 RSSI 定位问题研究［J］．电子学报，2007，35（7）：1240－1245.
［70］周艳，李海成．基于 RSSI 无线传感器网络空间定位算法［J］．通信学报，2009，30（6）：75－79.
［71］马华东，陶丹．多媒体传感器网络及其研究进展［J］．软件学报，2006，17（9）：2013－2028.
［72］李江．基于 WAP 和 GPSOne 技术的车载导航系统［D］．北京：北京工业大学，2007.
［73］徐尽．孟雷．定位技术应用［J］．通信技术，2008，41（12）.
［74］柴政．基于 gpsOne 的车载定位系统［J］．电脑知识与技术，2010，06（34）.
［75］鲍琳卉．伽利略与 WCDMA 组合导航定位系统定位算法研究［J］．东南大学，2008.

[76] 田建春，邓怀东，周智，等．一种非视距传播环境下的 TDOA 定位算法［J］．计算机工程与应用，2007，43（18）：34－36.
[77] 陈晓维，李校林．蜂窝网络中基于 TDOA 的 CHAN 定位算法性能分析［J］．广东通信技术，2007（8）：66－68.
[78] 王建敏，王天文．主动式定位系统的解析求解算法［J］．辽宁工程技术大学学报：自然科学版，2008，27（S1）：53－55.
[79] 王建刚，王福豹，段渭军．加权最小二乘估计在无线传感器网络定位中的应用［J］．计算机应用研究，2006（09）：41－43.
[80] 彭保．无线传感器网络移动节点定位及安全定位技术研究［D］．哈尔滨：哈尔滨工业大学，2009.
[81] 姚光乐．基于无线网络的定位系统的设计与实现［D］．成都：成都理工大学，2009.
[82] 李同松．基于 ZigBee 技术的室内定位系统研究与实现［D］．大连：大连理工大学，2008.
[83] 许磊，石为人．一种无线传感器网络分步求精节点定位算法［J］．仪器仪表学报，2008（02）.
[84] 杜存功，丁恩杰，苗曙光．无线传感器网络改进型节点定位算法的研究［J］．传感器与微系统，2010（01）.
[85] SERMENT L N，PAREDIS C，KHOSLA P．A beacon system for the localization of distributed robotic teams，Robotics and Autonomous Systems，1999.
[86] WHITEHOUSE K，KARLOF C，WOO A. The effects of ranging noise on multi-hop localization：an empirical study，2005.
[87] SAVVlDES A，HAN C C，SRIVASTAVA M B. Dynamic fine-grained localization in Ad-Hoc networks of sensors，Proceedings of the Annual International Conference on Mobile Computing and Networking，2001.
[88] ANDREAS L，CHRISTIAN W. A comprehensive approach for optimizing ToA-localization in harsh industrial environments，Record-IEEE PLANS，Position Location and Navigation Symposium，2010.
[89] KANG H，SEO G，LEE W J．Error compensation for css-based localization system，World Congress on Engineering and Computer Science，2009.
[90] ZAFER S，SINAN G. Ranging in the IEEE 802. 15. 4a Standard，2006 IEEE Annual Wireless and Microwave Technology Conference，2006.
[91] 王保云．物联网技术研究综述［J］．电子测量与仪器学报，2009（12）：1－7.
[92] 梁英，于海斌，曾鹏．无线传感器路由协议［J］．信息与控制，2005，34（3）.
[93] A. Manjeshwar，D. PAgrrawal．TEEN：A Protoeol for EnhanCed EffiCieney in Wireless Sensor Networks［C］．San Franeisc：CA，2001.
[94] 卡勒，维里西．无线传感器网络协议与体系架构［M］．邱天爽，唐洪，李婷，等，译．北京：电子工业出版社，2007.
[95] 田景熙．物联网概论［M］．南京：东南大学出版社，2010.
[96] 格兰仕，荣格．机器对机器（M2M）通信技术与应用［M］．翁卫兵，译．北京：国

防工业出版社，2011.
[97] 肖青．物联网标准体系介绍［J］．电信工程技术与标准化，2012（06）.
[98] 爱立信（中国）通信有限公司．M2M网络真的可以改变生活［J］．通信世界，2008（12）：34~34.
[99] 徐勇，李传龙，程铁刚，等．物联网平台探讨［J］．邮电设计技术，2011（07）.
[100] 沈嘉，刘思扬．面向M2M的移动通信系统优化技术研究［J］．电信网技术，2011（09）.
[101] 程鸿，屈军锁．中国移动M2M业务及WMMP协议综述［J］．数字通信，2012（06）.
[102] 胡海波．无线异构网络发展综述［J］．现代电子科技，2009，39（12）：19-22，30.
[103] 李明欣．异构融合网络移动性管理的若干关键技术研究［D］．北京：北京邮电大学，2009.
[104] 贺正娟．泛在网络研究技术［J］．电脑知识与技术，2010，06（32）：8981-8984.
[105] 周锋，卞金洪．基于无线Mesh的异构网融合跨层设计研究［J］．现代计算机：上月版，2011，（11）：71-74.
[106] 曲振华．无线泛在网络环境下用户环境感知的研究［D］．北京邮电大学，2011.
[107] 张雪丽，周怡．泛在网络中基于标签的应用和标准化［J］．电信网技术，2009.
[108] 徐强，王振江．云计算应用开发实践［M］．北京：机械工业出版社，2012.
[109] VELTS A T, VELTS T J, ELSENPETER R．云计算实践指南［M］．周庆辉，陈宗斌，译．北京：机械工业出版社，2010.
[110] 吴朱华．云计算核心技术剖析［M］．北京：人民邮电出版社，2012.
[111] 蔺华，杨东日，刘龙庚．大师访谈：云计算推动商业与技术变革［M］．北京：电子工业出版社，2012.
[112] 陈滢，王庆波，何乐，等．云计算宝典：技术与实践［M］．北京：电子工业出版社，2011.
[113] HOLMA H, TOSKALA A. UMTS中的LTE：向LTE-Advanced演进［M］．郎为民，译．北京：机械工业出版社，2012.